国家出版基金资助项目
Projects Supported by the National Publishing Fund

钢铁工业协同创新关键共性技术丛书

主编　王国栋

硼铁矿选矿技术

Beneficiation of Boron-bearing Iron Ore

高　鹏　余建文　李艳军　李治杭　编著

北　京
冶　金　工　业　出　版　社
2019

内 容 提 要

本书根据我国硼铁矿“以硼为主，综合利用”的开发利用原则进行撰写，着重论述硼、铁和铀的综合利用。具体包括：我国后备硼资源概况及使硼精矿达到工业加工所需合格品位的硼铁分离技术、硼铁矿提硼同步回收铁生产铁精矿技术、矿石中铀的利用与处理技术。撰写本书的目的是全面总结相关研究成果及实践经验，为硼铁矿的合理开发与高效利用提供强有力的支撑。

本书适合从事硼铁矿选矿相关技术研发、技术管理及操作人员阅读，也可供大专院校矿物加工专业师生参考。

图书在版编目(CIP)数据

硼铁矿选矿技术/高鹏等编著．—北京：冶金工业出版社，2019.12

（钢铁工业协同创新关键共性技术丛书）

ISBN 978-7-5024-8351-7

Ⅰ．①硼…　Ⅱ．①高…　Ⅲ．①硼铁矿—选矿技术　Ⅳ．①P578.93

中国版本图书馆 CIP 数据核字（2020）第 003385 号

出 版 人　陈玉千
地　　址　北京市东城区嵩祝院北巷 39 号　邮编　100009　电话　(010)64027926
网　　址　www.cnmip.com.cn　电子信箱　yjcbs@cnmip.com.cn
责任编辑　卢　敏　美术编辑　彭子赫　版式设计　孙跃红　禹　蕊
责任校对　李　娜　责任印制　李玉山
ISBN 978-7-5024-8351-7
冶金工业出版社出版发行；各地新华书店经销；北京捷迅佳彩印刷有限公司印刷
2019 年 12 月第 1 版，2019 年 12 月第 1 次印刷
169mm×239mm；21.25 印张；409 千字；321 页
98.00 元

冶金工业出版社　投稿电话　(010)64027932　投稿信箱　tougao@cnmip.com.cn
冶金工业出版社营销中心　电话　(010)64044283　传真　(010)64027893
冶金工业出版社天猫旗舰店　yjgycbs.tmall.com

《钢铁工业协同创新关键共性技术丛书》编辑委员会

《钢铁工业协同创新关键共性技术丛书》
总　　序

钢铁工业作为重要的原材料工业，担任着“供给侧”的重要任务。钢铁工业努力以最低的资源、能源消耗，以最低的环境、生态负荷，以最高的效率和劳动生产率向社会提供足够数量且质量优良的高性能钢铁产品，满足社会发展、国家安全、人民生活的需求。

改革开放初期，我国钢铁工业处于跟跑阶段，主要依赖于从国外引进产线和技术。经过40多年的改革、创新与发展，我国已经具有10多亿吨的产钢能力，产量超过世界钢产量的一半，钢铁工业发展迅速。我国钢铁工业技术水平不断提高，在激烈的国际竞争中，目前处于“跟跑、并跑、领跑”三跑并行的局面。但是，我国钢铁工业技术发展当前仍然面临以下四大问题。一是钢铁生产资源、能源消耗巨大，污染物排放严重，环境不堪重负，迫切需要实现工艺绿色化。二是生产装备的稳定性、均匀性、一致性差，生产效率低。实现装备智能化，达到信息深度感知、协调精准控制、智能优化决策、自主学习提升，是钢铁行业迫在眉睫的任务。三是产品质量不够高，产品结构失衡，高性能产品、自主创新产品供给能力不足，产品优质化需求强烈。四是我国钢铁行业供给侧发展质量不够高，服务不到位。必须以提高发展质量和效益为中心，以支撑供给侧结构性改革为主线，把提高供给体系质量作为主攻方向，建设服务型钢铁行业，实现供给服务化。

我国钢铁工业在经历了快速发展后，近年来，进入了调整结构、转型发展的阶段。钢铁企业必须转变发展方式、优化经济结构、转换增长动力，坚持质量第一、效益优先，以供给侧结构性改革为主线，推动经济发展质量变革、效率变革、动力变革，提高全要素生产率，使中国钢铁工业成为“工艺绿色化、装备智能化、产品高质化、供给服务化”的全球领跑者，将中国钢铁建设成世界领先的钢铁工业集群。

2014年10月，以东北大学和北京科技大学两所冶金特色高校为核心，联合企业、研究院所、其他高等院校共同组建的钢铁共性技术协同创新中心通过教育部、财政部认定，正式开始运行。

自2014年10月通过国家认定至2018年年底，钢铁共性技术协同创新中心运行4年。工艺与装备研发平台围绕钢铁行业关键共性工艺与装备技术，根据平台顶层设计总体发展思路，以及各研究方向拟定的任务和指标，通过产学研深度融合和协同创新，在采矿与选矿、冶炼、热轧、短流程、冷轧、信息化智能化等六个研究方向上，开发出了新一代钢包底喷粉精炼工艺与装备技术、高品质连铸坯生产工艺与装备技术、炼铸轧一体化组织性能控制、极限规格热轧板带钢产品热处理工艺与装备、薄板坯无头/半无头轧制+无酸洗涂镀工艺技术、薄带连铸制备高性能硅钢的成套工艺技术与装备、高精度板形平直度与边部减薄控制技术与装备、先进退火和涂镀技术与装备、复杂难选铁矿预富集-悬浮焙烧-磁选（PSRM）新技术、超级铁精矿与洁净钢基料短流程绿色制备、长型材智能制造、扁平材智能制造等钢铁行业急需的关键共性技术。这些关键共性技术中的绝大部分属于我国科技工作者的原创技术，有落实的企业和产线，并已经在我国的钢铁企业得到了成功的推广和应用，促进了我国钢铁行业的绿色转型发展，多数技术整体达到了国际领先水平，为我国钢铁行业从“跟跑”到“领跑”的角色转换，实现“工艺绿色化、装备智能化、产品高质化、供给服务化”的奋斗目标，做出了重要贡献。

习近平总书记在2014年两院院士大会上的讲话中指出，“要加强统筹协调，大力开展协同创新，集中力量办大事，形成推进自主创新的强大合力”。回顾2年多的凝炼、申报和4年多艰苦奋战的研究、开发历程，我们正是在这一思想的指导下开展的工作。钢铁企业领导、工人对我国原创技术的期盼，冲击着我们的心灵，激励我们把协同创新的成果整理出来，推广出去，让它们成为广大钢铁企业技术人员手中攻坚克难、夺取新胜利的锐利武器。于是，我们萌生了撰写一部系列丛书的愿望。这套系列丛书将基于钢铁共性技术协同创新中心系列创新成果，以全流程、绿色化工艺、装备与工程化、产业化为主线，结合钢铁工业生产线上实际运行的工程项目和生产的优质钢材实例，系统汇集产学研协同创新基础与应用基础研究进展和关键共性技术、前沿引领技术、现代工程技术创新，为企业技术改造、转型升级、高质量发展、规划未来发展蓝图提供参考。这一想法得到了企业广大同仁的积极响应，全力支持及密切配合。冶金工业出版社的领导和编辑同志特地来到学校，热心指导，提出建议，商量出版等具体事宜。

国家的需求和钢铁工业的期望牵动我们的心，鼓舞我们努力前行；行业同仁、出版社领导和编辑的支持与指导给了我们强大的信心。协同创新中心的各位首席和学术骨干及我们在企业和科研单位里的亲密战友立即行动起来，挥毫泼墨，大展宏图。我们相信，通过产学研各方和出版社同志的共同努力，我们会向钢铁界的同仁们、正在成长的学生们奉献出一套有表、有里、有分量、有影响的系列丛书，作为我们向广大企业同仁鼎力支持的回报。同时，在新中国成立70周年之际，向我们伟大祖国70岁生日献上用辛勤、汗水、创新、赤子之心铸就的一份礼物。

中国工程院院士 王国栋

2019年7月

前　　言

我国硼矿资源丰富，总储量占世界第五位，但分布稀散，主要集中于辽宁省、吉林省和青藏高原。目前，硼矿生产主要来自沉积变质型的硼镁石矿，但该类矿仅占全国硼矿总储量的8.98%，且经过多年的开发利用，硼镁石储量（以B_2O_3计）现已不足200万吨，硼镁石资源已近枯竭；青藏盐湖镁硼矿（青藏盐湖镁硼酸盐矿石由各种水合镁硼酸盐矿物构成，不同于辽宁省、吉林省镁硼酸盐矿石）限于交通条件，仅能生产B_2O_3含量不小于24%的“富矿”，产量较小。根据目前的产量，预计硼镁石矿资源将消耗殆尽。随着我国国民经济的发展，硼的需求量在快速增长，目前可利用的硼矿资源不能完全满足化工行业的需要。据统计我国硼资源对外依存度明显上升，由20%（2001年）增至79%（2016年）。因此，现阶段开发和利用复杂的硼矿资源已成为当务之急。

硼铁矿又称“黑硼矿”，占我国硼矿储量的58%以上，已经被国家列入“后备硼资源”。我国硼铁矿的组成丰富，包含多种有价元素，除含丰富的硼（B）、铁（Fe）元素外，还含有贵重的放射性元素铀（U）。因此，硼铁矿的综合利用不仅提供了硼的后备资源，而且还提供了我国紧缺的铁（Fe）和铀（U）。多年来，经过我国大专院校、科研院所的长期不懈努力，硼铁矿的开发研究已经取得了重大进展，积累了丰富的实践经验和大量的技术成果，已经实现了工业化生产。

本书根据我国硼铁矿“以硼为主，综合利用”的开发利用原则进行撰写，着重论述硼（B）、铁（Fe）和铀（U）的综合利用，主要包含以下几个方面：(1) 硼（B）的利用。我国后备硼资源概况及硼铁分离技术，硼精矿达到工业加工所需的合格品位。(2) 铁（Fe）的利用。硼铁矿提硼的同时，同步回收铁生产铁精矿，为钢铁行业提供合格的原料。(3) 铀 (U) 的利用。矿石中铀 (U) 的利用与处理，晶质铀矿的重选回收与生产，为我国核工业发展提供合格的原料。

编写本书的目的是全面总结相关研究成果及实践经验，为硼铁矿的合理开发与高效利用提供强有力的支撑。希望本书的出版能够为硼铁矿选矿生产、管理、技术开发、理论研究及教学提供有益参考。

本书由东北大学高鹏、余建文、李艳军及长安大学李治杭共同编写。第1章、第2章和第5章由高鹏撰写，第3章和第4章由余建文撰写，第6章由李治杭撰写，第7章由李艳军撰写，高鹏对全书进行统稿。东北大学王常任教授、赵庆杰教授及连相泉副教授提供了珍贵资料，在此深表感谢！同时感谢国家出版基金对本书出版的资助。

由于学识、水平所限，书中可能有不妥和疏漏之处，敬请批评指正。

作　者

2019年7月

目　录

1　硼矿资源概况 …… 1
1.1　硼的性质和用途 …… 1
1.1.1　硼的主要性质 …… 1
1.1.2　硼的主要用途 …… 4
1.2　世界硼矿资源概况 …… 4
1.2.1　世界硼矿资源储量 …… 4
1.2.2　世界硼矿资源分布 …… 6
1.2.3　世界硼矿的主要类型和重要硼矿床 …… 6
1.3　我国硼矿资源概况 …… 9
1.3.1　我国硼矿资源储量 …… 9
1.3.2　我国硼矿床类型 …… 9
1.3.3　我国硼矿资源特点 …… 11
1.3.4　我国硼矿资源开发利用现状 …… 12
参考文献 …… 15

2　硼铁矿石工艺矿物学 …… 16
2.1　矿石的物质组成 …… 16
2.1.1　矿石的化学成分 …… 16
2.1.2　矿石的矿物组成 …… 17
2.1.3　矿石中主要元素的赋存状态 …… 18
2.2　矿石结构与构造 …… 19
2.3　主要矿物的产出特征 …… 19
2.3.1　磁铁矿 …… 20
2.3.2　硼镁石 …… 26
2.3.3　硼镁铁矿 …… 32
2.3.4　蛇纹石 …… 36
2.3.5　磁黄铁矿 …… 37
2.3.6　晶质铀矿 …… 39
2.4　主要矿物的嵌布粒度分布 …… 39

2.4.1　磁铁矿 …… 39
2.4.2　硼镁石 …… 40
2.4.3　硼镁铁矿 …… 41
2.4.4　蛇纹石 …… 41
2.4.5　磁黄铁矿 …… 41
2.4.6　晶质铀矿 …… 42
2.5　矿石选矿工艺方案探讨 …… 43
参考文献 …… 44

3　硼铁矿碎磨工艺与设备 …… 45

3.1　选矿概述 …… 45
3.1.1　选矿的定义 …… 45
3.1.2　选矿常用术语 …… 45
3.1.3　选矿工艺指标计算 …… 45
3.2　矿石破碎与筛分 …… 46
3.2.1　常见的破碎与分级流程 …… 47
3.2.2　常用破碎与筛分设备 …… 47
3.3　矿石磨矿与分级 …… 57
3.3.1　常见的磨矿与分级流程 …… 58
3.3.2　磨矿与分级过程的影响因素 …… 58
3.3.3　磨矿与分级过程的表征与检测 …… 62
3.3.4　磨矿与分级设备 …… 64
参考文献 …… 73

4　硼铁矿选矿工艺与设备 …… 74

4.1　硼铁矿磁选工艺与设备 …… 74
4.1.1　磁选概述 …… 74
4.1.2　磁选原则流程的选择 …… 80
4.1.3　硼铁矿磁选设备 …… 81
4.2　硼铁矿重选工艺与设备 …… 89
4.2.1　重选概述 …… 89
4.2.2　硼铁矿重选方法与设备 …… 91
4.3　硼铁矿浮选工艺及设备 …… 103
4.3.1　浮选概述 …… 103
4.3.2　硼铁矿浮选药剂 …… 104

4.3.3 浮选设备 …… 110
参考文献 …… 116

5 硼铁矿选矿实践 …… 118

5.1 硼铁矿的磁选—分级分离 …… 118
5.1.1 于家岭硼铁矿石选矿 …… 118
5.1.2 业家沟硼铁矿石选矿 …… 135
5.1.3 中低品位翁泉沟硼铁矿石选矿 …… 137
5.2 硼铁矿的磁选分离 …… 141
5.2.1 高品位东台子硼铁矿石选矿 …… 141
5.2.2 高品位翁泉沟硼铁矿石选矿 …… 151
5.2.3 西堡硼铁矿石选矿 …… 157
5.2.4 中低品位东台子硼铁矿石选矿 …… 159
5.3 硼铁矿的磁—浮分离 …… 170
5.3.1 先磁后浮（磁—浮）工艺 …… 171
5.3.2 先浮后磁（浮—磁）工艺 …… 178
5.4 含铀硼铁矿的重选联合流程分离 …… 185
5.4.1 磁—重—分级联合流程 …… 189
5.4.2 磁—重—浮联合流程 …… 190
5.4.3 重—磁—重联合流程 …… 191
5.5 硼铁矿选矿实例 …… 191
5.5.1 硼铁矿选矿生产实践概述 …… 191
5.5.2 辽宁首钢硼铁有限责任公司生产实践 …… 194
5.5.3 凤城化工集团有限公司生产实践 …… 197
参考文献 …… 198

6 硼铁矿浮选分离基础 …… 200

6.1 矿物表面及晶体化学特性研究 …… 200
6.1.1 矿物晶格结构特性分析 …… 200
6.1.2 矿物表面溶解特性分析 …… 203
6.1.3 矿物表面电性分析 …… 207
6.1.4 矿物表面形貌分析 …… 212
6.1.5 矿物表面X射线光电子能谱分析 …… 215

6.1.6 矿物表面荷电机理 …… 219
6.1.7 小结 …… 220
6.2 单矿物浮选试验研究 …… 221
6.2.1 硼镁石浮选行为研究 …… 221
6.2.2 蛇纹石浮选行为研究 …… 224
6.2.3 磁铁矿浮选行为研究 …… 227
6.2.4 小结 …… 230
6.3 人工混合矿浮选试验研究 …… 230
6.3.1 硼镁石-蛇纹石混合矿浮选行为研究 …… 230
6.3.2 硼镁石-磁铁矿混合矿浮选行为研究 …… 236
6.3.3 硼镁石-蛇纹石-磁铁矿混合矿浮选行为研究 …… 242
6.3.4 蛇纹石对硼镁石浮选的影响 …… 249
6.3.5 小结 …… 254
6.4 药剂与矿物表面作用机理分析 …… 254
6.4.1 捕收剂与矿物表面作用机理分析 …… 255
6.4.2 抑制剂与蛇纹石表面作用机理分析 …… 261
6.4.3 小结 …… 272
6.5 矿物颗粒间相互作用机理分析 …… 273
6.5.1 颗粒间相互作用 DLVO 理论分析 …… 273
6.5.2 矿物颗粒间作用行为分析 …… 275
6.5.3 矿物颗粒间作用行为分析 …… 278
6.5.4 小结 …… 282
参考文献 …… 283

7 硼铁矿开发利用前景及建议 …… 290

7.1 硼铁矿综合利用现状 …… 290
7.1.1 硼矿资源分析 …… 290
7.1.2 硼铁矿资源综合利用分析 …… 291
7.2 含硼铁精矿选择性还原综合利用技术 …… 293
7.2.1 含硼铁精矿利用的研究现状 …… 293
7.2.2 含硼铁精矿工艺矿物学 …… 295
7.2.3 含硼铁精矿内配碳球团选择性还原试验研究 …… 298
7.2.4 含硼铁精矿物相转化及微观结构演化规律 …… 306
7.2.5 小结 …… 309

7.3　硼铁矿开发与资源保护建议 …… 310
7.3.1　硼铁矿开发利用存在的问题 …… 310
7.3.2　硼铁矿开发利用的基本原则 …… 311
7.3.3　硼铁矿开发利用建议 …… 312
参考文献 …… 318

索引 …… 321

1　硼矿资源概况

1.1　硼的性质和用途

硼（B）被命名为boron，它的命名源自阿拉伯文，原意是“焊剂”的意思，说明古代阿拉伯人就已经知道了硼砂具有熔融金属氧化物的能力，在焊接中用做助熔剂。直至1981年，人们才认识到硼不仅是植物所必需的元素，也是动物与人类所必需的元素。

硼约占地壳组成的0.001%，它在自然界中的主要矿石是硼砂和白硼钙石等。中国西藏自治区许多含硼盐湖在蒸发干涸后有大量硼砂晶体堆积。硼在自然界中的含量相当丰富。天然的硼砂（$Na_2B_4O_7 \cdot 10H_2O$）在中国古代就已作为药物，叫做蓬砂或盆砂。

1.1.1　硼的主要性质

1.1.1.1　物理性质

单质硼为黑色或深棕色粉末，熔点2076℃，沸点3927℃。单质硼有多种同素异形体，无定形硼为棕色粉末，晶体硼呈灰黑色。晶态硼较惰性，无定形硼则比较活泼。单质硼的硬度近似于金刚石，有很高的电阻，但它的电导率却随着温度的升高而增大，高温时为良导体。硼共有14种同位素，其中只有两个是稳定的。硼在室温时为弱导电体，高温时则为良导体，在自然界中主要以硼酸和硼酸盐的形式存在。

A　晶体结构

晶态单质硼有多种变体，有各种复杂的晶体结构（但只有三种测出结构），但它们都以B_{12}正二十面体为基本的结构单元。

这个二十面体由12个B原子组成，20个接近等边三角形的棱面相交成30条棱边和12个角顶，每个角顶由一个B原子占据，每个硼原子与邻近的5个硼原子距离相等，如图1-1所示。

由于B_{12}二十面体的连接方式不同，键也不同，形成的硼晶体类型也不同。其中最普通的一种为α-菱形硼。

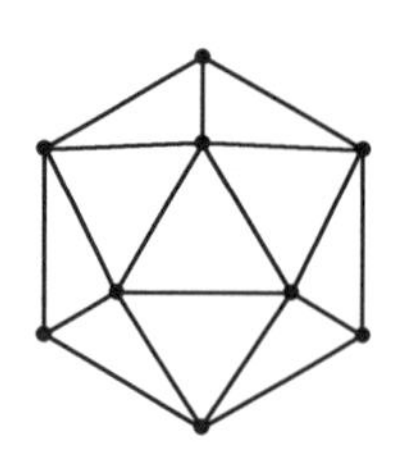
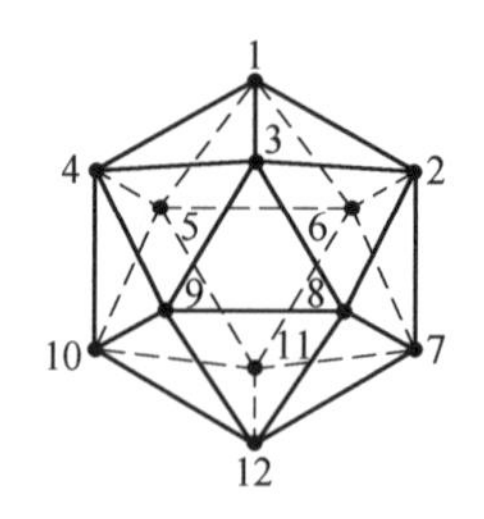

图 1-1　B_{12}正二十面体

α-菱形硼是由 B_{12} 单元组成的层状结构，α-菱形硼晶体中既有普通的 σ 键，又有三中心二电子键。在每层中，每个 B_{12} 单元通过 6 个 B 原子用 6 个三中心二电子键与同一平面的 6 个 B_{12} 单元连接（图 1-2 中的虚线三角形表示三中心键）。这种由二十面体组成的片层，又依靠二十面体上下各 3 个 B 原子（图 1-1 中的 3、8、9 和 5、6、11）以 6 个 B—B 共价单键与上下两层 6 个邻近的二十面体相连接，3 个在上一层，3 个在下一层。

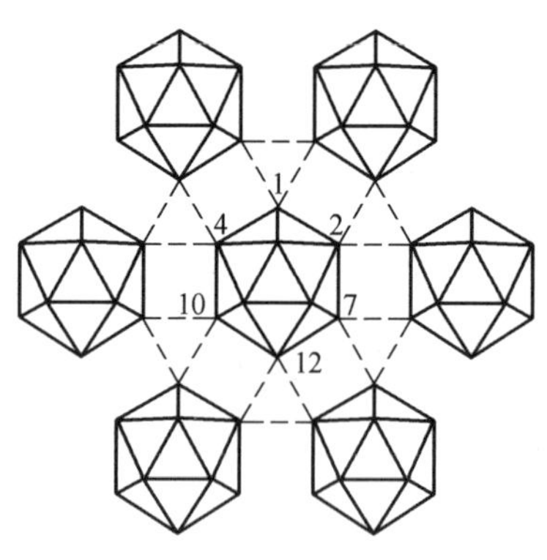

图 1-2　α-菱形硼的三中心键

许多 B 原子的成键电子在相当大的程度上是离域的，这样的晶体属于原子晶体，因此晶态单质硼的硬度大、熔点高，化学性质也不活泼。

B　成键特征

硼是周期表第三主族唯一的非金属元素，B 原子的价电子结构是 $2s^2 2p^1$，它能提供成键的电子是 $2s^2 p$，还有一个空轨道。这种 B 原子的价电子少于价轨道数的缺电子情况，但硼与同周期的金属元素锂、铍相比原子半径小、电离能高、电负性大，以形成共价键分子为特征。

在硼原子以 sp^2 杂化形成的共价分子中，余下的一个空轨道可以作为路易斯酸，接受外来的孤对电子，形成以 sp^3 杂化的四面体构型的配合物。例如三氟化硼与氨气分子形成的配合物；若没有合适的外来电子，可以自相聚合形成缺电子多中心键，例如三中心二电子氢桥键、三中心二电子硼桥键、三中心二电子硼键，如图 1-3 所示。

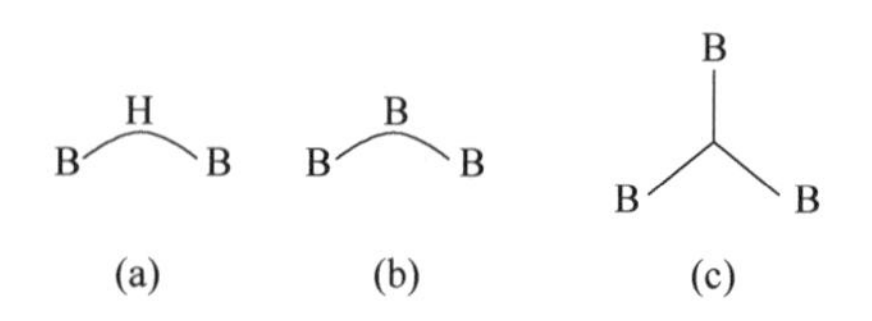

图 1-3　硼的常见成键特征
（a）氢桥键；（b）硼桥键；
（c）三中心二电子硼键

需要汗意的是桥键与三中心二电子间的不同。硼桥键中心的硼原子是 p 轨道与两个杂化轨道的重叠，氢桥键中心的氢原子是 s 轨道与两个杂化轨道的重叠，而三中心二电子硼键为三个杂化轨道的组合重叠。

1.1.1.2　化学性质

硼为化学元素周期表第Ⅲ族（类）主族元素，符号 B，原子序数 5，易被空气氧化，形成三氧化二硼膜而阻碍内部硼继续氧化。常温时能与氟反应，不受盐酸和氢氟酸水溶液的腐蚀。硼不溶于水，粉末状的硼能溶于沸硝酸和硫酸，以及大多数熔融的金属，如铜、铁、锰、铝和钙。

（1）与非金属作用。高温下 B 能与 N_2、O_2、S 等单质反应，例如它能在空气中燃烧生成 B_2O_3 和少量 BN，在室温下即能与 F_2 发生反应，但它不与 H_2、稀有气体等作用。

（2）与氧化物作用。B 能从许多稳定的氧化物（如 SiO_2、P_2O_5、H_2O 等）中夺取氧而用作还原剂。例如在高温条件下，B 与水蒸气作用生成硼酸和氢气：

$$2B + 6H_2O \longrightarrow 2H_3BO_3 + 3H_2$$

（3）与酸作用。硼不与盐酸作用，但与热浓 H_2SO_4、热浓 HNO_3 作用生成硼酸：

$$2B + 3H_2SO_4(\text{浓}) \longrightarrow 2H_3BO_3 + 3SO_2\uparrow$$

$$B + 3HNO_3(\text{浓}) \longrightarrow H_3BO_3 + 3NO_2\uparrow$$

（4）与强碱作用。在氧化剂存在下，硼和强碱共熔得到偏硼酸盐：

$$2B + 2NaOH + 3KNO_3 \longrightarrow 2NaBO_2 + 3KNO_2 + H_2O$$

（5）与金属作用。高温下硼几乎能与所有的金属反应生成金属硼化物。它们是一些非整比化合物，组成中 B 原子数目越多，其结构越复杂。

（6）单质硼制备方法：

1）首先用浓碱液分解硼镁矿得偏硼酸钠，将 $NaBO_2$ 在强碱溶液中结晶出来，使之溶于水成为较浓的溶液，通入 CO_2 调节碱度，浓缩结晶即得到四硼酸钠（硼砂）。将硼砂溶于水，用硫酸调节酸度，可析出溶解度小的硼酸晶体。加热使硼酸脱水生成三氧化二硼，经干燥处理后，用镁或铝还原 B_2O_3 得到粗硼。将粗硼分别用盐酸、氢氧化钠和氟化氢处理，可得纯度为95%~98%的棕色无定形硼。

2）最纯的单质硼可用氢还原法制得。使氢和三溴化硼的混合气体经过钽丝，电热到 1500K，三溴化硼在高温下被氢还原，生成的硼在钽丝上呈片状或针状结构。

3）由镁粉或铝粉加热还原氧化硼而得。

4）几乎不可能获得极纯的硼，最终，美国的 E. Weintraub 点燃了氯化硼蒸气和氢的混合物，生产出了完全纯净的硼。

1.1.2 硼的主要用途

硼矿作为一种重要的化工原料，主要用于生产硼砂、硼酸和硼的化合物等，被广泛应用于冶金、化工、机械、轻工、农业、核工业和医药等国民经济生产和人们生活的各个方面。

（1）在冶金行业，硼用于各种特种钢的冶炼，作为熔融铜中气体的清除剂、各种添加剂、助溶剂、铸造镁及合金时的防氧化剂、脱模剂等。含硼添加剂可以改善冶金工业中烧结矿的质量，降低熔点，减小膨胀，提高强度、硬度。硼及其化合物也是冶炼硼铁硼钢的原料，加入硼化钛、硼化锂、硼化镍，可以冶炼耐热的特种合金。

（2）在建材行业，硼用作陶瓷工业的催化剂、防腐剂，高温坩埚、耐热玻璃器皿和油漆的耐火添加剂，还可用于木材加工、玻璃工业等。

（3）在材料行业，硼是微量合金元素，硼与塑料或铝合金结合是有效的中子屏蔽材料；硼纤维可用于制造复合材料；硼酸、硼酸锌可用于制作防火纤维的绝缘材料，是很好的阻燃剂。

（4）在轻工行业，硼酸盐、硼化物是搪瓷、陶瓷、玻璃的重要组成部分，具有良好的耐热耐磨性，可增强光泽，调高表面光洁度等；可作釉料及颜料、洗涤剂、防火涂料、防火剂、油漆干燥剂、焊接剂、媒染剂、造纸工业含汞污水处理剂，以及原布的漂白等。

（5）在化工行业，硼可用作良好的还原剂、氧化剂、溴化剂、有机合成的催化剂、合成烷的原料、塑料的发泡剂等。

（6）在电器行业，硼可用作引燃管的引燃极，电信器材、电容器、半导体的掺杂材料，高压高频电极等离子弧的绝缘体，雷达的传递窗等。

（7）在核工业中，硼可用作原子反应堆中的控制棒，火箭燃料、火箭发动机的组成物及高温润滑剂，原子反应堆的结构材料等。

（8）在医药行业，硼可用作医药工业的催化剂、杀菌剂、消毒剂、双氢链霉素的氢化剂、脱臭剂等。

（9）在农业中，硼可用作杀虫剂、防腐剂、催化剂、含硼肥料等。

1.2 世界硼矿资源概况

1.2.1 世界硼矿资源储量

根据美国地质局数据显示，2017 年全球硼矿资源储量达 11 亿吨，其中土耳其硼矿资源丰富，储量为 9.5 亿吨。西欧和日本等一些发达国家缺乏硼矿资源，大都依靠进口矿石或硼砂、硼酸深加工成其他硼化物。世界硼矿资源的分布比较集中，土耳其、美国、俄罗斯、智利、秘鲁、阿根廷、玻利维亚和中国几乎囊括世界的全部储量。2017 年全球硼储量分国家统计如图 1-4 所示。

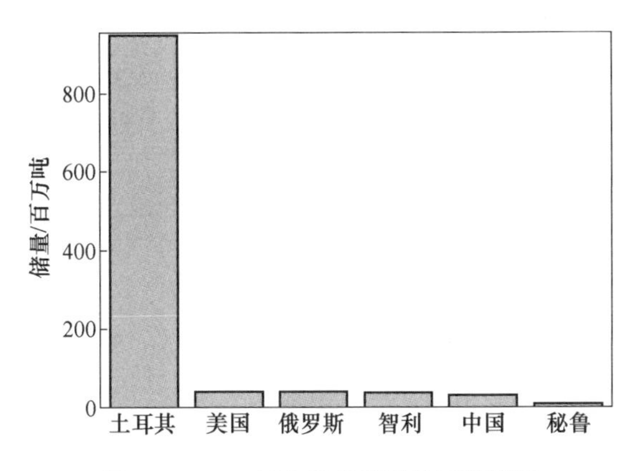

图 1-4　2017 年全球硼储量分国家统计

据 USGS 统计，2010~2017 年，全球硼矿储量变化较大，2010 年为 2.1 亿吨，2015 年增至 3.8 亿吨，2017 年达到 11 亿吨。全球储量变化主要受土耳其储量大幅提升影响，土耳其 2010 年硼矿储量为 6000 万吨，2016 年增至 2.3 亿吨，2017 年达到 9.5 亿吨。其他资源国储量相对稳定，2017 年美国与俄罗斯同为 4000 万吨，共同位列全球第二位；智利为 3500 万吨，位列全球第四位；中国为 3901.7 万吨，位列全球第五位。

目前，世界硼化物（也包括硼矿）产量已达 980 万吨左右。土耳其是最大的生产国和消费国，产量为 730 万吨。2007~2017 年全球硼（金属含量）产量走势如图 1-5 所示。

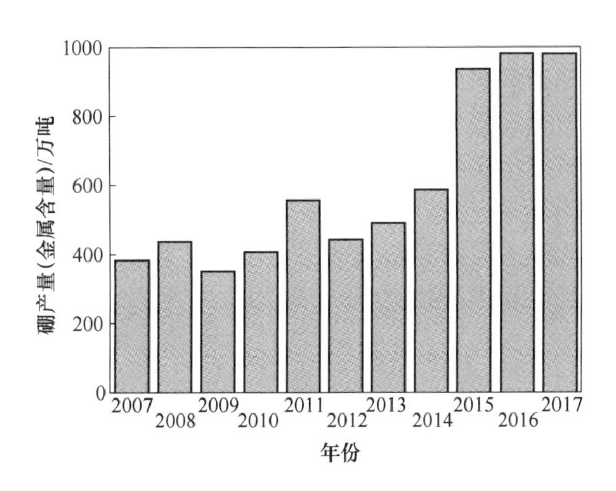

图 1-5　2007~2017 年全球硼（金属含量）产量走势

1.2.2　世界硼矿资源分布

世界硼矿资源主要分布于环太平洋与地中海构造带中，主要资源国为土耳其、俄罗斯、美国、智利和中国，这五个国家硼矿储量总和约占世界总储量的97%，其中土耳其和美国的硼矿储量总和约占世界总储量的90%。美国和土耳其是目前世界上最主要的硼生产国，其硼矿石质量好、品位高；其次为阿根廷、智利、俄罗斯、秘鲁等国；中国的硼矿主要为含铀硼铁矿，选矿难度较大。

土耳其硼矿资源主要集中在小亚细亚半岛的安托利亚高原西部、马尔马拉海以南（东西长300km，南北宽150km）地区，地处阿尔卑斯—喜马拉雅板块构造带。该区自北向南再向东，依次分布着大型火山沉积型硼矿床：凯斯特雷克（Kestelek）、比加第奇（Bigadic）、埃梅特（Emet）和柯尔卡（Kirka）。

俄罗斯的硼矿多产于亚洲部分，以硅硼钙石为主，可溶性较差，总储量为4000万吨，产地为达尔涅戈尔斯科城（the town of Daineqorsk）。

美国的硼矿资源集中分布在西部太平洋沿岸，主要类型为火山沉积型和现代盐湖型。最著名的硼矿是克拉默火山沉积型硼矿床，其规模大、被开采利用时间最长，其次为死谷硼矿，规模比前者小。除此之外西部地区也存有一系列硼酸盐盐湖，最大的盐湖型矿床为加利福尼亚的西尔斯湖。

智利的硼矿资源集中分布在其北部与玻利维亚和阿根廷交界处的塔拉帕卡区、安托法加斯塔区和阿塔卡马地区。典型矿床有苏里莱干盐湖（Salar de Surire）、阿斯考坦干盐湖（Salar de Ascotan）、吉斯吉罗干盐湖（Salar de Quisquiro）和阿瓜斯卡林特斯苏（Aguas Calientes Su）盐湖。

1.2.3　世界硼矿的主要类型和重要硼矿床

世界上含硼矿物很多，根据含硼矿物的化学组成可将其分为三类：硼硅酸盐矿物、硼铝硅酸盐矿物和硼酸盐矿物。其中，硼硅酸盐矿物主要是硅钙硼石和赛黄晶，硼铝硅酸盐矿物主要有电气石和斧石。这两类硼矿物中，除了硅钙硼石尚具有工业价值外，其他或是难以加工，或因未大量聚集成工业矿床而意义不大。目前，作为硼工业原料的主要是第三类——硼酸盐矿物。这类矿物有100多种，但作为工业硼资源开发利用的仅有10余种，如天然硼砂、遂安石、硼镁石、硬硼钙石、天然硼酸、钠硼解石、柱硼镁石等。在中国，硼镁石、遂安石、硼镁铁矿、硼砂、钠硼解石、柱硼镁石等均可形成大、中型矿床。表1-1为几种主要硼酸盐矿物的物理、化学性能。

世界硼矿床主要分布于以下几个国家：

（1）土耳其。土耳其硼矿床类型主要为火山沉积型，主要分布于土耳其西

表 1-1 主要硼酸盐矿物的物理、化学性能

矿物名称	化 学 式	B_2O_3 含量 /%	颜色	密度 /g·cm^{-3}	莫氏硬度
硼镁石	$Mg_2[B_2O_4(OH)](OH)$	41.38	白、灰、浅黄	2.62~2.75	3~4
硼镁铁矿	$(Mg, Fe)_2Fe(BO_3)O_2$	17.83	黑、黑绿	3.6~4.7	5.5~6
天然硼砂	$Na_2B_4O_5(OH)_4 \cdot 8H_2O$	36.51	白、浅灰和浅黄	1.69~1.72	2.0~2.5
遂安石	$Mg_2(B_2O_5)$	46.34	白、淡褐	2.91~2.93	5.9
钠硼解石	$NaCa(H_2O)_6[B_3B_2O_7(OH)_4]$	42.95	白、无色	1.65~1.95	2.5
硬硼钙石	$Ca(H_2O)[B_2BO_4(OH)_3]$	50.81	白、无色	2.41~2.44	4.5~5
柱硼镁石	$Mg[B_2O(OH)_3]$	42.46	白、灰白、无色	2.3	3.5

北部，硼矿类型有天然硼砂、硬硼钙石和钠硼解石，矿石平均 B_2O_3 品位可达 37%~42%，低品位硼矿石 B_2O_3 品位也有 26%~27%。

(2) 美国。美国硼矿床类型主要为火山热泉型，硼矿类型有硼砂、四水硼砂和硬硼钙石，矿石中 B_2O_3 品位达 25%；此外还有现代盐湖型，主要硼矿类型为卤水矿，其 B_2O_3 品位为 1%~2%；火山沉积型，主要硼矿类型为硬硼钙石。

(3) 俄罗斯。俄罗斯硼矿床类型主要为矽卡岩型，由镁矽卡岩和钙矽卡岩构成，主要硼矿类型为硼镁铁矿，矿石 B_2O_3 品位为 34%。

(4) 智利。智利、秘鲁、玻利维亚和阿根廷等南美国家的硼矿资源沿安第斯山脉形成一个矿带，硼矿床类型主要为现代盐湖型，已知矿床有 40 余个，但矿床规模小，平均 B_2O_3 品位为 20%，含硼矿物主要为钠硼解石和硼砂。

世界主要硼矿矿床见表 1-2。

表 1-2 世界主要硼矿矿床

国家	矿床或产地名称	矿床类型	主要矿物	矿床规模
土耳其	凯斯特莱克矿	火山沉积型	钠硼解石和硬硼钙石	超大型
土耳其	埃梅特矿	火山沉积型	钠硼解石和硬硼钙石	超大型
土耳其	科尔卡	火山沉积型	十水硼砂	超大型
土耳其	比加第奇	火山沉积型	十水硼砂	超大型
美国	克拉默	火山热泉型	硼砂、四水硼砂和硬硼钙石	超大型
美国	西尔斯湖	现代盐湖型	卤水矿	小型
美国	死谷	火山沉积型	硬硼钙石	小型
俄罗斯	塔约扎诺耶	矽卡岩型	硼镁铁矿	大型

续表 1-2

国家	矿床或产地名称	矿床类型	主要矿物	矿床规模
塞尔维亚	皮斯堪加	火山沉积型	硬硼酸钙石和硼钠钙石	大型
智利	安托法加斯塔省	现代盐湖型	钠硼解石	大型
智利	塔拉帕卡省	现代盐湖型	钠硼解石	大型
秘鲁	阿雷基帕省	现代盐湖型	钠硼解石	小型
阿根廷	廷卡拉	现代盐湖型	十水硼砂和钠硼解石	大型
中国	辽宁、吉林	沉积变质型	硼镁石、遂安石、硼镁铁矿	大型
中国	西藏、青海	现代盐湖型	硼砂、库水硼镁石和柱硼镁石、钠硼解石	大型

世界上硼矿床类型较多，分类方法也各不相同，按空间、成矿时代、矿床成因及矿床特征等主要因素，可将硼矿床划分为沉积变质型、现代盐湖型、地下卤水型、矽卡岩型、海相火山岩型、火山沉积型和火山热泉型等。下面介绍火山沉积型、现代盐湖型、沉积变质型和矽卡岩型四种主要硼矿床类型：

（1）火山沉积型硼矿床。火山沉积型硼矿床的形成与火山作用关系密切，成矿物质来源于火山喷发过程，成矿作用是在沉积作用过程中形成。矿体产于火山沉积岩系中，矿体多与火山岩（凝灰岩）、沉积岩呈互层产出。主要矿体位于火山沉积盆地中，沿水平方向矿体可相变为火山岩层。硼成矿作用发生于火山喷发的热泉水和矿化水流入干旱气候带内的封闭蒸发洼地内。此类矿床分布广、质量高、易开采、储量大（约占世界已知硼矿储量的80%），是世界上储量最大、产量最大的矿床。典型的火山沉积型硼矿床有美国克拉默矿床、土耳其西安托利亚矿集区、塞尔维亚皮斯堪加矿床等。

（2）现代盐湖型硼矿床。从全球范围看，盐湖型硼矿床是仅次于火山沉积型矿床的重要硼矿床类型，是目前全球开采利用量第二大的矿床类型。而且两者往往有一定的成因和时空联系，国内外不少专家曾把这两个类型的矿床放在一起研究硼矿床的分布规律，特别两者的构造环境与地质背景有较多相似之处。盐湖型硼矿床主要分布在南美地区（沿安第斯南山脉分布，主要的国家有阿根廷、智利、秘鲁等），我国的青海、西藏地区，美国西部的西尔斯湖也是典型的盐湖型硼矿床。北美洲盐湖分布于内华达山脉的山间谷地北纬30°~40°的干旱气候区；南美洲盐湖分布于安第斯山脉（高原）南纬20°~30°的沙漠区，都是新近纪至今的构造（火山活动带），邻近地区的玄武岩和流纹岩被认为是硼矿形成时火山来源的重要依据，大多数富硼锂的盐湖区有钙质泉华分布，有的泉华体至今还有含硼热水喷溢。

（3）沉积变质型硼矿床。此类硼矿床均产于前寒武系变质岩系中，矿床的围岩地层为火山沉积岩系，区域变质作用达到角闪岩相，并有不同程度的混合岩化作用。硼矿体赋存岩石均为镁质大理岩，硼矿石可分为镁硼酸盐型（我国辽吉地区称为白硼型）和富铁（钛、锰）的硼镁铁矿型（我国称为黑硼型）。除了我国辽吉地区外，在俄罗斯远东的阿尔丹地盾区、西部波罗的海地盾区，瑞典中部，美国纽约州和新泽西州，以及斯里兰卡等的前寒武系片岩、片麻岩、变粒岩等变质岩系分布区，都有类似的硼矿床发现。

（4）矽卡岩型硼矿床。矽卡岩型硼矿床属内生工业硼矿床。特别是钙碱性花岗岩类侵入体与镁质碳酸盐岩外接触带上形成的镁矽卡岩，常有重要的硼酸盐矿体（硼镁铁矿、镁硼石、硼镁石等）存在。镁橄榄石被斜硅镁石、硅镁石和硼酸盐矿物交代；在邻接镁矽卡岩的花斑大理岩和白云大理岩中，有时也有少量呈柱状、放射状集合体的浸染状硼镁铁矿。透辉-透闪石矽卡岩和金云母矽卡岩，以及后期蚀变的蛇纹石大理岩中较少见到硼酸盐矿化。镁矽卡岩硼矿中常有磁铁矿和铂、铅、锌硫化物矿化共生，有时硼酸盐矿体与金属矿体同体共生。此类矿床在俄罗斯、哈萨克斯坦、罗马尼亚、美国、瑞典等都有分布，但矿床的品位 B_2O_3 含量变化很大，构成工业矿体的不多，规模为中小型矿床。

1.3 我国硼矿资源概况

1.3.1 我国硼矿资源储量

我国是世界上重要的产硼国家之一，也是发现和利用硼矿最早的国家。据全国矿产资源储量通报数据，我国共有硼矿区 88 处，分布在 15 个省、市、自治区，查明资源储量 7293.2 万吨（以 B_2O_3 计），其中基础储量 3102.05 万吨，占 42.5%。我国硼矿资源大部分集中在辽宁、吉林、青海及西藏等 4 个省和自治区，而辽宁、吉林两省 B_2O_3 保有储量占全国总量的一半以上（52.5%），青海、西藏两省（区）保有储量占全国总量的 1/3 以上（36.4%），这 4 个省和自治区硼保有储量占全国总量的 88.9%，其余的储量多为小矿，零星分布于湖南、广西、江苏、内蒙古及新疆等地。

辽宁省硼矿资源主要分布在宽甸、凤城和大石桥三个地区，其累计储量 33441 万吨，B_2O_3 组分含量 2843.14 万吨，占全国储量的 57%，主要为硼镁石矿和硼镁铁矿。青海省的硼资源主要分布于柴达木盆地的大小柴旦湖、察尔汗、一里坪和东西吉乃尔等地，已探明硼的总储量（以 B_2O_3 计）为 1174.1 万吨，其中固体硼 462.1 万吨，地下卤水硼 695.0 万吨，地表卤水硼 17.0 万吨，硼储量占全国硼储量的 29.8%，居全国第二位。表 1-3 所示为我国主要硼矿资源成矿省资源预测量。

1.3.2 我国硼矿床类型

我国硼矿床按空间、成矿时代、矿床成因及矿床特征等主要因素，分为沉积

表 1-3　我国主要硼矿资源成矿省资源预测量

序号	地区	主要矿床类型	典型矿床	预测资源量（以 B_2O_3 计）/万吨
1	华北陆块地区	沉积变质型	东水厂锰硼矿、凤城翁泉沟硼铁矿、宽甸杨木杆子硼矿	3450
2	青海—西藏—新疆—甘肃地区	现代盐湖型	现代盐湖沉积型硼矿大柴旦典型矿床、藏扎仓茶卡硼矿、玛纳斯钾盐矿（伴生硼）、乌苏硝钾盐矿（伴生硼）、敦煌市西湖硼矿等	5593
3	四川—湖北地区	地下卤水型	四川自贡邓井关硼矿床、潜江硼锂矿床、南翼山硼矿	12179
4	湖南—广东—浙江地区	矽卡岩型	湖南常宁县七里坪硼矿、广东连平大顶硼矿、阳山九龙坪硼矿、怀集灰塘硼矿、浙江长兴和平硼矿	959
5	准噶尔地区	海相火山岩型	西西尔塔格硼矿床	37

变质型、现代盐湖型、地下卤水型、矽卡岩型和海相火山岩型五个类型，其中沉积变质型和现代盐湖型硼矿床为主要开采利用对象。表 1-4 为我国主要硼矿床类型。

表 1-4　我国主要硼矿床类型

矿床类型	储量/%	代表矿床	主要分布地区
沉积变质型硼矿	54.6	辽宁翁泉沟、辽宁杨木杆子	华北地台北部前寒武纪古老隆起地带，辽吉裂谷
现代盐湖型硼矿	29.2	茶扎仓卡盐湖	藏北高原
		青海察尔汗，西藏扎布耶盐湖、杜佳里湖及班戈湖	柴达木盆地、藏北强烈碰撞带
		青海大柴旦盐湖	柴达木盆地
地下卤水型硼矿	10.6	自贡邓井关、宜汉川 25 号井	四川盆地
		潜江凹陷盐矿（硼）	江汉盆地
矽卡岩型硼矿	5.3	江苏六合冶山、湖南常宁七里坪和汤市、广西钟山黄宝、广东连平	华南褶皱系
海相火山岩型硼矿	0.1	西西尔塔格硼矿	东天山的博格多矿带

（1）沉积变质型硼矿。沉积变质型硼矿是我国主要的硼矿床类型，主要分布于我国辽东-吉南地区，已发现翁泉沟、杨木杆子等典型矿床。该类型硼矿床产于中朝准地台辽东古元古代褶皱带之内，其原始控矿沉积构造称为辽东裂谷。成矿时代为古元古代，含硼岩系为辽河群变质岩，以富硼的变粒岩和浅粒岩为主，含硼岩系的原岩为一套海底火山喷发岩，属黏土岩夹镁质碳酸盐建造。

（2）现代盐湖型硼矿。现代盐湖型硼矿也是我国主要的硼矿床类型，主要分布于青海、西藏两省区，代表性矿床有青海大柴旦盐湖、西藏扎布耶盐湖等。该类型硼矿床产于新生代构造活动区内——青藏高原南、北特提斯造山带中，且大多产于第四纪的盐盘及盐泥坪环境中。

（3）地下卤水型硼矿。地下卤水型硼矿是我国重要的硼矿床类型，主要位于四川盆地和湖北潜江盆地，属上扬子川中前陆盆地和下扬子鄂中碳酸盐台地区，代表性矿床有四川自贡邓井关。该类型硼矿为液态类型，赋矿层位多位于下三叠统嘉陵江组，含矿层位稳定，区域上含硼卤水具有呈近椭圆形分带特色，且多与石油、天然气密切共生，为硼、锂、钾、碘、溴等多元素地下卤水型（油田水）硼矿组合。该类型硼矿中 Br、I、K、Li、Cl 可综合利用，系我国一种以硼为主，同时富集 Li、I、K、Br 等资源，且潜力巨大、综合利用价值可观的新型硼矿类型。

（4）矽卡岩型硼矿。矽卡岩型硼矿是我国次要的硼矿床类型，主要分布于湖南南部、广西东北部、广东西北部、江苏中南部、浙江西北等地区，代表性矿床有湖南常宁、广东连平等。该类型硼矿床主要产于华南褶皱带的中酸性岩浆岩体与不同时代镁质碳酸盐岩的接触带上，其形成主要为燕山期中酸性岩浆活动的产物。该类型硼矿床以矽卡岩热液交代型非金属矿床为主，规模多为小型或矿点，零星分布。

（5）海相火山岩型硼矿。海相火山岩型硼矿是我国次要的硼矿床类型，主要分布于依连哈比尔尕—博格达裂谷盆地的博格达晚古生代裂谷内，代表性矿床有西西尔塔格硼矿。该类型硼矿体产出于石炭系玄武岩中，主要表现为与火山作用密切相关的成矿作用，受古火山机构控制。成矿时代以晚古生代为主，主要为晚石炭世。含矿建造为上石炭统柳树沟组基性火山熔岩、火山碎屑岩及沉积岩建造，矿石建造为硼矿、硼矿-方解石矿建造。

1.3.3 我国硼矿资源特点

据预测我国硼矿总资源潜力约有 1 亿吨，但我国硼矿质量远低于其他主要硼矿资源国，可利用资源十分有限，大量优质硼矿资源集中分布在运输困难、开采条件差的青、藏地区。

我国硼矿资源总体上具有下列特点：

（1）硼矿资源丰富。中国硼资源储量为3901.7万吨，位列全球第五位。

（2）硼矿种类多，共伴生矿物多。我国硼矿床按产出状态可分为单一硼矿床与共伴生硼矿床。单一硼矿床主要分布于辽东—吉南地区，是我国目前已开发利用的主要硼矿资源。共伴生硼矿资源广泛分布于西藏、青海的现代盐湖及四川、湖北的油（气）田水中，其资源量虽大，但因常与石盐、钾盐、锂矿、溴、碘共伴生（辽宁的翁泉沟硼矿与铀、铁共伴生），只能在其主矿种开发利用时综合回收利用，其开发利用程度多受主矿种开发利用的制约。

（3）矿石品位低、富矿少、贫矿多、开发利用程度低。我国绝大多数硼矿石的品位较低，硼矿石的 B_2O_3 品位小于12%的占全国总储量的90.74%，富矿（B_2O_3 品位大于20%）仅占8.54%。在硼工业矿物原料中95%以上使用硼镁石矿，而硼镁石仅占我国硼矿总储量的8.98%。而占58%的硼铁矿由于生产技术不够成熟，工业利用刚刚起步。

（4）产地分布不平衡。据预测，中国硼矿总的资源潜力约有1亿吨，分布在全国15个省、市、自治区，其中一半在西藏，其余在青海和辽宁。查明硼资源（以 B_2O_3 计）主要集中在辽宁、西藏、青海三省（自治区），这三省（自治区）的查明资源储量占全国总量的近九成。

1.3.4　我国硼矿资源开发利用现状

随着我国国民经济的发展，硼的需求量不断增长，而我国可利用的硼矿储量不能完全满足未来的需要。目前我国已有硼矿生产的矿山占全国总储量的56%，主要分布在辽宁省凤城、宽甸、营口，吉林省集安和湖南常宁等地。辽宁和吉林是我国主要硼矿基地。

至今，国内已开发利用的硼矿主要是沉积变质型硼矿中的硼镁石型矿石，湖南省常宁矽卡岩型硼矿的硼镁石也有开发利用，西部地区青藏高原盐湖固体硼矿地表及浅层富矿由于多年采挖所剩不多，目前仍维持少量生产。

我国目前硼矿石年产量约140万吨，年产硼酸30万吨，其中辽宁占有近一半，其他分布在青海、上海、山东等地，新疆、内蒙古及河南等地新建的硼酸项目正在实施中。2012年金玛硼矿有限公司形成了年产硼酸1.2万吨产能的生产线。辽宁翁泉硼镁股份有限公司硼酸生产线已于2012年3月正式投产，生产的硼酸纯度大于99.9%，产能达年产硼酸7万吨。预计未来我国硼酸工业首选发展地将出现在新疆、青海和山东等省（自治区），新疆由于邻近硼资源丰富的西藏，且当地能源价格较低，拥有稳定的硼镁肥市场；而山东与上海主要具有便利的港口优势，其周边消费市场需求巨大。

经过几十年的资源开发和基地建设，中国硼矿工业现已经发展形成辽宁东部最重要的硼矿生产区域，吉林、西藏、青海等省（自治区）有小规模的资源开发生产企业。硼矿资源开发利用的主要特点：一是大中型矿山少，以小型矿山为主；二是由于硼镁矿资源枯凋，加之近年来硼矿产品价格低迷，大部分矿山处于停产状态；三是盐湖型矿床以露天开采为主，沉积变质型矿床以地下开采为主，沉积变质型矿床中低品位硼铁矿以露天开采为主；四是除沉积变质型矿床中低品位硼铁矿外，均没有选矿。

我国生产硼的技术根据提硼原料可大致分为两类：矿石提硼和盐湖卤水提硼。从硼矿石中提硼历史悠久，硼镁矿是我国可供开发利用的主要硼矿资源。我国主要的硼产品硼砂、硼酸生产技术成熟，目前其主要的生产方法有碳碱法、硫酸法及硼砂中和法。我国盐湖卤水中蕴含着大量的硼资源，从盐湖卤水提硼的主要方法有萃取法、酸化法、沉淀法、离子交换法、分级结晶法和浮选法等。

1.3.4.1 固体硼矿提硼

（1）碳碱法。我国一般采用碳碱法制取硼砂，其工艺过程是：将硼矿石焙烧、磨矿后得到的硼镁矿粉加入纯碱溶液，并通入石灰窑窑气（CO_2）进行碳解、过滤、洗水后，滤液经适度的蒸发浓缩、冷却结晶，离心分离得到硼砂，母液直接回用于碳解配料。硼回收率（以 B_2O_3 计）一般可达 85.4%~88.2%。该工艺的原理是：将碳酸钠溶液加入焙烧后的硼镁矿矿粉中，通以窑气（CO_2）进行碳解，生成硼砂和不溶性的碱式碳酸镁。伴生矿物在焙烧过程中生成的游离氧化镁和二氧化碳反应生成碱式碳酸镁。碳碱法制取硼砂工艺与酸法和碱法相比，具有流程短、方法简单、硼砂母液可循环套用、B_2O_3 回收率和碱利用率都较高、可加工品位较低的硼镁矿和设备腐蚀小等优点，是目前普遍使用的方法。

（2）硫酸法。早期的硼矿加工采用硫酸一步法制取硼酸，其工艺过程是：将硼矿石破碎煅烧，结晶水蒸发后用硫酸使其酸化溶解生成硼酸，将反应后的产物过滤，滤液除去尾矿后经冷却结晶、离心分离、洗涤、脱水、干燥得到硼酸产品。该工艺生产技术成熟、流程简单，直接用硫酸就可以分解；但生产过程中设备腐蚀比较严重，硼矿中 B_2O_3 回收率不高，一般仅为 40%~50%。值得指出的是，该法对硼矿的品位要求较高，随着硼矿品位逐年下降，这种缺陷变得更加严重。

（3）硼砂中和法。即两步法，是传统的硼酸生产方法。其工艺过程是：硼矿先经碳酸化制得硼砂，再用硫酸或硝酸中和，经结晶、分离得到硼酸及副产品硫酸钠或硝酸钠。该工艺基本原理是：硼酸是一种弱酸，当强酸与其盐类作用时，即可将硼酸置换出来。硼砂中和法具有原料易得、工艺流程短、设备简单、技术成熟、酸耗量低、工艺条件易于控制和质量稳定可靠等优点。

1.3.4.2 利用含硼盐湖卤水提硼

（1）萃取法。萃取法主要依据与水互不相溶的萃取剂与硼酸及其盐溶液生成螯合物的特性将硼从卤水中萃取到有机相中，分离有机相与水相，从而使硼与卤水中其他组分分开，再用反萃剂将有机相中的硼反萃到水相，分离出硼砂或硼酸。萃取法适用于料液中硼含量为2~18g/L的体系，反萃载硼水相的硼酸含量一般为3%~5%，萃余液硼酸含量在0.3g/L。

（2）酸化法。酸化法主要有硫酸酸化法和盐酸酸化法，是根据硼酸在一定的酸性溶液，在较低温度时溶解度低的性质，利用酸将卤水中的硼转化为硼酸，使硼酸饱和后结晶析出从而使其分离。酸化法适用于含硼量较高的原料卤水（B_2O_3 的含量一般在2%~3%）。酸化法提硼的回收率较低，且提硼酸尚须与其他方法联用（如萃取）进一步回收硼。

（3）沉淀法。沉淀法是一种从盐湖卤水中分离提取硼酸的有效方法。硼与金属氧化物在弱碱条件下生成难溶的硼酸盐沉淀，然后用酸将其溶解，再冷却结晶制得硼酸产品。如在浓缩的原卤中加入一定量的石灰乳沉淀剂，可以得到硼酸钙的沉淀产物。温度、pH值及氧化钙的质量、用量是影响反应的主要因素。

（4）离子交换法。离子交换法采用强碱性阴离子树脂或带有多羟基基团的螯合树脂从海水或卤水中提取硼，前者可用强碱溶液洗脱，洗脱液加酸酸化、冷冻结晶即可得到硼酸；后者加酸到已吸附了硼酸的饱和树脂上，即可得到较高浓度的硼酸洗脱液。利用离子交换法从卤水中提硼主要适用于低含硼体系，其提硼技术较成熟，操作简单、无污染、提硼效率高。但该法由于受到工艺和成本的限制，目前还未见大规模工业化的应用，因此若要使其能够在工业中得到应用，必须开发和研制出高效廉价的提硼特效树脂。

（5）分级结晶法。分级结晶法主要针对碳酸盐型盐湖，是根据硼酸及硼酸盐的溶解度随温度变化较大的特点进行提硼的，主要利用强制蒸发，使不同盐类在某一温度范围逐级结晶析出，然后将含硼高的母液冷冻得到硼砂；也可根据硼酸溶解度较低且随温度变化较大的特点，将富硼母液酸化、冷冻、结晶析出硼酸，其应用范围较窄。

（6）浮选法。浮选法要求制盐后母液含硼在5%~8%（以 H_3BO_3 计）之间，用于从混合硼酸盐矿物中分离出硼酸，分离出的硼酸纯度较低，一般在70%~90%之间，精矿需进一步精制。我国四川自贡张家坝盐化厂采用浮选法回收井卤制盐后母液中的硼酸。尽管该法在国内外已属于成熟技术，但现在一般所用的浮选药剂对硼酸与其他盐类的选择性并不理想，对浮选药剂优选是该法未来的主要研究方向。

我国硼行业发展迅猛，但其发展过程仍存在诸多问题。随着固体硼矿的不断开采利用，可开采固体硼矿资源品位越来越低，固体硼矿资源日趋枯竭，开发利用我国丰富的盐湖液态硼矿资源及特色硼铁矿资源具有重要的战略意义。

参 考 文 献

[1] 李空. 全球硼矿资源分布与潜力分析研究［D］. 北京：中国地质大学（北京），2016.

[2] 汪镜亮. 硼矿资源的分布和加工状况［J］. 矿产综合利用，1993（3）：16~24.

[3] 继宇，程巨，李宗林，等. 硼铁矿闪速焙烧新工艺研究［J］. 无机盐工业，2009，41（3）：42~44.

[4] 李国忠. 浅谈硼镁铁矿开发利用［J］. 无机盐工业，1998（6）：18~20.

[5] 李文智，郑绵平，赵元艺. 西藏镁硼矿开发应用现状与建议［J］. 资源·产业，2004（5）：35~39.

[6] 李钟模. 我国硼矿资源开发现状［J］. 化工矿物与加工，2003（9）：38.

[7] 李文光. 我国硼矿资源概况及利用［J］. 化工矿物与加工，2002（9）：37.

[8] 刘然，薛向欣，姜涛，等. 硼及其硼化物的应用现状与研究进展［J］. 材料导报，2006，20（6）：1~4.

[9] 闫春燕，邓小川，孙建之，等. 硼的分离方法研究进展［J］. 海湖盐与化工，2005，34（5）：27~30.

2　硼铁矿石工艺矿物学

据统计，在我国的两种主要接触变质型硼矿中，硼镁矿储量仅占6%，而硼铁矿储量高达94%。其中，硼铁矿中的硼储量占全国总储量58%。因此，合理开发利用硼铁矿在我国具有十分重要的意义。

辽宁凤城硼铁矿属于硼、铁及铀矿物共生矿床，是我国特色优势资源，综合利用价值极高。但由于该矿结构复杂，平均含 B_2O_3 仅7.0%，含Fe 25%左右，故至今未得到良好的开发利用。因此，对该矿床矿石进行深入的工艺矿物学研究，为今后的采选工程建设及综合开发利用提供可靠依据是非常必要的。

2.1　矿石的物质组成

2.1.1　矿石的化学成分

对采集自辽宁凤城翁泉沟硼铁矿石样品进行了原子光谱分析，结果见表2-1。

表2-1　硼铁矿石的光谱分析结果　（%）

元素	Al	Au	Ba	Be	Bi	Ca	Cd	Co
含量	1.55	<0.05	<0.05	<0.05	<0.05	0.97	<0.05	<0.05
元素	Cr	Cu	Fe	Li	Mg	Mn	Ni	Pb
含量	<0.05	<0.05	27	<0.05	13.8	0.07	<0.05	<0.05
元素	Sb	Sn	Sr	Ti	V	Zn		
含量	<0.05	<0.05	<0.05	0.08	<0.05	<0.05		

由矿石的光谱分析结果（表2-1）可知，硼铁矿矿石中除Fe外其他有价元素的含量都很少，低于其工业利用边界品位，没有回收价值。其中元素B和U未做分析。

为进一步明晰硼铁矿石的化学成分，进行了化学多元素分析，结果见表2-2。

表2-2　硼铁矿石的化学多元素分析结果　（%）

成分	B_2O_3	U	Na_2O	MgO	Al_2O_3	SiO_2	S	K_2O	CaO	Fe
含量	6.15	0.0042	0.81	22.05	2.83	22.98	0.77	0.59	1.33	26.87

由矿石的化学多元素分析结果（表 2-2）可知，矿石中主要有用成分 B_2O_3、Fe 的含量分别为 6.15%和 26.87%，是主要的回收对象；矿石中的共生元素 MgO 的含量在 22.05%，可作为副产品综合回收；矿石中含有微量的铀（U），含量为 0.0042%，可以考虑回收；有害元素硫（S）含量较高，为 0.77%。

2.1.2 矿石的矿物组成

采用扫描电镜、EDS 能谱、光学显微镜和 XRD 衍射分析仪等检测设备对硼铁矿石进行了物相分析，矿石的 XRD 分析结果如图 2-1 所示。

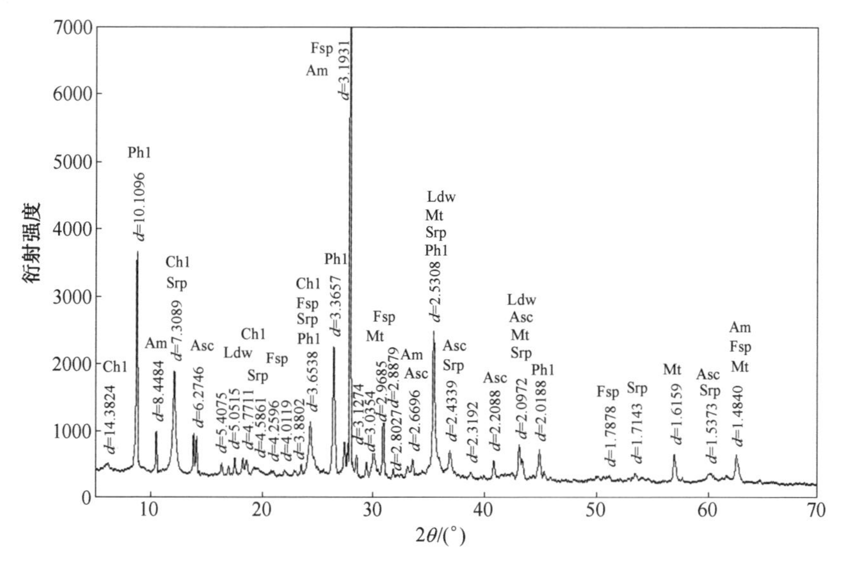

图 2-1　硼铁矿石的 XRD 衍射图谱

Ph1—金云母；Srp—蛇纹石；Mt—磁铁矿；Asc—硼镁石；Fsp—长石；Am—闪石；Ldw—硼镁铁矿；Ch1—绿泥石

硼铁矿石的 XRD 物相分析结果（图 2-1）表明，矿物组成复杂、种类繁多，主要由磁铁矿、硼镁石、蛇纹石和硼镁铁矿等组成，另有少量或微量金云母、长石（钾长石、钠长石、斜长石）、辉石（透辉石、次透辉石等）、赤铁矿、磁黄铁矿、黄铁矿、橄榄石、石英、磷灰石等。

该硼铁矿石的矿物组成复杂，已查明的各类矿物共计 30 余种，按照它们在矿石组成中的作用和地位可划分为有用矿物和脉石矿物，再依据其含量的多少进一步划分为主要、次要和少见矿物。矿石中矿物的分类及含量分别见表 2-3 和表 2-4。

由矿石的矿物组成及含量分析结果（表 2-4）可知，矿石中主要矿物为磁铁矿，其质量分数为 31.41%；其次为蛇纹石，其质量分数为 25.14%；其中，硼镁石的质量分数为 13.22%，其他矿物含量相对较少。磁铁矿、硼镁石和蛇纹石三

表 2-3　硼铁矿石的矿物组成

有用矿物		磁铁矿、硼镁石、硼镁铁矿
脉石矿物	主要矿物	蛇纹石（包括叶蛇纹石、纤维蛇纹石和胶蛇纹石）
	次要矿物	斜硅镁石、云母（金云母、黑云母）、绿泥石、斜绿泥石、普通角闪石、透闪石、镁橄榄石、方解石、白云石、黄铁矿、磁黄铁矿、赤铁矿、褐铁矿
	少见矿物	凌镁石、磷灰石、水镁石、锆石、石英、萤石、长石、电气石、硬石膏、闪锌矿、黄铜矿、石墨、钠长石、榍石

表 2-4　矿石的矿物组成及含量　(%)

矿物	硼镁石	磁铁矿	蛇纹石	硼镁铁矿	磁黄铁矿	赤、褐铁矿	金云母
含量	13.22	31.41	25.14	4.61	1.28	0.76	7.04
矿物	长石	闪石	辉石	橄榄石	石英	碳酸盐矿物	其他
含量	7.03	2.67	1.64	1.58	0.98	1.95	0.69

者合计占有矿石总质量的69.77%。因此，这三种矿物各自在矿石中的嵌布状态及其相互间的共生关系，是影响矿石选矿工艺流程及其综合利用的关键因素之一。

2.1.3　矿石中主要元素的赋存状态

硼铁矿石中硼、铁是主要回收对象，为确定矿石中元素硼和铁的化学赋存状态，对元素铁和硼进行了化学物相分析，分析结果分别见表 2-5 和表 2-6。

表 2-5　矿石中铁的化学物相分析　(%)

载体矿物	磁铁矿中铁	磁黄铁矿中铁	黄铁矿中铁	赤/褐铁矿中铁	硅酸铁中铁	总铁
含量	23.00	0.33	0.31	0.26	2.97	26.87
分布率	85.60	1.23	1.15	0.97	11.05	100.00

由矿石中铁的化学物相分析（表 2-5）可知，矿石中铁主要以磁铁矿（Fe_3O_4）形式存在，其比例占全铁的85.60%；其次以硅酸铁的形式存在，分布率为11.05%。其中，约1.15%的铁以磁黄铁矿的形式存在，由于磁黄铁矿具有与磁铁矿类似的磁性，容易在弱磁分选过程中随着磁铁矿一起进入精矿槽中，会影响铁精矿的质量。其余少量铁则分布于黄铁矿、赤铁矿等矿物中。

表 2-6　矿石中硼的化学物相分析　(%)

载体矿物	硼镁石	硼镁铁矿	累计 B_2O_3
含量	5.47	0.68	6.15
分布率	89.01	10.99	100.00

由矿石中硼的化学物相分析（表 2-6）可知，矿石中硼主要以硼镁石（$Mg_2[B_2O_4(OH)](OH)$）形式存在，其比例占总硼的 89.01%，其余则分布于硼镁铁矿（$(Mg,Fe)_2Fe(BO_3)O_2$）中，分布率为 10.99%。

2.2 矿石结构与构造

矿石中磁铁矿和硼镁石主要是由硼镁铁矿受热液作用分解而成，叶蛇纹石主要是由交代早期矿物（如橄榄石、斜硅镁石等）生成的。因此，这几种主要矿物的成因决定了矿石特有的构造、结构和嵌布关系。

80%以上的磁铁矿和硼镁石形成了矿石的致密块状构造。其次还有：(1) 条带状构造，以磁铁矿为主形成的暗色基体中穿插浅色的蛇纹石条带、硼镁石条带以及铜黄色的磁黄铁矿条带；(2) 斑杂状构造，暗色的磁铁矿和浅色的硼镁石、蛇纹石等呈杂乱不均匀的团块；(3) 浸染状构造，晶质铀矿和早期粗粒磁铁矿、磁黄铁矿呈浸染状分布在矿石中。

矿石中有纤维变晶、纤维粒状变晶，似文象、花斑、假象状、交代残留等结构。尽管硼镁铁矿受热液作用分解形成了硼镁石和磁铁矿，但仍然保留硼镁铁矿板柱状、粒状晶形，形成了假象硼镁铁矿结构。由于硼镁铁矿分解形成了细小纤维状硼镁石和细小纤维状，极不规则粒状磁铁矿紧密镶嵌，故嵌布关系相当复杂，形成了似文象结构和花斑结构。

硼镁石的微小集合体和磁铁矿的微小集合体大致呈定向排列，呈犬牙交错状相嵌。由于硼镁石和磁铁矿的这种嵌布关系，使得两者很难彻底解离，这是造成磁铁矿与硼镁石难以彻底分离的主要原因。

矿石中两种主要脉石矿物是叶蛇纹石和斜硅镁石，两者基本呈交代残留结构。蛇纹石沿斜硅镁石的边缘和裂隙进行交代，这是矿石中这两种脉石矿物的最基本的嵌布关系。残留的斜硅镁石呈孤岛状分布在蛇纹石中。这种结构使得矿石中两种主要脉石矿物叶蛇纹石和斜硅镁石嵌布十分紧密。

2.3 主要矿物的产出特征

矿石中主要的金属氧化物矿物为磁铁矿，硫的主要矿物为黄铁矿，其他少量的铁氧化物为褐铁矿等；含硼的主要矿物为硼镁石和少量的硼镁铁矿，脉石矿物主要为蛇纹石及少量的方解石、白云石、绿泥石及石英等。

2.3.1 磁铁矿

2.3.1.1 *磁铁矿的光学显微观察*

磁铁矿是矿石中的主要金属氧化物之一，主要以自形晶、半自形晶、它形晶粒状及集合体与硼镁石、蛇纹石等矿物紧密嵌布，沿硼镁石及蛇纹石等矿物的晶粒间隙交代充填形成填隙结构，如图 2-2 所示，形成定向条带状结构、粒状（粗粒、细粒、微细粒）结构等。细粒磁铁矿与硼镁石紧密嵌布在一起形成集合体，也常见磁铁矿以细长条状在矿石中呈定向排列，如图 2-3 所示，这部分磁铁矿与硼镁石以细粒、微细粒及微晶结构共生，难以单体解离。常见粗粒磁铁矿嵌布在矿物的集合体中。

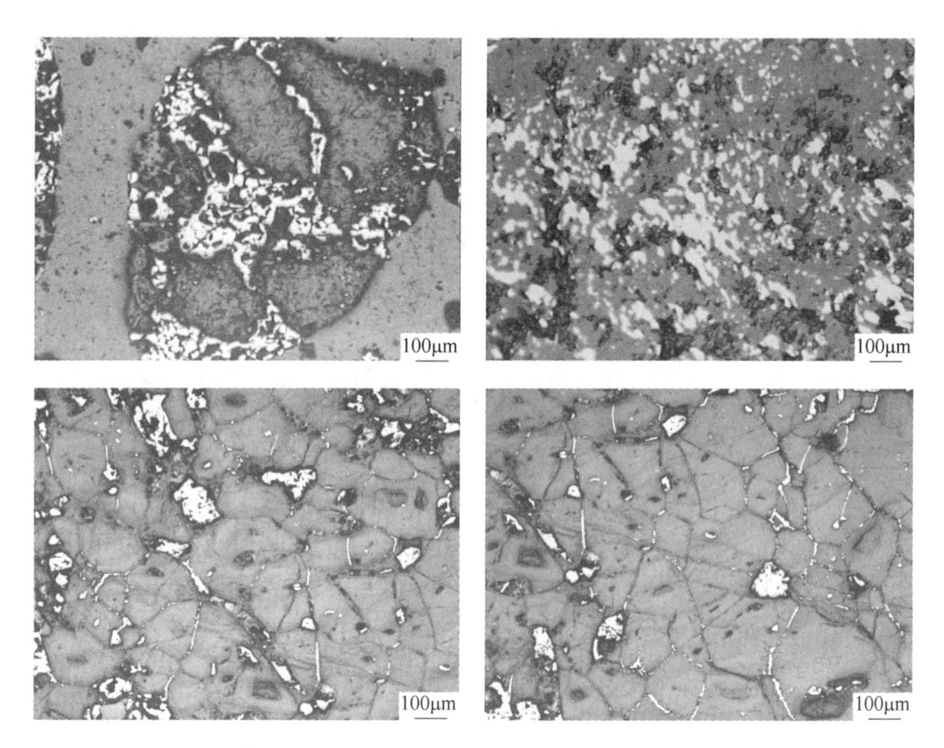

图 2-2　矿石中粒状和网脉状磁铁矿的充填结构

磁铁矿还以局部紧密富集的集合体形式嵌布在矿石中，如图 2-4 所示。另外，可见黄铁矿以包裹体形式与磁铁矿紧密共生在一起形成相互复杂嵌布的集合体。磁铁矿可分为原生粒状磁铁矿（粒度较粗）和后期蚀变细粒状、网脉状磁铁矿。后期蚀变的磁铁矿与蛇纹石、硼镁石形成复杂的共生关系且浸染粒度细，相互之间的连晶相对复杂。

矿石中原生粒状磁铁矿的粒度大多较粗，细粒、微细粒磁铁矿的含量较少，在适当的粗磨条件下就可以使磁铁矿与硼镁石及蛇纹石解离，可先把这部分磁铁矿选别出来。同时，由于后期由硼镁铁矿蚀变生成的磁铁矿粒度大多较细，且磁铁矿与硼镁石之间的嵌布关系复杂，尤其以细粒、微细粒嵌布在矿石中的磁铁矿与硼镁石和脉石矿物之间的解离困难，这部分磁铁矿需通过再磨使铁与硼矿物分

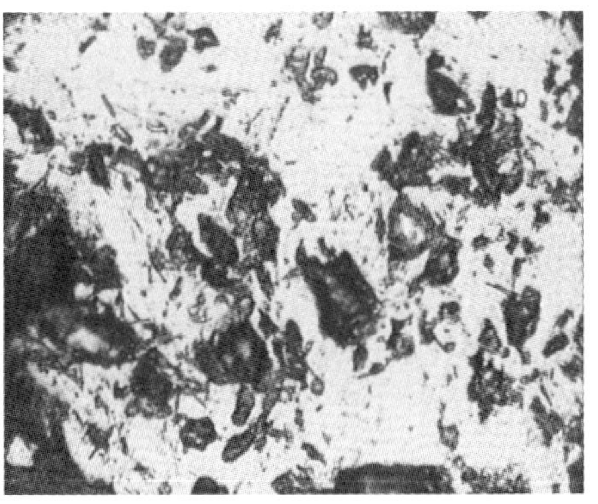

图 2-3 呈定向排列的条带形粒状和粗粒嵌布磁铁矿

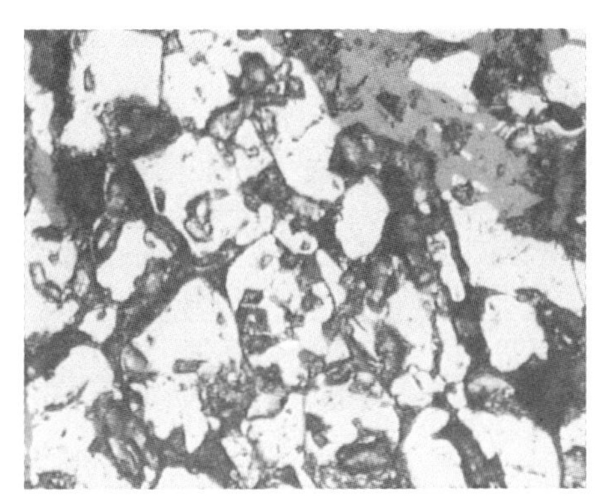
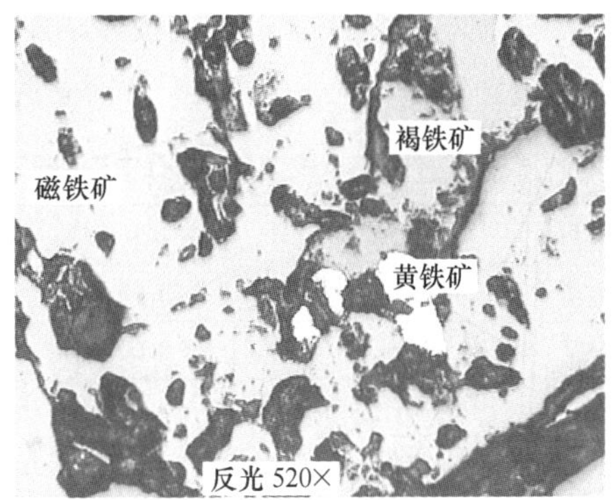

图 2-4 局部富集的磁铁矿集合体及黄铁矿、褐铁矿共生情况

离，经磁选可再选出部分含硼的铁精矿。

总体而言，虽然会有部分细粒、微细粒的磁铁矿损失在富集硼矿物的作业中，但也会有部分磁铁矿与硼镁石的连生体进入铁精矿中，造成硼矿资源的损失。

2.3.1.2 磁铁矿的电子显微观察

磁铁矿是矿石中含量最大的矿物，质量分数约为 31.4%。矿石中的磁铁矿主要由 Fe、O 组成，含少量的 Mg、Al、Si、Mn，如图 2-5 所示。

随机抽取 27 个磁铁矿分析点进行能谱定量分析，结果见表 2-7。由表 2-7 可知，磁铁矿平均含 Fe 71.64%，含 Mg 0.45%，含 Al 0.004%，含 Si 0.10%，含 Ti 0.04%，含 Mn 0.01%。

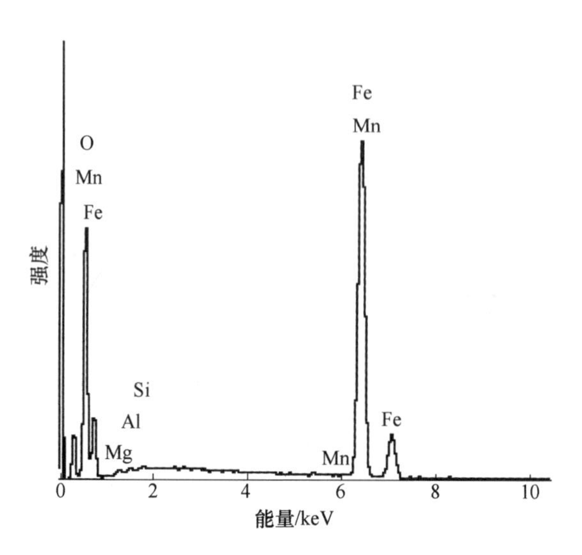

图 2-5　磁铁矿的化学组成能谱分析

表 2-7　矿石中磁铁矿的 X 射线能谱分析结果　　(%)

分析点	Mg	Al	Si	Ti	Mn	Fe	O	全部
1	0.57	0.00	0.08	0.00	0.00	71.61	27.75	100.01
2	0.79	0.00	0.00	0.00	0.00	71.46	27.75	100.00
3	0.51	0.00	0.00	0.00	0.00	71.80	27.69	100.00
4	0.73	0.00	0.00	0.64	0.38	70.40	27.85	100.00
5	0.27	0.00	0.00	0.00	0.00	72.08	27.64	99.99
6	0.47	0.00	0.00	0.00	0.00	71.84	27.68	99.99
7	0.42	0.00	0.00	0.00	0.00	71.91	27.67	100.00
8	0.98	0.00	0.04	0.00	0.00	71.17	27.81	100.00
9	0.42	0.00	0.00	0.00	0.00	71.91	27.67	100.00
10	0.43	0.00	0.12	0.00	0.00	71.72	27.74	100.01
11	0.19	0.00	0.47	0.00	0.00	71.47	27.88	100.01
12	0.38	0.00	0.29	0.00	0.00	71.51	27.82	100.00
13	0.35	0.00	0.17	0.00	0.00	71.72	27.76	100.00
14	0.21	0.00	0.36	0.00	0.00	71.60	27.83	100.00
15	0.35	0.00	0.13	0.00	0.00	71.78	27.73	99.99
16	0.37	0.00	0.00	0.00	0.00	71.96	27.66	99.99
17	0.27	0.00	0.00	0.00	0.00	72.08	27.64	99.99
18	0.81	0.00	0.32	0.00	0.00	70.95	27.93	100.01

续表 2-7

分析点	Mg	Al	Si	Ti	Mn	Fe	O	全部
19	1.03	0.00	0.00	0.00	0.00	71.18	27.80	100.01
20	0.07	0.00	0.00	0.39	0.00	71.85	27.68	99.99
21	0.42	0.00	0.28	0.00	0.00	71.47	27.83	100.00
22	0.35	0.00	0.08	0.00	0.00	71.86	27.71	100.00
23	0.34	0.12	0.07	0.00	0.00	71.73	27.74	100.00
24	0.20	0.00	0.19	0.00	0.00	71.87	27.73	99.99
25	0.00	0.00	0.14	0.00	0.00	72.20	27.67	100.01
26	0.74	0.00	0.00	0.00	0.00	71.52	27.74	100.00
27	0.57	0.00	0.00	0.00	0.00	71.72	27.70	99.99
平均值	0.45	0.004	0.10	0.04	0.01	71.64	27.74	99.98

磁铁矿主要以自形、半自形、它形粒状、细粒状和脉状嵌布。细粒状和脉状分布的磁铁矿与硼铁矿（或硼镁铁矿，下同）和硼镁石关系密切，在矿石中常见由磁铁矿、硼铁矿和硼镁石组成的集合体颗粒，也见蛇纹石和其他脉石矿物中有细粒的磁铁矿颗粒。硼铁矿内部可见细粒的磁铁矿颗粒，即使采用细磨的方法也难于将细粒、脉状磁铁矿与其他矿物完全解离。

矿石中典型的磁铁矿和其他矿物的嵌布关系如图 2-6~图 2-10 所示，并配有主要矿物的元素面分布图或化学组成能谱图。

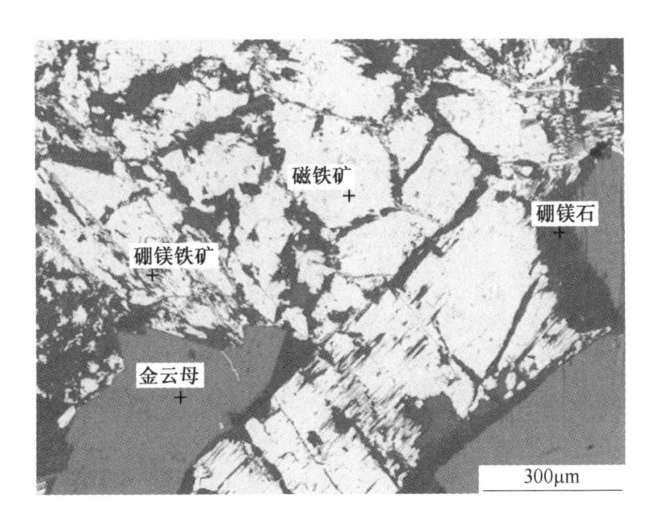

图 2-6　矿石背散射电子图像和典型矿物化学组成能谱分析图

由图 2-6 可知，矿石中呈粒状嵌布的磁铁矿中含有细粒的硼镁铁矿，其裂隙中分布有脉状硼镁石和金云母。这些磁铁矿中的硼铁矿和硼镁石很难与磁铁矿完全解离。

图 2-7　磁铁矿与硼铁矿、蛇纹石的嵌布关系

由图 2-7 可知，磁铁矿与硼镁铁矿、蛇纹石、硼镁石嵌布关系非常复杂，磁铁矿包裹有蛇纹石，蛇纹石中包含细粒嵌布磁铁矿，容易造成磁选过程中铁精矿质量的下降。

图 2-8 所示为磁铁矿与硼镁石的嵌布关系图，为样品的背散射图像和元素 Fe、Mg、O 面分布图的组合图像。其中白亮的颗粒为磁铁矿，灰色的颗粒为硼镁石。可知，硼镁石中分布有微细粒磁铁矿（粒度<10μm），这部分磁铁矿容易丢失在尾矿中。

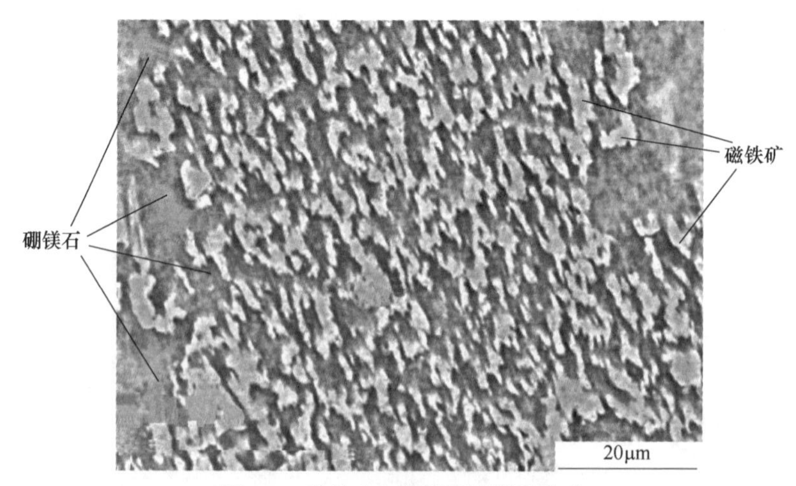

图 2-8　磁铁矿与硼镁石的嵌布关系

图 2-9 所示为磁铁矿与蛇纹石的嵌布关系图，可知蛇纹石中嵌布有细脉状结构的磁铁矿和黄铁矿。这种结构的磁铁矿很难与其他矿物完全解离，会影响磁选铁精矿的质量。

图 2-9　磁铁矿与蛇纹石的嵌布关系

图 2-10 所示为样品背散射图像和元素 Fe、Mg、Si 面分布图的组合图像。可见，磁铁矿颗粒中包含有微细粒硼镁石包裹体，这部分硼在分选过程中难以得到回收，极大的可能是在磁选过程中随着磁铁矿一起进入磁选铁精矿中，造成硼的回收率不高。

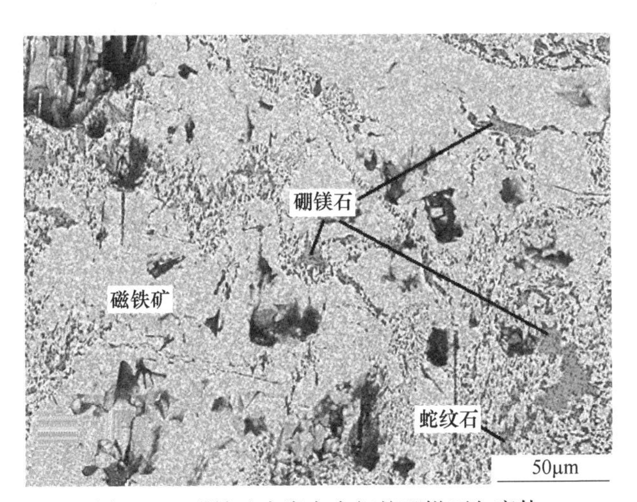

图 2-10　磁铁矿中嵌布有细粒硼镁石包裹体

总体来说，磁铁矿是矿石中的主要含铁矿物，按其产出形式可划分为原生粒状磁铁矿、后期蚀变细粒磁铁矿和网脉状磁铁矿三种类型。原生粒状磁铁矿多与橄榄石（蛇纹石）、斜硅镁石共生，粒度一般大于 0.5mm，但其在磁铁矿中的含量不超过15%；细粒磁铁矿是磁铁矿的主体，是由硼镁铁矿后期风化而来，硼镁石与它共生关系最为密切，两者可共同组成海绵陨铁构造。这种类型的磁铁矿也常与蛇纹石共生，但矿石中最普遍的构造形式却是由硼镁石、蛇纹石、细粒磁铁矿三者组成的集合体。网脉状磁铁矿是含量相对较低的一种磁铁矿，大多零星分布于蛇纹石等脉石矿物的裂隙或晶界中。

2.3.2 硼镁石

2.3.2.1 硼镁石的光学显微观察

硼镁石是含硼的主要矿物，也是重点回收的矿物之一。由图2-11可以看出，硼镁石多以微晶粒状集合体与磁铁矿紧密共生，少见硼镁石的粗粒状集合体与其他矿物紧密嵌布，有时也见硼镁石与蛇纹石、磁铁矿紧密共生，如图2-12所示。

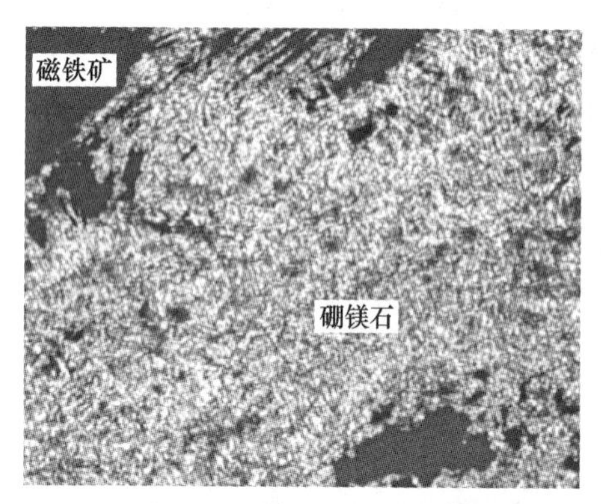

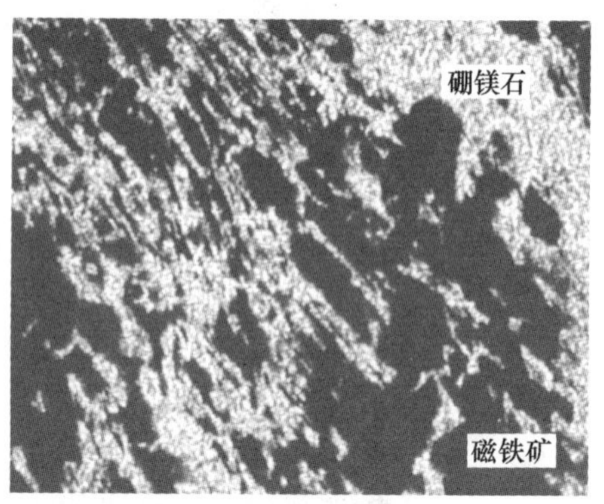

图2-11　微晶粒状硼镁石集合体与磁铁矿紧密共生

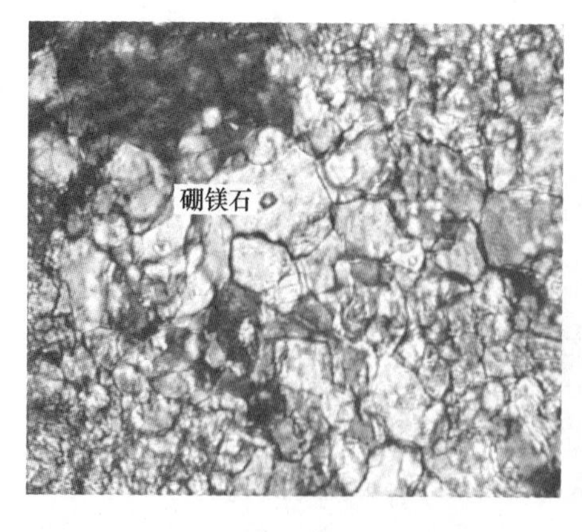

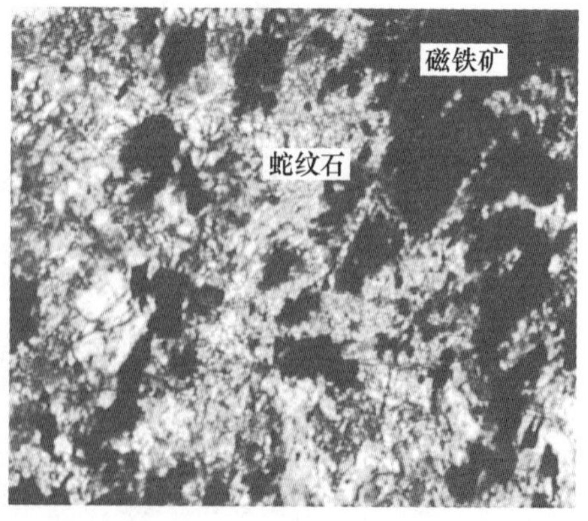

图2-12　自形晶粒状硼镁石集合体及与磁铁矿、蛇纹石紧密共生

由图2-11和图2-12可知，微晶粒状硼镁石的粒度多以小于0.001mm的集合

体与磁铁矿和其他矿物以岛弧状、树枝状、细脉状紧密嵌布在一起。由于硼镁石与磁铁矿和脉石矿物蛇纹石的共生关系密切，且粒度细，磨矿过程中难以单体解离，易与磁铁矿、蛇纹石连生，故使得硼镁石精矿为含铁的硼精矿；同样，磁选后的铁精矿中也含硼。

2.3.2.2 硼镁石的电子显微观察

硼镁石是矿石中主要含硼矿物，为待回收矿物，矿物量约为 13.2%。能谱分析表明，硼镁石主要由 Mg、B、O 组成，含少量的 Fe 及微量的锰，如图 2-13 所示。

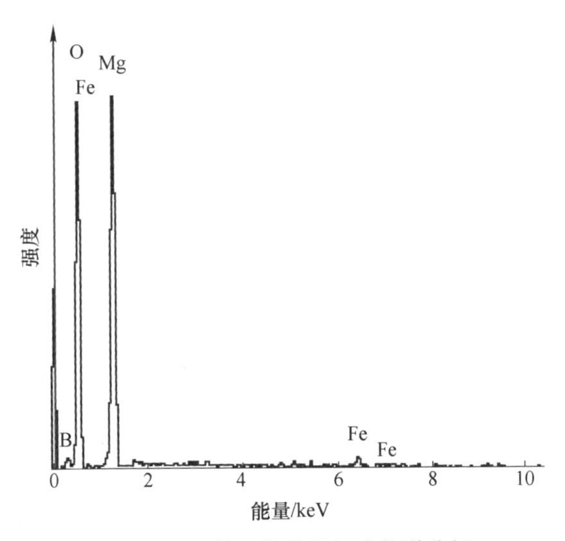

图 2-13 硼镁石的化学组成能谱分析

在硼镁石矿物颗粒上随机抽取 9 个点进行 EDS 能谱定量分析，结果见表 2-8。可见，硼镁石平均含 B 约为 12.93%，含 Mg 约为 28.27%，含 Fe 约为 1.96%，硼镁石自身含铁对硼精矿质量影响不大。

表 2-8 矿石中硼镁石的 X 射线能谱分析结果 (%)

分析点	B	O	Mg	Mn	Fe	全部
1	13.01	56.89	29.14	0.00	0.96	100.00
2	12.30	57.23	28.73	0.00	1.74	100.00
3	13.14	56.98	27.92	0.00	1.96	100.00
4	12.93	56.46	27.68	0.50	2.43	100.00
5	12.88	56.90	28.99	0.00	1.23	100.00
6	12.39	56.52	27.99	0.00	3.10	100.00
7	12.87	56.98	28.36	0.00	1.79	100.00

续表 2-8

分析点	B	O	Mg	Mn	Fe	全部
8	12.91	56.00	27.51	0.54	3.04	100.00
9	13.93	56.52	28.12	0.00	1.43	100.00
平均值	12.93	56.72	28.27	0.12	1.96	100.00

注：由于能谱分析硼元素有一定难度，故分析误差相对较大。

由图 2-14 可知，硼镁石与磁铁矿嵌布关系十分密切，相互包裹与交代，难以通过磨矿实现硼镁石与磁铁矿的彻底解离，严重影响硼镁石与磁铁矿的选矿分离指标。

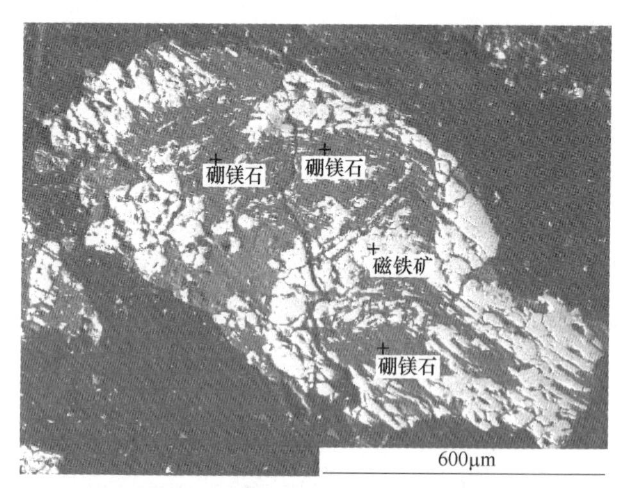

图 2-14　硼镁石与磁铁矿紧密共生

图 2-15 所示为样品背散射图像和元素 Fe、Mg、Si、O 面分布图的组合图像。细粒硼镁石填充磁铁矿颗粒间隙，这种类型的硼镁石与磁铁矿、蛇纹石很难完全分离。

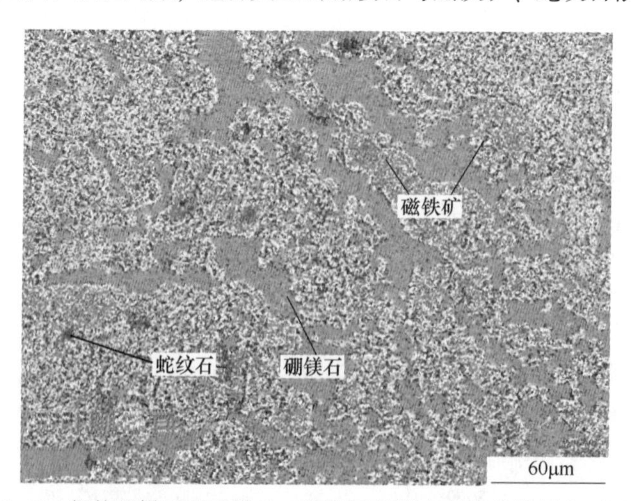

图 2-15　细粒硼镁石和磁铁矿、蛇纹石的嵌布关系背散射电子图像

图 2-16 为样品背散射图像和元素 Fe、Mg、Si、O、S 的面分布图。粗粒硼镁石中包裹有粒状和脉状磁铁矿、板柱状（磁）黄铁矿及细粒蛇纹石，这种呈微细粒浸染于硼镁石颗粒中的铁矿物和蛇纹石难与硼镁石解离，将会影响硼精矿的质量。

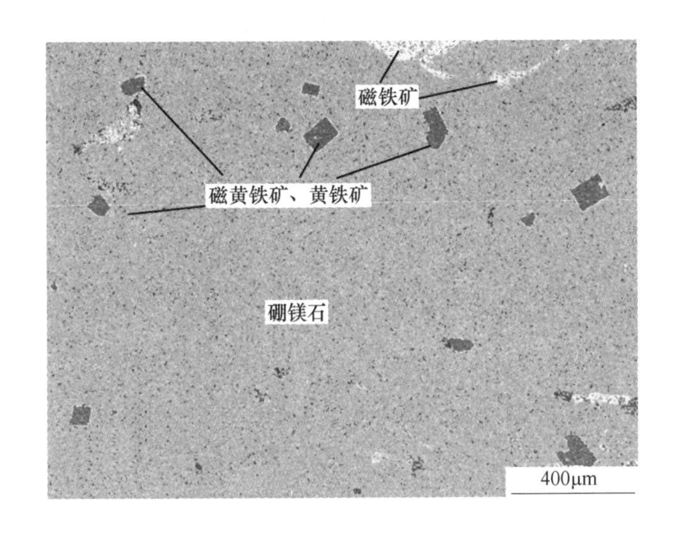

图 2-16 粗粒硼镁石中包裹（磁）黄铁矿、磁铁矿、蛇纹石结构

图 2-17 所示为样品背散射图像和元素 Fe、Mg、Si、O、K 面分布图的组合图像。可见，硼镁石以细脉状结构浸染于金云母中，这种类型的硼镁石与其他矿物不易完全分离。其他浸染关系如图 2-18~图 2-24 所示。

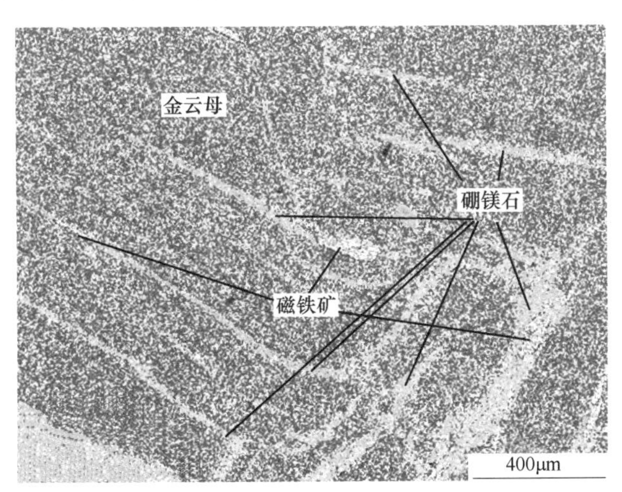

图 2-17 细脉状硼镁石与金云母、磁铁矿的嵌布关系结构

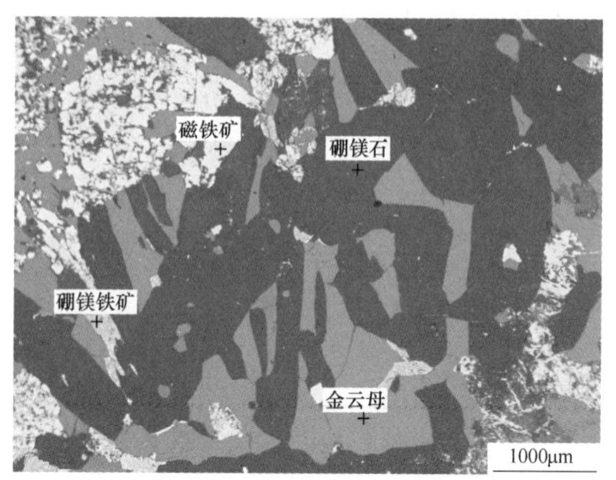

图 2-18　粒度较粗的硼镁石包裹金云母等矿物

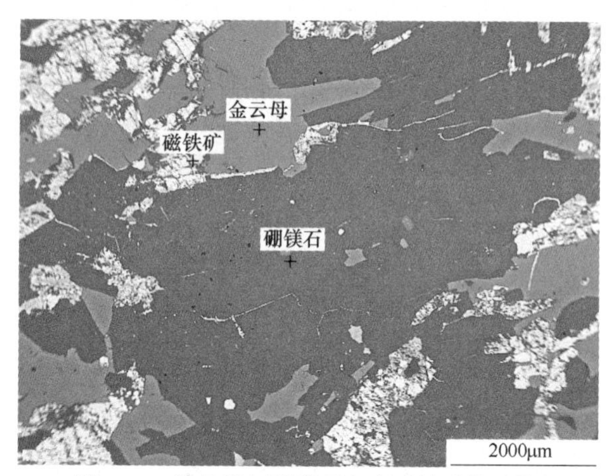

图 2-19　结晶较好硼镁石包裹磁铁矿等矿物

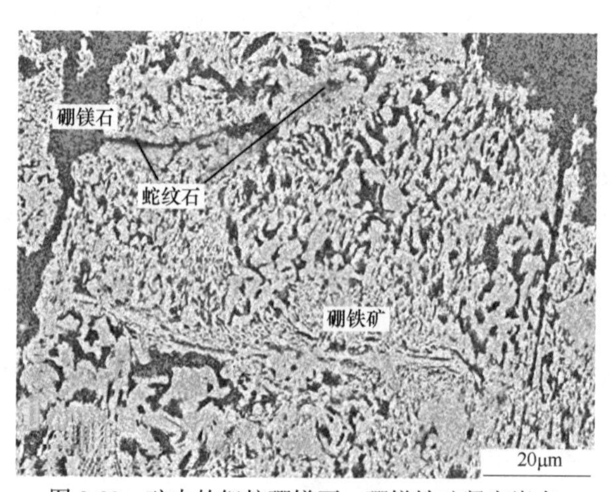

图 2-20　矿中的细粒硼镁石、硼镁铁矿紧密嵌布

图 2-21 硼镁铁矿包裹磁铁矿、硼镁石等矿物

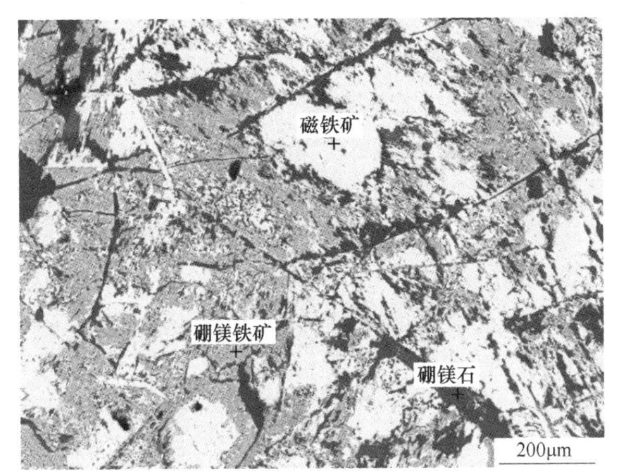

图 2-22 硼镁铁矿、磁铁矿、硼镁石三者之间紧密共生

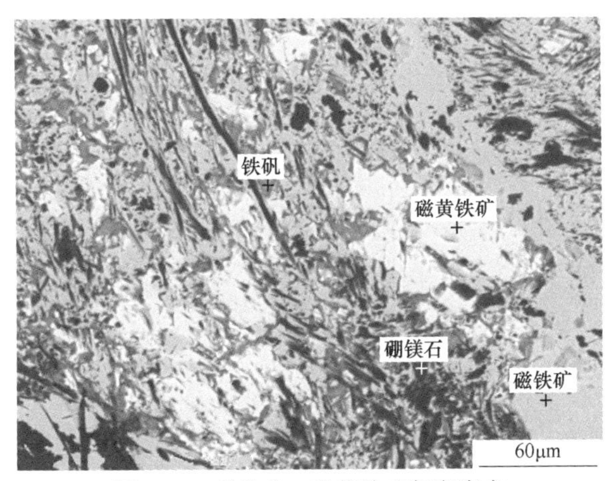

图 2-23 磁铁矿、磁黄铁矿紧密嵌布

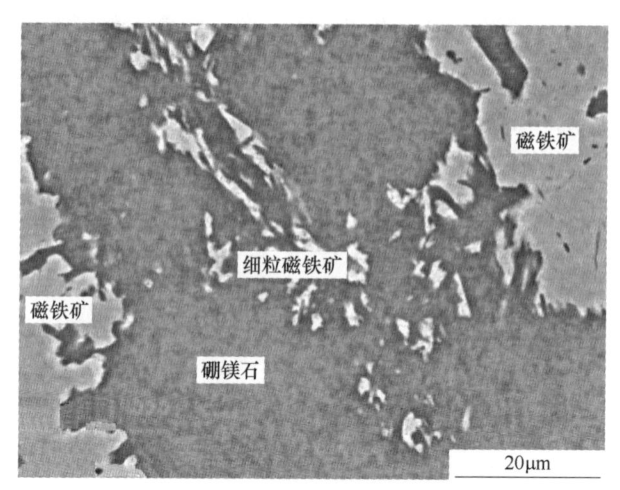

图 2-24　粗粒硼镁石颗粒中包裹微细粒磁铁矿

图 2-20 所示为样品背散射图像和元素 Fe、Mg、Si 面分布图的组合图像。这种类型的硼镁石与硼铁矿很难完全解离。

如图 2-21 所示，硼镁铁矿与磁铁矿密切嵌布颗粒中有细粒硼镁石颗粒，这部分硼镁石难以通过磨矿解离，将影响硼的回收。

总体来说，硼镁石是矿石中最重要的含硼矿物，除少数呈柱状晶形外，绝大多数为针状和纤维状。由硼镁铁矿热液蚀变而来的针状、纤维状硼镁石与磁铁矿紧密共生，集合体粒度多在 0. 2mm 以下。柱状硼镁石的后期产物构成的集合体中很少有其他矿物存在，只有集合体的边缘常有蛇纹石与之共生，这类集合体的粒度可达 0. 2mm 以上。此外，粗粒硼镁石中常见细粒的磁铁矿、磁黄铁矿、黄铁矿和蛇纹石包体，粒度较细的硼镁石常和磁铁矿、硼（镁）铁矿形成矿物集合体嵌布于脉石矿物中。在脉石矿物中也常见几十微米宽、几百微米长的纤维状硼镁石，这种类型的硼镁石很难与其他矿物完全解离。

2.3.3　硼镁铁矿

2. 3. 3. 1　硼镁铁矿的光学显微观察

硼镁铁矿是矿石中含量较少的含硼矿物之一，以自形晶、它形晶粒状集合体与磁铁矿、硼镁石复杂共生在一起，如图 2-25 所示。硼镁铁矿颗粒粒度相对较粗，在 0. 005~0. 02mm 之间。

2. 3. 3. 2　硼镁铁矿的电子显微观察

硼镁铁矿是矿石中另外一种主要含硼矿物，矿物量约为 4. 6%。能谱分析表明，硼镁铁矿主要由 Fe、Mg、B、O 组成，如图 2-26 所示。

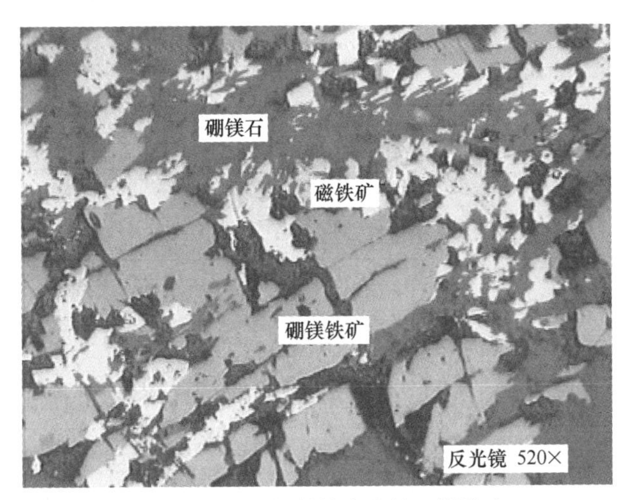

图 2-25 以板状结构产出的硼镁铁矿

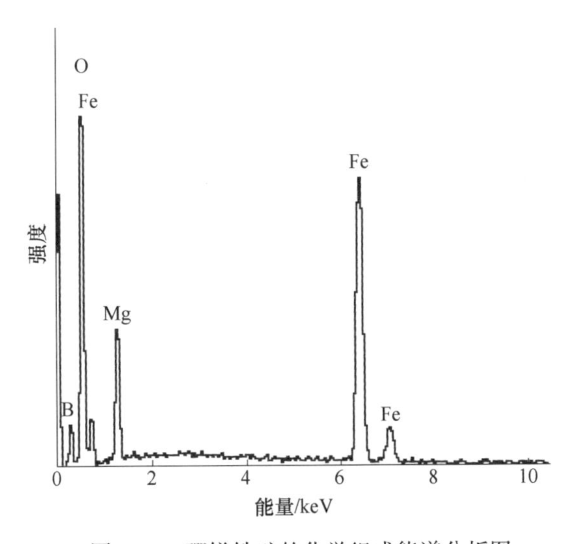

图 2-26 硼镁铁矿的化学组成能谱分析图

在硼镁铁矿矿物颗粒上随机抽取 13 个点进行 EDS 能谱定量分析，结果见表 2-9。可见，硼镁铁矿平均含 B 约为 4.81%，含 Mg 约为 9.96%，含 Fe 约为 49.54%。该硼镁铁矿中铁含量较高，故又可称之为硼铁矿。

表 2-9 矿石中硼镁石的 X 射线能谱分析结果 (%)

分析点	B	O	Mg	Fe	全部
1	4.86	36.29	9.07	49.78	100
2	3.74	35.97	8.76	51.53	100
3	5.85	37.77	12.93	43.45	100

续表 2-9

分析点	B	O	Mg	Fe	全部
4	4.88	37.7	10.41	47.01	100
5	5.73	33.08	8.84	52.35	100
6	4.77	35.7	9.25	50.28	100
7	4.29	39.29	12.82	43.6	100
8	4.54	36.09	9.44	49.92	99.99
9	3.54	33.63	9.42	53.4	99.99
10	5.27	33.34	8.96	52.43	100
11	5.3	38.08	12.09	44.53	100
12	5.17	33.46	8.06	53.31	100
13	4.64	33.46	9.44	52.46	100
平均值	4.81	35.68	9.96	49.54	99.99

注：由于能谱分析硼元素有一定难度，故分析误差相对较大。

由图 2-27 可见，矿石中板状硼镁铁矿颗粒裂隙发育有细脉状磁铁矿。这种类型的硼镁铁矿与磁铁矿很难完全解离，将影响硼精矿的质量。

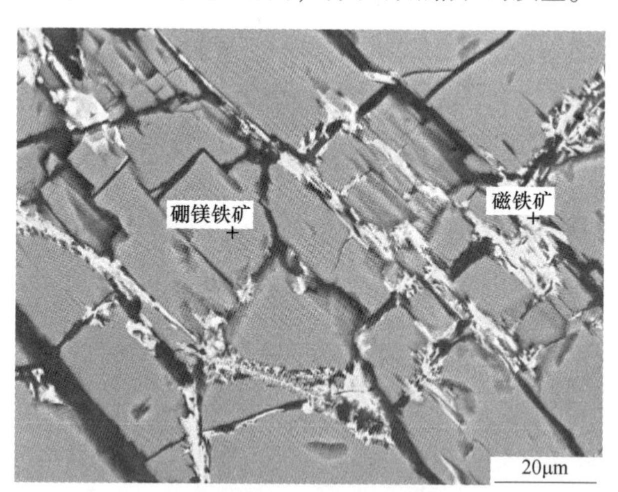

图 2-27　板状硼镁铁矿裂隙分布细脉状磁铁矿

图 2-28 中揉皱结构的硼镁铁矿与绿泥石、磁铁矿紧密嵌布，必须通过细磨才有可能实现单体解离。

如图 2-29 所示，树枝状硼镁铁矿嵌布于脉石绿泥石中，部分微细粒磁铁矿呈包裹体形式嵌布于硼镁铁矿颗粒中，难以单体解离，将影响硼和铁的分离效果。

如图 2-30 所示，脉状硼镁铁矿嵌布于脉石绿泥石中，此外有部分粒状磁铁矿包裹于硼镁铁矿颗粒中，将影响硼和铁的解离效果。

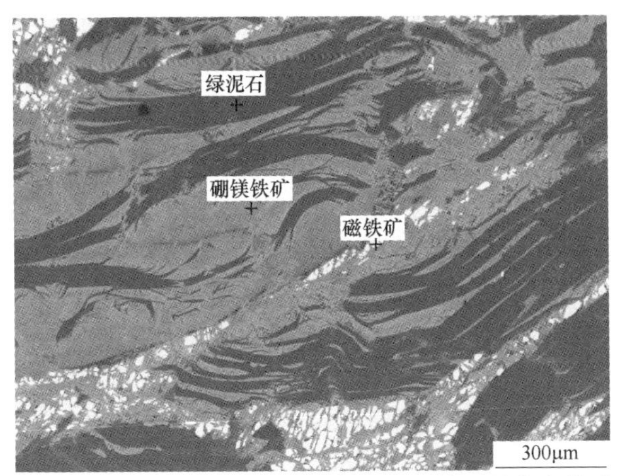

图 2-28 揉皱结构硼铁矿与绿泥石、磁铁矿的嵌布关系

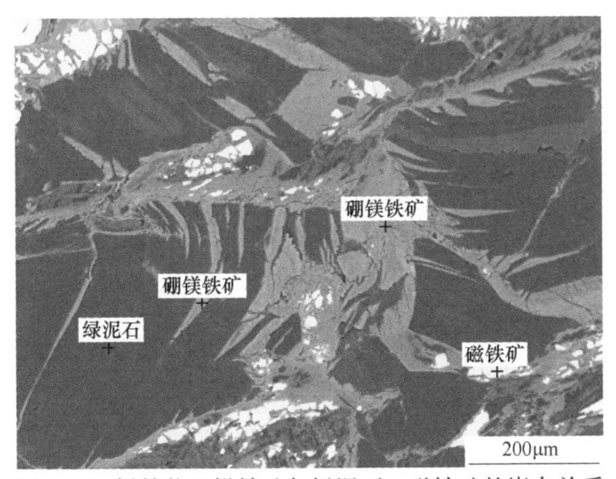

图 2-29 树枝状硼镁铁矿与绿泥石、磁铁矿的嵌布关系

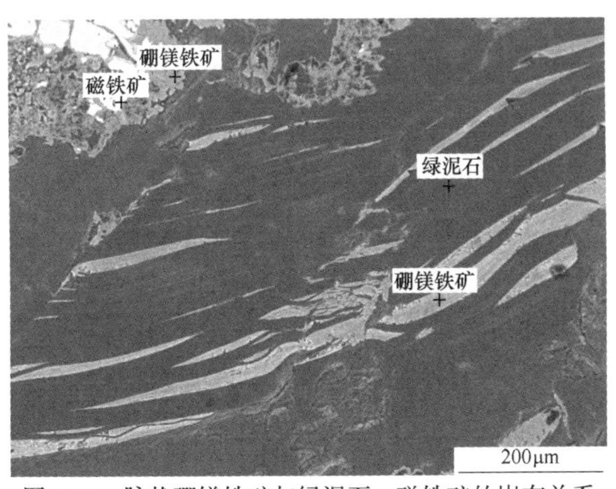

图 2-30 脉状硼镁铁矿与绿泥石、磁铁矿的嵌布关系

如图 2-31 和图 2-32 所示，硼镁铁矿与磁铁矿紧密共生、相互裹挟，将严重影响硼和铁的解离效果和分选指标。

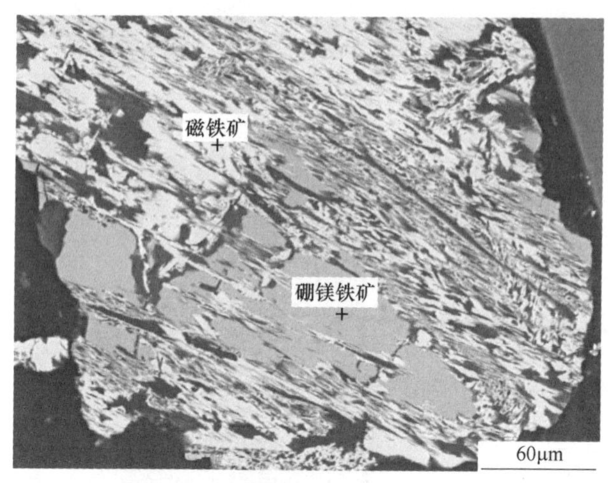

图 2-31　硼镁铁矿与磁铁矿紧密共生

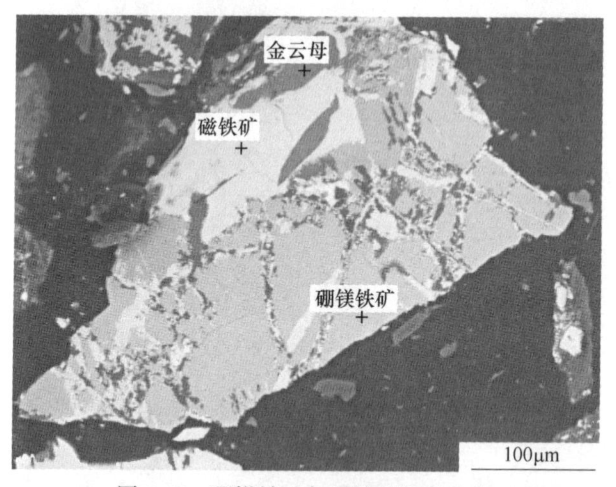

图 2-32　硼镁铁矿与磁铁矿紧密共生

2.3.4　蛇纹石

蛇纹石是矿石中含量最高的脉石矿物（矿物量约为 25.1%），有叶蛇纹石、纤维蛇纹石和胶蛇纹石三种类型，其中以叶蛇纹石含量最高。在矿物中有近半数的蛇纹石以致密块状存在，其余的则与硼镁石、磁铁矿等组成各种类型的连生集合体，如图 2-33 和图 2-34 所示。蛇纹石属于含镁的层状硅酸盐矿物，由于其易碎、易浮、易泥化的矿物性质，使得再磨作业必须注意不能产生过磨现象。

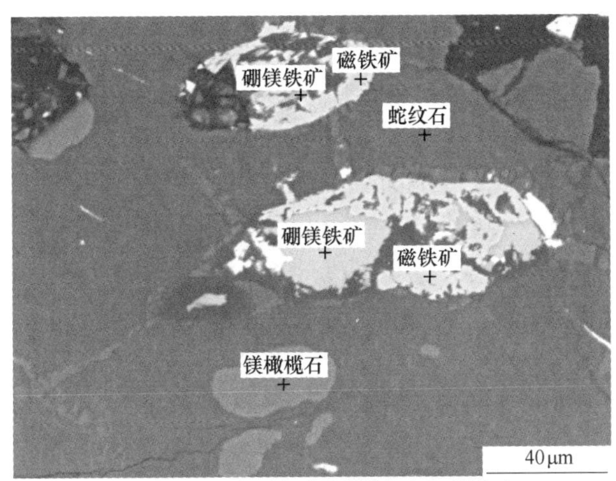

图 2-33 蛇纹石包裹硼镁铁矿和磁铁矿

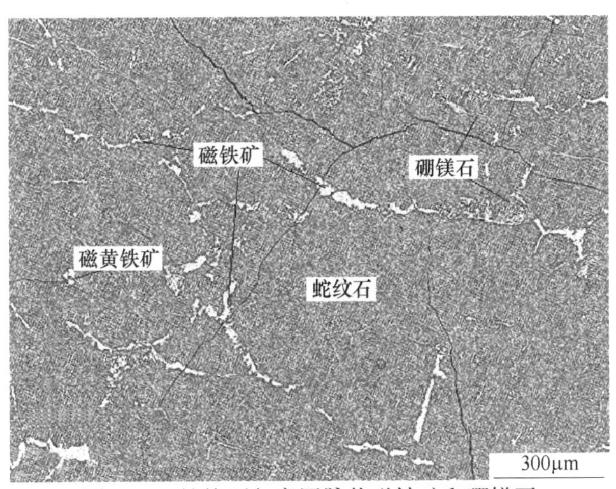

图 2-34 蛇纹石包裹网脉状磁铁矿和硼镁石

2.3.5 磁黄铁矿

矿石中95%以上的硫赋存于磁黄铁矿中，仅有少量的硫存在于黄铁矿中。因此，硫的脱除难易程度取决于磁黄铁矿的嵌布特征。磁黄铁矿常以自形晶、半自形晶、它形晶粒状嵌布在矿石中，多见自形晶粒状磁黄铁矿与矿石中的其他矿物共生，也常见它形晶磁黄铁矿与磁铁矿紧密共生在一起，部分以完整自形晶状嵌布于矿石中，如图 2-35 所示。

磁黄铁矿的矿物含量约为 1.2%，它的原生粒度较粗，小于 0.074mm 的占 7.1%左右。但是有 62.7%左右的磁黄铁矿与磁铁矿连生或被包裹在磁铁矿或硼镁铁矿颗粒中（图 2-36 和图 2-37），两者都是强磁性矿物，这将使得两者很难较彻底分离，导致铁精矿含硫较高。

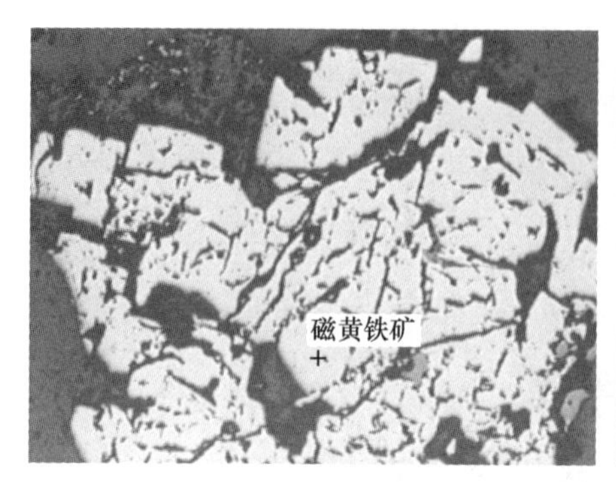

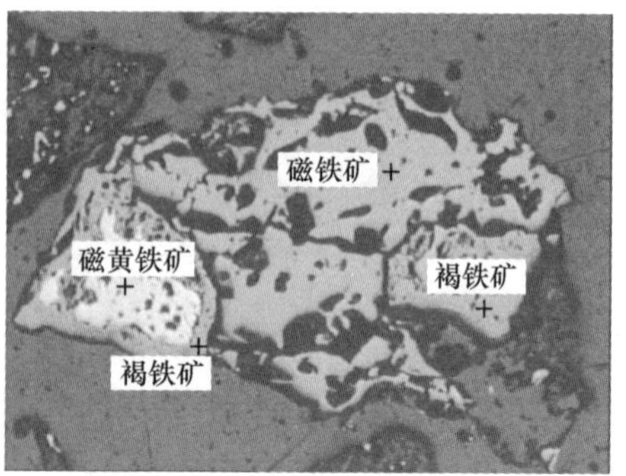

图 2-35　自形晶粒状磁黄铁矿与磁铁矿、褐铁矿紧密共生

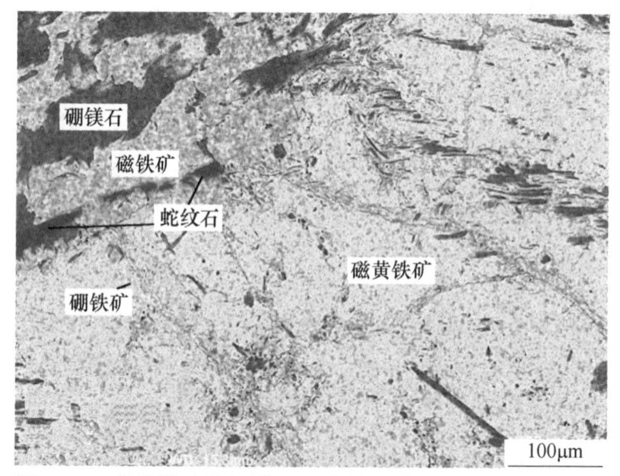

图 2-36　磁黄铁矿粒间填充网脉状磁铁矿和纤维状硼镁石

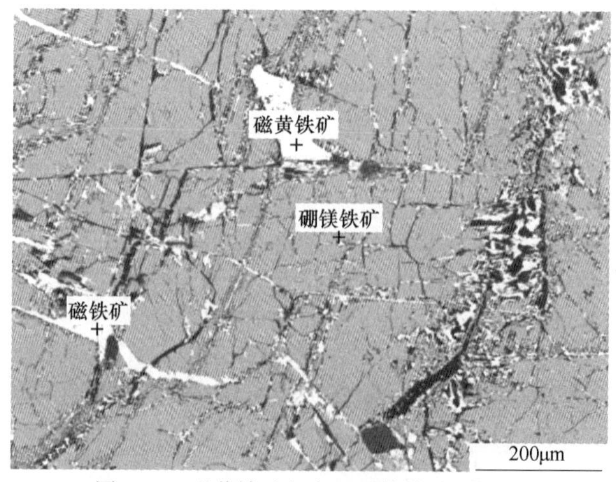

图 2-37　磁黄铁矿包裹于硼镁铁矿颗粒中

2.3.6 晶质铀矿

矿石中的铀（U）以晶质铀矿的形式存在，晶质铀矿的电子探针分析结果见表 2-10。

表 2-10 矿石中晶质铀矿的电子探针分析结果 （%）

UO_2	UO_3	ThO_2	Ce_2O_3	Y_2O_3	PtO	合计
46.24	34.01	21.31	1.36	2.12	15.96	101.5

晶质铀矿的嵌布特征直接影响矿石加工处理过程中铀的走向。晶质铀矿一般呈他形分散粒状，性脆、易碎。磁铁矿沿晶质铀矿的裂隙和边部分布，晶质铀矿的原生粒度较粗，与磁铁矿、硼镁石、蛇纹石三种矿物紧密嵌布，其中约有 84.93%的晶质铀矿以微细包体形式赋存于硼镁铁矿和脉石（以蛇纹石为主）中。晶质铀矿的具体嵌布特征见表 2-11。

表 2-11 矿石中晶质铀矿的嵌布特征 （%）

微细包体			粒　间		
被分解的硼镁铁矿中	脉石（蛇纹石为主）中	粗粒磁铁矿中	被分解的硼镁铁矿与脉石间	脉石间	被分解的硼镁铁矿间
44.52	40.41	0.89	12.17	1.7	0.04

2.4 主要矿物的嵌布粒度分布

矿石中矿物的定量分析结果表明，有用矿物硼镁石、磁铁矿和硼镁铁矿的含量分别为 13.22%、31.41%和 4.61%，另外含有微量的晶质铀矿（约 0.01%）；主要脉石矿物为蛇纹石、磁黄铁矿等，其含量分别为 25.14%和 1.28%。因此，这几种矿物的工艺粒度和嵌布特征决定了硼铁矿石的工艺性能和处理工艺途径。下面对矿物的嵌布粒度进行描述。

2.4.1 磁铁矿

矿石中磁铁矿的嵌布粒度分布如图 2-38 所示。由图可知，磁铁矿的结晶粒度粗细不匀。与蛇纹石等矿物相比，结晶颗粒相对较细，74μm 以上的粗粒级含量占 54.77%；结晶粒度小于 20μm 的粒级含量占 13.23%。其中，嵌布粒度处于 30~480μm 的磁铁矿多为硼镁铁矿的后期风化产物，其基本特征是与硼镁石紧密共生。嵌布粒度小于 30μm 或大于 480μm 的磁铁矿主要与蛇纹石、斜硅镁石等共生，其中结晶粒度大于 480μm 的粗粒磁铁矿属于原生粒状磁铁矿，30μm 以下的细粒磁铁矿则多为网脉状磁铁矿，零星地分布于蛇纹石等脉石矿物的裂隙或晶界中，难与脉石解离。

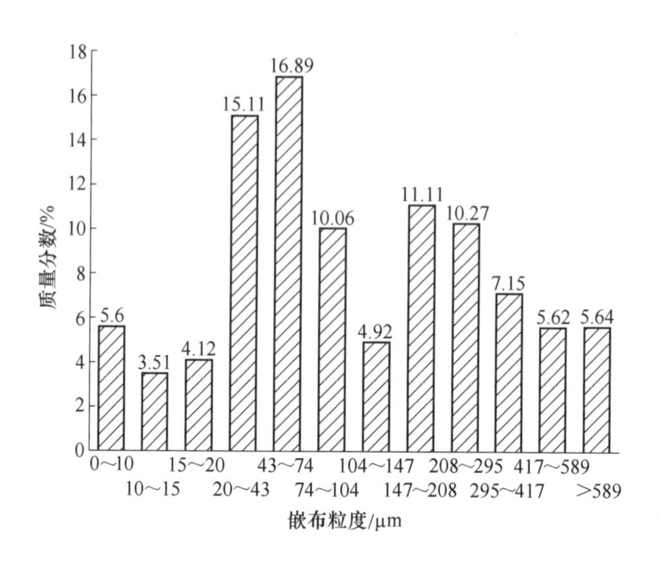

图 2-38　矿石中磁铁矿嵌布粒度的分布特征

2.4.2　硼镁石

矿石中硼镁石的嵌布粒度分布如图 2-39 所示。由图可知，硼镁石的结晶粒度 74μm 以上的粗粒级含量占 53.87%，结晶粒度小于 20μm 的粒级含量占 14.47%，粒度分布不均匀。其中，100μm 以下的硼镁石多为由硼镁铁矿蚀变而

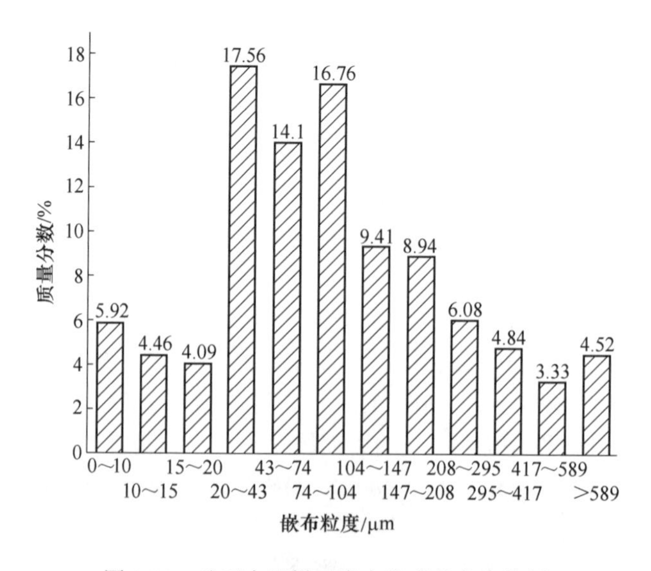

图 2-39　矿石中硼镁石嵌布粒度的分布特征

来的针状、纤维状硼镁石，主要与磁铁矿呈犬牙交错状紧密共生；100μm 以上的硼镁石多为柱状体或是由它蚀变而成的纤维状的硼镁石集合体，这一类硼镁石集合体中很少有其他矿物存在，只在集合体的边缘常有蛇纹石存在，并与之共生。

2.4.3 硼镁铁矿

矿石中硼镁铁矿的嵌布粒度分布如图 2-40 所示。由图可知，硼镁铁矿的结晶粒度相对较细，74μm 以上的粗粒级含量占 42. 38%，结晶粒度小于 20μm 的粒级含量占 25. 39%。其中，50μm 以下的硼镁铁矿主要为后期热液蚀变为磁铁矿和硼镁石的残留体。

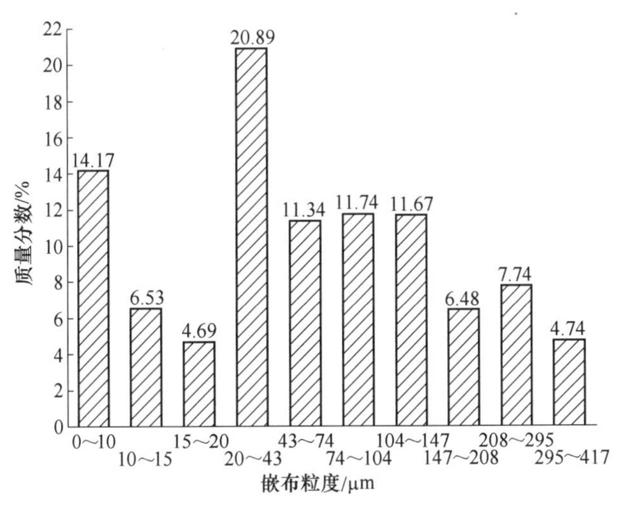

图 2-40 矿石中硼镁铁矿嵌布粒度的分布特征

2.4.4 蛇纹石

矿石中蛇纹石的嵌布粒度分布如图 2-41 所示。由图可知，蛇纹石的工艺粒度分布近似于半抛物线，86%以上蛇纹石的嵌布粒度大于 120μm，结晶粒度粗。其中，嵌布粒度大于 480μm 以上的粗粒含量最高，达 52. 71%。约有 50%的蛇纹石嵌布粒度在 1. 0mm 左右，这类蛇纹石一般与矿化关系不大，很少与硼镁石共生。与矿化关系密切的为富含硼镁石的蛇纹石，这类蛇纹石嵌布粒度较细，主要集中在 100μm 以下的粒度区间。

2.4.5 磁黄铁矿

矿石中磁黄铁矿的嵌布粒度分布如图 2-42 所示。由图可知，磁黄铁矿的结晶粒度较粗，大于 150μm 的占 79. 73%，小于 20μm 的仅占 1. 08%。约有 62. 76%的磁黄铁矿与磁铁矿连生或被包裹，这两种矿物又都是强磁性矿物，在

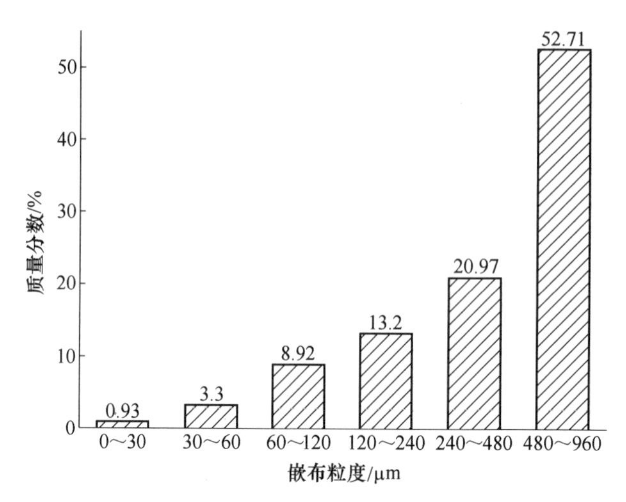

图 2-41 矿石中蛇纹石嵌布粒度的分布特征

磁选过程中容易随着磁铁矿一起进入铁精矿中，导致铁精矿中硫含量较高，影响铁精矿的质量。

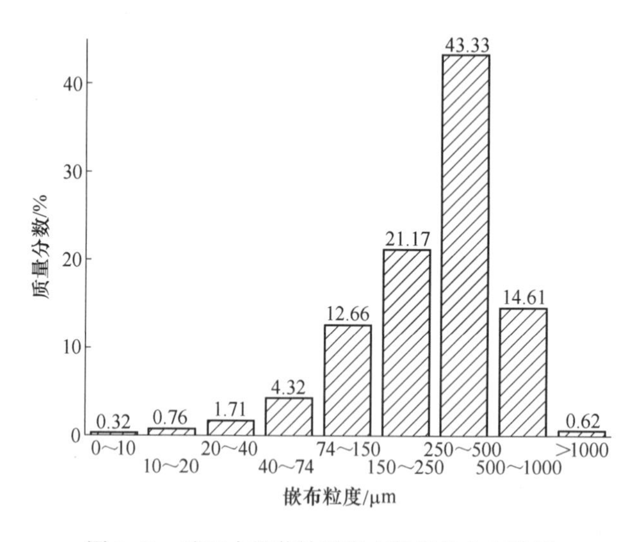

图 2-42 矿石中磁黄铁矿嵌布粒度的分布特征

2.4.6 晶质铀矿

矿石中晶质铀矿的嵌布粒度分布如图 2-43 所示。由图可知，晶质铀矿的原生粒度较粗，63. 51%的晶质铀矿结晶粒度大于 50μm，结晶粒度大于 20μm 的矿物量占 96. 93%。85%以上的晶质铀矿以微细包体形式赋存于被分解的硼镁铁矿、蛇纹石和粗粒磁铁矿颗粒中，其中 57. 62%的晶质铀矿与磁铁矿紧密相连共生。

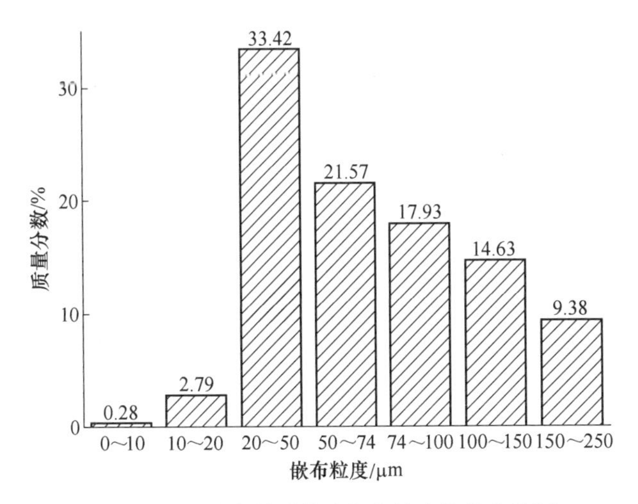

图 2-43 矿石中晶质铀矿嵌布粒度的分布特征

2.5 矿石选矿工艺方案探讨

硼铁矿石属沉积变质型硼-铁矿矿石，矿石主要组成矿物有磁铁矿、硼镁石、硼镁铁矿、蛇纹石、金云母、长石、闪石、辉石，另有少量或微量的磁黄铁矿、黄铁矿、粒硅镁石、镁电气石、镁橄榄石、石榴子石、绿泥石、磷灰石等。

矿石中的硼主要赋存在硼镁石中，占总硼的 89.01%。硼镁石是矿石中最重要的含硼矿物，除少数呈柱状晶形外，绝大多数是由硼镁铁矿热液蚀变而来的针状和纤维状硼镁石。矿石中的硼镁石粒度分布不均匀，粗粒硼镁石磨矿后对生产硼精矿有利，部分硼镁石以细粒状与磁铁矿、硼镁铁矿和脉石矿物相连共生，磨矿很难将其与其他矿物完全解离，尤其是将矿石中纤维状、针状硼镁石与其他矿物完全解离有一定的难度。

矿石中的铁主要以磁铁矿的形式存在，占总铁的 85.60%。矿石中的磁铁矿按产出形式可将其分为原生粒状磁铁矿、后期蚀变细粒磁铁矿和网脉状磁铁矿这 3 种类型：(1) 原生粒状磁铁矿结晶粒度较粗，多与蛇纹石、斜硅镁石共生，这类磁铁矿在磨矿过程中容易解离和回收；(2) 细粒磁铁矿是由硼镁铁矿后期热液蚀变而来，与硼镁石共生关系最为密切，两者共同组成了海绵陨铁构造，也常与蛇纹石共生，三者组成的集合体是矿石中最为普遍的一种构造形式；(3) 网脉状磁铁矿多零星分布于蛇纹石等脉石矿物的裂隙或晶界中，与细粒磁铁矿一样都不易与其他矿物解离，会对磁铁矿的回收、精矿铁品位产生不利影响。尤其是矿石中细粒磁铁矿与硼镁铁矿和硼镁石共生关系密切，很难将其完全分离，这将导致铁精矿中 Mg 和 B 元素的增加。此外，矿石中有约 1.28%的磁黄铁矿，具有磁性的磁黄铁矿在磁选过程中会进入铁精矿，增加铁精矿的含硫量，对生产铁精矿不利。

综上所述，硼铁矿石中的主要回收矿物硼镁石和磁铁矿嵌布粒度较细，嵌布关系极其复杂。尤其是硼镁铁矿被硼镁石和磁铁矿交代后仍保留硼镁铁矿原有的板柱状、粒状晶形，要使这两种矿物解离，必须采用工业上难以实施的超细磨技术。

86%以上蛇纹石的嵌布粒度大于120μm，结晶粒度粗。嵌布粒度大于480μm以上的粗粒含量较高，达52.71%。蛇纹石的嵌布粒度远远大于磁铁矿和硼镁石的结晶粒度，这为阶段磨矿、阶段选别作业提供了有利条件。此外，磁铁矿和硼镁石共生关系密切，其集合体具有强磁性，可利用矿石中铁硼紧密结合而共生紧密、集合体粒度粗的矿物学特点，采用弱磁预选进行粗粒抛尾，得到铁、硼混合精矿。弱磁预选可预先抛掉一部分的脉石，以降低后续磨矿和分选（含磁选和浮选）等加工处理量，并为后续工艺创造较为有利的条件，例如在磨矿作业前将脉石预先抛除，是有效避免脉石泥化、提高硼精矿品位和质量的有效手段。得到的铁、硼混合精矿经磨矿—选别（主要包括磁选、浮选、重选等选别方式）获得铁精矿、硼精矿和铀精矿。

参考文献

[1] 李治杭，韩跃新，高鹏，等. 硼铁矿工艺矿物学研究 [J]. 东北大学学报（自然科学版），2016，37（2）：258~262.
[2] 李艳军，高太、韩跃新. 硼铁矿工艺矿物学研究 [J]. 有色矿冶，2016，22（6）：14~16.
[3] 王显武，韩雪. 吉林省集安地区硼矿成矿规律研究 [J]. 吉林地质，1989（1）：72~76.
[4] 王雅蓉，周乐光. 辽宁凤城翁泉沟东台子硼铁矿的工艺矿物学研究 [J]. 有色矿冶，1997（1）：1~4.

3　硼铁矿碎磨工艺与设备

3.1　选矿概述

3.1.1　选矿的定义

选矿是根据矿石中不同矿物的物理、化学性质差异，把矿石破碎、磨细以后，采用重选、浮选、磁选、电选等方法，将有用矿物与脉石矿物分开，并使各种共生（伴生）的有用矿物尽可能相互分离，除去或降低有害杂质，以获得冶炼或其他工业所需原料的过程。

选矿能够使矿石中的目的（有用）矿物组分富集，降低冶炼或其他加工过程中燃料、运输的消耗，使低品位的矿石得到经济利用；同时，选矿试验所得数据也是矿床评价及建厂设计的主要依据。

3.1.2　选矿常用术语

在矿石选矿过程中经常遇到的术语如下：

（1）原矿。矿山开采出的、没有进行过加工的矿石。

（2）精矿。分选作业或选矿厂产出的、富含一种或几种有用矿物的产品，如铁精矿、锰精矿、铜铅混合精矿等。

（3）尾矿。分选作业或选矿厂产出的主要由脉石矿物组成的废弃产物。

（4）品位。给料或产物中某种成分（如元素、化合物或矿物等）的质量分数，常用百分数或 g/t 等表示。

（5）产率。某一产物与给料或原料的质量百分比，常用字母 γ 表示。

（6）回收率。产品中某种成分的质量与给料或原料中同一成分的质量百分比。

（7）选矿比。通过选矿方法获得 1t 精矿所需原矿的吨数。

（8）富集比。产品中某种成分的含量与给料中同一成分含量的比值。

3.1.3　选矿工艺指标计算

在选矿工业生产实践中，回收率是衡量选矿效果的重要指标。回收率可分为理论回收率和实际回收率，理论回收率是在获悉给料和产品的化验品位下，基于金属量平衡原理计算出来的。对于一个只有精矿和尾矿两种产品的选矿过程，若原矿、精矿和尾矿产品质量分别为 Q_0、Q_1 和 Q_2，相应的某种有用成分的品位分别为 α、β 和 θ，则有：

$$Q_0\alpha = Q_1\beta + Q_2\theta \tag{3-1}$$

$$Q_0 = Q_1 + Q_2 \tag{3-2}$$

由式（3-1）和式（3-2）得：

$$Q_0(\alpha - \theta) = Q_1(\beta - \theta) \tag{3-3}$$

即：

$$\frac{Q_1}{Q_0} = \frac{\alpha - \theta}{\beta - \theta} \tag{3-4}$$

根据回收率的定义，可得该成分在产物 Q_1（精矿）中的理论回收率 ε 为：

$$\varepsilon = \frac{Q_1\beta}{Q_0\alpha} = \frac{\beta(\alpha - \theta)}{\alpha(\beta - \theta)} \times 100\% \tag{3-5}$$

式（3-5）就是理论回收率的计算式。根据定义，产物 Q_1 的产率 γ 的计算式为：

$$\gamma = \frac{Q_1}{Q_0} = \frac{\alpha - \theta}{\beta - \theta} \times 100\% \tag{3-6}$$

因此，理论回收率的计算式又可以表示为：

$$\varepsilon = \frac{\beta}{\alpha}\gamma \tag{3-7}$$

对于实际回收率（ε_{sj}），则是对原矿和产品进行计量称重和品位化验，并根据所得数据结果计算出的回收率，即：

$$\varepsilon_{sj} = \frac{Q_1\beta}{Q_0\alpha} \times 100\% \tag{3-8}$$

3.2　矿石破碎与筛分

对大块物料，施加外力克服分子间的内聚力使其变为小块的过程，即为破碎。从矿山开采出来的矿石，由于采矿方法、运输条件及选矿厂规模大小的不同，送到选矿厂的矿石粒度大小不一样。我国目前井下开采的矿石最大粒度为400~600mm，露天开采的矿石最大粒度可达 1200 ~ 1500mm。矿石粒度过大（400~1500mm）无法满足磨矿要求，一般进入（半）自磨机的矿石粒度为 250~350mm，进入球磨机矿石粒度应控制在 5~18mm 为好，否则矿石粒度过大会严重影响磨机效率。因此，破碎是一项很重要的程序，其目的是为矿石运输、磨矿和解离以及下一步分选作好准备。

3.2.1 常见的破碎与分级流程

破碎机和筛分机的不同组合构成了各种不同的破碎工艺。按照筛分机的配置方式不同，破碎工艺可分为开路破碎工艺和闭路破碎工艺，具体破碎—筛分工艺的选择，需要根据原矿性质（矿石硬度等）及粒度组成而定。

生产中常见的破碎—筛分工艺如图 3-1 所示。当待破碎物料中合格粒级较多时，常在破碎机前增加预先筛分作业，预先筛分可有效降低破碎机的负荷，同时减少物料的过粉碎现象和破碎能耗。检查筛分是指与破碎机（主要是细碎机）构成闭路的筛分作业，其目的是控制破碎产品以符合粒度要求。此外，由于磨矿设备的能耗大、能量利用效率低，因而生产中常采用闭路破碎流程，并且坚持多碎（三段或两段破碎）少磨（一段或两段磨矿）的原则，以达到选矿过程节能降耗的目的。

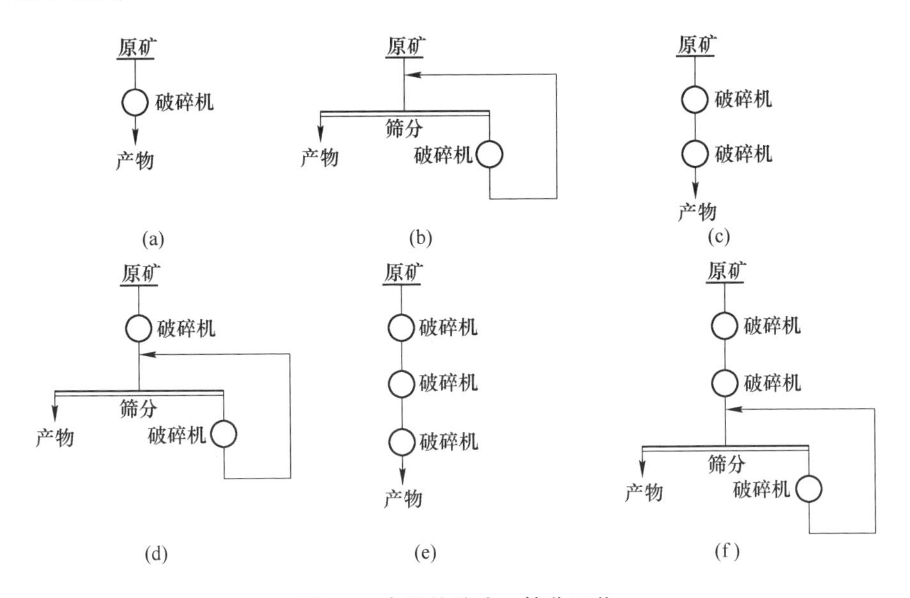

图 3-1 常见的破碎—筛分工艺

（a）一段开路破碎流程；（b）一段闭路破碎流程；（c）两段开路破碎流程；（d）两段一闭路破碎流程；（e）三段开路破碎流程；（f）三段一闭路破碎流程

3.2.2 常用破碎与筛分设备

3.2.2.1 颚式破碎机

颚式破碎机俗称颚破，又名老虎口，是由动颚和静颚两块颚板组成破碎腔，模拟动物的两颚运动完成物料破碎作业的破碎机，广泛运用于矿山、建材、公路、铁路、水利和化工等行业中各种矿石与大块物料的破碎。

颚式破碎机最早由布莱克于 1858 年发明并获得相关专利，经过 160 余年的发展，目前选矿厂生产中使用的颚式破碎机主要有双肘板颚式破碎机和单肘板颚式破碎机。

A　双肘板颚式破碎机

双肘板颚式破碎机的动颚上端固定在一个心轴上，工作时动颚的上端固定不动，下端相对于定颚做前后摆动，所以习惯上又被称为简摆颚式破碎机。图 3-2 所示为双肘板颚式破碎机的结构简图。这种双肘板颚式破碎机设备主要由机架、工作机构、传动机构、调整机构、保险装置和润滑装置等部分组成。齿条形衬板用螺栓固定在机架前壁上形成定颚，动颚的表面也固定有齿条形衬板。动颚与定颚的齿板采用齿峰对齿谷的配合方式安装，以利于弯曲和破碎物料。

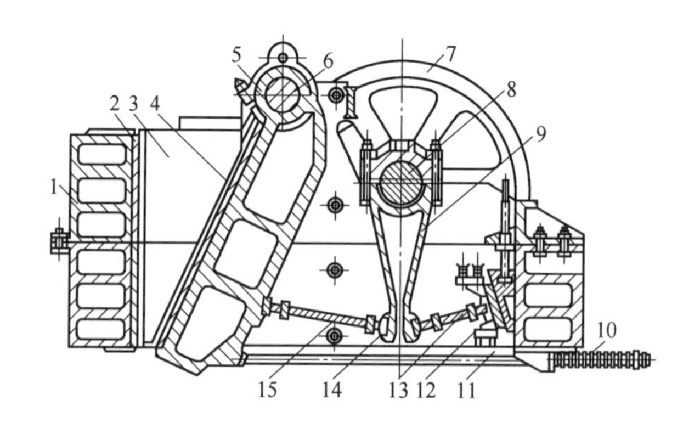

图 3-2　双肘板颚式破碎机的结构

1—机架；2—破碎齿板；3—侧面衬板；4—破碎衬板；5—可动颚板；6—心轴；7—飞轮；8—偏心轴；9—连杆；10—弹簧；11—拉杆；12—楔块；13—后肘板；14—肘板支座；15—前肘板

动颚、定颚及两个侧壁一起构成破碎腔，破碎机工作时物料在此腔内受到挤压、弯曲而破碎。破碎腔的侧壁上固定有平滑的衬板，破碎后的物料由于重力作用从动颚和定颚下端的间隙排出。动颚的上端悬挂在心轴上，下端背部通过前肘板与连杆形成活动联结，后肘板的前端与连杆活动联结，后端与机架后壁活动联结。连杆通过滑动轴承悬挂在偏心轴上。偏心轴的两端分别安装有皮带轮和飞轮，皮带轮除了起传动作用外，还与飞轮一起起着调节和平衡负荷的作用。当皮带轮带动偏心轴旋转时，悬挂在它上面的连杆上下运动，从而通过前后肘板带动动颚做前后摆动。

破碎机下面的水平拉杆前端拉着动颚，后端通过弹簧与机器后壁联结，既能防止动颚前进到端点时因惯性力而与肘板脱离，又能帮助动颚后退。后肘板支座与机器后壁之间设有活动楔块，通过升降楔块可对排料口的大小进行无级调节。

B 单肘板颚式破碎机

图 3-3 所示是单肘板颚式破碎机的结构简图。它与双肘板颚式破碎机的主要区别在于去掉了心轴和连杆，动颚直接悬挂在偏心轴上，动颚的下端只联结一个肘板。这些结构的改变，使得工作时动颚在空间作平面运动，即动颚既在水平方向上有前后摆动，在垂直方向上也有运动，所以单肘板颚式破碎机又称为复杂摆动颚式破碎机。

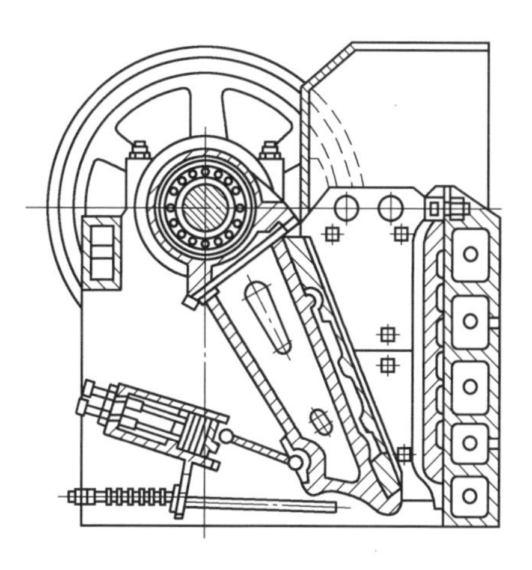

图 3-3 单肘板颚式破碎机的结构

与简摆颚式破碎机相比，复杂摆动型颚式破碎机的动颚重量和破碎力均集中在偏心轴上，其受力状况恶化，所以单肘板颚式破碎机适合用于中小型规模的选矿厂使用。两种颚式破碎机结构上的差异，使它们的动颚运动特征也有所不同（图 3-4），从而导致了两种破碎机性能上的一系列差异。单肘板颚式破碎机动颚的上部水平行程大，适合上部压碎大块物料的要求，同时它还具有较大的垂直行程（为水平行程的 2.5~3.0 倍），对物料有明显的研磨和磨剥作用，并能促进排料。因此，单肘板颚式破碎机的产物较细，破碎比较大，但颚板的磨损比较严重。另外，复杂摆动型颚式破碎机的动颚是上下交替破碎和排料，空转的行程约为 1/5，而简摆颚式破碎机是半周破碎、半周排料，因而规格相同时，单肘板颚式破碎机的生产能力通常是简摆颚式破碎机的 1.2~1.3 倍。

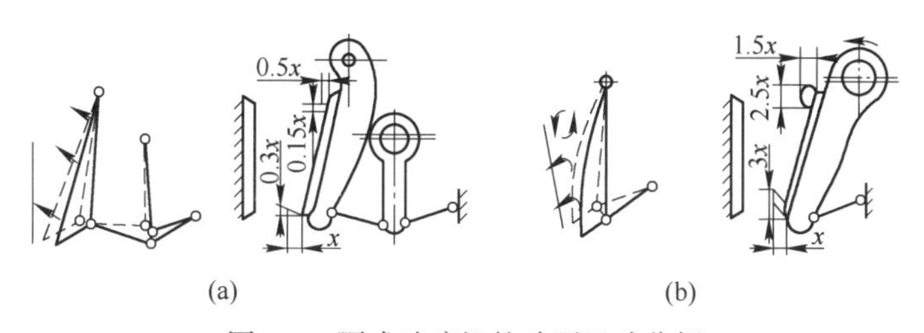

图 3-4 颚式破碎机的动颚运动分析

（a）简摆颚式破碎机；（b）复摆颚式破碎机

3.2.2.2 旋回破碎机

旋回破碎机又称粗碎圆锥破碎机，世界上第一台旋回破碎机于 1878 年问世，是根据美国查尔斯的专利制造的。旋回破碎机的主要工作部件是内外两个以相反方向放置的截头圆锥体，内锥体锥顶向上称为动锥，外锥体锥顶向下称为定锥，两者之间的环形间隙即是破碎腔。中心排料式旋回破碎机的基本结构如图 3-5 所示，旋回破碎机主要由机架、工作机构、传动机构、调整机构和润滑系统等部分组成。设备工作时，进入破碎腔的物料不断受到冲击、挤压和弯曲作用而破碎，被破碎的物料靠自身重力从破碎机底部排出。另外，旋回破碎机的最大给料粒度通常为给料口宽度的 0. 85 倍。

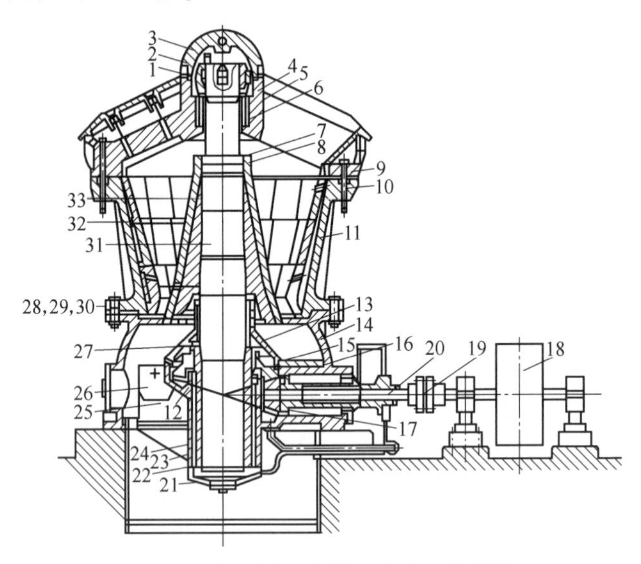

图 3-5　中心排料式旋回破碎机的结构

1—锥形压套；2—锥形螺母；3—楔形键；4，23—衬套；5—锥形衬套；6—支承环；7—锁紧板；8—螺母；9—横梁；10—固定圆锥；11，33—衬板；12—止推圆盘；13—挡油环；14—下机架；15—大圆锥齿轮；16，26—护板；17—小圆锥齿轮；18—三角皮带轮；19—弹性联轴器；20—传动轴；21—机架下盖；22—偏心轴套；24—中心套筒；25—筋板；27—压盖；28～30—密封套环；31—主轴；32—可动圆锥

当电动机通过皮带轮及弹性联轴节带动水平轴旋转时，两个伞齿轮带动偏心套筒转动，从而使主轴绕悬吊点作圆周摆动，而主轴自身也在偏心轴套的摩擦力矩作用下作自转。因此，动锥的运动既有公转也有自转，动锥的这种运动称为旋摆运动，旋回破碎机也正是因此而得名。动锥在破碎腔内沿定锥的周边滚动，当动锥靠近定锥时进行破碎，与之相对的一边则进行排料，因而旋回破碎机的破碎和排料都是连续进行的。

旋回破碎机排料口的大小是通过升降动锥来实现的，普通旋回破碎机的排料口调节装置在主轴上端的悬吊点处，当拧紧锥形螺母时，动锥上升，排料口减小；当旋松锥形螺母时，动锥下降，排料口增加。而液压旋回破碎机的排料口调节借助于液压系统来实现。液压旋回破碎机与普通旋回破碎机的不同在于在主轴支撑点的悬吊环处安装液压缸，让主轴和动锥的重量及破碎力都作用在液压缸上；或者在主轴的底部设置液压缸，让主轴直接支撑在液压缸上。通过改变液压缸中的油量可以使主轴上升或下降，从而改变破碎机的排料口大小。此外，安装液压缸还可以起到过载保护作用。

3.2.2.3 圆锥破碎机

圆锥破碎机是旋回破碎机的改造形式，具有破碎比大、效率高、能耗低、产品粒度均匀且适合破碎坚硬物料等优点，是目前应用最广泛的中碎和细碎设备，特别是在大、中型规模的生产厂中，迄今为止尚没有能够代替它们的合适机械。这种设备在破碎黏性物料时容易堵塞，常常需要在破碎前进行打散和脱泥。

弹簧圆锥破碎机的基本结构如图 3-6 所示，这种设备的机械结构与旋回破碎机的非常相似。

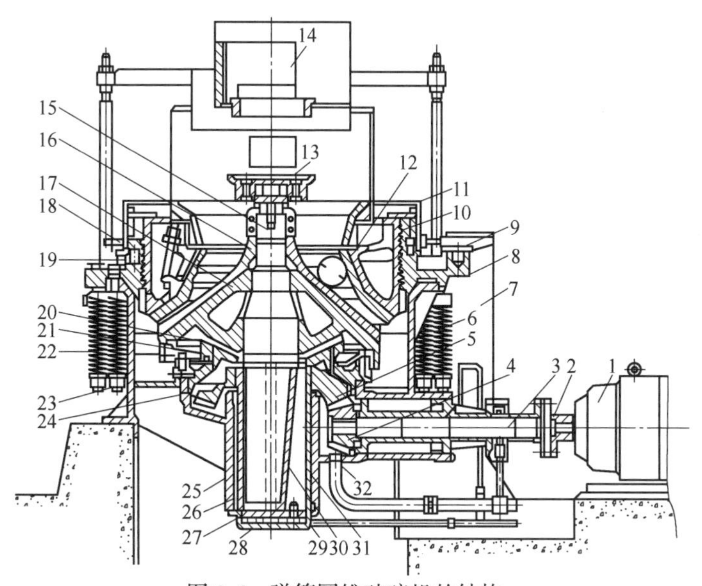

图 3-6 弹簧圆锥破碎机的结构

1—电动机；2—联轴节；3—传动轴；4—小圆锥齿轮；5—大圆锥齿轮；6—保险弹簧；7—机架；8—支承环；9—推动油缸；10—调整环；11—防尘罩；12—固定锥衬板；13—给料盘；14—给料箱；15—主轴；16—可动锥衬板；17—可动锥体；18—锁紧螺母；19—活塞；20—球面轴瓦；21—球面轴承座；22—球形颈圈；23—环形槽；24—筋板；25—中心套筒；26—衬套；27—止推圆盘；28—机架下盖；29—进油孔；30—锥形衬套；31—偏心轴承；32—排油孔

两者的主要区别体现在以下几个方面：

（1）破碎工作件的形状及放置不同。旋回破碎机中两个圆锥的形状都是急倾斜，且动锥是正立的截头圆锥，定锥是倒立的截头圆锥；而圆锥破碎机的两个圆锥的形状均为缓倾斜的正立截头圆锥，而且两锥体之间具有一定长度的平行破碎区（平行带），以便使物料在破碎机内经受多次破碎。此外，动锥的顶部还设置了一个给料盘，以便物料均匀地进入破碎腔。

(2) 由于旋回破碎机的动锥形状为急倾斜，破碎物料时，作用在它上面的垂直分力较小，所以采用结构比较简单的悬吊式支撑；而圆锥破碎机的动锥形状为缓倾斜，破碎物料时，作用在它上面的垂直分力大，需要采用球面轴承支撑，为此动锥体的下端加工成球面，支撑在球面轴瓦上，球面轴瓦固定在球面轴承座上，轴承座直接盖住下面的伞齿轮传动系统和中心套筒。

(3) 旋回破碎机采用干式防尘装置，而圆锥破碎机采用水封防尘装置，以适应粉尘较大的工作环境。

(4) 旋回破碎机借助于升降动锥来调节排料口的大小，圆锥破碎机通过升降定锥来调节排料口的大小。

(5) 旋回破碎机的过载保护装置可有可无，但圆锥破碎机的过载保护装置必不可少。在圆锥破碎机中，联结支承环和机架的弹簧有两种作用，其一是设备正常工作时，它产生足够大的压力把支承环（定锥的一部分）压死，保证破碎过程正常进行；其二是当有不能被破碎的物料块进入破碎腔时，破碎力急剧增加，迫使弹簧压缩，整个定锥被向上抬起，让不能被破碎的物料块顺利排出，此后弹簧又恢复正常的工作状态。这种借助于弹簧装置实现排料口调节和过载保护的破碎机称为弹簧圆锥破碎机。

图 3-7 所示为液压圆锥破碎机，这种破碎机是通过改变液压缸中的油位来调节设备的排料口，而且当不能被破碎的物料块进入破碎腔时，主轴上所受的轴向力剧增，从而使液压缸中的压强迅速上升，当缸内的压强超过一定的极限时，液压缸上的安全阀打开，让部分油排出，保护设备免遭破坏。

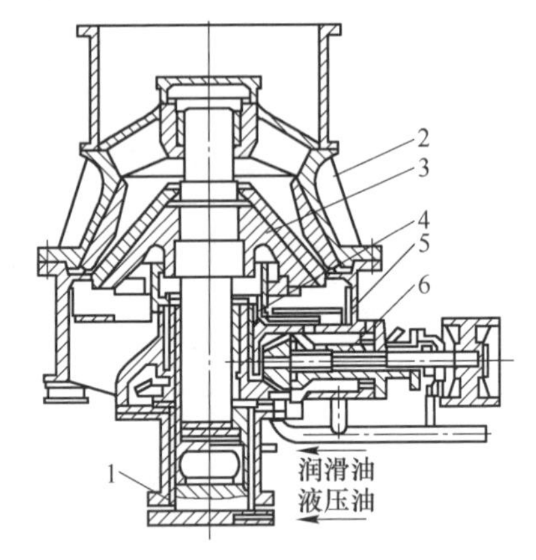

图 3-7 底部单缸液压圆锥破碎机结构
1—液压油缸；2—固定锥；3—可动锥；4—偏心轴套；5—机架；6—传动轴

根据破碎腔的形状和平行带的长度可以把圆锥破碎机细分为标准型、中间型和短头型三种，如图 3-8 所示。标准型圆锥破碎机的平行带短，给料口宽度大，可以给入较大的物料块，但物料在设备中经受的破碎次数较少，产物粒度粗，因而常被用作中碎设备；短头型圆锥破碎机的平行带较长，物料在设备内经受的破碎次数多，产物粒度细，但给料口的宽度小，所以常被用作细碎设备；中间型介于前两种之间。

3.2.2.4 高压辊磨机

长期的生产实践表明，破碎过程的能耗和钢耗都明显比磨矿过程低，所以多

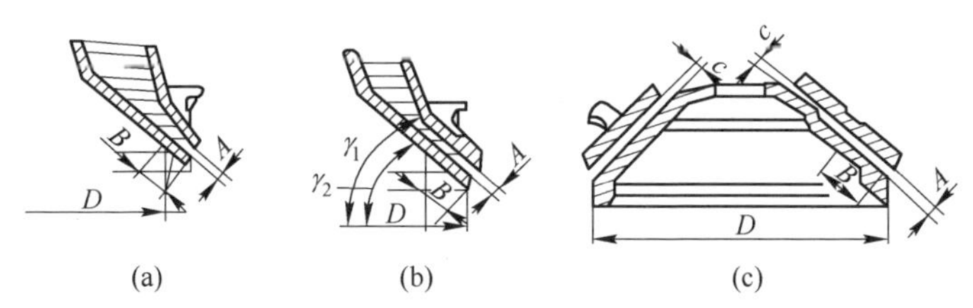

图 3-8 中碎和细碎圆锥破碎机的破碎腔类型
（a）标准型；（b）中间型；（c）短头型

碎少磨是物料粉碎过程应坚持的一项重要原则。为了有效地降低破碎产品的粒度，20 世纪 70 年代末德国的 G. Schwendig 教授等提出了料层粉碎原理以及利用高压辊磨机对物料进行粉碎的设计构思。在此基础上，德国的 Krupp Polgsius 公司于 1985 年生产了世界上第一台规格为 1800mm×570mm 的工业型高压辊磨机，并于 1986 年在水泥厂正式投入工业化生产使用。之后，美国、丹麦、中国等相关企业也先后生产出了多种规格的高压辊磨机。

高压辊磨机的机械结构与工作原理如图 3-9 所示，与光滑辊面双辊破碎机相似，其工作部件也是两个直径和长度相同的辊子，其中一个辊子的轴承座是固定的，称为固定辊；另一个辊子的轴承座与液压系统联结，随着液压缸内压强的变化，可以使辊子沿径向前后移动，因而称为滑动辊。两个辊子分别由两台电动机通过各自的减速装置驱动，其中带动活动辊的电动机及其减速装置可以随着活动辊一起沿径向前后移动。

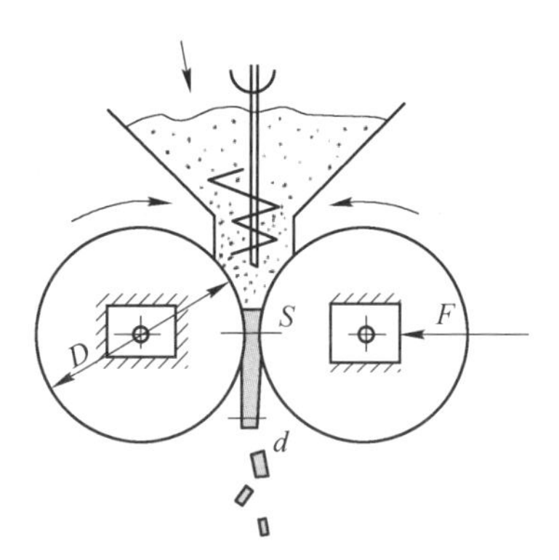

图 3-9 高压辊磨机的结构与工作原理

物料由给料装置给入两个沿相反方向旋转的辊子之间，辊子对物料施加一较大的挤给矿压力。首先是形状不规则的大物料块受到点接触压力，使物料的整体体积减小而趋于密实，并随辊子一起向下移动；与此同时，物料也由受点接触压力变为受线接触压力，使物料更加密实。随着物料密实程度的急剧增加，内应力也迅速上升。当物料通过两个辊子之间的最小间隙时，将受到更大的压力，使物料内部的应力超过其耐压强度极限，这时物料块内便开始出现裂纹并不断扩展，物料块从内部开始破碎，形成一动即碎的饼状小块，在下一个工序中，仅用少量能量即可将其碎解。由于矿石中不同矿物之间连接处的作用力相对较弱，在高压辊磨机的破碎过程中，在这些部位更容易产生裂纹，所以当破碎产物粒度相同时，高压辊磨机破碎产物的矿物单体解离度明显较高。

3.2.2.5　固定格/条筛

固定格筛和条筛都是由固定的钢条或钢棒构成筛面的筛分设备。其中，固定格筛通常用于生产规模和粗碎设备生产能力较小的分选厂，它常呈水平状安装在原料仓的顶部，以保证给入分选厂的物料粒度符合要求。固定条筛主要用作粗碎和中碎前的预先筛分设备，安装倾角一般为40°~50°，以保证物料能在筛面上借助于重力自动下滑，其结构如图3-10所示。

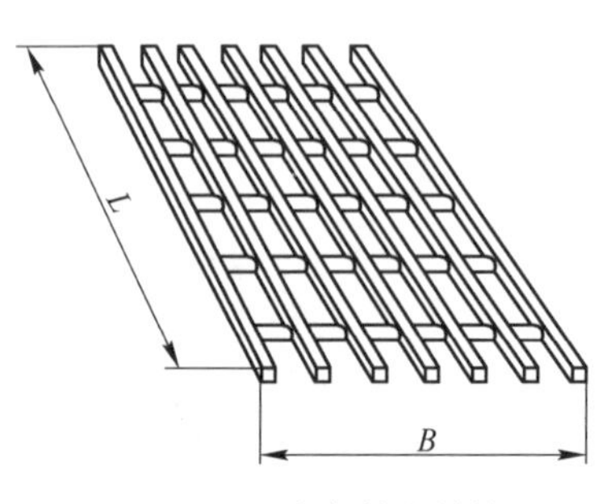

图3-10　固定条筛的结构

固定条筛的筛孔尺寸约为筛下物所要求的粒度上限的1.1~1.2倍，但一般不小于50mm。筛面宽度要求大于入筛物料中最大块尺寸的2.5倍，以防止大块物料在筛面上架拱，筛面长度一般为筛面宽度的2倍。固定条筛的突出优点是结构简单、无运动部件、不消耗动力，缺点是筛孔容易堵塞、筛分效率较低（仅有50%~60%），且需要较大的安装高差。

3.2.2.6　振动筛

振动筛是指筛框作小振幅、高振次振动的一类筛分机械，常用来对粒度在0.25~350mm之间的碎散物料进行筛分。由于筛体作小振幅、高振次的强烈振动，有效消除了筛孔堵塞现象，大大提高了筛子的生产率和筛分效率（E=80%~90%）。这类筛分机械既可以用于碎散物料的筛分作业，又可用于固体物料的脱水、脱泥、脱介等作业，因而在筛分过程中应用得较为广泛。根据筛框的运动轨迹，振动筛可分为圆运动振动筛和直线运动振动筛两类，前者包括惯性振动筛、自定中心振动筛和重型振动筛；后者包括双轴直线振动筛和共振筛。

惯性振动筛有时也称为单轴惯性振动筛。图3-11所示是惯性振动筛的结构简图，筛网固定在筛箱上，筛箱安装在两个椭圆形板簧上，板簧底座固定在基础上，偏重轮和皮带轮安装在主轴上，重块安装在偏重轮上。改变重块在偏重轮上的位置，可以得到不同的离心惯性力，以此来调节筛子的振幅。筛箱一般呈15°~25°倾斜安装，以促进物料在筛面上向排料端运动。当电动机带动皮带轮转动时，偏重轮上的重块即产生离心惯性力，从而引起板簧作拉伸或压缩运动，其结果使筛箱沿椭圆轨迹或圆轨迹运动。惯性振动筛也正是因筛子的激振力是离心惯性力而得名。

惯性振动筛工作时，由于皮带轮的几何中心在空间作圆运动，致使皮带时松时紧，造成电动机的负荷波动，这既影响电动机的使用寿命，也会加速皮带的老

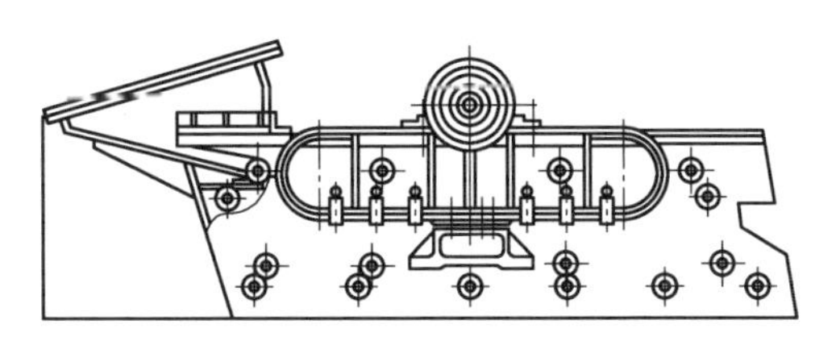

图 3-11 惯性振动筛结构

化。为了减小这一不利影响，惯性振动筛的振幅一般都比较小，所以这种筛子只适合用来筛分中、细粒级的碎散物料，入筛物料中的最大块粒度通常不超过100mm，而且这种筛分机的规格也不能做得太大。

自定中心振动筛是目前工业生产中应用得最广泛的一种振动筛，有座式和悬挂式两种类型，其主要特点是皮带轮的旋转中心线在工作中能自动保持不动。图3-12 所示是皮带轮偏心式自定中心振动筛的结构简图，自定中心振动筛与惯性振动筛在结构上的区别主要在于前者的皮带轮与传动轴同心安装，而后者的皮带轮则与传动轴不同心，两者之间存在偏离距离。借助于这种特殊的机械结构，可实现筛子在工作过程中皮带轮的几何中心（即旋转中心）保持不动，主轴的中心线绕皮带轮几何中心线旋转。

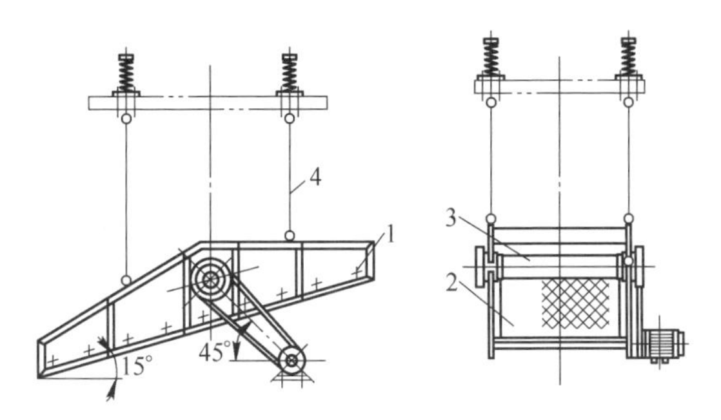

图 3-12 皮带轮偏心式自定中心振动筛

1—筛箱；2—筛网；3—激振器；4—弹簧吊杆

重型振动筛是一种特殊的座式皮带轮偏心式自定中心振动筛，其基本结构如图3-13 所示。重型振动筛的显著特点是，结构坚固，能承受较大的冲击负荷，适合于筛分密度大、粒度粗的物料，给料的最大块粒度可达 350mm。

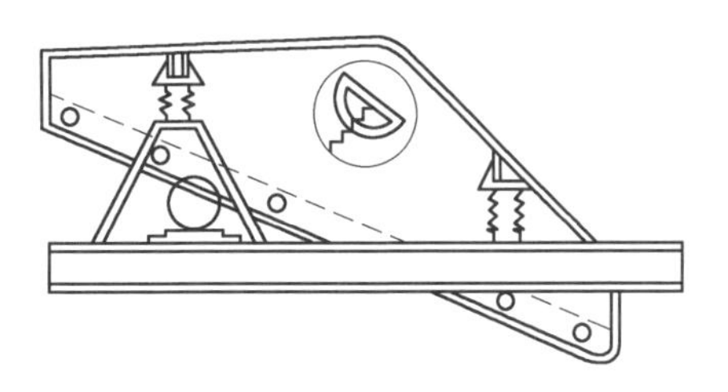

图 3-13 重型振动筛结构

重型振动筛在机械结构上的主要特点是：不在筛子的主轴上设置偏心质量，借助于一个自动调整振动器产生激振力，从而避免了在启动或停车过程中，由于共振作用而使筛子的振幅急剧增加所带来的危害；其次，可以为筛分机提供一个大小随筛子的转速变化的激振力。当筛子在启动或停车过程中通过共振区的低转速范围时，重锤产生的离心惯性力不足以压缩弹簧，而处在旋转中心附近，这时施加到筛子上的激振力很小，从而使筛子平稳地通过共振区；当筛子的主轴在电动机的带动下以高速旋转时，重锤产生的离心惯性力迅速增加，从而压迫弹簧到达轮子的外缘，使筛分机在较大的激振力作用下进入正常工作状态。

3.2.2.7　细筛

细筛一般指筛孔尺寸小于 0.4mm、用于筛分 0.045~0.2mm 以下物料的筛分设备。当物料中的有用组分在细粒级中大量富集时，常用细筛作为选择性筛分设备，以得到高品位的筛下物。按振动频率划分，细筛可分为固定细筛、中频振动细筛和高频振动细筛三类。其中，中频细筛的振动频率一般为 13~20Hz，高频细筛的振动频率一般为 23~50Hz。目前生产中使用的固定细筛主要有平面固定细筛和弧形细筛等，中频细筛主要有 HZS1632 型双轴直线振动细筛和 ZKBX1856 型双轴直线振动细筛等，高频细筛主要有德瑞克高频振动细筛、双轴直线振动高频细筛和单轴圆振动高频细筛等。

平面固定细筛（图 3-14）通常以较大的倾角安装，筛面倾角一般为 45°~50°。筛面是由尼龙制成的条缝筛板，缝宽通常在 0.1~0.3mm 之间变动。平面固定细筛的筛分效率不高，但因结构简单、操作方便，应用较为广泛。

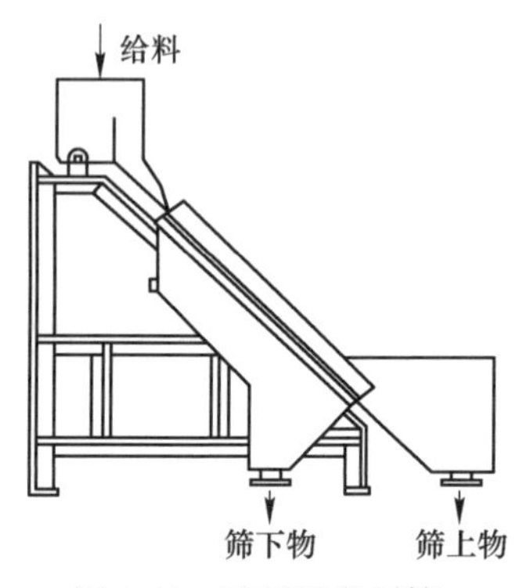

图 3-14　平面固定细筛

生产中使用的弧形细筛如图 3-15 所示，这种细筛利用物料沿弧形筛面运动时产生的离心惯性力来提高筛分过程的筛分效率。弧形细筛的构造也比较简单，但筛分效率却明显比平面固定细筛的高。

美国德瑞克公司生产的聚氨酯筛网重叠式高频振动细筛，是目前以最小占地面积和最小功率获取最大筛分能力的高频振动细筛，其结构如图 3-16 所示。这种细筛的特点是并联给料、直线振动配合 15°~25°的筛面倾角，筛分物料流动区域长，传递速度快，筛网开孔率高且耐磨损。筛网的筛孔通常为 0.15mm 和 0.10mm。

MVS 型电磁振动高频振动筛是一种筛面振动筛分机械，适用于粉体物料的筛分、分级和脱水，其结构如图 3-17 所示。这种筛分设备的显著特征体现在：(1) 筛面振动，筛箱不动。(2) 筛面高频振动，频率 5Hz，振幅 1~2mm，有很高的振动强度，是一般振动筛振动强度的 2~3 倍，所以不堵塞；筛面自清洗能力强，筛分效率高，处理能力大。(3) 筛面由三层筛网组成。(4) 筛分机的安装角度可随时调节，以适应物料的性质及不同筛分作业。(5) 筛分机的振动参数采用计算机集中控制。(6) 功耗小，每个电磁振动器的功率仅150W。(7) 实现封闭式作业，减少环境污染。

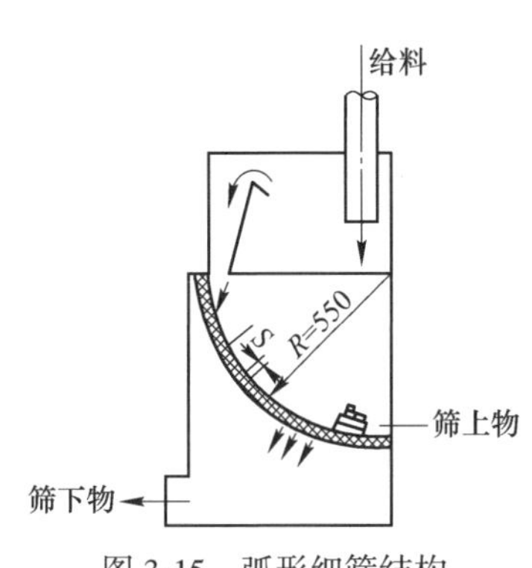

图 3-15 弧形细筛结构

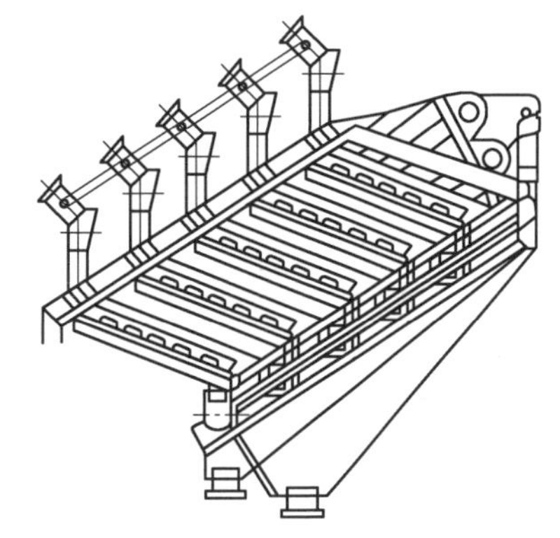

图 3-16 德瑞克重叠式高频振动细筛结构

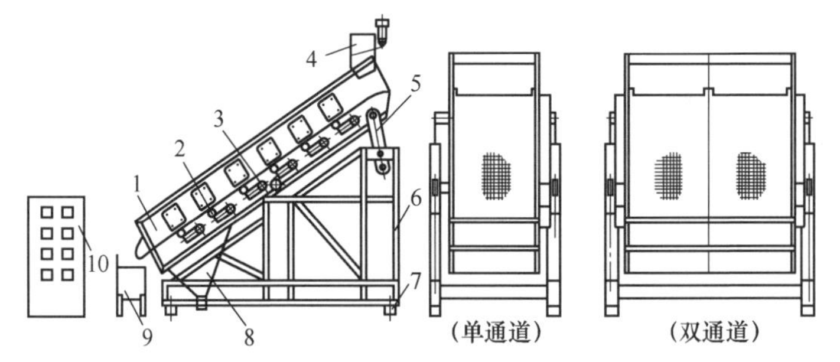

图 3-17 MVS 型电磁振动高频振网筛结构

1—筛箱；2—筛网；3—振动器；4—给料箱；5—传动装置；6—机架；7—橡胶减振器；8—筛下漏斗；9—筛上接矿槽；10—控制柜

MVS 型电磁振动高频振网筛工作时，布置在筛箱外侧的电磁振动器通过传动系统把振动导入筛箱内，振动系统的振动构件托住筛网并激振筛网。每台设备沿纵向布置有若干组振动器及传动系统，电磁振动器由电控柜集中控制，每个振动系统分别具有独立激振筛面，可随时分段调节。筛箱安装具有一定倾角，并且可调。物料在筛面高频振动作用下沿筛面流动、分层和透筛，并最终高效率地完成筛分过程。

3.3 矿石磨矿与分级

磨矿过程是一个粒度减小的过程。在选矿厂的整个工艺过程中，磨矿作业承担着为后续的选别作业提供合格入选原料的任务。一般来说，矿石中的有用矿物及脉石矿物紧密嵌生在一起，将有用矿物与脉石矿物相互解离开来，是选别的前提条件，也是磨矿的首要任务。可以说，如果没有目的（有用）矿物的充分解离，就没有高的回收率及精矿品位。有用矿物与脉石矿物呈连生体状态时，不容易回收；即使得到回收，精矿品位也较低。因此，选矿对磨矿的首要要求就是入选产品有着高的单体解离度；同时，磨矿的处理量实际上也决定着选矿厂的处理量。因此，磨矿作业是选矿前重中之重的作业。

3.3.1 常见的磨矿与分级流程

磨矿流程是指连接磨矿作业及其辅助作业的程序。一台磨矿设备与其辅助设备构成一个磨矿段。在硼铁矿选矿生产实践中多采用两段（甚至三段）磨矿流程，根据分级机的配置方式，两段磨矿流程有图 3-18 所示的几种常见流程。

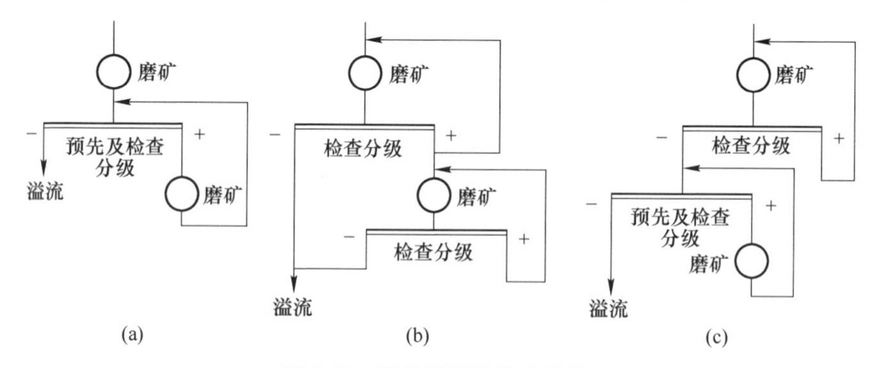

图 3-18　常见的两段磨矿流程

（a）两段一闭路磨矿流程；（b）两段不完全闭路磨矿流程；（c）两段全闭路磨矿流程

两段磨矿流程的磨碎比大，可以产出较细的磨矿产品，而且两段磨机分别完成粗磨和细磨，所以可根据各自的给料性质选择适宜的操作条件。两段磨矿流程中的设备工作效率高，磨矿产物粒度均匀、泥化较轻。当要求磨矿产物粒度小于 0.15mm（相当于-0.074mm 粒级的质量分数为 70%～80%），或物料难以磨碎，或物料中有价成分呈不均匀浸染且容易泥化时，通常采用两段磨矿流程；此外，当需要对物料进行阶段磨矿、阶段选别时，也必须采用两段磨矿流程。一般说来，除两段磨矿流程中有时第一段采用的棒磨机以外，磨矿设备均采用闭路作业。与磨机组成闭路的分级设备常常采用螺旋分级机或水力旋流器；此外，也有采用筛分机与磨矿设备构成闭路磨矿作业的应用实例。目前，在生产实践中图 3-18(a)和图 3-18(c) 所示的磨矿—分级流程应用最为广泛。

3.3.2 磨矿与分级过程的影响因素

有介质磨矿过程的影响因素一般可归纳为物料性质、磨机结构和磨机的工作条件三方面。

3.3.2.1 物料性质

待磨物料对磨矿过程的影响主要体现在物料的可磨性、给料粒度及产物粒度等几方面。

A 物料的可磨性

可磨性是指物料由某一粒度磨碎到规定粒度的难易程度，它既可以用相对方法表示，即可磨性；也可以用绝对方法表示，即可磨度。由这两个概念的定义可知，无论是采用相对表示方法还是采用绝对表示方法，都是物料的硬度越大，可磨性越小，磨机的生产率也就越低。

B 给料粒度和产物粒度

给料粒度和产物粒度是影响磨机生产率的主要因素。一般来说，给料粒度越粗，磨碎到规定细度所需要的时间越长，磨机的生产率也就越低。然而这一影响并不是孤立的，其影响程度还会随物料性质和磨矿产物粒度的变化而改变。表3-1和表3-2中的数据表明，磨机的相对生产能力随着给料粒度的减小而增加，但上升的幅度却随着磨矿产品粒度的减小而下降，尤其是处理非均质物料时，其下降趋势更为明显。

表 3-1 处理不均匀物料时磨机的相对生产能力

给料粒度/mm	最终产物中-0.074mm 级别的质量分数/%					
	40	48	60	72	85	95
-40	0.77	0.81	0.83	0.81	0.80	0.78
-30	0.83	0.86	0.87	0.85	0.83	0.80
-20	0.89	0.92	0.92	0.88	0.86	0.82
-10	1.02	1.03	1.00	0.93	0.90	0.85
-5	1.15	1.13	1.05	0.95	0.91	0.85
-3	1.19	1.16	1.06	0.95	0.91	0.85

表 3-2 处理均匀物料时磨机的相对生产能力

给料粒度/mm	最终产物中-0.074mm 级别的质量分数/%					
	40	48	60	72	85	95
-40	0.75	0.79	0.83	0.86	0.88	0.90
-20	0.86	0.89	0.92	0.95	0.96	0.96
-10	0.97	0.99	1.00	1.01	1.02	1.02
-5	1.04	1.05	1.05	1.05	1.05	1.05
-3	1.06	1.06	1.06	1.06	1.06	1.06

磨矿产物粒度通常用其中最大颗粒的粒度或-0.074mm 粒级的质量分数表示（表 3-3），它对磨机生产率的影响表现在两方面。其一，从被磨物料的粒度来看，随着磨矿时间的提高，被磨物料的平均粒度逐渐减小，从而使磨机的生产率不断上升；其二，从被磨物料的可磨性来看，在磨矿的初始阶段，易磨颗粒首先被磨碎，随着时间的推移，被磨物料的平均可磨性逐渐下降，从而使磨机的生产率不断减小。当磨机处理均质物料时，由于后一种现象不甚明显，因而磨机的生产率随着磨矿产物粒度的下降而上升（表 3-2）；然而，当磨机处理非均质物料时，后一种现象表现得特别突出，从而导致磨机的生产率随着磨矿产物粒度的下降而明显减小（表 3-1）。

表 3-3　磨矿产物粒度表示方法

产物粒度/mm	-0.5	-0.4	-0.3	-0.2	-0.15	-0.1	-0.074
-0.074mm 粒级的质量分数/%		35~45	45~55	55~65	70~80	80~90	95

3.3.2.2　磨机的结构参数

磨机的结构参数对磨矿过程的影响主要表现在磨机的类型和规格尺寸两方面。概括地说，格子型球磨机的生产率大，磨矿过程的过粉碎较轻，但磨矿产物的粒度较粗，不适宜作细磨设备；溢流型球磨机的生产率比同规格格子型球磨机低 10%~15%，且磨矿过程的过粉碎现象严重，但产物粒度比较细，用作细磨设备时明显优于格子型球磨机；溢流型棒磨机的生产率比同规格溢流型球磨机和格子型球磨机的分别低 5%和 15%左右，但它的磨矿产物粒度均匀，适宜开路工作，可节省分级设备。

磨机的规格尺寸主要是筒体的直径（D）和长度（L），这两个参数主要影响磨机的生产率和磨矿产物粒度。实践表明，磨机的生产率 Q 与其筒体尺寸的关系为：

$$Q = kD^{2.5 \sim 2.6}L \tag{3-9}$$

磨机筒体的长度在一定程度上决定了物料在磨机内的停留时间，但长度过大，物料在磨机内停留的时间太长而导致矿石过磨加剧；反之，若筒体过短，则又可能达不到要求的磨矿产物细度。所以棒磨机筒体的长径比一般为 1.5~2.5，而球磨机筒体的长径比则通常为 1~1.5。

3.3.2.3　磨机工作条件

影响物料磨矿过程的磨机工作条件主要包括磨机的转速率 ψ、磨矿介质充填率 φ、矿浆浓度、给料速度、分级机工作情况、循环负荷以及磨矿介质的形状、尺寸等。

A 转速率 ψ 和充填率 φ

转速率和充填率是决定磨机所能产生的磨矿作用的关键因素。实践表明，当介质充填率 $\varphi=30\%\sim50\%$、转速率 $\psi=40\%\sim80\%$ 时，磨机的有用功率随着转速率的增加而上升，这表明磨机的生产率将随着转速率的增加而上升；另一方面，当转速率为一适宜值时，理论分析和生产实践均表明，磨机的生产率在介质充填率 $\varphi=40\%\sim50\%$ 之间出现最大值。因此，工业生产中球磨机的转速率一般为70%~80%，磨矿介质充填率一般为40%~50%；而棒磨机的转速率通常为50%~65%，磨矿介质的充填率通常为35%~45%。

B 磨矿介质的形状和尺寸

由于钢质短柱、钢质柱球等异形磨矿介质的磨矿效果比常见钢球和钢棒的要好一些，所以在一些选矿厂的第二段磨矿作业中，已经用异形磨矿介质替代了钢球。当采用钢球作磨矿介质或采用异形磨矿介质时，在一定的充填率下，磨矿介质的尺寸越小，装入的磨矿介质的个数就越多，磨矿介质的表面积也就越大，因而单位时间内磨矿介质冲击固体颗粒的次数也越多，介质研磨物料的面积也越大，而打击颗粒的冲击力却比较小。随着磨矿介质尺寸的增加，颗粒所受到的打击力增大，但单位时间内打击颗粒的次数和研磨物料的面积却随之而下降。所以，对于一定粒度的物料，存在着一个最佳的磨矿介质尺寸，使物料的磨矿速度最大。人们从长期的生产实践中总结出料块的直径 d 与有效破碎所需要的磨矿介质尺寸 D 之间的关系为：

$$D = id^n \tag{3-10}$$

式中 i，n——随被磨物料性质而变的参数，可以通过试验确定。

当无法进行试验或作粗略估算时，可以采用如下的邦德经验公式进行计算。

$$D = 25.4d^{1/2} \tag{3-11}$$

式（3-10）和式（3-11）中的 D 和 d 的单位均为 mm，且 d 是按80%过筛计的给料最大粒度。

C 矿浆浓度和给料速度

磨矿过程的矿浆浓度通常以矿浆中固体物料的质量分数表示。矿浆浓度越高，单位体积矿浆内颗粒的质量和数量也就越多，矿浆的黏度也越大，颗粒越容易黏附在磨矿介质上，这无疑会有利于物料的磨碎，但黏稠的矿浆又会对下落的磨矿介质产生较大的缓冲作用，从而削弱它们对固体颗粒的冲击力。综合上述两方面的作用，在磨矿过程中，矿浆的浓度存在着合理范围。就中等转速率的磨机而言，磨矿产物粒度大于0.15mm或处理密度较大的物料时，适宜的磨矿矿浆浓度为75%~80%；磨矿产物粒度小于0.1mm或处理密度较小的物料时，适宜的磨矿矿浆浓度为65%~75%。

磨机的给料要求均匀连续，较大的波动会导致严重生产故障。若给料量太少，磨机内下落的磨矿介质会直接打在衬板上，使磨损加剧，过粉碎严重；若给料量过大，又容易产生“胀肚”现象。所谓“胀肚”现象，就是指磨机内的磨矿介质和被磨物料黏结在一起，使磨矿作用大大降低。“胀肚”现象是磨机的常见故障之一，严重时需要停止生产，进行专门处理。

D　循环负荷

循环负荷是磨机采用闭路作业时，分级设备分出的、返回磨机的粗粒级物料量与新给入磨机的物料量之比，记为 C。理论计算和生产实践表明，当循环负荷较小时，适当增加其数值，可以加速已磨碎颗粒从磨机中排出，提高磨机的处理能力，降低磨矿能耗。然而，当循环负荷达到一定数值（600%）后，磨机的生产率将不再随着循环负荷的增加而明显上升，而是趋近于一条渐近线，借助于增加循环负荷提高磨机生产率的幅度不大于40%。通常情况下，磨机循环负荷的适宜值为150%～600%。

3.3.3　磨矿与分级过程的表征与检测

磨矿效果的好坏，一般采用磨矿细度、磨矿机生产能力和磨矿机作业率来衡量。其中，磨矿细度是质量指标，生产能力和作业率是数量指标。

3.3.3.1　磨矿细度

磨矿产品的细度通常采用“标准筛”中的200目（0.074mm）筛子来筛分最终产品，以筛下产物量占入筛产品总量的百分数来表示，如磨矿细度为-0.074mm占60%（现在的国际统一单位中用“mm”而不再使用“目”）。筛下量占总量的百分比越大，表示磨矿产品粒度就越细。

不同种类的矿石有不同磨矿细度的要求。磨矿细度一般应根据矿石的嵌布特征和选矿工艺进行选择，并经过选矿试验确定或参考生产实践数据进行确定。

3.3.3.2　磨矿机的生产能力

磨矿机的生产能力通常用以下3种指标进行表征。

（1）磨矿机台时生产能力。即在一定给矿和产品粒度条件下，单位时间（h）内磨矿机能够处理的原矿量，以t/(台·h）表示。

只有当磨矿机的类型、规格、矿石性质、给矿粒度和产品粒度相同时，才可以简明地评述各台磨矿机的工作情况。

（2）磨矿机“利用系数”。即单位时间内磨矿机单位有效容积平均所能处理的原矿量，以t/(m^3·h）表示，即磨矿机的利用系数：

$$q = \frac{Q}{V} \tag{3-12}$$

磨矿机“利用系数” q 的大小，只能在给矿粒度、产品粒度均相近的条件下，才能比较真实地反映矿石性质和磨矿机操作条件情况。因此，它只能粗略地评述磨矿机的工作状况。

(3) 特定粒级利用系数。即采用单位时间内，通过磨矿所获得的某一指定粒级的含量来表示的生产能力，也用 t/(m^3 · h) 表示。多数情况下，用磨矿过程中新生成的-0.074mm 级别含量来表示：

$$q_{-0.074} = \frac{Q(\beta_2 - \beta_1)}{V} \tag{3-13}$$

式中 $q_{-0.074}$——按新生成-0.074mm 粒级计算的磨矿机生产能力，t/(m^3 · h)；

β_2——分级机溢流中（闭路磨矿时）或磨矿机排矿中（开路磨矿时）-0.074mm 级别的含量,%；

β_1——磨矿机给矿中-0.074mm 级别的含量,%；

V——磨矿机的有效容积，m^3；

Q——单位时间的处理量，t/h。

该指标可比较真实地反映矿石性质和操作条件对磨矿机生产能力的影响。因此，设计部门在计算新建选矿厂磨矿机的生产能力，或生产部门在比较处理不同矿石以及同一类型矿石，但不同规格磨矿机的生产能力时，通常采用此指标来表示。

3.3.3.3 磨矿机的作业率

磨矿机的作业率又称为磨矿机运转率，是指磨矿分级机组的实际工作小时数占日历小时数的百分数。生产实践中，每台磨矿机一般 1 个月计算 1 次，全年累计并按月计算其平均值。磨矿机生产过程中，停止给矿但未停止运转时，仍按运转时间计算。磨矿机作业率的高低，反映了选矿厂的生产管理水平。

3.3.3.4 分级效率

分级效率是指分级机溢流中某一指定粒级的重量占分级机给矿中同一粒级重量的百分数：

$$E = \frac{\beta(\alpha - \theta)}{\alpha(\beta - \theta)} \times 100\% \tag{3-14}$$

式中 E——分级效率,%；

α, β, θ——分别表示分级机给矿、溢流、返砂中某一粒级重量的百分数,%（计算时可用小数代入）。

式（3-14）只考虑了进入溢流中细粒级的含量，但未考虑分级溢流中混入的粗粒级的量。如果既考虑分级过程量的效率，又反映分级产物的好坏（即质效率），可用式（3-15）计算分级效率。

$$E = \frac{100(\beta - \alpha)(\alpha - \theta)}{\alpha(\beta - \theta)(100 - \alpha)} \tag{3-15}$$

式中的符号意义同式（3-14）。

3.3.3.5　磨矿循环负荷

在闭路磨矿循环中，从分级机返回到磨矿机再磨的粗粒级物料称为返砂。返砂的重量与磨矿机新给矿重量的百分比称为返砂比，有时也称循环负荷。

以一段闭路磨矿分级流程（图 3-19）为例，根据物料平衡关系，返砂比的计算如下：

$$(Q + S)\alpha = Q\beta + S\theta \tag{3-16}$$

式中　Q——给入磨矿机的原矿量，t/h；

S——返砂量，t/h；

α——磨矿机排矿中指定粒级含量，%；

β——分级机溢流中该粒级含量，%；

θ——分级机返砂中该粒级含量，%。

将式（3-16）展开有：

$$S = \frac{Q(\beta - \alpha)}{\alpha - \theta} \tag{3-17}$$

则返砂比：

$$C = \frac{S}{Q} \times 100\% = \frac{\beta - \alpha}{\alpha - \theta} \times 100\% \tag{3-18}$$

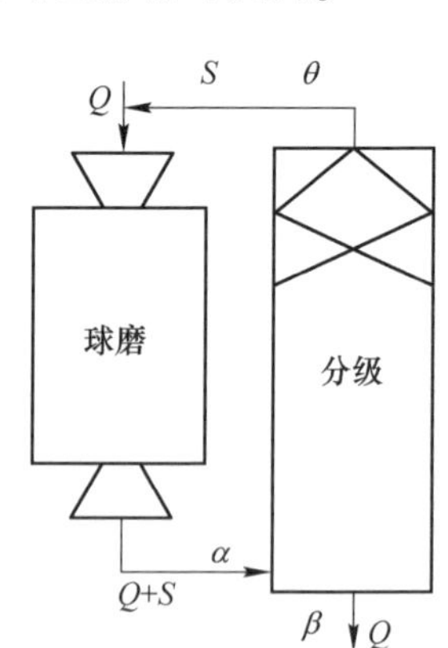

图 3-19　磨矿流程循环负荷计算示意图

3.3.4　磨矿与分级设备

磨矿机按照磨矿产物粒度的粗细，可分为粗磨设备、细磨设备和超细磨设备，粗磨和细磨设备主要包括球磨机、棒磨机和（半）自磨机等，超细磨设备包括离心磨、振动磨、搅拌磨、雷蒙磨和 ISA 磨机等。

在磨矿机闭路磨矿中常用的分级设备有螺旋分级机、水力旋流器、筛子等。分级设备可进行预先分级、检查分级、溢流控制分级。与磨矿机闭路工作的分级设备有两个作用：（1）控制磨机的产品粒度粗细；（2）形成闭路磨矿返砂，改善磨矿过程，提高磨机生产率及磨矿效率。

3.3.4.1　湿式（半）自磨机

自磨机，又称无介质磨矿机。自磨机的最大优点是可以将来自采场的原矿或经过粗碎的矿石直接给入磨机，可将物料一次磨碎到-0.074mm粒级含量占产品总量的20%~50%以上，粉碎比可达4000~5000，比球、棒磨机高十几倍。自磨机是一种兼有破碎和粉磨两种功能的新型磨矿设备。它将被磨物料自身作为介质，通过相互的冲击和磨削作用实现粉碎，自磨机因此而得名。图3-20所示是湿式自磨机的结构示意图，湿式自磨机的端盖呈锥形，排料端设有排料格子板，通过格子板从湿式自磨机内排出的矿浆，经过圆筒筛筛分后，筛上的粗粒部分由返砂勺挡回返砂管，被反向旋转的螺旋叶片送回自磨机内再磨，筛下的细粒部分则通过排料中空轴颈排出，成为磨矿产物。

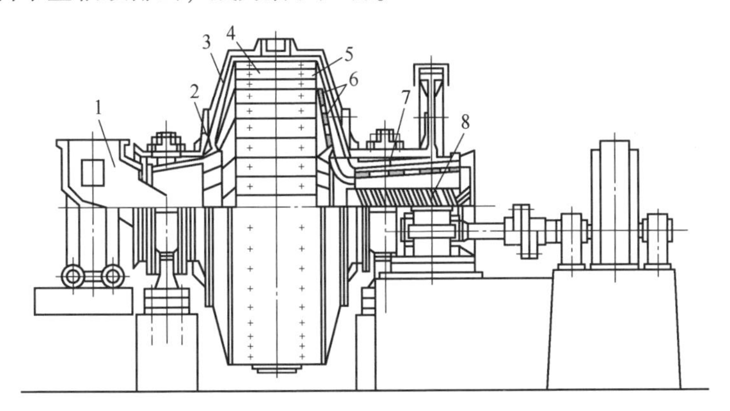

图3-20　湿式自磨机的结构

1—给料小车；2—波峰衬板；3—端盖衬板；4—筒体衬板；5—提升衬板；6—格子板；7—圆筒筛；8—自返装置

在湿式自磨机内，由于矿浆的缓冲作用降低了物料块落下时的冲击破碎能力，致使25~75mm粒级的物料块非常难以破碎，常常在湿式自磨机累积，生产中把这部分物料块称为“顽石”。“顽石”在自磨机内积累过多时，将导致磨机的生产率显著下降。为克服这一问题，生产中常采用如下处理措施：(1) 增加自磨机给料中大块物料的比例，增强冲击力。(2) 在自磨机内加入少量的大钢球，帮助破碎“顽石”；在这种情况下，加入钢球的体积一般不超过自磨机有效容积的2%。(3) 将“顽石”从自磨机内引出，单独进行处理或用作砾磨机的磨矿介质。

湿式自磨机、分级设备、“顽石”处理设施组成湿式自磨系统，该系统的优点主要表现在：(1) 湿式自磨系统的辅助设备较少，物料运输简单，投资费用低（比干式自磨机低5%~10%）。(2) 湿式自磨的能耗低（比干式自磨机低25%~30%）。(3) 湿式自磨能处理含水、含泥量较大的物料。(4) 湿式自磨产生的粉尘少，工业操作条件好。

湿式自磨系统的主要缺点有：磨机衬板因受矿浆的浸蚀作用，磨损比干式的明显严重，而且处理物料的最大块也比干式的要小一些，磨机的生产率也比干式的低一些。此外，为保证自磨机的破碎能力及对矿石性质变化的适应性，往往会在自磨机中加入占筒体有效容积 7%～15%的钢球，帮助完成粉碎过程，习惯上把这种矿石自磨矿作业称为半自磨。可以说，目前矿石半自磨已成为矿石自磨的主要形式，而纯自磨已很少见。

3.3.4.2　格子型球磨机

格子型球磨机的结构如图 3-21 所示。格子型球磨机主要由筒体、给料端部、排料端部、主轴承和传动系统等部分组成。磨机的筒体是一个空心圆柱筒，通常用 18～36mm 厚的钢板卷制而成。筒体的两端焊有法兰盘，磨机的两个端盖用螺栓联结在法兰盘上。为了保护筒体不被磨损和调整磨机内介质的运动状态，筒体内壁上铺有耐磨衬板。衬板通常用高锰钢、橡胶或复合材料制造，常见的形状如图 3-22 所示。筒体中部还开有人孔，供检修磨机时使用。

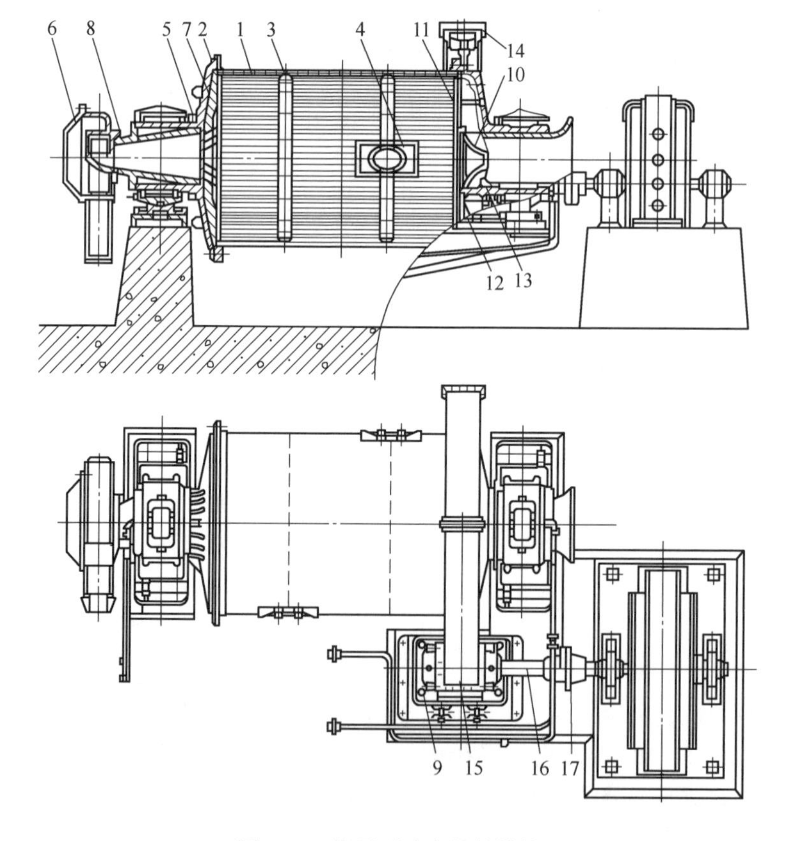

图 3-21　格子型球磨机的结构

1—筒体；2—法兰盘；3—螺钉；4—人孔盖；5—中空轴颈端盖；6—联合给料器；7—端盖衬板；8—轴颈内套；9—防尘罩；10—中空轴颈端盖；11—格子板；12—中心衬板；13—轴承内套；14—大齿圈；15—小齿轮；16—传动轴；17—联轴节

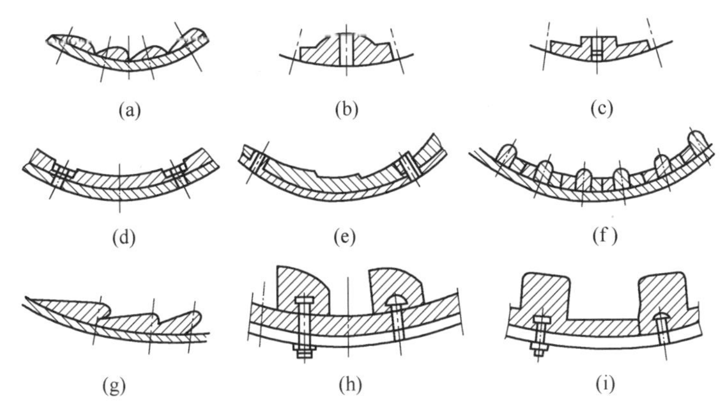

图 3-22 衬板的常见形状

（a）楔形；（b）波形；（c）平凸形；（d）平形；（e）阶梯形；（f）长条形；（g）船舵形；（h）K 形橡胶衬板；（i）B 形橡胶衬板

磨机的给料端部由端盖、中空轴颈和给料器等组成。端盖内壁铺有平的扇形衬板，端盖外焊有中空轴颈，中空轴颈内镶有带螺旋叶片的轴颈内套，除保护轴颈外还有向磨机筒体内推进物料的作用。给料器固定在中空轴颈的端部，常用的给料器有鼓式、蜗式和联合式三种。鼓式给料器的端部为截头圆锥形盖子，盖子与外壳之间装有扇形孔隔板，外壳内装有螺旋，物料通过扇形孔由螺旋送入磨机内，这种给料器主要用于开路作业且给料点位置较高的情况；蜗式给料器有单勺和双勺两种，勺子将物料舀起，通过侧壁上的孔进入中空轴颈，由此进入磨机，这种给料器通常与给料点较低的第二段开路或闭路磨矿用磨机配合使用；联合给料器由鼓式和蜗式两种给料器组合而成，可以同时给入磨机的新给料和分级机的返砂，所以它适合与第一段闭路磨矿用磨机配合使用。

格子型球磨机的排料端主要由格子板、端盖和排料中空轴颈等组成。带有中空轴颈的端盖和筒体之间设有一个格子板，格子板相当于一个屏障，将钢球和粗颗粒拦隔在筒体内，磨细的颗粒从格子板上的孔眼排出。排料端盖的内壁被放射状筋条分成若干个扇形室，扇形室内衬有簸箕形衬板，用螺栓固定在端盖上。格子板上的孔眼断面为梯形，向排料方向扩大，以防止格子板堵塞。磨细的颗粒随矿浆通过格子板进入扇形室，随着磨机的转动，扇形室内的矿浆被提升到高处，然后沿壁流入排料中空轴颈而排出，如图 3-23 所示。由于湿式格子型球磨机排料端的矿浆面低于排料中空轴颈中的矿浆面，所以属于低水平的强制排料，可以将磨细的物料颗粒及时排出，减少过磨。

3.3.4.3 溢流型球磨机

溢流型球磨机的结构如图 3-24 所示。溢流型球磨机的结构与格子型球磨机

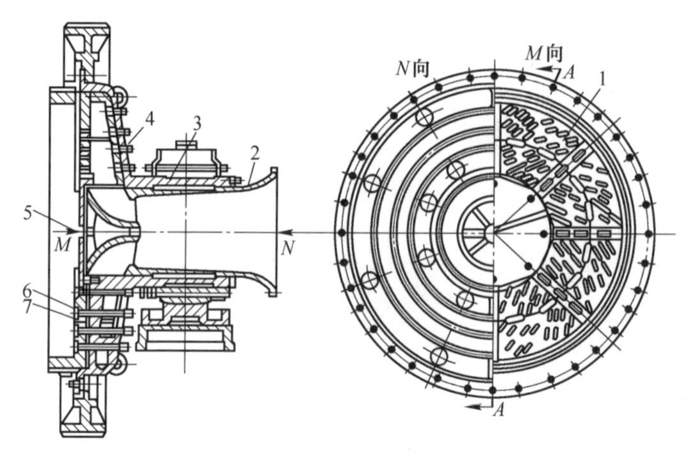

图 3-23　格子型球磨机的排料端部

1—格子板；2—轴承内套；3—中空轴颈；4—簸箕形衬板；5—中心衬板；6—筋条；7—楔铁

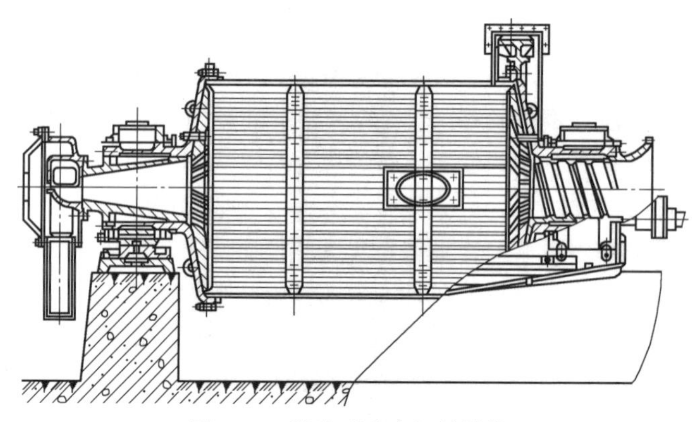

图 3-24　溢流型球磨机的结构

的结构基本相同，两者的主要区别在于排料端部的结构。溢流型球磨机的排料端部没有排料格子板和扇形提升室，只是排料中空轴颈的直径明显比给料中空轴颈的直径大，从而在磨机的给料端和排料端之间形成一矿浆的液面差，磨细的颗粒（含矿浆）凭借重力从磨机中溢流出去。为了防止小钢球和粗颗粒随矿浆一起溢流出去，在溢流型球磨机的排料中空轴颈内镶有与磨机旋转方向相反的螺旋叶片，磨细的颗粒悬浮在矿浆中从螺旋叶片上面溢流出去，由矿浆带出的没有磨细的粗颗粒和小钢球则沉在螺旋叶片之间，被反向旋转的螺旋叶片送回磨机内。

总体来说，溢流型球磨机排矿是因排料端中空轴径稍大于给料端中空轴径，造成磨矿机内矿浆面向排料端有一定倾斜度，当矿浆面高度高于排料口内径最低母线时，矿浆便溢流排出磨机。这是非强迫的高料位排矿，排料速度慢，矿料在机内停留时间长，物料过磨较严重，处理量也比同样规格的格子型球磨机要低。因此，溢流型球磨机一般适用于细磨或再磨作业，如第二段磨矿或第三段磨矿。

3.3.4.4 搅拌磨机

搅拌磨机是一种细磨设备，最早用于材料、化工、非金属矿深加工等领域的超细粉体制备，近年来随着设备的大型化问题得到解决，逐渐在金属矿山领域得到广泛应用。工作时，研磨介质随搅拌器做回转运动，包括公转和自转，物料给入研磨腔后与研磨介质发生碰撞、挤压、摩擦，在整个筒体内剪切力和挤压力处处存在，这是由于沿径向方向位于不同半径上的物料和研磨介质的运动速度不同，沿垂直方向层与层之间物料和研磨介质的运动速度也不相等，存在一个速度梯度。在搅拌器附近物料粉碎效率高，研磨介质除了做圆周运动外，还存在不同程度的上下翻动运动，有一部分研磨介质与搅拌器发生冲撞、摩擦，在搅拌器附近还存在一定的冲击力。可以说，在整个研磨室内起粉碎作用的力有剪切力、挤压力和冲击力。挤压、研磨（挤压+剪切）的作用方式是微粉碎的较好方式，而且能量利用率高、新生表面积大。挤压、研磨的作用力方式使颗粒表层剥落，产生不完全粉碎，颗粒越小，受挤压、研磨的表面积越大，而且挤压、研磨还能克服微粒之间的物理化学力以及黏附、聚结现象。

综合而言，搅拌磨机（stirred mill）是利用搅拌装置（螺旋搅拌器、盘式搅拌器、棒式搅拌器等）使研磨介质（钢球、陶瓷球、顽石等）运动，物料与介质间产生相互摩擦、冲击、剪切，从而达到粉碎的目的，故其能量效率高。按照搅拌磨机筒体的摆放方式不同，搅拌磨机可分为立式搅拌磨机和卧式搅拌磨机。图 3-25 和图 3-26 所示分别为卧式搅拌磨机（ISA）和立式搅拌磨机结构示意图。

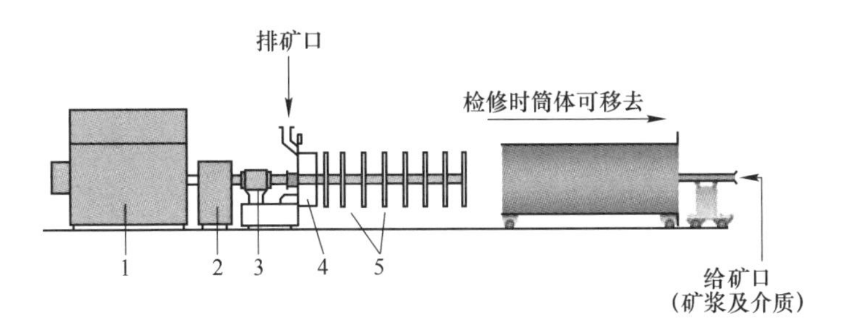

图 3-25 卧式搅拌磨机（ISA）结构

1—电动机；2—减速器；3—轴承；4—分离器；5—搅拌机轮

ISA 磨机是一种卧式搅拌磨机，由澳大利亚 Mount Isa 矿山与德国 Netzsch 公司共同研制。ISA 磨机有 8 个安装在悬臂轴上的带孔圆盘，圆盘的周边转速可达 21~24m/s；介质直径小于 3mm、充填率 80%，矿浆浓度 50%左右，矿浆体积占比 20%，其给矿压力 0.1~0.2MPa。工作时，磨矿介质通过磨盘的带动在腔室内形成循环，矿物在介质的搅动下实现研磨剥蚀。在排矿端有产品分离器，仅允许合格的细粒级排出，不合格的粗粒级和介质保留在磨机内，使得 ISA 磨机实现了开路磨矿，省去了筛子或旋流器，简化了流程。

立式搅拌磨机的生产厂商较多，其中包括美卓（Metso）公司、爱立许(Eirich)公司、长沙矿冶研究院、北京矿冶研究院等多家研发生产机构。其中美卓（Metso）公司的立磨机（VERTIMILL）研发于1980年，机械结构非常简单，螺旋式搅拌器边缘线速度约为3~5m/s，研磨介质为钢球或陶瓷球（12~30mm）。多用于二段磨矿、再磨等作业，可接受粗至几个毫米的给矿粒度；爱立许(Eirich）公司塔磨机研发始于19世纪50年代，由干法磨矿设备发展演变而来。SMD磨机（图3-27）是Metso公司生产的一种以放射状直棒作为搅拌器的立式搅拌磨。磨机筒体为八面体形，研磨室高度与直径比为1∶1；棒端线速度约为11m/s；筒体上方为筛板，只允许产品通过，将介质留在研磨室；介质粒径通常为1~3mm的陶瓷珠、河砂、卵石等。

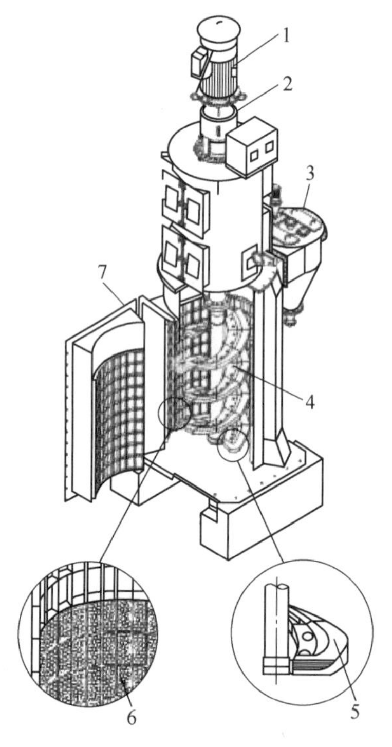

图3-26　立式搅拌磨机

1—电动机；2—齿轮减速器；3—粗分离器；
4—螺旋体；5—螺旋衬板；6—内壳网格衬板；7—检修门

图3-27　美卓SMD立式搅拌磨机

相对于普通的球磨机，搅拌磨机可降低30%~40%的能耗和节约70%左右的空间，搅拌器边缘线速度在5m/s左右，研磨介质主要为钢球和陶瓷球。磨矿工艺根据给料粒度不同而不同。当给料粒度大于100μm，需要粗分离器，且从磨机顶部给料；给料粒度小于100μm，不需要粗分离器，且给料先经旋流器分级后由磨机底部给入。

3.3.4.5 螺旋分级机

螺旋分级机是最常用的分级设备，与磨机闭路时能自流联结，工作平稳、耗电少，但分级效率低，通常低于60%。螺旋分级机分高堰式、低堰式及沉没式三种，按螺旋数目又可分单螺旋及双螺旋两种。图3-28所示是高堰式双螺旋分级机的结构简图。高堰式螺旋分级机的溢流堰比下端轴承高，但低于下端螺旋的上边缘。它适合分离0.15~0.20mm的粒级，通常用在第一段磨矿，与一段磨机配合使用。沉没式的下端螺旋有4~5圈全部浸在矿浆中，分级面积大，利于分出比0.15mm细的粒级，常用在第二段磨矿与磨机构成机组。低堰式的溢流堰低于下端轴承的中心，分级面积小，只能用以洗矿或脱水，现已不用其来分级。

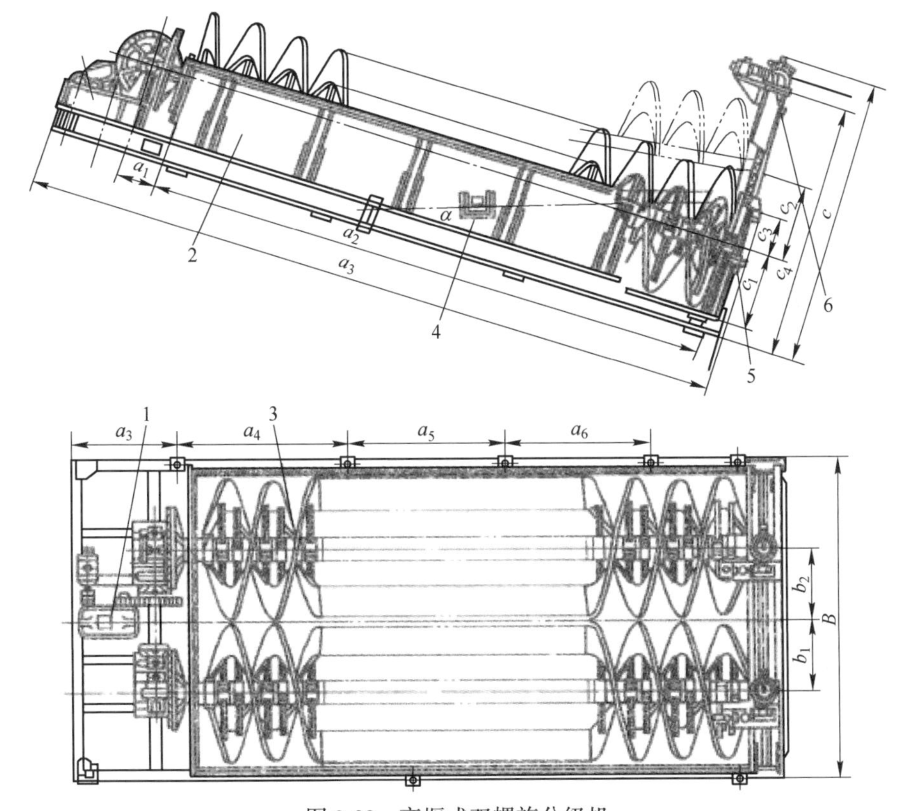

图3-28 高堰式双螺旋分级机

1—传动装置；2—水槽；3—左右螺旋轴；4—进料口；5—放水阀；6—提升机构

螺旋分级机比其他分级机优越，因为它构造简单、工作平稳和可靠、操作方便、返砂含水量低、易于与磨机自流联结，因此常被采用。螺旋分级机最大的缺点是生产中溢流粒度的调节仅靠补加水量改变矿浆的浓度来实现，而其他可变因素较少，像螺旋转数、溢流堰高度、分级槽倾角等因素并不能随时、随意调节。由于溢流粒度受浓度的制约，因此二者有时就会发生矛盾。当要求溢流粒度很细时，则溢流浓度就会很稀，有时就满足不了下游选别作业的要求，这就需要增加人工脱水作业，从而使流程复杂化，而且下端轴承易磨损和占地面积大等，因此有被水力旋流器取代的趋势。但是螺旋分级机由于其可变因素少且容积滞后，大生产中指标较为稳定，对于非自动调节的磨矿分级机组来说，其对稳定选别指标是很有利的。因此，不少选矿厂仍采用它作为分级设备。

3.3.4.6　水力旋流器

水力旋流器是利用离心力来加速矿粒沉降的分级设备。它需要压力给矿，故消耗动力大，但占地面积小、处理量大、分级效率高，可获得很细的溢流产品，多用于第二段闭路磨矿中的分级设备。水力旋流器的上部呈圆筒形，下部呈圆锥形，如图 3-29 所示。矿浆在 0.04～0.35MPa 压力下从给矿管沿切线方向送入，在旋流器内部高速旋转，因而产生了很大的离心力。在离心力和重力的作用下，较粗的颗粒被抛向器壁，作螺旋向下运动，最后由排砂嘴排出；较细的颗粒及大部分水形成旋流，沿中心向上升起，至溢流管流出。

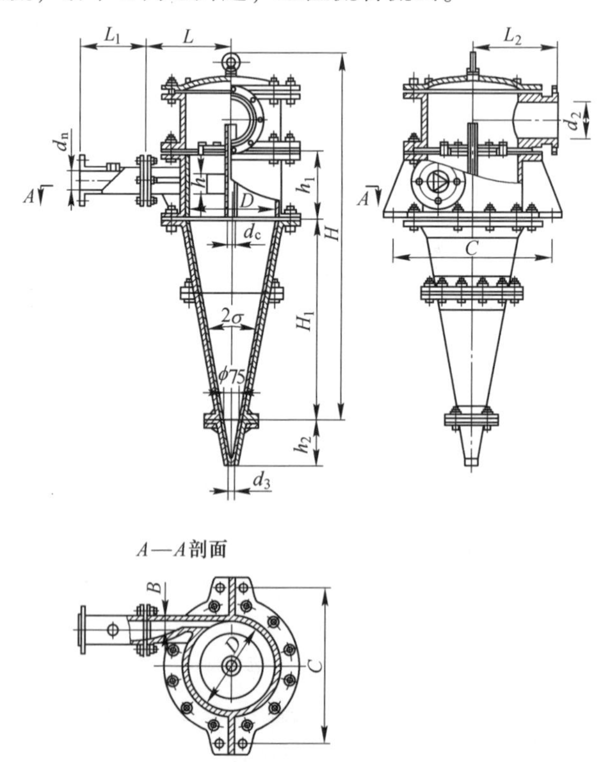

(a)

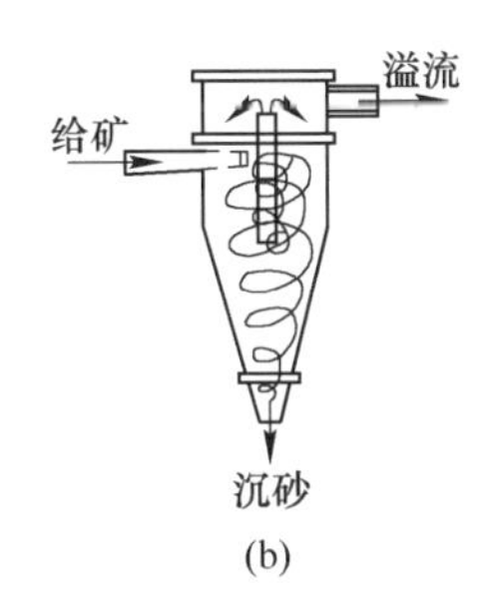

(b)

图 3-29 水力旋流器结构与工作原理
(a) 水力旋流器构造；(b) 水力旋流器工作原理

水力旋流器分为分级用和脱泥用两种，前者用来分出 800~74（或 43）μm 的粒级，后者用来脱除 74（或 43）~5μm 的细泥。分级用的旋流器的给矿浓度较高，给矿压力较大，圆筒直径较粗；脱泥用的旋流器的情况则和前者相反。水力旋流器的主要优点是构造简单、占地面积小、生产率高。缺点是易磨损，特别是沉砂嘴磨损快，工作不够稳定，使生产指标波动，但这些缺点已可从采用耐磨材料逐渐加以克服。旋流器用于磨矿回路的分级有两种情况：一为开路，二为闭路。闭路又分为预先分级和检查分级（或控制分级）。它的分级粒度范围一般为 40~400μm，有时可扩展为 5~1000μm。由于它们的分级粒度范围较宽，因此多用于一段磨矿、二段磨矿或再磨矿回路分级。

参 考 文 献

[1] 陈炳辰. 磨矿原理 [M]. 北京：冶金工业出版社，1989.
[2] 黄国智，方启学，任翔等. 全自磨半自磨磨矿技术 [M]. 北京：冶金工业出版社，2018.
[3] 段希详，肖庆飞. 碎矿与磨矿 [M]. 北京：冶金工业出版社，2012.

4　硼铁矿选矿工艺与设备

我国先后有东北大学、郑州矿产综合利用研究所、辽宁省地质实验研究所、广东省矿产应用研究所等单位对辽宁凤城硼铁矿石进行过选矿分离的试验研究，目前进行过的选矿试验流程主要包括磁选、重选和浮选等分选方法，其中磁选主要是回收硼铁矿石中的磁铁矿，重选（含水力旋流器分选）主要是分离与回收晶质铀矿和硼镁石，浮选主要是回收硼镁石。因此，了解硼铁矿石相关的磁选、重选、浮选的分选工艺装备及其工作原理是很有必要的。

4.1　硼铁矿磁选工艺与设备

4.1.1　磁选概述

4.1.1.1　*磁场*

磁选是根据物料中不同颗粒之间的磁性差异，在非均匀磁场中借助于颗粒所受磁力、机械力等的不同而进行分离的一种方法。根据磁场中磁力线的分布状态，可将磁场分为均匀磁场和非均匀磁场。典型的均匀磁场和非均匀磁场如图 4-1 所示。

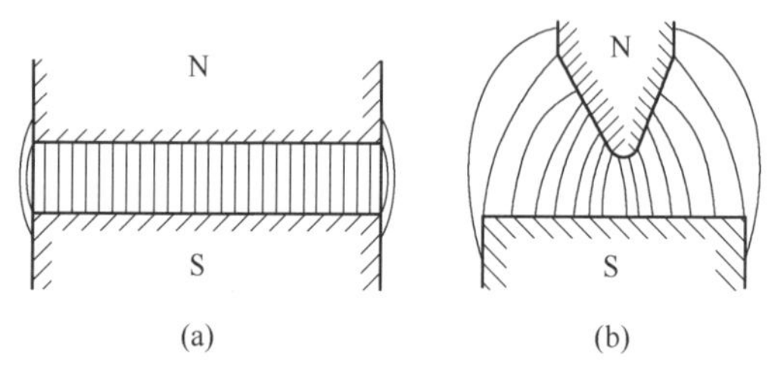

图 4-1　两种不同的磁场示意图

（a）均匀磁场；（b）非均匀磁场

图 4-1（a）所示的磁场为均匀磁场。在这种磁场中，磁力线的分布是均匀的，各点的磁场强度大小相等、方向相同，即磁场强度等于常数。在均匀磁场中，磁性颗粒只受到转矩作用，转矩使它的长轴平行于磁场方向，处于平衡稳定状态，无法达到分离磁性颗粒的目的。

图 4-1（b）所示的磁场为非均匀磁场。在这种磁场中，磁力线的分布是不均匀的，各点磁场强度的大小和方向都是变化的，磁场的不均匀程度可用磁场梯度表示，其表示形式为 dH/dx 或 $\mathrm{grad}H$。在非均匀磁场中，磁性颗粒除受到转矩的作用外，还受到磁力作用，使磁性颗粒向着磁场强度升高的方向移动，最后被

吸到磁极上。正是由于磁力的吸引作用，才有可能将磁性强的固体颗粒与磁性弱或非磁性的固体颗粒分离，从而实现分选的目的。因此，磁选设备分选空间中的磁场不但要有一定的磁场强度，而且还必须有适当的磁场梯度。

4.1.1.2 磁性颗粒在非均匀磁场中所受的磁力

磁性颗粒在外磁场作用下显示磁性的过程称为磁化。衡量磁性颗粒被磁化程度的物理量为磁化强度 J（单位体积被磁化的磁矩），可用式（4-1）表示：

$$J = \frac{M}{V} \tag{4-1}$$

式中 M——磁性颗粒的磁矩，$A \cdot m^2$；

V——磁性颗粒的体积，m^3。

磁性颗粒的磁化强度 J 与外磁场强度的比值为（体积）磁化系数 κ_0，是矿物的一个重要磁性指标，见式（4-2）。显然，κ_0 的大小表示物体被磁化难易程度，κ_0 值愈大，表明矿物颗粒愈容易被磁化。

$$\kappa_0 = \frac{J}{H} \tag{4-2}$$

式中 J——磁化强度，A/m；

H——外磁场强度，A/m。

另外，矿物颗粒的体积磁化系数与其密度的比值可用比磁化系数 χ_0 表示，见式（4-3）。

$$\chi_0 = \frac{\kappa_0}{\delta} \tag{4-3}$$

式中 χ_0——矿物颗粒的比磁化系数，m^3/kg；

δ——矿物颗粒密度，kg/m^3。

计算磁选机中作用于磁性颗粒上磁力大小时，为便于分析，通常认为颗粒尺寸很小且其长轴与磁场方向一致，并假定该颗粒处于不均匀磁场，梯度为常数。如图 4-2 所示，一长度为 L 的磁性颗粒在非均匀磁场中被磁化后，成为了一个磁偶极子，两端呈现出 N、S 两个磁极，假设其磁极强度分别为 $+Q_{磁}$ 和 $-Q_{磁}$，而两个点中的一端点处的磁场强度为 H，另一端点处则必处于 $H - \frac{dH}{dx}L$ 的场强中。

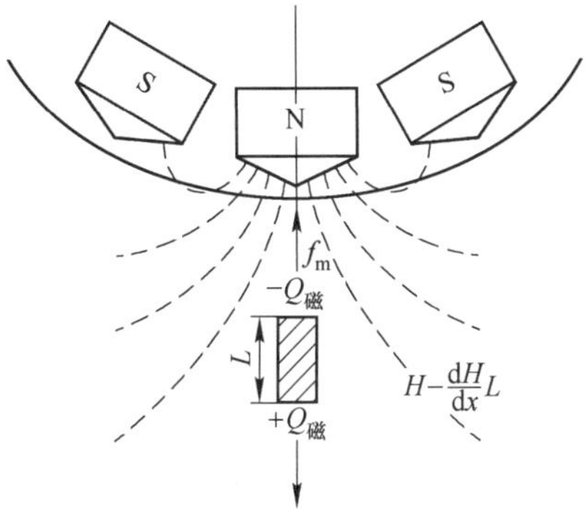

图 4-2 矿粒在非均匀磁场中所受到的磁力

从物理学中得知，某磁极在场中受磁力的大小为：

$$f_{磁} = \mu_0 Q_{磁} H \tag{4-4}$$

式中　$f_{磁}$——矿粒在磁场中受的磁力，N；

μ_0——真空磁导率；

$Q_{磁}$——磁极强度，A · m；

H——矿粒在近磁极端的磁场强度，A/m。

故作用在矿粒上的总磁力为：

$$f_{磁} = \mu_0 \left[Q_{磁} H - Q_{磁} \left(H - \frac{\mathrm{d}H}{\mathrm{d}x} L \right) \right]$$

$$= \mu_0 Q_{磁} L \frac{\mathrm{d}H}{\mathrm{d}x} = \mu_0 M \frac{\mathrm{d}H}{\mathrm{d}x} \tag{4-5}$$

将式（4-1）和式（4-2）代入式（4-5）得：

$$f_{磁} = \mu_0 \kappa_0 VH \frac{\mathrm{d}H}{\mathrm{d}x} \tag{4-6}$$

式（4-6）表示了体积为 V 的矿粒在不均匀磁场中受到的磁力。但由于自然界的矿物密度相差较大，致使单位体积颗粒质量差值也很大。为了便于比较，常采用单位质量颗粒所受的力来表示，这种磁力称为比磁力。计算公式如下：

$$f_{\mathrm{m}} = \frac{f_{磁}}{m} = \frac{\mu_0 \kappa_0 VH \frac{\mathrm{d}H}{\mathrm{d}x}}{\delta V}$$

$$= \mu_0 \chi_0 H \frac{\mathrm{d}H}{\mathrm{d}x} = \mu_0 \chi_0 H \mathrm{grad} H \tag{4-7}$$

式中　f_{m}——比磁力，N/kg；

$H\mathrm{grad}H$——磁场力，A^2/m^3。

从式（4-7）可知矿粒在不均匀磁场中受磁力的大小取决于矿粒本身的磁性（比磁化系数 χ_0 值）与磁场特性 $H\mathrm{grad}H$ 这两个因素，这两方面的问题也是磁选过程中的主要问题之一。

通过式（4-7）可知，作用在单位质量磁性颗粒上的磁力 f_{m}，由反映颗粒磁性的比磁化系数 χ_0 和反映颗粒所在处磁场特性的磁场力 $H\mathrm{grad}H$ 两部分组成。在分选强磁性物矿时，由于颗粒的磁性强，χ_0 很大，克服机械力所需要的磁场力 $H\mathrm{grad}H$ 可以小一些；分选弱磁性矿物时，由于颗粒的磁性很弱，χ_0 很小，克服机械力所需要的磁场力 $H\mathrm{grad}H$ 就很大。同时，如果颗粒所在处的磁场梯度 $\mathrm{grad}H = 0$，即使磁场强度很高，作用在磁性颗粒上的比磁力也等于零，这说明磁选必须在非均匀磁场中进行。为了提高磁场力 $H\mathrm{grad}H$，不仅需要设法提高磁场强度，而且应该研究提高磁场梯度 $\mathrm{grad}H$ 的措施。

4.1.1.3 回收磁性颗粒需要的磁力

磁选是在磁选设备分选空间的磁场中进行的，被分选的物料给入磁选设备的分选空间后，受到磁力和机械力（包括重力、摩擦力、流体阻力、离心惯性力等）的作用，物料中磁性不同的颗粒因受到不同的磁力作用，而沿着不同的路径运动，在不同位置分别接取就可得到磁性产物和非磁性产物。

磁选过程的示意图如图4-3所示。进入磁性产物的磁性颗粒的路径由作用在这些颗粒上的磁力和所有机械力的合力决定；而进入非磁性产物的非磁性颗粒的运动路径则由作用在它们上面的机械力的合力决定。因此，为了保证把被分选物料中的磁性颗粒与非磁性颗粒分开，必须满足的条件是：

$$f_m > \sum f_j \tag{4-8}$$

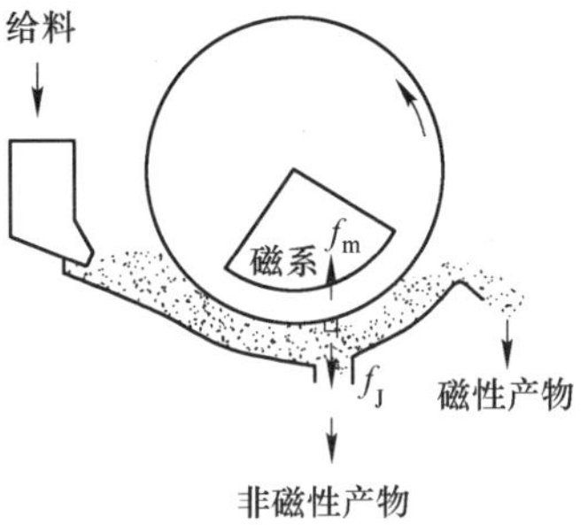

图4-3 物料在磁选机中分离示意图

式中 f_m——作用在磁性颗粒上的磁力；

$\sum f_j$——作用在颗粒上的与磁力方向相反的所有机械力的合力。

如果要分离磁性较强（比磁化率$\chi_0>3.8\times10^{-5}\,m^3/kg$）和磁性较弱（比磁化率$\chi_0=7.5\times10^{-6}\sim1.26\times10^{-7}\,m^3/kg$）的两种固体颗粒，则必须满足的条件为：

$$f_{1m} > \sum f_j > f_{2m} \tag{4-9}$$

式中 f_{1m}，f_{2m}——分别为作用在磁性较强颗粒和磁性较弱颗粒上的磁力。

A 硼铁矿干式磁选（预选）所需要的比磁力

将矿石颗粒或物料块直接给到回转的筒面或辊面上，使磁性颗粒或物料块做曲线运动。这时磁选的任务是将磁性颗粒或物料块吸在筒面或辊面上，使非磁性颗粒或物料块在离心惯性力和重力的作用下脱离辊面，从而实现两种不同磁性颗粒或物料块的分离。为了便于分析问题，考虑作用于单位质量的磁性颗粒上的磁力和机械力，在这种情况下，作用在颗粒上的各种力如图4-4所示。

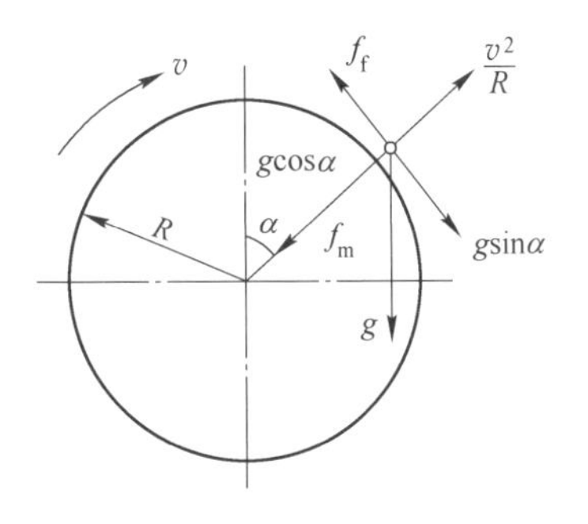

图4-4 颗粒在磁滑轮上的受力分析

设分选圆筒的半径为R，圆周速度为v，颗粒或物料块在圆筒上的位置到圆筒中心的连线与圆筒垂直直径之间的夹角为α。在惯性系（以地面为参考）中，忽略颗粒之间的摩擦力和压力以后，作用在单位质量磁性颗粒上的力有重力 g（即重力加速度）、筒皮对颗粒的摩擦力 f_f、磁系对磁性颗粒的磁吸引力 f_m、与磁力方向相反的离心惯性力 f_c。

重力在圆筒表面切线上的分力会引起磁性颗粒在圆筒表面上滑动，为了避免颗粒在筒面上滑动，必须满足的条件为：

$$(f_m + g\cos\alpha - v^2/R)\tan\varphi \geqslant g\sin\alpha \tag{4-10}$$

由此可得：

$$\begin{aligned} f_m &\geqslant \frac{v^2}{R} - g\cos\alpha + g\sin\alpha/\tan\varphi \\ &= \frac{v^2}{R} + g\sin(\alpha - \varphi)/\sin\varphi \end{aligned} \tag{4-11}$$

式中　φ——颗粒和筒面之间的静摩擦角；

$\tan\varphi$——颗粒和筒面之间的静摩擦系数。

从式（4-11）中可以看出，在辊筒半径、旋转速度和静摩擦角一定时，颗粒在不同位置上（即 α 角不同）时所受的机械力也不同。要把磁性颗粒吸在辊筒表面上所需要的磁力也不同，因而必须求出所需要的最大磁力。当 $\mathrm{d}f_m/\mathrm{d}\alpha = 0$ 时，f_m有最大值，为此对式（4-11）求导得：

$$\frac{\mathrm{d}f_m}{\mathrm{d}\alpha} = \frac{g}{\sin\varphi} \times \frac{\mathrm{d}\sin(\alpha - \varphi)}{\mathrm{d}\alpha} = \frac{g\cos(\alpha - \varphi)}{\sin\varphi} \tag{4-12}$$

令 $\frac{\mathrm{d}f_m}{\mathrm{d}\alpha} = 0$，由于 $\frac{g}{\sin\varphi} \neq 0$，有：

$$\cos(\alpha - \varphi) = 0 \quad 或 \quad \alpha - \varphi = 90°$$

亦即当 $\alpha = 90° + \varphi$ 时，颗粒所需要的磁力最大：

$$f_m = \frac{v^2}{R} + \frac{g}{\sin\varphi} \tag{4-13}$$

对于表面较为粗糙的皮带，$\varphi = 30°$或者 $\sin\varphi = 0.5$ 时有：

$$f_m = \frac{v^2}{R} + 2g \tag{4-14}$$

此时颗粒所在的位置角 $\alpha = 120°$，所需要的比磁力最大。如果颗粒直径 d 与辊筒半径 R 比较不能忽略（$d/R>0.05$）时，上述计算式中的 R 应以 $R+0.5d$ 代替，辊筒表面的运动线速度 v 也应以 $v(R+0.5d)/R$ 代替，此时，式(4-14)为：

$$f_m = v^2(R + 0.5d)/R^2 + g\sin(\alpha - \varphi)/\sin\varphi \tag{4-15}$$

利用式（4-11）和式（4-15）计算磁性颗粒的比磁力时，v 的单位为 m/s，R 和 d 的单位为 m，重力加速度 g 取为 9.81m/s^2，f_m的单位为 N。

B　硼铁矿湿式磁选所需要的比磁力

湿式磁选分离过程中，水对颗粒运动的阻力，特别是对微细颗粒的运动阻力不能忽略。当矿浆经给料槽流入磁选机的工作区后，在矿浆沿一弧形槽运动的过程中，包含在矿浆中的磁性颗粒被吸向圆筒，磁性颗粒的受力情况如图 4-5 所示。

在水介质中，作用在单位质量磁性颗粒上的比重力 g_0 为：

$$g_0 = g(\rho_1 - 1000)/\rho_1 \tag{4-16}$$

式中　ρ_1——磁性颗粒的密度，kg/m^3。

由于水介质的作用，使得磁性颗粒在磁力作用方向上的运动速度下降。在实际分选过程中，水介质对颗粒运动的比阻力（介质对单位质量颗粒的运动阻力）一般用式（4-17）进行计算：

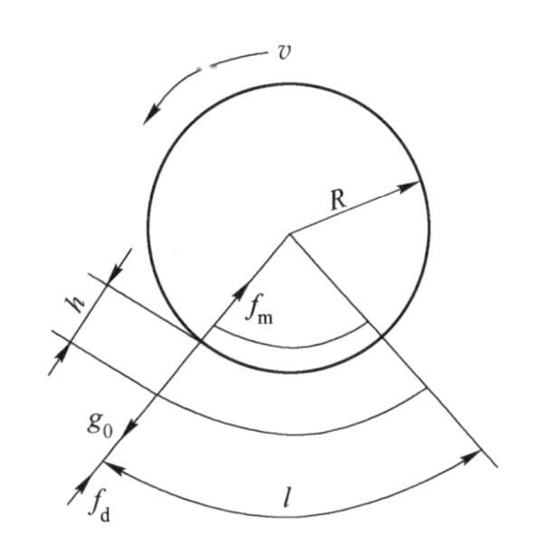

图 4-5　湿式磁选机中颗粒的受力分析

$$f_d = 18\mu v/(d^2\rho_1) \tag{4-17}$$

式中　f_d——作用在颗粒上的比阻力，N/kg；

μ——水介质的黏度，Pa·s；

v——磁性颗粒在磁力作用方向上的运动速度，m/s；

d——颗粒的粒度，m。

在磁力作用方向上，作用在单位质量磁性颗粒上的合力的最小值 f 为：

$$f = f_m - g(\rho_1 - 1000)/\rho_1 - 18\mu v/(d^2\rho_1) \tag{4-18}$$

假设分选空间中距圆筒表面最远点到圆筒表面的距离为 h，磁性颗粒以速度 v 从该点运动到圆筒表面所需的时间为 t_1，则三者之间的关系为：

$$h = vt_1 \tag{4-19}$$

如果矿浆在磁选机的分选空间内运动的距离为 L，平均运动速度为 v_0，则磁性颗粒通过分选空间的运动时间 t_2 为：

$$t_2 = L/v_0 \tag{4-20}$$

在上述情况下，把通过分选空间的矿浆中携带的磁性颗粒全部吸到圆筒表面的条件为：

$$t_1 \leqslant t_2 \quad 或 \quad v \geqslant hv_0/L \tag{4-21}$$

把这一条件代入式（4-18）得：

$$f_m \geqslant g(\rho_1 - 1000)/\rho_1 + 18\mu hv_0/(Ld^2\rho_1) \tag{4-22}$$

从式（4-22）中可以看出，在湿式磁选过程中，吸附磁性颗粒所需要的磁力，与颗粒的粒度、密度、矿浆通过分选空间的平均运动速度等有关，颗粒的粒度越大、密度越大，所需要的磁力也就越大。

4.1.2　磁选原则流程的选择

4.1.2.1　磁选工艺的选择

选矿的目的是要富集有用矿物，为了某种特定的富集过程选择分选方法取决于待选矿石的性质和这些性质间的差异。就磁选分离过程而言，主要是待分离矿物的粒度和磁性。

根据待选矿物的粒度和磁性，磁选工艺的选择如图4-6所示。

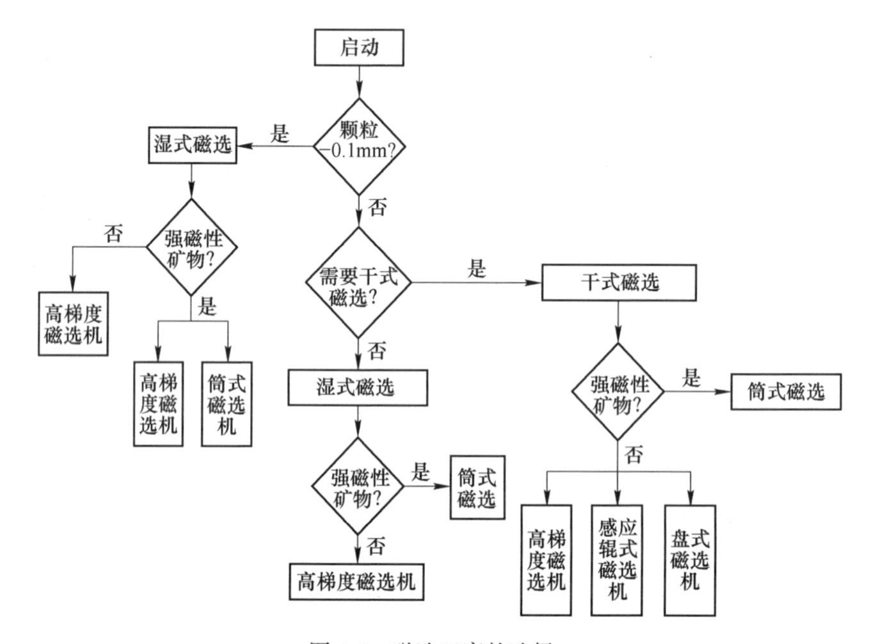

图4-6　磁选工序的选择

针对硼铁矿石的磁选分离，一般预选大多采用干式磁选，方便操作和管理；为获得较高的铁精矿品位和回收率，预选获得的铁精矿均需要通过湿式球磨获得较高的单体解离后，再进行磁分离粗选和精选。

4.1.2.2　磁选机的选择

如前所述，磁选机的选择主要根据待选物料的磁性和粒度，选择磁选机的推荐原则见表4-1。从表4-1看出，首先根据待选矿石磁性的强弱区分为强磁性和弱磁性矿石，以此为根据选择磁选机的磁场类别和磁系特点，开放磁系和闭合磁系。一般情况下，开放磁系为弱磁场且是永磁系，闭合磁系为强磁场且是电磁磁系。但也有例外，如处理弱磁性矿石的超导开梯度磁选机，磁系是开放的，但磁场却是超强磁场的，因它采用超导磁系，所以和常规磁系的特点有区别。其次根据被处理矿石粒度的大小，来选择分选介质和结构特点。粗粒和中粒矿石一般采用干选，细粒矿石采用湿选。粗粒强磁性矿石，极距要大，中细粒强磁性矿石极距要小。中细粒弱磁性矿石，采用尺寸较大的单层磁介质（单分选面介质）；微细粒弱磁性矿石，则采用具有多分选面的多层磁介质，并且磁介质尺寸较细，例如丝状钢毛介质、钢板网介质、齿板介质和球介质等，当量直径为 8~150μm。

表 4-1 按矿石性质选择磁选机的推荐原则

矿石比磁化率 $\chi/m^3 \cdot kg^{-1}$	>380×10^{-7} 强磁性矿石			(7.5~1.26) $\times10^{-7}$弱磁性矿石			
粒级 /mm	粗中	细	微细	粗	中	细	微细
	10~75	0.5~5	-0.5	30~100	5~30	0.2~3.0	-0.2+0.001
分选介质	干式	湿式		干式	干式	干式，湿式	湿式
磁系磁场类别	开放			开放	闭合		
	弱磁场 H=120kA/m (1500Oe)			超强磁场 H=2800kA/m (35000Oe)	强磁场 H=800~1600kA/m (1000~20000Oe) 超强磁场 H=2800~5600kA/m (35000~70000Oe)		
磁系特点	永磁磁系			电磁；超导磁系	电磁；单层磁介质		电磁；多层磁介质 超导磁系
结构特点	大极距	小极距 顺流、逆流、半逆流槽		无铁芯 无磁轭	槽形-平齿极对	平极-尖齿极对 平极-平齿极对	球、齿板、网、丝介质
典型磁选机	磁滑轮	筒式磁选机		开梯度超导磁选机	感应辊式磁选机	感应辊式盘式磁选机	琼斯磁选机 立环式磁选机 高梯度磁选机 超导磁选机 超导高梯度磁选机

4.1.3 硼铁矿磁选设备

4.1.3.1 永磁筒式磁选机

永磁筒式磁选机是处理铁矿石的选矿厂普遍应用的一种磁选设备。根据磁选机槽体（或底箱）的结构，永磁筒式磁选机分为顺流型、逆流型和半逆流型 3 种类型，其槽体的示意图如图 4-7 所示。

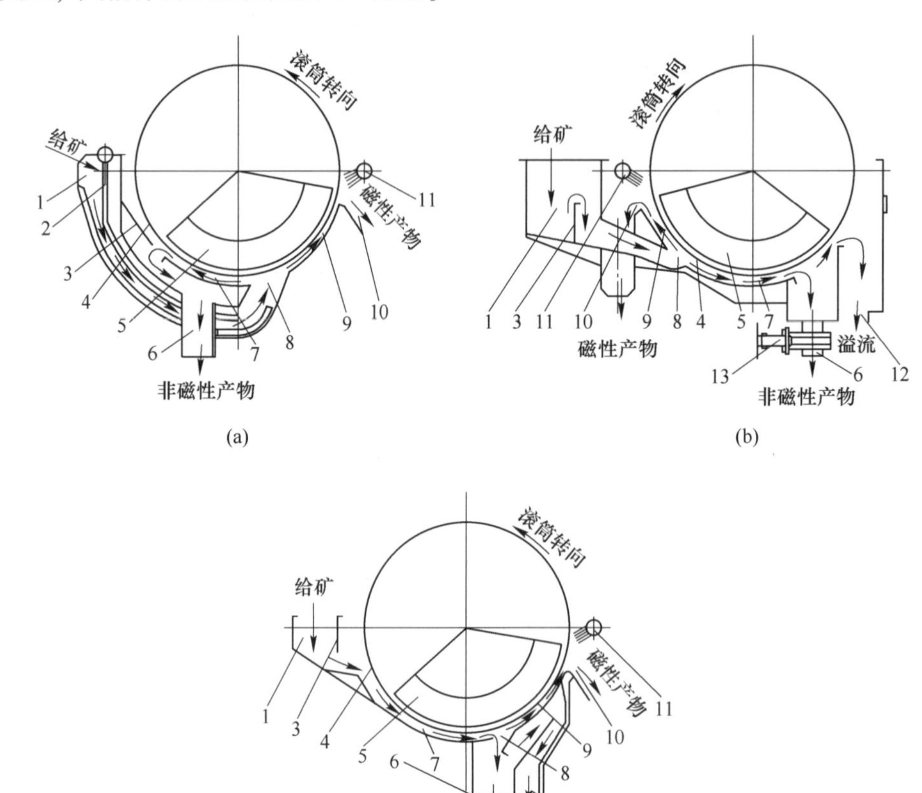

图 4-7　三种磁选机分选槽体示意图

（a）半逆流型；（b）逆流型；（c）顺流型

1—给料区；2—冲散水管；3—挡板；4—滚筒；5—磁系；6—尾矿管；7—扫选区；8—分选区；9—运矿区；10—卸矿区；11—卸矿水管；12—溢流口；13—溢流调节阀

A　半逆流型湿式弱磁场筒式磁选机

图 4-8 所示是半逆流型永磁筒式磁选机的结构图。这种设备主要由圆筒、磁系和槽体（或称为底箱）等 3 部分组成。

圆筒是用不锈钢板卷成，为了保护筒皮，在上面加一层薄的橡胶带或绕一层细铜线，或粘上一层耐磨橡胶。这不仅可以防止筒皮磨损，同时也有利于磁性颗粒在筒皮上附着及圆筒对磁性产物的携带作用，保护层的厚度一般为 2mm 左右。圆筒端盖是用铝或铜铸成的，圆筒的各部分之所以采用非磁性材料，是为了避免

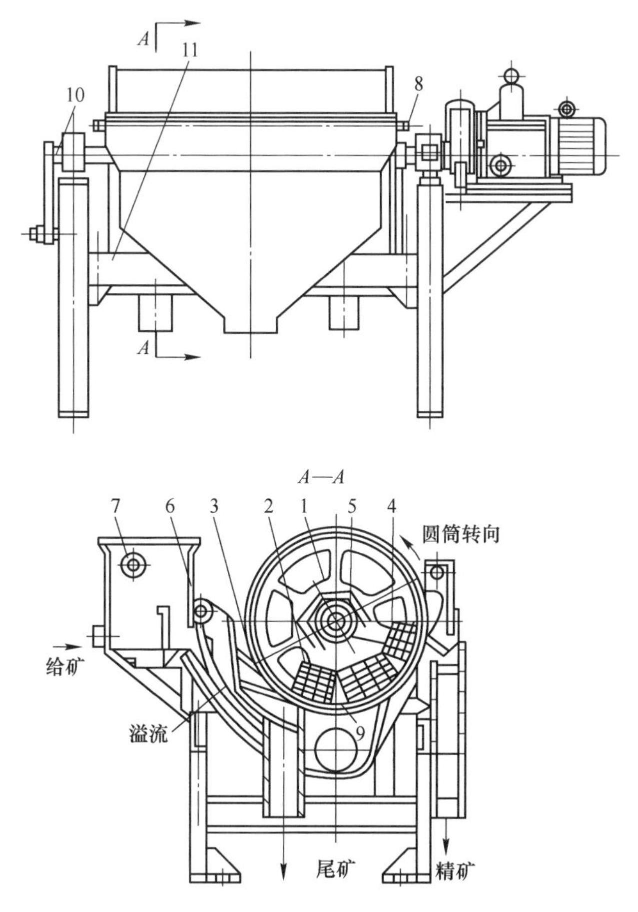

图 4-8　半逆流型永磁筒式磁选机的结构

1—圆筒；2—磁系；3—槽体；4—磁导板；5，11—支架；6—喷水管；7—给料箱；8—卸矿水管；9—底板；10—磁偏角调整装置

磁力线与筒体形成短路。圆筒由电动机经减速机带动，其旋转线速度一般为1.0~1.7m/s。

磁系是磁选机产生磁场的机构，图 4-9 所示的磁系为四极磁系（也有三极或多极的）。每个磁极由永磁块组成，用铜螺钉穿过磁块中心孔固定在马鞍状磁导板上。磁导板经支架与筒体固定在同一轴上，磁系两侧不旋转。也有的磁系是用永磁块黏结组成，用黏结的方法固定在底板上，再用上述方法固定在轴上。磁极的磁性是沿圆

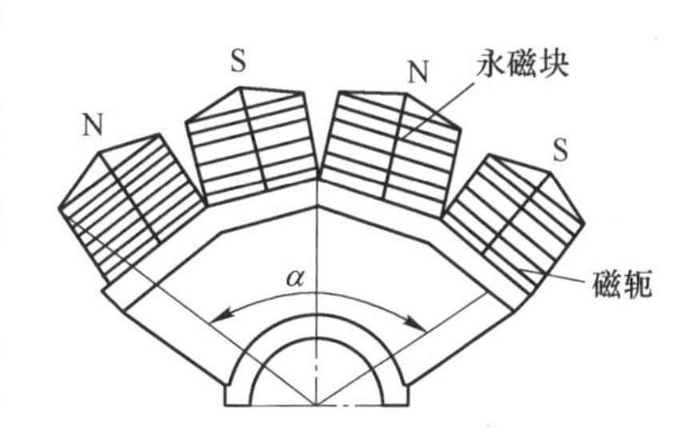

图 4-9　四极磁系结构示意图

周交替排列（N-S-N-S 或 S-N-S-N）的，磁系包角 α 一般为 106°~135°，磁系偏角（磁系中心线偏向磁性产物排出侧与圆筒截面垂直中心线的夹角）通常为 15°~20°，磁系偏角可以通过装在轴上的转向装置调节。

在半逆流型湿式弱磁场筒式磁选机的分选过程中，矿浆从槽体的下方给到圆筒的下部，非磁性产物的移动方向和圆筒的旋转方向相反，磁性产物的移动方向和圆筒旋转方向相同，具有这种特点的槽体称为半逆流型槽体。槽体靠近磁系的部位需要使用非导磁材料，其余可用普通钢板制成，或用硬质塑料板制成。槽体的下部为给料区，其中插有喷水管，用来调节选别作业的矿浆浓度，把矿浆吹散成较松散的悬浮状态进入分选空间，有利于提高选别指标。在给料区上部有底板（现场称为堰板），底板上开有矩形孔，用于排出非磁性产物，底板和圆筒之间的间隙为 30~40mm（可调）。

矿石在磁选机中的分选过程大致为：矿浆经过给料箱进入磁选机槽体以后，在喷水管喷出水（现场称为吹散水）的作用下，呈松散状态进入给料区；磁性颗粒在磁场力的作用下，被吸在圆筒的表面上，随圆筒一起向上移动；在移动过程中，由于磁系的极性交替，使得磁性颗粒成链地进行翻动（现场称为磁翻或磁搅拌）；在翻动过程中，夹杂在磁性颗粒中间的一部分非磁性颗粒被清除出去，这有利于提高磁性产物的品位。磁性颗粒随圆筒转到磁系边缘磁场较弱的区域时，被冲洗水冲进磁性产物槽中；非磁性颗粒和磁性很弱的颗粒，则随矿浆流一起，通过槽体底板上的孔进入非磁性产物管中。

在半逆流型磁选机中，矿浆以松散悬浮状态从槽底下方进入分选空间，给料处矿浆的运动方向与磁场力方向基本相同。所以，颗粒可以到达磁场力很高的圆筒表面上。另外，非磁性产物经槽体底板上的孔排出，从而使溢流面的高度保持在槽体中矿浆的水平面上。半逆流型磁选机的这两个特点，决定了它可以得到较高的磁性产物质量和选别回收率。这种类型的磁选机常用作粗选设备和精选设备，尤其适合用作-0.15mm 的强磁性物料（矿石）的精选设备。

B　逆流型永磁筒式磁选机

逆流型永磁筒式磁选机的结构如图 4-10 所示，这种类型磁选机的给料方向和圆筒旋转方向或磁性产物的移动方向相反。矿浆由给料箱直接进入到圆筒的磁系下方，非磁性颗粒和磁性很弱的颗粒随矿浆流一起，经位于给料口相反侧底板上的孔进入尾矿管中；磁性颗粒被吸在圆筒表面，随着圆筒的旋转，逆着给料方向移动到磁性产物排出端，被排到磁性产物槽中。

逆流型磁选机的适宜给料粒度为-0.6mm，细粒强磁性物料的粗选和扫选作业。由于这种磁选机的磁性产物排出端距给料口较近，磁翻作用差，所以磁性产物质量不高，但它的非磁性产物排出口距给料口较远，矿浆经过较长的选别区，增加了磁性颗粒被吸着的机会，另外两种产物排出口间的距离远，磁性颗粒混入

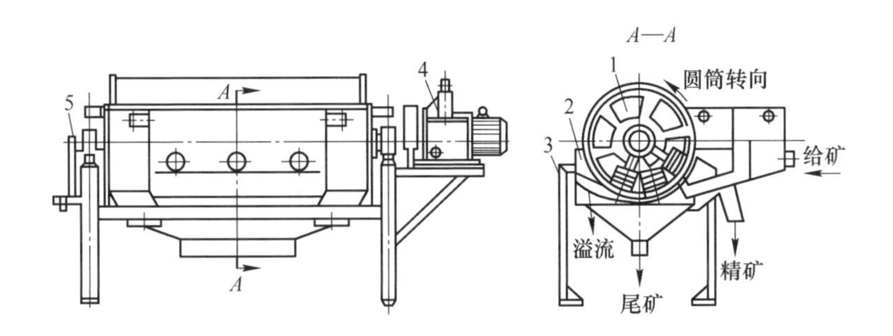

图 4-10 逆流型永磁筒式磁选机的结构

1—圆筒；2—槽体；3—机架；4—传动部分；5—转向装置

非磁性产物中的可能性小，所以这种磁选机对磁性颗粒的回收率高。

C 顺流型永磁筒式磁选机

顺流型永磁筒式磁选机的结构如图 4-11 所示，这种类型磁选机的给料方向和圆筒的旋转方向或磁性产物的移动方向一致。矿浆由给料箱直接给入到磁系下方，非磁性颗粒和磁性很弱的颗粒随矿浆流一起，由圆筒下方两底板之间的间隙排出；磁性颗粒被吸在圆筒表面上，随圆筒一起旋转到磁系的边缘磁场较弱处排出。顺流型磁选机适用于粒度为-6.0mm 的粗粒强磁性物料的粗选和精选作业。

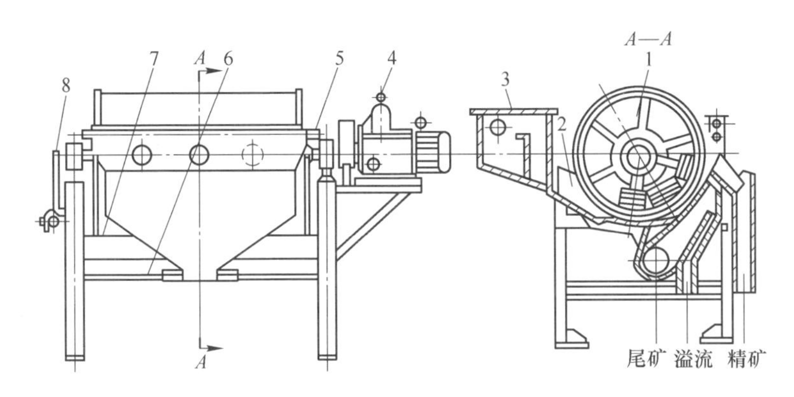

图 4-11 顺流型永磁筒式磁选机的结构

1—筒；2—槽体；3—给矿箱；4—传动部分；5—卸矿水管；

6—排矿调节阀；7—机架；8—转向装置

4.1.3.2 浓缩磁选机

浓缩磁选机是随着近年来选矿工艺技术的进展发展起来的一种用于提高矿浆浓度兼提高精矿品位作用的磁选设备。目前，国内外使用的浓缩磁选设备大多为传统的逆流筒式磁选机，少数为带有压辊的筒式磁选机。图 4-12 所示为一种高效浓缩磁选机的结构示意图。

该设备的特点在于磁场强度高，磁包角大，一般为180°~210°，磁极距大，即磁场作用深度大，因此对磁性物料的回收率高。试验表明，当待处理物料的浓度在15%~30%，物料粒度-0.045mm占75%~85%时，经过高效浓缩磁选机浓缩脱水后，浓度可达到50%~75%。

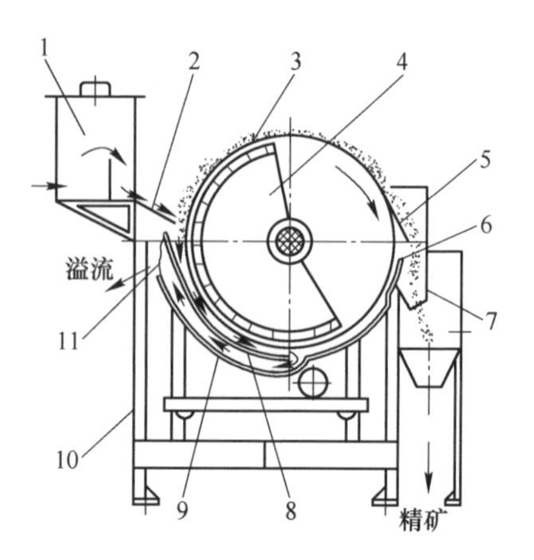

图4-12　高效浓缩磁选机结构

1—给矿箱；2—导流板；3—圆筒；4—永磁体；5—卸矿板；6—阻尼板；7—集矿斗；8—分选板；9—底箱；10—机架；11—溢流口

4.1.3.3　磁力脱泥槽

磁力脱泥槽也称为磁力脱水槽，是一种重力和磁力联合作用的选别设备，广泛应用于磁选工艺中，用来脱除物料中非磁性或磁性较弱的微细粒级部分，也用作预先浓缩设备。磁力脱水槽的磁源有永磁磁源和电磁磁源两种。永磁磁源有放置于槽体底部的，也有放置在顶部的，而电磁磁源必须放置在顶部。永磁和电磁磁力脱水槽的结构如图4-13和图4-14所示，两种磁力脱水槽的主要组成部分都是槽体、磁源、给料筒、给水装置和排料装置。

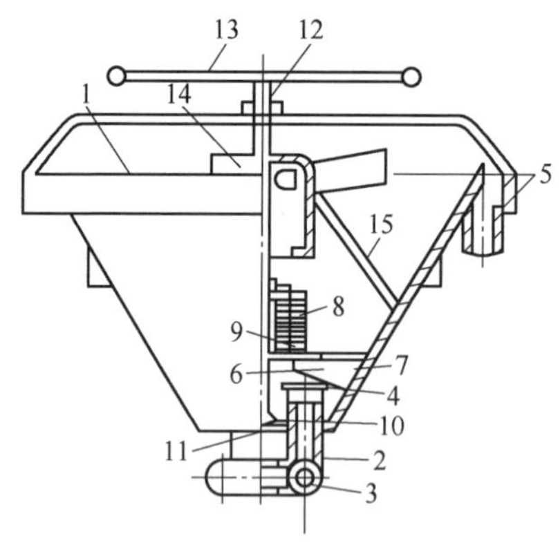

图4-13　永磁磁力脱水槽结构

1—平底锥形槽体；2—上升水管；3—水圈；4—迎水帽；5—溢流槽；6，15—支架；7—导磁板；8—塔形磁系；9—硬质塑料管；10—排矿胶砣；11—排矿口胶链；12—丝杠；13—调节手轮；14—给矿筒

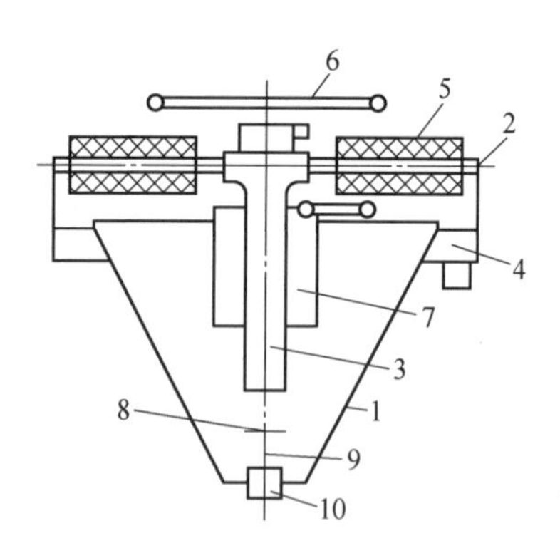

图4-14　电磁磁力脱水槽的结构

1—槽体；2—铁芯；3—铁质空心筒；4—溢流槽；5—线圈；6—手轮；7—拢料圈；8—反水盘；9—丝杠；10—排矿口及排矿阀

永磁磁力脱水槽的塔形磁系由许多永磁块摞合而成，放置在磁导板上，并通过非磁性材料（不锈钢或铜）支架支撑在槽体的中下部。给料筒是用非磁性铝

板或硬质塑料板制成，并由铝支架支撑在槽体的上部，上升水管装在槽体的底部，在每根水管口的上方装有迎水帽，以便使上升水能沿槽体的水平截面均匀地分散开。排料装置是由铁质调节手轮、丝杠（上段是铁质，下段是铜质）和排矿胶砣组成。

电磁磁力脱水槽的磁源是由装成十字形的四个铁芯、圈套在铁芯上的激磁线圈、与铁芯连在一起的空心筒组成。铁芯支撑在槽体上面的溢流槽的外壁上，四个线圈的磁通方向一致，空心筒外部有一个用非磁性材料制成的给料筒，空心筒的内部有一个连接排矿砣的丝杠。在丝杠下部还有一个铜质反水盘，线圈通电后在槽体内壁与空心筒之间形成磁场。

磁力脱水槽内沿轴向的磁场强度是上部弱下部强，沿径向的磁场强度是外部弱中间强；永磁磁力脱水槽的等磁场强度线（磁场强度相同点的连线）大致和塔形磁系表面平行，而电磁磁力脱水槽的等磁场强度线在拢料圈周围大致呈圆柱面。在磁力脱水槽中，颗粒受到的力有重力、磁力和上升水流的作用力。重力作用是使颗粒向下沉降，磁力作用是加速磁性颗粒的沉降，而上升水流的作用力是阻止颗粒沉降，使非磁性的或弱磁性的微细颗粒随上升水流一起进入溢流中，从而与磁性颗粒分开。同时上升水流还可以使磁性颗粒呈松散状态，把夹杂在其中的非磁性颗粒冲洗出来，从而提高磁性产物的质量。

在选分过程中，矿浆由给料管沿切线方向进入给料筒内，比较均匀地散布在脱水槽的磁场中。磁性颗粒在重力和磁力的作用下，克服上升水流的向上作用力，而沉降到槽体底部从排矿口排出；非磁性的微细颗粒在上升水流的作用下，克服重力等作用而与上升水流一起进入溢流中。

由于磁力脱水槽具有结构简单、无运转部件、维护方便、操作简单、处理能力大和分选指标较好等优点，所以被广泛地应用于强磁性铁矿石的选矿厂中。

4.1.3.4 磁选柱

磁选柱是一个由外套和多个励磁线圈组成的分选内筒、给排矿装置及电控柜构成的一种电磁式磁重分选设备，其结构如图 4-15 所示。

磁选柱的显著特征在于：分选筒、励磁线圈和外套各分为上下两组的形式组成；上下励磁线圈设置在上下分选筒外侧；励磁线圈由与之连接的可用程序控制的电控柜供电，励磁线圈的极性是一致的或有 1～2 组极性相反。由于励磁线圈借助顺序通、断电励磁，在分选柱内形成时有时无、顺序下移的磁场，允许的上升水流速度高达 20～60mm/s，从而能高效分离连生体，获得高品位的磁铁矿精矿。

设备运行时，矿浆由给矿斗进入磁选柱中上部，磁性颗粒（尤其是单体磁性颗粒）在由上而下移动的磁场力作用下，团聚与分散交替进行，再加上上升水流

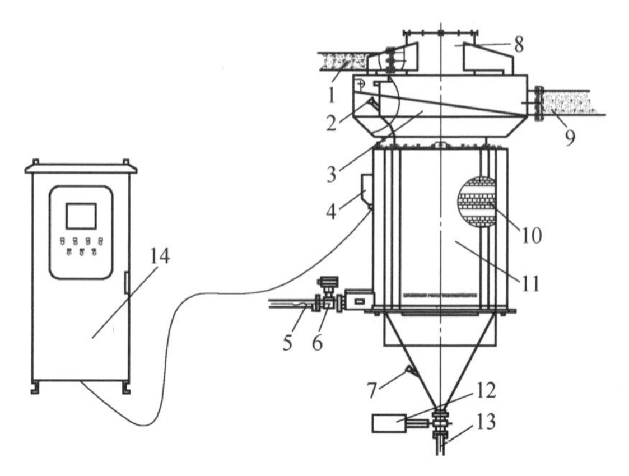

图 4-15　磁选柱结构

1—入矿管；2—溢流压力检测器；3—溢流槽；4—电缆接线盒；5—给水管；6—电动给水阀门；7—底流压力检测器；8—给矿箱；9—尾矿管；10—励磁线圈；11—选别区域；12—电动排矿阀门；13—精矿管；14—自动控制柜

的冲洗作用，使夹杂在磁聚团中的脉石、细泥、贫连生体颗粒不断地被剔除出去。分选出的尾矿从顶部溢流槽排出，精矿经下部阀门排出。此外，磁场强度、磁场变换周期、上升水流速度、精矿排出速度是影响磁选柱选别指标的主要因素，多用作磁铁矿精选设备。

4.1.3.5　立环脉动高梯度磁选机

20 世纪 80 年代初开始研制的脉动高梯度磁选机，到目前已有 SLon 系列（赣州金环磁选设备有限公司生产）、LGS 系列（沈阳隆基电磁科技股份有限公司）等多种系列型号，并已在工业上得到应用。图 4-16 所示是立环脉动高梯度磁选机的结构示意图。该机主要由脉动机构、激磁线圈、铁轭、转环和各种料斗、水斗组成，立环内装有导磁不锈钢棒介质（也可以根据需要充填钢毛等磁介质），转环和脉动机构分别由电机驱动。

分选物料时，转环作顺时针旋转，浆体从给料斗给入，沿上铁轭缝隙流经转环，其中的磁性颗粒被吸在磁介质表面，由转环带至顶部无磁场区后，被冲洗水冲入磁性产物斗中。同时，当给料中有粗颗粒不能穿过磁介质堆时，它们会停留在磁介质堆的上表面，当磁介质堆被转环带至顶部时，被冲洗水冲入磁性产物斗中。

当鼓膜在冲程箱的驱动下作往复运动时，只要矿浆液面高度能浸没转环下部的磁介质，分选室的矿浆便作上下往复运动，从而使物料在分选过程中始终保持松散状态，这可以有效地消除非磁性颗粒的机械夹杂，显著提高磁性产物的质量。此外，脉动对防止磁介质的堵塞也大有好处。为了保证良好的分选效果，使脉动充分发挥作用，维持矿浆液面高度至关重要，该机的液位调节可通过调节非

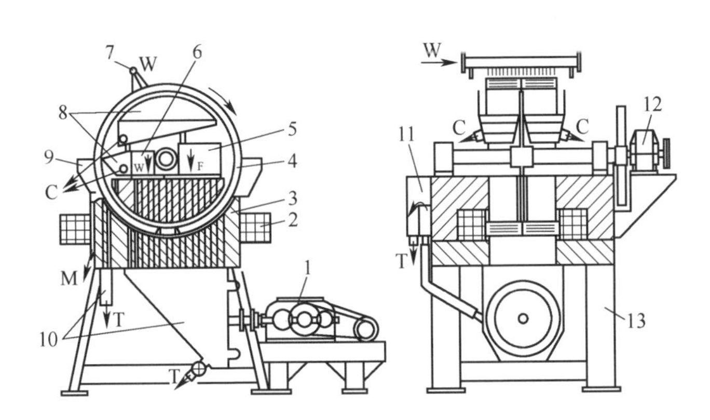

图 4-16 立环脉动高梯度磁选机

1—脉动机构；2—激磁线圈；3—铁轭；4—转环；5—给料斗；6—漂洗水；7—磁性产物冲洗水管；8—磁性产物斗；9—中间产物斗；10—非磁性产物斗；11—液面斗；12—转环驱动机构；13—机架；F—给料；W—清水；C—磁性产物；M—中间产物；T—非磁性产物

磁性产物斗下部的阀门、给料量或漂洗水量来实现。分选机的分选区大致分为受料区、排料区和漂洗区三部分，当转环上的分选室进入分选区时，主要是接受给料，分选室内的磁介质迅速捕获浆体中的磁性颗粒，并排走一部分非磁性产物；当它随转环到达分选区中部时，上铁轭位于此处的缝隙与大气相通，分选室内的大部分非磁性产物迅速从排料管排出。当分选室转至左边漂洗区时，脉动漂洗水将剩下的非磁性产物洗净；当它转出分选区时，室内剩下的水分及其夹带的少量颗粒从中间产物斗排走。中间产物可酌情排入非磁性产物、磁性产物或返回给料，选出的磁性产物一小部分借重力落入磁性产物小斗中，大部分被带至顶部冲洗至磁性产物大斗中。

4.2 硼铁矿重选工艺与设备

4.2.1 重选概述

重力选矿（重选）是利用不同物料颗粒之间的密度差异，实现矿物分离富集的过程。密度是矿物最重要的性质之一，单位体积矿物所具有的质量，称为矿物的密度。

重力选矿需要在介质中进行，通常所用的介质有水、重液、重悬浮液和空气，其中水是最常用的介质。重力选矿还必须借助于运动的介质使颗粒群松散悬浮，以满足发生相对位移的空间并使颗粒按密度进行分层，然后借助运动的介质流或辅以机械机构将密度不同的颗粒进行分离。故重选的实质就是一个松散—分层—分离的过程。

利用重选方法对物料进行分选的难易程度，可简易地用待分离物料的密度差判定：

$$E = \frac{\rho_2 - \rho}{\rho_1 - \rho} \tag{4-23}$$

式中　E——矿石可选性评价系数；

ρ——介质的密度；

ρ_1——轻物料的密度；

ρ_2——重物料的密度。

这个比值反映了两种粒度相同、密度不同的矿粒，在介质中所具有的重力差别。按可选性准则，重选过程的难易程度的分类见表 4-2。

表 4-2　物料按密度分选的难易程度

E	>2.5	2.5~1.75	1.75~1.5	1.5~1.25	<1.25
重选难易程度	极易选	易选	可选	难选	极难选

需要指出的是，颗粒的粒度和形状会对分选结果产生一定的影响。当其他条件相同时，矿物粒度的减小，按密度分离的困难程度将增大。由于细矿粒的重量小、沉降速度较小，因而在重力作用下按密度分离的速度和精确性就会大大降低。为了解决这一问题，可以使细矿粒在离心力的作用下，按密度或粒度进行分选。

重选根据作用原理的不同，可以分为分级、洗矿、重介质分选、跳汰分选、摇床分选、溜槽分选六大类（表 4-3）。其中分级和洗矿属于选别的辅助作业，后四类属于选别作业。

表 4-3　重力选矿工艺分类

工艺名称	分选介质	介质的主要运动形式
分级	水或空气	上升流，水平流或回转流
洗矿	水	上升流，水平流或机械力
重介质分选	重悬浮液或重液	上升流，水平流或回转流
跳汰分选	水或空气	间断上升或上下交变介质流
摇床分选	水或空气	连续倾斜水流或上升气流
溜槽分选	水	连续倾斜水流或者回转流

总体来说，重力选矿方法具有耗材少、成本低、处理能力大、选别粒度范围宽、设备结构较简单、无污染等优点，因此是优先考虑选用的分选方法。硼铁矿重力选矿（含水力旋流器）主要用于选铁尾矿中的晶质铀矿和硼镁石的分选，常用的重选方法为摇床分选、溜槽分选、离心机分选和水力旋流器分选。

4.2.2 硼铁矿重选方法与设备

4.2.2.1 摇床分选

摇床选矿是在一个倾斜宽阔的床面上，借助机械的不对称往复运动和薄层斜面水流冲洗联合作用，使矿粒按密度分层分离的过程，是选别细粒物料应用最广泛的重选法之一。

所有的摇床基本上都是由床面、机架和传动机构三大部分组成，典型的摇床结构如图 4-17 所示。床面近似呈梯形或菱形，在横向有 1°~5°倾斜，在倾斜上方配置给矿槽和给水槽。床面上沿纵向布置有床条，床条的高度自传动端向对侧逐渐降低，并沿一条或两条斜线尖灭。整个床面由机架支撑，机架上并装有调坡装置。在床纵长靠近给矿槽一端设置传动装置，由它带动床面作往复不对称运动。这种运动使床面前进接近末端时具有急回运动特性，即所谓差动运动。

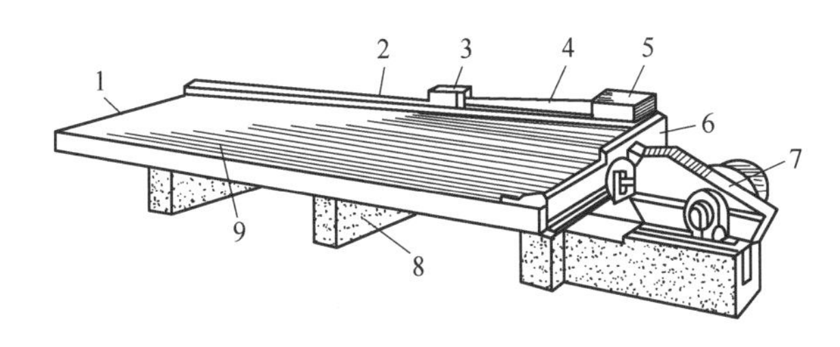

图 4-17 典型的摇床外形

1—精矿端；2—冲水槽；3—冲水；4—给矿槽；5—给矿；6—给矿端；7—传动装置；8—机座；9—床面

摇床是一种分选精确性很高的细粒、微细粒物料的分选设备。分选低品位钨、锡等金属矿石时，富集比可高达数百倍；分选密度较大的金属矿石时有效选别粒度范围为 0.02~3mm，分选煤炭等密度较小的物料时，给料上限粒度可达 10mm。摇床的主要优点是工艺过程稳定、分选精度高、富集比大、操作简单；主要缺点是设备占地面积大，处理能力低。

A 摇床分选原理

摇床分选原理是矿粒在床面上同时受到"矿粒在介质中的重力、横向水流和矿浆流的流体动力、床面差动往复运动的动力"三个相互垂直力的作用，使得矿粒在床条沟内完成松散分层，并在床面上完成运搬分带，这两项基本运动使高密度和低密度矿粒实现有效分离。

a 矿粒在床条沟中的松散分层

当水流沿床面横向流动跃过床条时，会在床条间产生漩涡，使床条沟内的上层矿粒发生松散。但上述漩涡作用深度有限，大部分下层矿粒的松散是借助于层间速度差来实现的。下层矿粒紧贴床面并与其一起运动，上层矿粒因自身惯性滞后于下层矿和水流，故在床面纵向摇动过程中产生了层间速度差，导致矿粒相互挤压、翻滚，增大了矿粒层的松散度。在这种特殊的松散条件下，高密度矿粒进入下层，低密度矿粒被排挤到上层。同时由于同一密度的细小颗粒收到的机械阻力较小，能比较容易穿过粗颗粒进入同一密度层的下层，故可实现析离分层。分层后的颗粒在床条沟中的分布情况如图 4-18 所示。

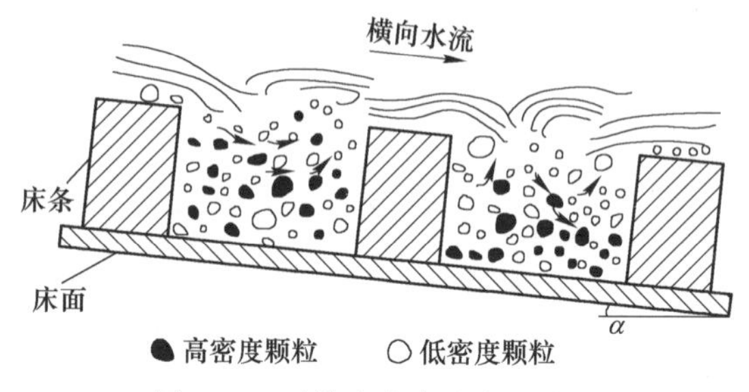

图 4-18　矿粒在床条沟内的分层

b　矿粒在床面上的运搬分带

矿粒在床条沟内进行松散分层的同时，还要受到横向水流的冲洗作用和床面纵向差动摇动的推力作用。由于非常微细的矿粒位于悬浮液表层，故首先被横向水流冲走，之后低密度粗颗粒暴露在床条高度之上而被冲走；随着向精矿端推进，移动床条高度逐渐降低，位于床条沟内的低密度细颗粒和高密度粗颗粒依次暴露到床条高度之上，相继被横向水流冲走；直到床条末端，位于最底层的高密度细颗粒才被横向水流冲走进入精矿端。

综上所述，矿粒群在横向水流冲洗和床面纵向摇动作用下，细粒重矿物向精矿端的运动速度最大，而向尾矿侧（横向）的运动速度最小，粗粒轻矿物的运动速度则正好相反，其他类型矿粒的运动介于两者之间。不同性质矿粒沿不同方向运动的结果，使得矿粒在摇床床面形成了扇形分带（图 4-19）。在精矿端和尾矿端分别接出后即可获得精矿、中矿、尾矿及矿泥。

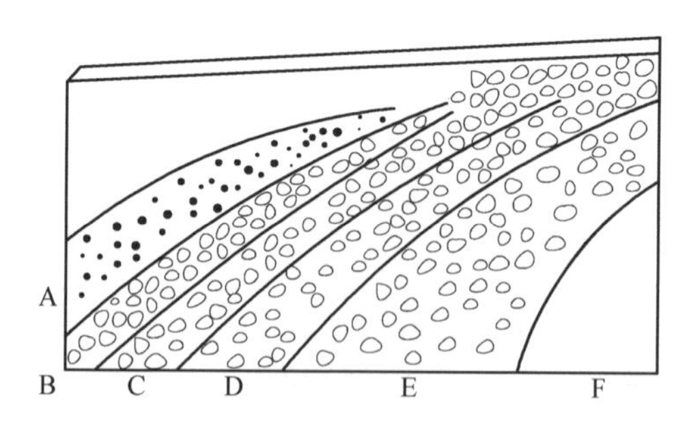

图 4-19　颗粒在床面上的扇形分带

A—高密度产物；B～D—中间产物；E—低密度产物；F—溢流和细泥

B　摇床设备分类

摇床的类型很多，分类的方法也很多。按用途来分有矿砂摇床和矿泥摇床，矿砂摇床又可分为粗砂摇床和细砂摇床。按床面层数来分有单层摇床和多层摇床。按安装方式来分有坐落式摇床和悬挂式摇床。按选分的主导作用力来分有重力摇床和离心摇床。

目前摇床最通用的分类，是按它的摇动机构和支撑方式区分，因为它们决定了床面的运动特性，关系到应用选择，目前我国常用摇床分类见表 4-4。

表 4-4　常用摇床类型

力场	往复运动特性	床面运动轨迹	床头机构	支撑方式	摇床名称
重力	不对称直线	直线	凸轮杠杆	滑动	贵阳摇床、云锡摇床、CC-2 摇床
			惯性弹簧	滚动	弹簧摇床
		弧线	偏心肘板	摇动	衡阳摇床、6-S 摇床
		微弧	多偏心惯性齿轮	悬挂	多层悬挂摇床
	对称直线	向上前方倾斜弧线	惯性式	弹簧片	快速摇床
离心力	不对称直线	直线、圆周	惯性弹簧式	中心轴	离心摇床

a　6-S 摇床

6-S 摇床结构如图 4-20 所示。

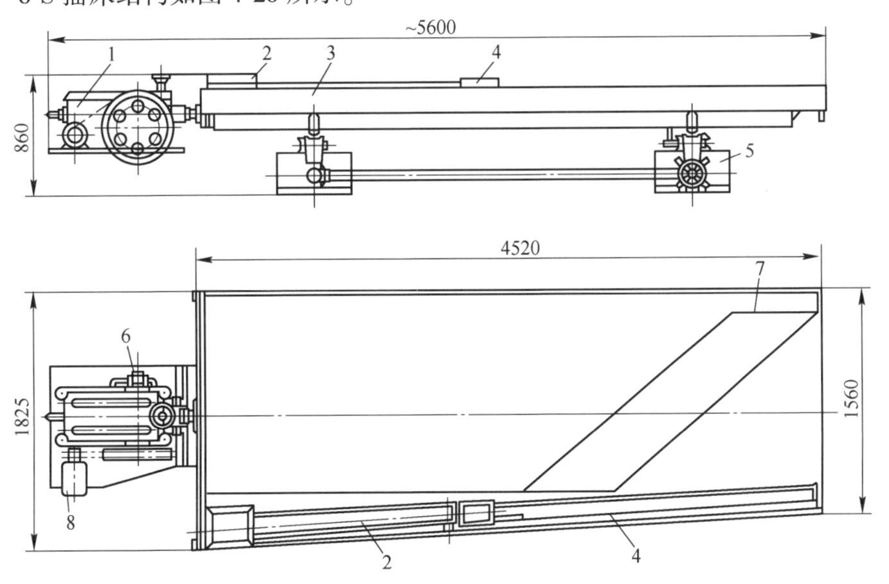

图 4-20　6-S 摇床结构

1—床头；2—给矿槽；3—床面；4—给水槽；5—调坡机构；6—润滑系统；7—床条；8—电动机

6-S 摇床的床面采用 4 个板形摇杆支承，这种支承方式不仅摇动阻力小，还使床面有较小的起伏振动，更有利于矿粒松散。但它也会引起水流波动，因而不适合处理微细粒级物料，最适合分选 0.5～2mm 的矿石。6-S 摇床的床面外形呈直角梯形，从传动端到精矿有 1°～2°的上升斜坡。其优点冲程调节范围大、松散力强，主要缺点是床头结构比较复杂、易损零件多。

b　云锡式摇床

云锡式摇床结构如图 4-21 所示。该类摇床在偏心轴上套一滚轮，当偏心轮向下偏离旋转中心时，便压迫摇动支臂（台板）向下运动，再通过连接杆（卡子）将运动传给曲拐杠杆（摇臂），随之通过拉杆带动床面向后运动，此时位于床面下面的弹簧被压缩。随着偏心轮的转动，弹簧伸长，保持摇动支臂与偏心轮紧密接触，并推动床面向前运动。云锡式摇床的冲程可通过改变滑动头在曲拐杠杆上的位置来调节。云锡式摇床采用滑动支承，在床面四角下方安置 4 个半圆形滑块，放置在凹形槽支座上，床面在支座上往复滑动，因此运动平稳。

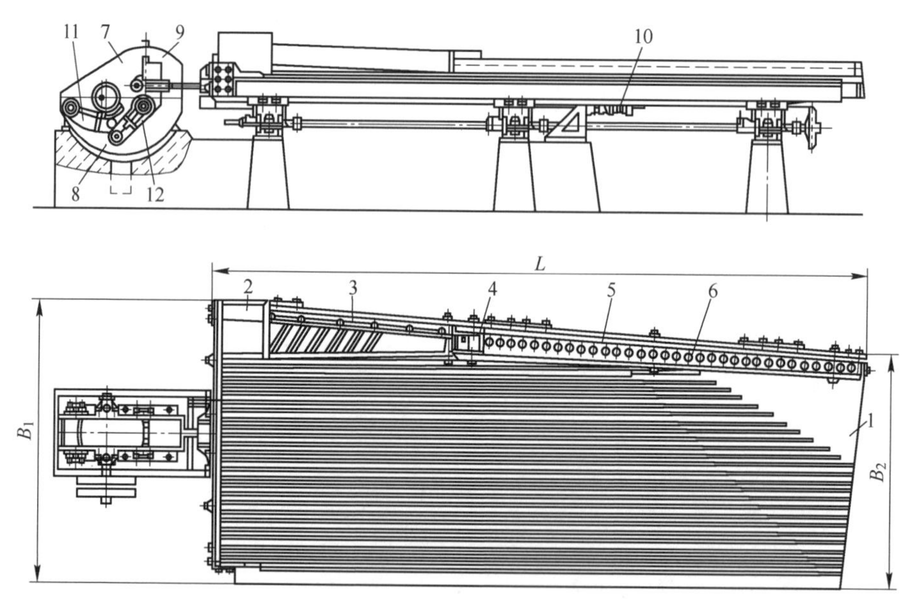

图 4-21　云锡式摇床结构

1—床面；2—给矿斗；3—给矿槽；4—给水斗；5—给水槽；6—菱形活瓣；7—滚轮；8—机座；9—机罩；10—弹簧；11—摇动支臂；12—曲拐杠杆

云锡式摇床的床面外形和尺寸与 6-S 摇床的相同，上面也钉有床条，所不同的是其床面沿纵向连续有几个坡度。

c　弹簧摇床

弹簧摇床由偏重轮起振，借助软硬弹簧带动床面作差动运动，整个结构如图 4-22 所示。调整软弹簧的压缩量可在一定范围内调整冲程，如需作较大调整，即须改变偏心重量或偏心距。冲次的改变需借改变电动机转速或皮带轮直径实现。偏心轮直接悬挂在电动机上，拉杆的一端套在偏心轮的偏心轴上，另一端则与床面绞连在一起（图 4-23）。当电动机转动时，偏心轮即以其离心惯性力带动床面运动。然而，由于床面及其负荷的质量很大，仅靠偏心轮的离心惯性力不足以产生很大的冲程，因此，另外附加了软、硬弹簧以储存一部分能量。当床面向前运动时，软弹簧伸长，释放出的弹性势能帮助偏心轮的离心力推动床面前进，使硬弹簧与弹簧箱内壁发生撞击。硬弹簧多由硬橡胶制成，其刚性较大，一旦受压即把床面的动能迅速转变为弹性势能，迫使床面立即停止运动。此后硬弹簧伸长，推动床面急速后退，如此反复进行，即带动床面做差动运动。

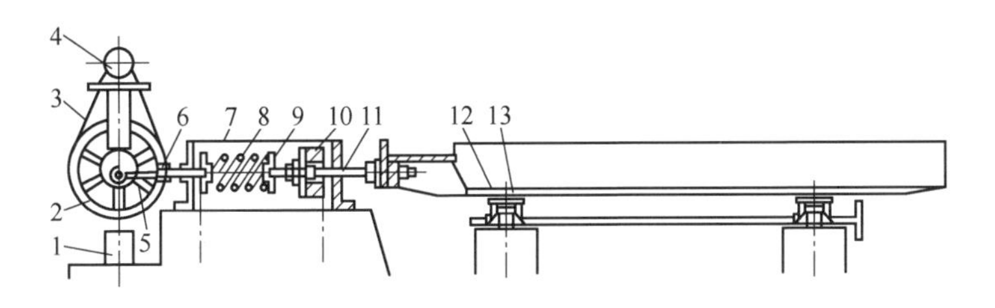

图 4-22 弹簧摇床结构

1—电动机；2—支架；3—三角皮带；4—电动机；5—摇杆；
6—手轮；7—弹簧箱；8—软弹簧；9—软弹簧帽；10—橡胶硬弹簧；
11—拉杆；12—床面；13—支承调坡装置

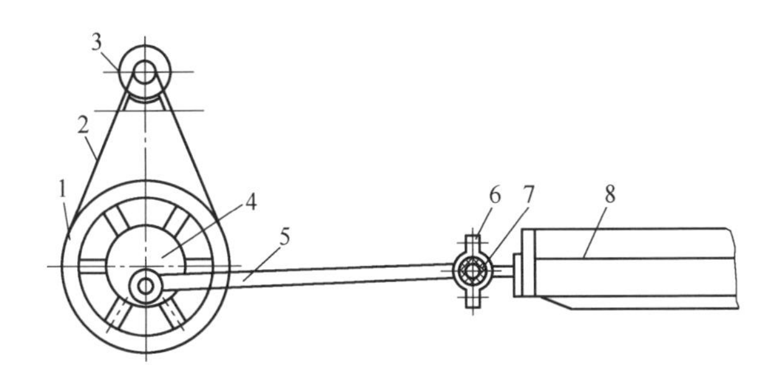

图 4-23 弹簧摇床的床头及其柔性连接示意图

1—皮带轮；2—三角皮带；3—电动机；
4—偏心轮；5—摇杆；6—卡弧；7—胶环；8—床面

支承调坡装置床面的支承方式和云锡摇床相同，并且同样用楔形块调坡。弹簧摇床的优点是结构简单、造价低、差动性大，适于分选矿泥；缺点是冲程随给矿量而变化，难保持稳定，且噪声大。

d 多层摇床

多层化是为克服其占地面积大、处理能力小的缺点发展而来的，多层摇床有坐落式和悬挂式两种类型。坐落式发展较早，但多数已淘汰不用。目前国内外比较注意推广的是悬挂式多层摇床。我国陆续研制成功四层悬挂式摇床、选煤用三层悬挂式摇床及菱形床面的选煤用四层悬挂摇床。这些型号摇床均采用多偏心惯性齿轮式床头，应用差动惯性力带动床面运动，故可将床头与床面用钢丝绳全部悬吊在钢架或房梁上，省去沉重的基础。在固定床面的框架上面有调坡装置，拉动链轮，改变前后钢丝绳的悬吊高度，可整个地改变床面横向倾角。冲程、冲次及差动性可通过多偏心惯性齿轮床头来调节。多层悬挂摇床的优点是占地面积少、能耗低；缺点是不易观察床面分带情况，产品接取不准确，故这种摇床较多用于粗选。

C　摇床工艺操作因素

对选矿工艺指标有影响的摇床操作因素主要有冲程冲次、横向坡度、冲洗水、给矿量、给矿浓度及给矿粒度组成等。

a　冲程和冲次

摇床的冲程、冲次对矿粒在床面上的松散分层及运搬分带起重要作用。用于分选粗粒物料的摇床应采用大冲程、小冲次，以便物料运输；用于分选细粒物料的摇床应采用小冲程、大冲次，以加强振动松散。

b　横向坡度和冲洗水

冲洗水由给矿水和洗涤水两部分组成。冲洗水的大小和床面横向坡度共同决定着横向水流的流速。横向水流大小，一方面要满足床层松散的需要，并保证最上层的轻矿物颗粒能被水流冲走；另一方面又不宜过大，否则不利于重矿物细粒的沉降。增大冲洗水对于底层矿粒的运动速度影响较小，但有利于在床面上展开，故精选摇床应采用“小坡大水”的操作方法。“大坡小水”的操作方法有助于省水，但精矿带变窄，故不利于提高精矿品位。因此用于粗、扫选的摇床宜采用“大坡小水”的操作方法。

c　给矿粒度及给矿量

摇床给矿最佳粒度组成应是所有高密度矿粒粒度都小于低密度矿粒，为了便于摇床的操作和提高分选指标，原料在给入摇床前大都需要进行水力分级。摇床的给料量在一定范围变化时，对分选指标的影响不大，若处理量大，即给矿量过大，矿层厚度增加，析离分层阻力增大，势必影响分层速度；若给矿量过小，床面上不能形成一定厚度的床层，分选效果也将变坏。

4.2.2.2　螺旋溜槽分选

溜槽选矿是利用矿粒在斜面水流中运动状态的差异进行分选的方法。溜槽是最早出现的选矿设备，古代用淘洗方法选收重砂矿物使用的工具就是溜槽。有些粗粒砂金溜槽和砂锡溜槽沿袭至今，但绝大部分已经被新型设备代替。

螺旋溜槽和螺旋选矿机分选是在弯曲成螺旋状的长槽内进行的选矿过程，仍属斜面流选矿范畴，但利用了矿浆在回转运动中产生的惯性离心力，促使轻重矿物在槽面上分带，并分别连续排出。螺旋溜槽和螺旋选矿机的区别在于螺旋溜槽具有较宽的和较平缓的立方抛物线形槽底，精矿、中矿、尾矿由槽末端分带截取，适合于处理更细粒级的原料；螺旋选矿机的槽底呈椭圆形，且在螺旋槽的内侧设高密度产物排出孔，沿垂直轴设置高密度产物排出管。

螺旋选矿机的构造如图 4-24 所示。设备主体为一个圈的螺旋槽，用支架垂直安装。螺旋槽底在纵向（沿矿流流动方向）和横向（径向）均有相当的倾斜度。这种设备的优点是结构简单、处理能力大、低能耗及操作维护简单；其缺点是机身高度大，给料和中间产物需要砂泵输送。

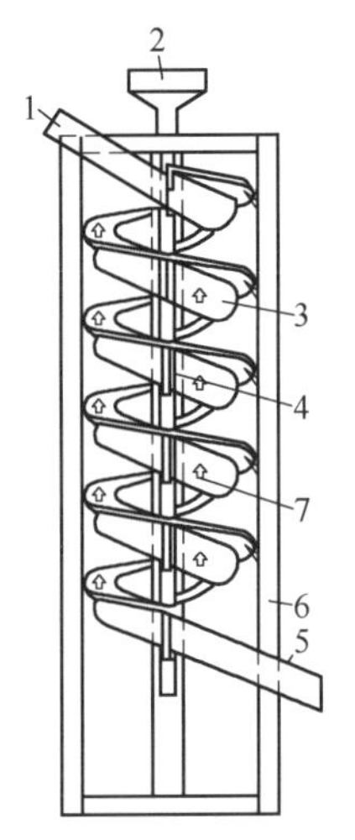

图 4-24　螺旋选矿机

1—给矿槽；2—冲洗水导管；3—螺旋槽；4—连接用法兰盘；5—尾矿槽；6—机架；7—重矿物排出管

A　螺旋溜槽分选原理

a　矿浆流动特性

矿浆自上部给入螺旋溜槽后，矿浆在重力分力作用下沿槽作回转流动（主流或纵向流），同时又受惯性离心力作用向外缘扩展形成环流（副流或横向二次环流）。

纵向流的流速分布如图 4-25（a）所示，横向二次环流的流速分布如图 4-25（b）所示。纵向流随着深度增加流速逐渐减小，横向二次环流以相对水深 $h/H=0.57$ 处为分界点，该处的流速为零，上部矿浆流向外侧，速度在表面达到最大值；下部矿浆流向内侧，速度在 $h/H=0.25$ 处达到最大值。矿浆纵向流与横向二次环流叠加，在槽面上形成螺旋流体，即上层液体既向下又向外流动，下层液体既向下又向内流动。同时该流体还具有内缘流层薄、流速低、外缘流层厚流速高的流动特性。

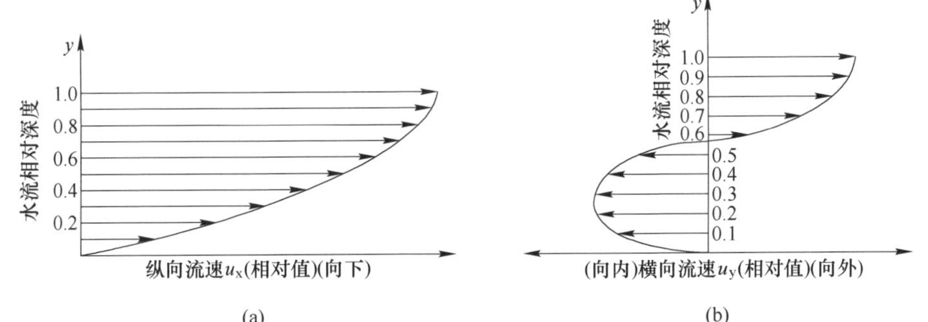

图 4-25　螺旋溜槽内水流速度分布

（a）纵向流沿深度的速度分布；（b）横向流沿深度的速度分布

b 矿粒分层和分带行为

矿粒在螺旋溜槽内的分选过程依然是经历松散分层和分带分离两个阶段。矿浆给入螺旋溜槽后，约经过一圈之后即可完成分层过程，其作用原理与一般弱湍流薄层斜面流中的分选过程相同。即自下而上依次是高密度细颗粒层、高密度粗颗粒层、低密度细颗粒层、低密度粗颗粒层及特别微细颗粒层。

由于下层颗粒和上层颗粒所受流体压力和摩擦力不同，纵向上位于上层低密度颗粒受到的水的推力较底层的高密度颗粒大，且上层颗粒受到摩擦阻力较小，直接导致上层低密度颗粒的纵向运动速度要远远大于底层的高密度颗粒，因此低密度颗粒受到的离心力也远高于高密度颗粒。

在横向上，上层低密度颗粒受到的二次环流的推力也是指向外缘，离心力和二次环流作用力叠加作用使得低密度颗粒逐渐移向外侧，相反高密度颗粒逐渐向内侧移动，从而使不同密度的颗粒在螺旋溜槽的横截面上形成分带。分带约需要 3~4 圈完成，其结果如图 4-26 所示。

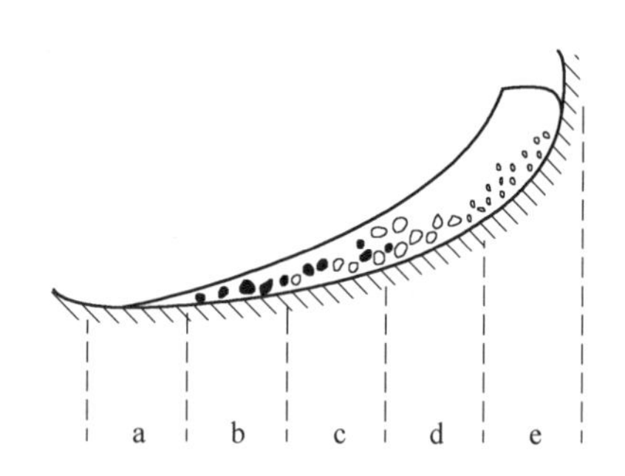

图 4-26 颗粒在螺旋溜槽内的分带
a—高密度细颗粒带；b—高密度粗颗粒带；
c—低密度细颗粒带；d—低密度粗颗粒带；
e—特别微细的颗粒带

B 螺旋溜槽工作的影响因素

影响螺旋选矿机工作的因素有设备结构因素和工艺操作因素。前者有螺旋槽直径、横断面形状、螺距、螺旋槽的长度和圈数等；后者有给矿体积、给矿粒度、冲洗水量以及矿石性质等。

（1）螺旋直径。螺旋直径代表了螺旋选矿机规格并决定着其他结构参数。处理 1~2mm 的粗粒级物料，采用较大直径（ϕ1200mm 以上）的螺旋溜槽较有效；处理 0.5mm 的细粒物料应采用较小直径的螺旋溜槽。

（2）螺旋槽横断面形状与横向倾角。螺旋槽横断面形状的表示方法是螺旋槽被通过轴线的铅直面所切割的断面形状。在处理 0.2mm 以下的物料时，螺旋槽横断面以呈立方抛物线为宜；处理 0.2~2mm 物料时，常采用长短轴尺寸之比为 2∶1~4∶1 的椭圆形断面效果最好。

（3）螺距。螺距决定了螺旋槽的纵向倾角，因此影响着矿浆在槽内的流动速度与流膜厚度。处理细粒度物料的螺距一般较粗颗粒物料的要大，工业上常采用的螺距与直径之比为 0.4~0.8。

（4）螺旋槽的长度和圈数。主要取决于矿石分层和分带所需运行的距离。处理易选物料时螺旋溜槽仅需 4 圈，处理难选物料或者微细粒级物料时可增加至 5~6 圈。

(5) 给矿浓度和给矿体积。浓度过大，矿浆黏度大，矿层松散不好，粒子沉降阻力大，影响分层效果及矿粒沿槽移动速度；浓度太小，不仅使处理能力降低，而且使矿物料层变薄，不具备按密度分层分带的条件。在处理 0.2mm 以下的物料时，粗选适宜给矿浓度为 30%~40%，精选适宜的给矿浓度为 40%~60%；处理 0.2~2mm 物料时，适宜给矿浓度为 10%~35%。当给矿浓度适宜时，给料量在较宽的范围波动对分选指标影响不大。

(6) 冲洗水。由于受离心力作用槽内缘矿粒经常脱水，为了改善精矿沿槽移动速度并提高精矿品位，常须在槽的内缘喷注冲洗水，以清洗混入精矿带的轻矿物。加入的水量视精矿质量要求与重矿物颗粒沿槽移动情况而定。

(7) 给矿性质。给矿粒度大小，矿物的密度差别、形状差别等都对选别有明显影响，这些是不能调节的因素，但在选用螺旋选矿机时，都是应该注意的。工业型螺旋溜槽一般给料粒度为-2mm，适宜给料粒度为 0.02~0.3mm。

4.2.2.3 离心选矿机分选

离心选矿机是借助离心力进行流膜选矿的设备，是目前回收细粒级重矿物的理想设备，已在金属矿选矿厂得到广泛应用。矿浆在截锥形转筒内流动，除受离心力的作用之外，松散—分层的原理与其他重力溜槽相同。

A 离心选矿机分选原理与设备结构

图 4-27 所示是标准的 ϕ800mm×600mm 卧式离心选矿机结构图。设备的主要工作部件为截锥形转鼓 4，给矿端直径为 800mm，向排矿端直线增大，坡度（半

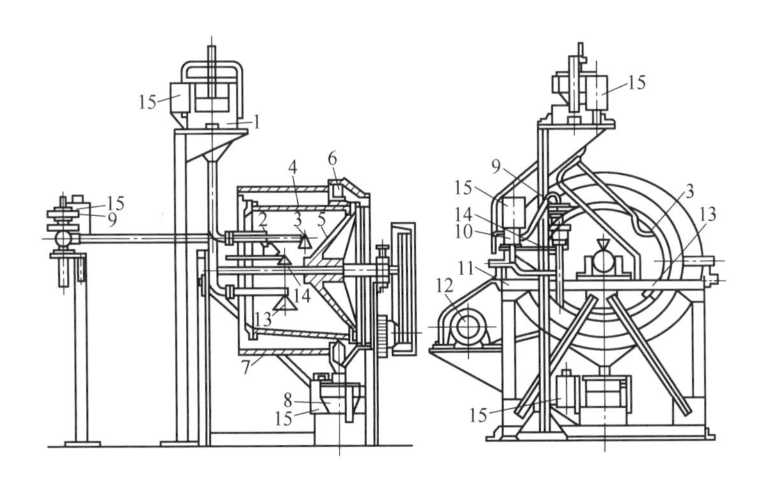

图 4-27 ϕ800mm×600mm 卧式离心选矿机的结构

1—给料斗；2—冲水嘴；3—上给矿嘴；4—转鼓；5—底盘；6—接料槽；7—防护罩；8—分料器；9—皮膜阀；10—三通阀；11—机架；12—电动机；13—下给矿嘴；14—洗涤水嘴；15—电磁铁

锥角）为3°~5°。转鼓垂直长为600mm，借锥形底盘5将转鼓固定在中心轴上，并由电动机12带动旋转。上给矿嘴3和下给矿嘴13伸入到转鼓内，矿浆由给矿嘴喷出顺切线方向附着在鼓壁上，在随着转鼓旋转的同时，并沿鼓壁的斜面流动，构成为在空间的螺旋形运动轨迹。矿浆在相对于转鼓内壁流动的过程中发生分层，进入底层的重矿物附着在鼓壁上较少移动，而上层轻矿物随矿浆流通过转鼓与底盘间的缝隙（约14mm）排出。当重矿物沉积到一定厚度时，停止给矿，由冲水嘴2给入高压水，冲洗下沉积的高密度产物。

卧式离心选矿机的分选过程是间断进行的，但给矿、冲水和精、尾矿的排出均是自动进行，由附属的指挥机构和执行机构完成。

B　离心选矿机工作的影响因素

当给矿性质一定时，操作方面的主要影响因素是给矿体积、给矿浓度、转鼓转速和周期。后者在生产中是不易改变的。操作中主要应控制前二者稳定。

（1）给矿体积。给矿体积直接影响矿浆的流速，随着给矿体积增大，紊动度增强，此时设备的处理量增加，但重矿物的产率减小，质量有所提高。

（2）转鼓的转速。随着转速的增加，重矿物的沉积量增多，回收率增加而精矿品位下降。

（3）给矿浓度。离心机的适宜给矿浓度与矿石比重、粒度组成和矿泥含量有关。随着给矿浓度增大，矿浆的流动性降低，分层速度变缓，故精矿的产率及回收率增加，而品位降低。过大的给矿浓度会使分层难以进行，分选效率急剧下降。

4.2.2.4　水力旋流器分选

水力旋流器是在回转流中利用离心惯性力进行分级的设备，由于它的结构简单、处理能力大、分离效果良好，故广泛用于分级、浓缩、脱水以至选别作业。

水力旋流器的结构如图4-28所示，其主体是由1个空心圆柱体与1个圆锥连接而成。在圆柱体的中心插入溢流管，沿切线方向接有给矿管，在圆锥的下部是沉砂口。旋流器的规格用圆筒的内径表示，其尺寸变化范围为10~1000mm，其中以125~660mm的旋流器较为常用。

矿浆在压力作用下沿给矿管进入旋流器后，随即在空心圆柱内壁的限制下做回转运动。质量为m的颗粒随矿浆一起做回转运动时，所受到的离心惯性力P_G为：

$$P_G = m\omega^2 r \tag{4-24}$$

惯性离心加速度a为：

$$a = \frac{P_G}{m} = \omega^2 r = \frac{u_t^2}{r} \tag{4-25}$$

式中 m——颗粒的质量，kg；

r——颗粒的回转半径，m；

ω——颗粒的回转角速度，rad/s；

u_t——颗粒的切向速度，m/s。

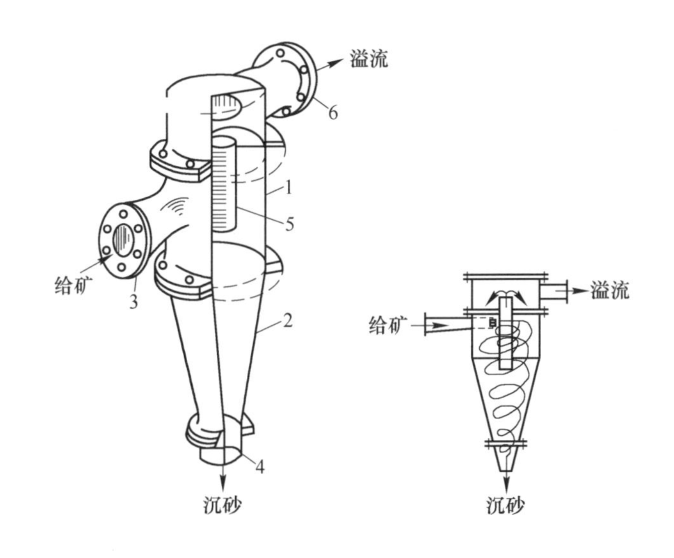

图 4-28 水力旋流器的结构

1—圆柱体；2—圆锥体；3—给矿管；4—沉砂口；5—溢流管；6—溢流排出管

惯性离心加速度 a 与重力加速度 g 之比称为离心力强度或离心因数，用 i 表示，由定义得：

$$i = a/g \tag{4-26}$$

由于颗粒所受的离心惯性力通常为自身的重力几十乃至上百倍，故重力的影响可以忽略不计，使颗粒沉降速度明显加快，从而使该设备的处理能力和作业指标都大幅提高。

A 水力旋流器的分选原理

矿浆在一定压强下通过给矿管沿切向进入旋流器后，在旋流器内形成回转流，其切向速度在溢流管下口附近达最大值；同时，在后面矿浆的推动下，进入旋流器内的矿浆一面向下运动，一面向中心运动，形成轴向和径向流动速度，即矿浆在水力旋流器内的流动属于三维运动，其流动情况如图 4-29 所示。

矿浆在旋流器内向下运动的过程中，因流动断面逐渐减小，所以内层矿浆转而向上运动，即矿浆在水力旋流器轴向上的运动是外层向下、内层向上，在任一高度断面上均存在着一个速度方向的转变点。在该点上矿浆的轴向速度为零。把这些点连接起来即构成一个近似锥形面，称为零速包络面，如图 4-30 所示。

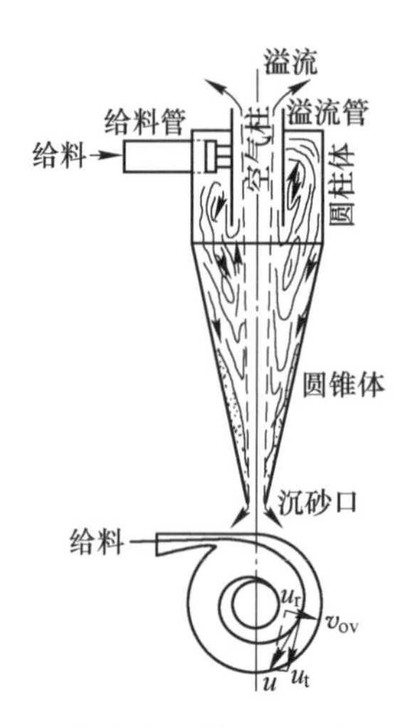

图 4-29　矿浆在水力旋流器纵断面上的流动

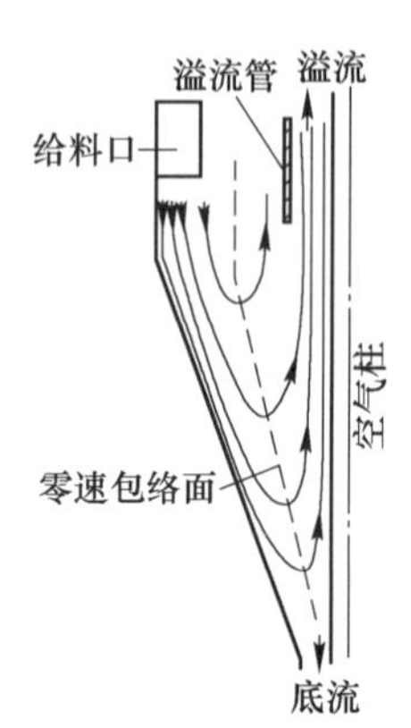

图 4-30　水力旋流器内液流的轴向运动速度及零速包络面

位于矿浆中的矿物颗粒，由于离心惯性力的作用而产生向外运动的趋势，但受到矿浆由外向内的径向流动的阻碍，使得细小的颗粒因所受离心惯性力太小而不足以克服液流的阻力，只能随向内的矿浆流一起进入零速包络面以内，并随向上的液流一起由溢流管排出，形成溢流产物；而较粗的颗粒则借助于较大的离心惯性力克服向内流动矿浆流的阻碍，向外运动至零速包络面以外，随向下的液流一起由沉砂口排出，形成沉砂产物。

B　旋流器工作的影响因素

影响水力旋流器工作的因素有设备结构因素和工艺操作因素。前者包括圆柱体直径 D、给矿口当量直径、溢流管直径 d_b、沉砂口直径 d_s 和锥角，在次要方面还有圆柱体高 h_w 和溢流管插入深度。工艺操作因素包括给矿压力、矿石粒度组成、给矿浓度以及溢流和沉砂的排出方式等。

（1）给矿口和溢流口直径。旋流器的给矿口和溢流口相当于两个窄口通道，增大其中任何一个断面面积均可使矿浆体积处理量接近于成正比增加。但此时溢流粒度将变粗，分级效率也会下降。

（2）沉砂口直径。沉砂口旋流器中最易磨损的部件，常因磨耗而增大了排出口面积，使沉砂产量增大，浓度降低。沉砂口的大小与溢流管直径配合调整，是改变分级粒度的有效手段。

（3）锥角。锥角的大小影响矿浆向下流动的阻力和分级自由面的高度。一般来说细分级或脱水用的旋流器采用较小锥角（10°～15°），粗分级或浓缩用时采用较大锥角（20°～45°）。

（4）圆柱体高。增大圆柱体高度与减小锥角的效果大致相同，可以使分选粒度变细并提高分级效率。溢流管的插入深度一般接近于圆柱体高度，但当圆柱体高度超过它的直径较多时，可降低该值。为了避免矿浆短路流动，溢流管口的下缘应距给矿口有足够距离。

（5）给矿压力。给矿压力不仅影响旋流器处理能力，还关系到分级效率和沉砂的浓度。提高给矿压力，矿浆的流速增大，分级效果可以得到改善，沉砂浓度也会提高。但是带来的问题是沉砂口磨损增大。所以在处理粗粒原料时，应尽可能采用低压力（0.05~0.1MPa）操作；而在处理矿泥及细粒原料时，则应采用高压力（0.1~0.3MPa）操作。

（6）给矿浓度。给矿浓度主要影响旋流器的分级效率和产物浓度，在给矿压力足够高时，给矿浓度主要影响溢流浓度，而对沉砂影响较小，但给矿浓度对分级效率却影响较大，分级粒度愈细，给矿浓度应愈低。当分级粒度约为0.074mm时，给矿浓度以10%~20%为宜；分级粒度为0.019mm时，给矿浓度宜选择5%~10%。

4.3 硼铁矿浮选工艺及设备

4.3.1 浮选概述

浮选分离是利用矿物颗粒或粒子表面的物理、化学性质差异，在气-液-固三相流体中进行分离矿物颗粒的技术，也是应用最广泛的选矿方法。浮选分离的实质是调控部分颗粒表面疏水，使其与气泡（运载工具）一起在水中悬浮、弥散并相互作用形成泡沫层，最终获得泡沫产品（疏水性产物）和槽中产品（亲水性产物），完成矿物分离过程。

浮选是由全油浮选、表层浮选发展起来的。自20世纪初，在澳大利亚采用比较原始的泡沫浮选以来，特别是近30年来，浮选取得了长足的进展。目前浮选已成为应用最广泛、最有前途的分离方法。据统计，90%以上的有色金属矿选矿都是采用浮选工艺，黑色金属、贵金属以及非金属矿物的选矿领域也广泛应用，甚至近年来也应用于对水质的净化等领域。

矿物表面的物理化学性质决定了矿物的天然可浮性，同时也影响其在药剂作用下的浮游行为。磨碎后的矿物颗粒表面是决定其可浮性的基础，颗粒表面与内部的主要区别是内部的原子、分子、离子相互结合，键能得到了平衡；而位于表层的原子、分子、离子朝向内部的一面与内层之间有平衡饱和键能，而朝向外面的键能却没有得到饱和（补偿），这种不饱和键能决定了矿物的可浮性。天然可浮性好的矿物是很少的，所以要实现矿物的浮选分离，主要是借助于添加浮选药剂人为地改变它们的可浮性。

浮选工艺常与磁选工艺联合处理硼铁矿石，常用的浮选工艺是回收磁选尾矿中的硼矿物，提高硼精矿的回收率；另一种是优先浮选出矿石中的硼矿物，再通过磁选作业得到铁精矿。

4.3.2　硼铁矿浮选药剂

浮选药剂是在矿物浮选过程中使用的能够调整矿物表面性质，提高或降低矿物可浮性，使矿浆性质和泡沫稳定性更有利于矿物分选的化学制剂。在选矿药剂中浮选药剂应用最早，且品种最多、效益明显。

浮选药剂种类很多，常用的约百余种。通常分为捕收剂、起泡剂和调整剂三大类。

捕收剂能选择性地作用于目的矿物表面使矿粒疏水，使目的矿粒容易黏附于气泡表面，从而增加其可浮选性。捕收剂的分子结构中一般包括极性基和非极性基。极性基是选择性地吸附在矿物颗粒表面的活性官能团，常称为亲固基，其决定药剂在矿物表面牢固的吸附强度和选择性；非极性基是捕收剂中能使颗粒表面疏水的基团，常称为疏水基，其决定了矿物表面的疏水能力，烃链长度越长，疏水能力越大，水化作用越小，捕收剂的用量越小，即药剂的捕收能力越强。但捕收剂非极性烃链长度要适当，既要保证其具有强的捕收能力，又要具有良好的选择性。

起泡剂是一种表面活性物质，主要作用于水-气界面，使空气在矿浆中弥散成小气泡并形成泡沫层，能提高气泡矿化程度和上浮过程中的稳定性。生产中常用的起泡剂有松油、2 号油、甲基戊醇、醚醇油、丁醚油。但硼铁矿选矿常用的捕收剂自带起泡性能，无需添加起泡剂。

调整剂能调整其他药剂（主要是捕收剂）与矿物表面的作用，调整矿浆性质，提高对目的矿物的选择性。调整剂按其主要作用的不同可细分为活化剂、抑制剂、介质调整剂、分散与絮凝剂等。其中活化剂是用以促进捕收剂与目的矿物作用，从而提高目的矿物可浮性的药剂；与活化剂相反，抑制剂是用于削弱捕收剂与非目的矿物的作用，从而降低非目的矿物可浮性的药剂；介质调整剂用以调整矿浆 pH 值或离子组成，从而调整矿物表面荷电性质；分散与絮凝剂是促使矿浆中细泥分散、团聚或絮凝的药剂。

浮选药剂的分类是有条件的、相对的，某种药剂在一定条件下属于此类，在另一条件下可能属于彼类。药剂的特性在很大程度上取决于药剂的组成和结构，浮选药剂中的捕收剂、起泡剂和大部分有机抑制剂是由异极性物质组成的，在分子中带有极性基团（亲水基 Y 或亲固基 X）和非极性基团（烃基 R），各类浮选药剂分子可看作由以上三种基团组拼而成。

4.3.2.1　捕收剂

硼铁矿浮选主要是指硼镁石与铁矿物及蛇纹石的分离，常用的捕收剂有十二胺、醚胺、油酸等。

（1）十二胺。十二胺是胺类捕收剂，胺类捕收剂起捕收作用的是阳离子，故称为阳离子捕收剂，是金属氧化矿，以及石英、长石、云母等硅酸盐或铝硅酸盐矿物的常用捕收剂。十二胺，有机化学品，分子式：$C_{12}H_{27}N$，白色蜡状固体，溶于乙醇、乙醚、苯、氯仿和四氯化碳，难溶于水。

东北大学李艳军以十二胺为捕收剂，六偏磷酸钠为抑制剂，通过分段浮选分离硼镁石，浮选尾矿经磁选回收磁铁矿。在给矿铁品位38.10%、B_2O_3品位7.56%，磨矿细度-0.04mm占95%的条件下，获得了B_2O_3品位13.62%，回收率71.8%的硼精矿和TFe品位58.52%，回收率为83.60%的铁精矿。

（2）醚胺。醚胺也是典型的胺类捕收剂。醚胺是烷基丙基醚胺系列的简称，化学通式为$R—O—CH_2CH_2CH_2NH_2$，其中R为碳原子数目为8~18的烷基。醚胺具有水溶性好、浮选速度快、选择性好等优点，已成为铁矿石反浮选脱硅药剂的研究热点。

（3）油酸。油酸是常见的脂肪酸类捕收剂，该类捕收剂与大多数金属离子的化学亲和力很强，所形成的脂肪酸盐的溶度积很小，所以这类捕收剂常用于浮选赤铁矿、菱铁矿、褐铁矿、钛铁矿、锡石、软锰矿、金红石等金属矿石和萤石、方解石、白云石、菱镁矿、磷灰石等非金属矿物，还可以用于浮选被Ca^{2+}、Mg^{2+}、Ba^{2+}等活化后的硅酸盐矿物（石英、绿柱石、锂辉石、锆石及电气石等）。

油酸化学式为$C_{18}H_{34}O_2$（或$CH_3(CH_2)_7CH{=}CH(CH_2)_7COOH$）。纯油酸为无色油状液体，有动物油或植物油气味，久置空气中颜色逐渐变深，工业品为黄色到红色油状液体，有猪油气味。纯油酸熔点13.4℃，沸点350~360℃，密度895kg/m^3。油酸易燃，与强氧化剂、铝不兼容，易溶于乙醇、乙醚、氯仿等有机溶剂中，不溶于水，遇碱易皂化，凝固后生成白色柔软固体，在高热下极易氧化、聚合或分解，无毒。

（4）其他硼铁矿浮选捕收剂：

1）NSY-1。首钢矿业公司张金华、王耀等用NSY-1做捕收剂，碳酸钠做调整剂，水玻璃做抑制剂，在矿浆温度为30~40℃的条件下，以弱磁选尾矿为原料，采用一次粗选、一次扫选、二次精选流程进行浮选试验。开路小试验可获得B_2O_3的品位18.28%，硼精矿品位可达18%以上，成为合格的硼精矿，可直接作为硼化工原料。

2）C-62。曹泽旺等运用反浮选工艺对湖南常宁硼铁矿石进行了试验研究。在原矿B_2O_3品位6.37%的条件下，以Na_2SiO_3作调整剂，C-62作捕收剂反浮选碳酸盐矿物，经过一粗二精二扫，精矿B_2O_3品位达到12.5%，回收率76.45%。

4.3.2.2　调整剂

调整剂是控制颗粒与捕收剂作用的一种辅助药剂，浮选过程通常都在捕收剂和调整剂的适当配合下进行，尤其是对于复杂多金属矿石或难选物料，选择调整剂常常是获得良好分选指标的关键。

A　pH 值调整剂

在浮选过程中调整矿浆酸碱度的药剂统称为 pH 值调整剂。矿浆 pH 值对浮选过程的影响主要表现在影响颗粒表面的电性、颗粒表面组分的溶解、捕收剂的水解或电离、捕收剂在固-液界面的吸附、物料的可浮性等五个方面，各种矿物只有在各自适宜的 pH 条件下才能有效地被捕收剂浮选。pH 调整剂主要通过改变矿物表面性质、调整矿浆中的离子组成以及清洗矿物表面等作用，创造有利于浮选药剂作用的条件。

工业生产中常用的 pH 值调整剂有硫酸、石灰、碳酸钠、盐酸、硝酸、磷酸等。硼铁矿浮选常用的 pH 值调整剂有硫酸、盐酸、碳酸钠、氢氧化钠等。

硫酸是常用的酸性调整剂，其次是盐酸、硝酸和磷酸等。

石灰是应用最广的碱性调整剂，主要用在有色金属硫化矿的浮选生产中，兼有抑制剂的作用。但使用脂肪酸类捕收剂时，不能用石灰调节 pH 值，因为这时会生成溶解度很低的脂肪酸钙，消耗掉大量的脂肪酸，并且会使过程的选择性变坏。

碳酸钠的应用范围仅次于石灰。它是一种强碱弱酸盐，在矿浆中水解生成 OH^-、HCO_3^-等，有缓冲作用，使溶液的 pH 值比较稳定地保持在 8~10 之间。

氢氧化钠的碱性强，但价格较贵，仅在需要强碱性的特殊条件下使用。

B　抑制剂

凡能破坏或削弱颗粒对捕收剂的吸附、增强固体表面亲水性的药剂统称为抑制剂。

抑制剂的主要作用是阻止捕收剂在脉石矿物表面上吸附，消除矿浆中的活化离子和防止颗粒被活化等，作用机理主要有以下几方面：（1）溶去原有的捕收剂膜，使其受到抑制。（2）将捕收剂离子由矿物表面排出，在矿物表面形成亲水薄膜。（3）抑制剂或亲水胶粒吸附于无捕收剂处。其强亲水性超过捕收剂的疏水性（如图 4-31 所示）；例如，有机抑制剂形成的胶粒，如淀粉、单宁、糊精、羧甲基纤维素、木质素等，可抑制一些硅酸盐脉石矿物。（4）消除矿浆中的活化离子。

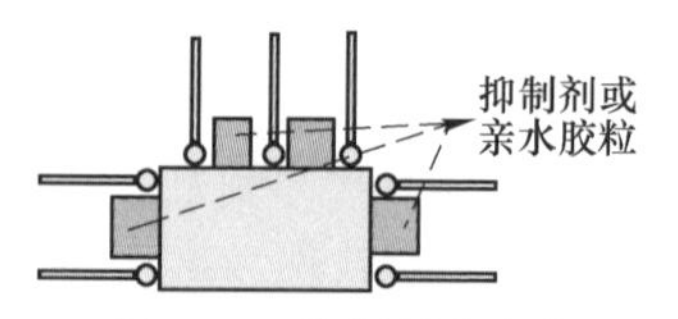

图 4-31　抑制剂或亲水胶粒吸附于无捕收剂处

工业生产中使用的抑制剂有石灰、硫酸锌、亚硫酸、亚硫酸盐、硫化钠、水玻璃、磷酸盐、含氟化合物、有机抑制剂、重铬酸盐和氰化物等。其中硼铁矿选矿常用的抑制剂为水玻璃、六偏磷酸钠和有机抑制剂。

a 水玻璃

水玻璃广泛用作抑制剂和分散剂，它的化学组成通常以 $Na_2O \cdot mSiO_2$ 表示，是各种硅酸钠（如偏硅酸钠 Na_2SiO_3、二硅酸钠 $Na_2Si_2O_5$、原硅酸钠 Na_4SiO_4、经过水合作用的 SiO_2 胶粒等）的混合物，成分常不固定。m 为硅酸钠的“模数”（或称硅钠比），不同用途的水玻璃，其模数相差很大，模数低，碱性强，抑制作用较弱；模数高（例如大于 3 时）不易溶解，分散不好。浮选通常用模数为2~3 的水玻璃。纯的水玻璃为白色晶体，工业用水玻璃为暗灰色的结块，加水呈糊状。

水玻璃在水溶液中的性质随 pH 值、模数、金属离子以及温度而变，在酸性介质中水玻璃能抑制磷灰石，而在碱性介质中，磷灰石却几乎不受抑制。添加少量的水玻璃，有时可提高萤石、赤铁矿等的浮选活性，同时又可强烈抑制方解石的浮选。

水玻璃既是石英、硅酸盐、铝硅酸盐矿物的常用抑制剂，也可作为分散剂，添加少量水玻璃可以减弱微细颗粒对浮选过程的有害影响。

由于水玻璃用途较多，所以其用量范围变化很大（0.2~15kg/t），通常的用量为 0.2~2.0kg/t，配成 5%~10%的溶液添加。

b 六偏磷酸钠

六偏磷酸钠，分子式：$(NaPO_3)_6$，白色粉末结晶，或无色透明玻璃片状或块状固体；易溶于水，不溶于有机溶剂。因为六偏磷酸钠能和矿浆中 Ca^{2+}、Mg^{2+} 以及其他多价金属离子生成络合物，如 $NaCaP_6O_{13}$ 等，从而使得含这些离子的矿物得到抑制。

c 有机抑制剂

生产中应用较多的有机抑制剂有淀粉糊精、羟乙基纤维素、羟甲基纤维素、单宁、腐殖酸钠、木质素等，其中硼铁矿浮选常用的是淀粉、羧甲基纤维素、木质素等。

用阳离子捕收剂浮选石英时，用淀粉抑制赤铁矿；铜钼混合浮选精矿分离时，用淀粉抑制辉钼矿。淀粉还可以作为细粒赤铁矿的选择性絮凝剂。

羧甲基纤维素又称为 1 号纤维素，是一种应用较少的水溶性纤维素，由于原料不同，所得产品性能有所差别。采用芦苇做原料制得的羧甲基纤维素在浮选硫化镍矿物时，可作为含钙、镁矿物的抑制剂。用稻草做原料制得的羧甲基纤维素，可用作磁铁矿、赤铁矿、方解石、钠辉石以及被 Ca^{2+} 和 Fe^{3+} 活化了的石英的抑制剂。

木质素主要用来抑制硅酸盐矿物和稀土矿物。木质素磺酸盐可作为铁矿物的抑制剂。

C 活化剂

凡能增强颗粒表面对捕收剂的吸附能力的药剂统称为活化剂。生产中常用的活化剂有硫酸铜、硫化钠、无机酸、无机碱、有机活化剂等。

活化剂的活化机理主要有如下几方面：(1) 在矿物颗粒表面生成活化膜；(2) 活化离子吸附在矿物颗粒表面；(3) 消除矿浆中有害离子，提高捕收剂的浮选活性。用脂肪酸类捕收剂浮选赤铁矿时，矿浆中的 Ca^{2+} 和 Mg^{2+} 等离子具有明显的活化石英的作用，影响浮选过程的分离效果，同时还会消耗大量的捕收剂。因此浮选前常用碳酸钠预先沉淀 Ca^{2+} 和 Mg^{2+} 等，然后用脂肪酸类捕收剂进行浮选，使脂肪酸离子充分发挥其浮选活性；(4) 消除亲水薄膜，即消除位于固体表面阻碍捕收剂作用的抑制薄膜。

D　絮凝剂

促进矿浆中细粒联合成较大团粒的药剂称为絮凝剂。按其作用机理及结构特性，可以大致分为高分子有机絮凝剂、天然高分子化合物、无机凝结剂和固体混合物 4 种类型。

(1) 高分子有机絮凝剂。作为选择性絮凝剂的高分子有机物有聚丙烯腈的衍生物（聚丙烯醚胺、水解聚丙烯酰胺、非离子型聚丙烯酰胺等）、聚氧乙烯、羧甲基纤维素、木薯淀粉、玉米淀粉、海藻酸铵、纤维素黄药、腐殖酸盐等。

(2) 天然高分子化合物。石青粉、白胶粉、芭蕉芋淀粉等天然高分子化合物都可用作选择性絮凝剂。

(3) 无机凝结剂。用作凝结剂的无机盐，有时又称为“助沉剂”，这类药剂大都是无机电解质，常用的有无机盐类酸类和碱类。其中无机盐类包括硫酸铝、硫酸铁、硫酸亚铁、铝酸钠、氯化铁、氯化锌、四氯化钛等；酸类包括硫酸和盐酸等；碱类包括氢氧化钙和氧化钙等。

(4) 固体混合物。常用的固体混合物絮凝剂有高岭土、膨润土、酸性白土和活性二氧化硅等。

E　分散剂

分散剂是一种在分子内同时具有亲油性和亲水性两种相反性质的界面活性剂。可均一分散那些难于溶解于液体的固体颗粒，同时也能防止颗粒的沉降和凝聚，形成稳定悬浮液所需的两亲性试剂。

分散剂一般分为无机分散剂和有机分散剂两大类。常用的无机分散剂有硅酸盐类（如水玻璃）和碱金属磷酸盐类（如三聚磷酸钠、六偏磷酸钠和焦磷酸钠等）。有机分散剂包括三乙基己基磷酸、十二烷基硫酸钠、甲基戊醇、纤维素衍生物、聚丙烯酰胺、古尔胶、脂肪酸聚乙二醇酯等。

4.3.2.3　浮选药剂的使用

A　药剂制度

浮选药剂制度是指浮选工艺对添加药剂的种类和数量、加药点和加药方式的规定。药剂制度对浮选指标有重大影响，浮选过程中加到矿浆中的浮选药剂有多种，它们与矿浆中原有的各种组分之间的作用以及它们之间的交互作用很复杂，并互相制约。选定比较好的药剂制度，往往可使这些交互作用达到有利于浮选的某种平衡。药剂添加不当，就会打破这种平衡，使整个工艺过程处于对矿物分选不利的状态。

B 药剂的选择

药剂的种类选择主要是根据所处理矿石的性质、可能的流程方案，并参考国内外的实践经验，然后通过试验加以确定。根据固体表面不均匀性和药剂间的协同效应，各种药剂混合使用在应用中取得了良好效果，并得到了广泛应用。所谓混合用药主要包括以下两个方面：

（1）不同捕收剂的混合使用，即同系列药剂混合，如氧化矿的捕收剂与硫化矿的捕收剂共用、阳离子型捕收剂与阴离子型捕收剂共用、大分子药剂与小分子药剂共用或混用等。

（2）调整剂联合使用，即为了加强抑制作用，将几种抑制剂联合使用，如亚硫酸盐与硫酸锌混用等。

C 药剂的配制方法

同一种药剂采用不同的配制方法，其适宜用量和效果都不同。配制方法的选择主要根据药剂的性质、添加方法和功能。

大多数可溶于水的药剂使用时均需配制成水溶液，如水溶性药剂黄药、硫酸铜、硫酸锌、重铬酸钾等，通常均配成5%～10%的水溶液使用。

对于一些难溶性药剂，则需要采用特殊方法进行配制。例如，将石灰磨到10～100μm后，在室温条件下与水混合搅拌配成石灰乳；将脂肪酸类捕收剂进行皂化处理后使用；将脂肪酸类、胺类捕收剂及白药等溶在某些特定的溶剂中制成药液使用；对于油酸、煤油、松醇油、柴油等，借助于强烈的机械搅拌或超声波处理进行乳化或加入乳化剂进行乳化后使用；也可利用一种特殊的喷雾装置，使药剂在空气中进行雾化后使用（即气溶胶法）。

D 药剂的添加

浮选过程常需加入几种药剂，它们与矿浆中各组分往往存在着复杂的交互作用，所以药剂的合理添加也是优化浮选药剂制度的重要因素。

a 加药顺序及加药地点

通常的加药顺序为：矿浆pH值调整剂→抑制剂（或活化剂）→捕收剂→起泡剂。浮选被抑制过的物料的加药顺序为：活化剂→捕收剂→起泡剂。

药剂的添加地点主要取决于药剂与矿物作用所需时间、药剂的功能及性质。生产中通常将pH值调整剂、抑制剂以及难溶的药剂加在球磨机中，使其充分发挥作用；将活化剂、起泡剂和易溶的捕收剂加于浮选前的搅拌槽中。

b 加药方式

浮选药剂可以一次添加，也可以分批添加。一次添加是指将某种药剂的全部用量在浮选前一次加入，这样可提高浮选过程初期的浮选速度，因其操作管理比较方便，生产中常被采用。

分批添加是指将某种药剂在浮选过程中分几批加入，这样可以维持浮选过程中的药剂浓度，有利于提高产品质量。对于难溶于水的药剂、易被泡沫带走的药剂（如油酸、脂肪胺类捕收剂等）、在矿浆中易起反应的药剂等，若只在一点上加药则会很快失效，所以通常采用分批添加的方式。对于要求严格控制用量的药剂，也必须采用分批添加方式。

4.3.3 浮选设备

4.3.3.1 浮选机概述

浮选机是浮游选矿机的简称，指完成浮选过程的机械设备。在浮选机中，经加入药剂处理后的矿浆，通过搅拌充气，使其中某些矿粒选择性地固着于气泡之上，浮至矿浆表面被刮出形成泡沫产品，其余部分则保留在矿浆中，以达到分离矿物的目的。

浮选机的结构形式很多，按充气和搅拌方式的不同，可以将浮选机分为4种基本类型。

（1）自吸气式机械搅拌浮选机。充气和搅拌方式：机械搅拌式自吸空气（机械搅拌同时吸入空气）。典型设备：XJK型浮选机、JJF型浮选机、BF型浮选机、SF型浮选机、GF型浮选机、TJF型浮选机、棒型浮选机、维姆科浮选机、XJM-KS型浮选机、XJN型浮选机、法连瓦尔德型、丹佛-M型、米哈诺布尔型浮选机。

（2）充气式机械搅拌浮选机。充气和搅拌方式：充气与机械搅拌混合。典型设备：CHF-X系列浮选机、XCF系列浮选机、KYF系列浮选机、丹佛-DR型浮选机、俄罗斯的ΦΠ系列浮选机、美卓的RCS浮选机、波兰的IF系列浮选机、奥托昆普的OK型浮选机和Tank Cell浮选机、道尔-奥利弗浮选机。

（3）气升式浮选机。充气和搅拌方式：压气式（靠外部空气压入）。典型设备：KYZ型浮选柱、旋流-静态微泡浮选柱、XJM型浮选柱、FXZ系列静态浮选柱、CPT型浮选柱、ΦΠ型浮选柱、维姆科浮选柱、Flotaire型浮选柱、Contact浮选柱、Pneuflot气升式浮选机、ΦΠΠ型气力脉动型浮选机。

（4）减压式浮选机。充气和搅拌方式：气体析出或吸入式。典型设备：XPM型喷射旋流式浮选机、埃尔摩真空浮选机、卡皮真空浮选机、达夫可拉喷射式浮选机、詹姆森浮选机。

4.3.3.2 自吸气式机械搅拌浮选机

自吸气机械搅拌式浮选机的共同特点是，矿浆的充气和搅拌均靠机械搅拌器（转子和定子系统，即充气搅拌结构）来实现。由于搅拌机构的结构不同，自吸气机械搅拌式浮选机的型号也比较多，如离心式叶轮棒型轮、笼型转子、星形转子等。

生产中应用较多的自吸气机械搅拌式浮选机是下部气体吸入式，即在浮选槽下部的机械搅拌器附近吸入空气。充气搅拌器具有类似泵的抽吸特性，既能自吸空气，又能自吸矿浆，因而在浮选生产流程中可实现中间产物自流返回再选，不需要砂泵扬送，这在流程配置方面显示出明显的优越性和灵活性；由于转子转速快，搅拌作用较强烈，有利于克服沉槽和分层现象，故在国内外的浮选生产中一直广为采用。

自吸气机械搅拌式浮选机的不足之处主要是结构复杂，转子转速较高，单位处理量的能耗较大，转子-定子系统磨损较快，而且随着转子-定子系统的磨损，充气量不断降低；另外，由于转子-定子系统圆周上磨损的不均匀性，容易造成矿浆液面的不平衡，常出现“翻花现象”，影响设备的工作性能。

A SF 型浮选机

北京矿冶科技集团有限公司生产的 SF 型浮选机结构简图如图 4-32 所示，主要由电动机、吸气管、中心筒、槽体、叶轮、主轴、盖板、轴承体等部件组成，有效容积大于 $10m^3$ 的槽体增设导流筒、假底和调节环。

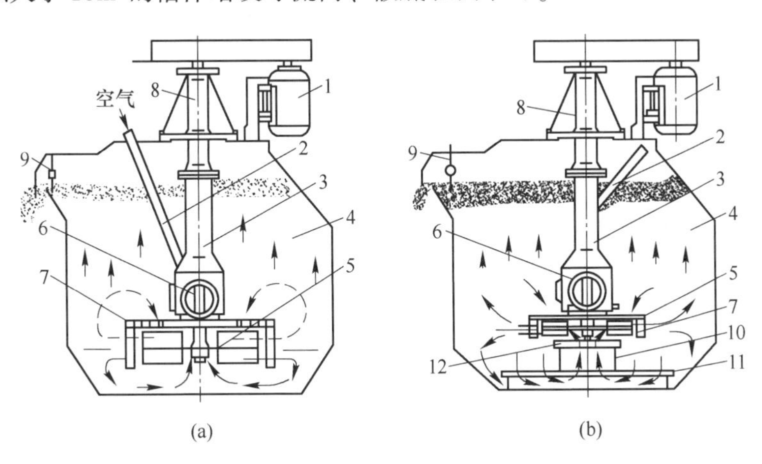

图 4-32 SF 型浮选机结构

（a）SF-0.15~8.0 型；（b）SF-10~20 型

1—电动机；2—吸气管；3—中心筒；4—槽体；5—叶轮；6—主轴；7—盖板；8—轴承体；9—刮板；10—导流筒；11—假底；12—调节环

浮选机工作时，电动机带动叶轮高速旋转，叶轮上叶片与盖板间的矿浆从叶轮上叶片间抛出，同时在叶轮与盖板间形成一定的负压。由于压差的作用，将空气经吸气管自动吸入，并从中心矿管和给矿管吸入矿浆。矿浆与空气在叶轮与盖板之间形成漩涡而把气泡进一步细化，并经盖板稳流后进入到浮选槽；同时由于叶轮下叶片的作用力，促使下部矿浆循环，以防止粗颗粒矿物发生沉槽现象。

SF 自吸式机械搅拌式浮选机具有吸气量大、功耗低的特点，单位容积的功耗比同类型浮选机低 10%～15%，吸气量提高 40%～60%。此外采用后倾式叶片叶轮布置形式，槽内矿浆可形成上下循环，有效防止粗粒矿物沉淀，有利于粗粒矿物的浮选；叶轮的线速度比较低，易损件使用寿命长。

B　维姆科浮选机

美国西部机械公司（Western Machimery Company）生产的维姆科（Wemco）浮选机的结构如图 4-33 所示，它由星形转子、定子、锥形罩盖、导管、竖管假底、气进入管及槽体等组成。

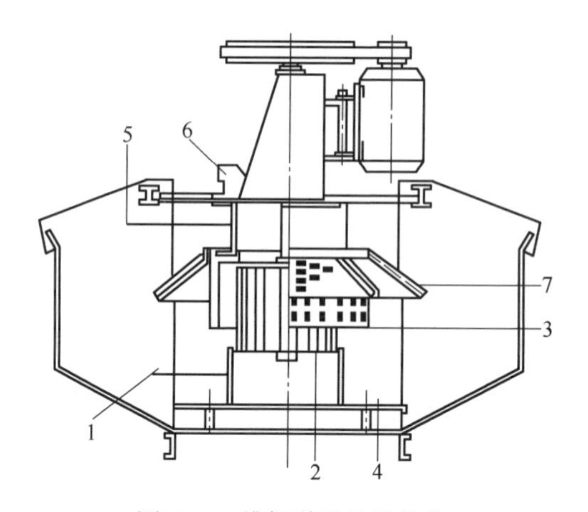

图 4-33　维姆科浮选机结构

1—导管；2—转子；3—定子；4—假底；5—竖管；6—空气进入管；7—锥形罩

维姆科浮选机的特点在于带放射状叶片的星形转子及定子周边有许多椭圆形孔的圆筒，定子内部有突出筋条，定子上部还有一个锥形罩。此外，它比一般浮选机还多一个供矿浆循环用的假底。该机工作时，星形转子将内部的矿浆甩出，矿浆经扩散器和锥形罩的孔隙水平地射向四周，液面比较平稳，转子内部产生真空，从下部经导管吸入矿浆，从上部经竖管吸入空气。矿浆在转子内壁上至竖管、下至导管的范围产生激烈的漩涡和紊流，故使其本身能与空气均匀混合，并把空气碎散成气泡上浮，自流溢出即为泡沫产品，这种浮选机槽体较浅、电耗低。

C　JJF 型浮选机

JJF 型浮选机是参考维姆科型浮选机的工作原理设计的，属于一种槽内矿浆下部大循环自吸气机械搅拌浮选机，其结构如图 4-34 所示。主要由槽体、叶轮、定子、分散罩、假底、导流管、竖筒、调节环等组成。

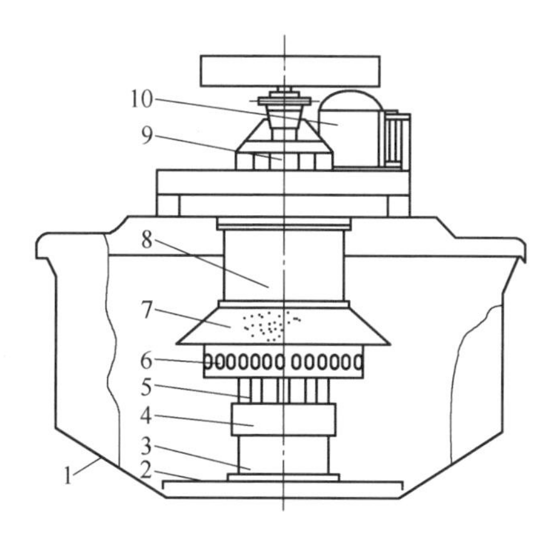

图 4-34 JJF 型浮选机结构
1—槽体；2—假底；3—导流管；4—调节阀；5—叶轮；6—定子；7—分散罩；8—竖筒；9—轴承体；10—电动机

JJF 型浮选机的工作原理：叶轮旋转时在竖筒和导流管内产生涡流，此涡流形成负压，将空气从进气管吸入，在叶轮和定子区内与经导流管吸进的矿浆混合。该浆气混合流由叶轮形成切线方向运动，再经定子的作用转换成径向运动，并均匀地分布在浮选槽中。矿化气泡上升至泡沫层，单边或双边刮出即为泡沫产品。

JJF 型浮选机特点：具有自吸空气能力，不需要设风机和供风管道；易损件寿命长，维修方便，叶轮直径小，线速度比较低，叶轮与定子间隙大，叶轮磨损轻；液面平稳，分选效率高，借助于分散罩装置，矿浆液面很稳定，有利于矿物分选；矿浆循环性好，借助于假底、导流管装置，促进矿浆下部大循环，循环区域大，保持矿粒悬浮；搅拌程度适中，固体颗粒悬浮良好；叶轮沉没于槽内矿浆深度浅能自吸足够的空气。

4.3.3.3 充气机械搅拌式浮选机

充气搅拌式浮选机既装有机械搅拌装置，又利用外部特设的风机强制吹入空气。机械搅拌装置一般只起搅拌矿浆和分布气流的作用，空气主要靠外部风机压入，矿浆充气与搅拌是分开的。

由于机械搅拌器不起吸气作用，叶轮（转子）转速比机械搅拌式浮选机低，因而转子-定子的磨损较轻，使用寿命较长，处理单位矿量的电耗也较小；由于机械搅拌器的搅拌作用不甚强烈，浮选脆性矿物时不易产生泥化现象，同时矿浆液面亦较平稳，易于形成稳定的泡沫层，有利于提高浮选技术指标；由于充气与搅拌分开，充气量容易单独调节，故可按生产工艺要求保持恒定等。

充气机械搅拌式浮选机的适应范围广，适用于大型化发展，目前国内外研发的大型浮选机，除 Wemco 浮选机和 JJF 型浮选机外，其他都属于充气式搅拌浮选机。

A KYF 型浮选机

北京矿冶科技集团有限公司生产的 KYF 型浮选机结构简图如图 4-35 所示，主要由槽体、叶轮、空气分配器、定子组成。

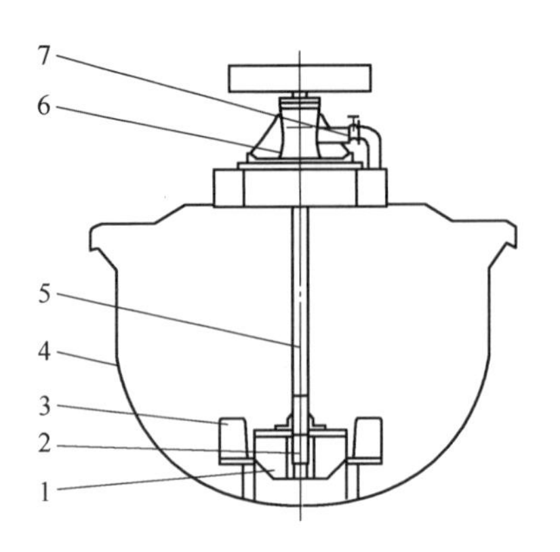

图 4-35　KYF 型浮选机结构

1—叶轮；2—空气分配器；3—定子；4—槽体；5—主轴；6—轴承体；7—空气调节阀

KYF 型浮选机除采用“U”形槽体、空心轴充气和悬挂定子外，还采用锥台型叶轮，具有扬送矿浆量大、静压水头小、功耗低的特点；此外，还在转子（叶轮）空腔中设计了专用空气分配器，使空气能预先均匀地分散在转子叶片的大部分区域内，提供了大量的矿浆-空气界面，从而将空气均匀地分散在矿浆中。

KYF 系列浮选机的工作原理为：叶轮旋转时，槽内矿浆从四周经槽底由叶轮下端吸入叶轮叶片间，同时，由鼓风机给入的低压空气经风道、空气调节阀、空心主轴进入叶轮腔的空气分配器中，通过分配器周边的孔进入叶轮叶片间，矿浆与空气在叶轮叶片间进行充分混合后，由叶轮上半部周边排出，排出的矿流向斜上方运动，由安装在叶轮四周斜上方的定子稳定和定向后，分散到整个槽体中。矿化气泡上升到槽子表面形成泡沫，泡沫自流到泡沫槽中，一部分矿浆返回叶轮区进行再循环，另一部分则通过槽体壁上的流通孔进入下槽体进行再选别。

KYF 型浮选机均还具有叶轮直径小、圆周速度低的优点，可降低功率 30%～50%；槽内设有一个空气分配器，因而空气分散均匀；叶轮起离心泵作用，可是固体颗粒充分悬浮；采用 U 形槽结构，可使尾砂沉积最少；叶轮结构及叶片间隙流道设计合理，叶轮磨损较均匀，叶轮、定子使用寿命长。目前 KYF 型浮选机设备规格已达到槽容积 680m^3。

B　XCF 型浮选机

XCF 充气机械搅拌式浮选机是一种外充气式浮选机，主要特点是采用矿浆的垂直大循环和鼓风机压入的低压空气来提高浮选效率，适用于有色金属、黑色金属、非金属矿物质的选别。

XCF 型浮选机结构如图 4-36 所示，由“U”形槽体、带上下叶片的大隔离盘叶轮、径向叶片的座式定子、原盘形盖板、中心筒带有排气孔的连接管轴承体以及空心主轴和空气调节阀等组成。深槽型槽体有开式和封闭式两种结构。

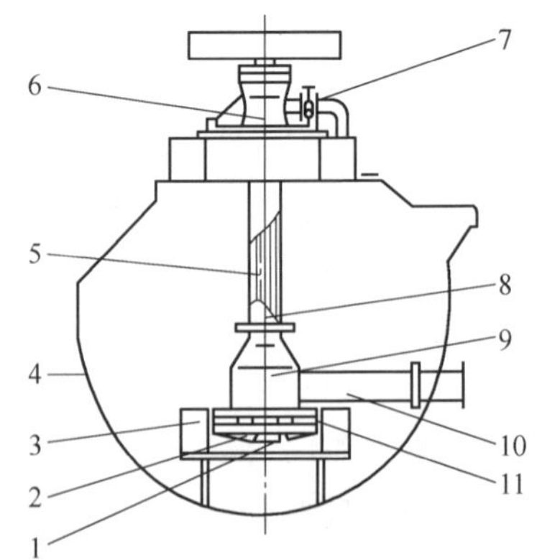

图 4-36　XCF 型浮选机结构

1—叶轮；2—空气分配器；3—定子；4—槽体；5—主轴；6—轴承体；7—空气调节阀；8—接管；9—中心筒；10—中矿管；11—盖板

XCF 型浮选机的突出特点是采用了既能循环矿浆以分散空气，又能从槽体外部吸入给矿和中矿泡沫的双重作用叶轮。一般的充气机械搅拌式浮选机由于压入低压空气，降低了叶轮中心区的真空压强（负压），使之不能吸入矿浆，而 XCF 型浮选机采用了具有充气搅拌区和吸浆区的主轴部件，两个区域由隔离盘隔开。吸浆区由叶轮上叶片、圆盘形盖板、中心筒和连接管等组成；充气搅拌区由叶轮下叶片和充气分配器等组成。

C RCS 型浮选机

芬兰的美卓（Metso）矿物公司生产的 RCS（Reactor Cell System）型充气机械搅拌式大容积浮选机已在世界上得到广泛应用。RCS 型浮选机采用圆筒形槽体，其中 RCS-200 型浮选机的槽体的高度为 9.4m，直径为 7m。RCS 型浮选机是在深叶片充气系统的基础上开发研制的，其充气系统的结构能确保矿浆向着槽壁呈强劲的径向环流，并朝着转子下方强烈回流，因而能避免浮选机发生沉槽现象。

4.3.3.4 浮选柱

浮选柱，是将压缩空气透过多孔介质（充气器）对矿浆进行充气和搅拌的充气式浮选机。浮选柱也可称为柱型气升式浮选机。例如，巴西 20 世纪 90 年代投产的采用浮选工艺的铁矿石选矿厂，所有的浮选作业中均采用了浮选柱。

浮选柱与浮选机相比有其自身优点：结构简单，占地面积小；无机械运动部件，安全节能；浮选动力学稳定，气泡相对较小，分布更为均匀，气泡-颗粒浮选界面充足，富集比大、回收率高，适合于微细粒级矿物的选别并且易于实现自动化控制和大型化；浮选速度快，可简化浮选流程，有效降低浮选作业次数。

浮选柱也有自身的局限性：设备高度大，冲洗水增加了设备运行成本；不适合粗颗粒矿物的选别，粗颗粒与气泡接触几率小；解离不充分的矿物难以发挥浮选柱提高精矿品位的优越性，常以损失回收率为代价达到提高精矿品位的目的；对化学性质反应敏感，黏度大的矿浆会导致细粒脉石长时间在柱内停留，从而恶化选别效果；主要应用于精选作业，在粗选作业中使用效果不够理想。

加拿大工艺技术公司研制的 CPT 浮选柱，其直径达到 5m，高度为 8~16m，配置 Slamjet 充气器，用于浮选各种矿石。Slamjet 充气器为空气型的充气器，与其他型号充气器的不同之处是，这种充气器中安装了一个与膜片式发送器相连接的针形阀，以便在出现意外停止充入空气时会自动堵住排气口，防止固体颗粒落入充气系统。这种充气器可使用 3 年以上，并且操作方便，分散器从浮选柱的外部沿着周边布置，可在不停机的情况下更换喷头。俄罗斯研制的浮选柱，最常见的高度是 4~7m；加拿大和美国研制的一些浮选柱，高度一般都在 10~16m；中国生产的浮选柱高度为 5~9m，典型代表为旋流-静态微泡浮选柱。

中国矿业大学研发的旋流-静态微泡浮选柱（FCSMC 型浮选柱）结构如图 4-37 所示。整个分离过程包括柱体分选、旋流分离和管流矿化三部分，全过程在柱体内完成。

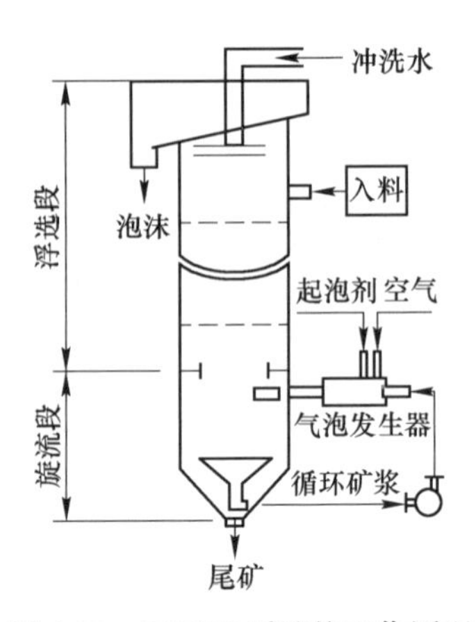

图 4-37　FCSMC 浮选柱工作原理

柱分离段位于整个柱体上部；旋流分离段采用柱-锥相连的水介质旋流器结构，并与柱分离段呈上下结构的直通连接。从旋流分选角度，柱分离段相当于放大了的旋流器溢流管。在柱分离段的顶部，设置了喷淋水管和泡沫精矿收集槽；给矿点位于柱分离段中上部，最终尾矿由旋流分离段底口排出。气泡发生器与浮选管段直接相连成一体，单独布置在柱体外；其沿切向方向与旋流分离段柱体相连，相当于旋流器的切线给料管。气泡发生器上设导气管。

管流矿化包括气泡发生器与浮选管段两部分。气泡发生器是该浮选柱实现分选的关键部件。它利用循环矿浆加压喷射吸入空气、混合起泡剂和粉碎气泡，并通过压力释放析出大量微泡，然后沿切线进入旋流段；微泡发生器在产生合适气泡的同时，也为旋流段提供了旋流力场。

在旋流-静态微泡浮选柱分选设备内气泡发生器的工作介质为循环中矿。经过加压的循环矿浆进入气泡发生器，引入气体并形成含有大量微细气泡的气、固、液三相体系。含气、固、液三相的循环矿浆沿切线高速进入旋流段以后，在离心力和浮力的同时作用下，在旋流段做旋流运动，气泡和已矿化的气絮团向旋流中心运动，并迅速进入浮选段。

旋流分离的底流采用倒锥型套锥进行机械分离，倒锥型套锥把经过旋流力场充分作用的底部矿浆机械地分流成两部分：中间密度物料进入内倒锥，成为循环中矿；高密度的物料则由内外倒锥之间排出，成为最终尾矿。

FCSMC 浮选柱集柱浮选与旋流分选于一体，构建了旋流粗选、管流矿化、旋流扫选的循环中矿分选链。采用旋流分选和管流矿化可提高分选效率，使柱高与传统浮选柱相比大幅度降低。其突出优点是：设备运行稳定、操作维护方便、处理能力大、工艺流程简单。

参 考 文 献

[1] 魏德洲. 固体物料分选学 [M]. 北京：冶金工业出版社，2015.

[2] 段希祥. 碎矿与磨矿 [M]. 北京：冶金工业出版社，2013.

[3] 袁致涛，王常任. 磁电选矿 [M]. 北京：冶金工业出版社，2011.

[4] 蒋朝澜. 磁选理论及工艺 [M]. 北京：冶金工业出版社，1994.
[5] 张强. 选矿概论 [M]. 北京：冶金工业出版社，2012.
[6] 汪理全. 矿业工程概论 [M]. 北京：中国矿业大学出版社，2004.
[7] 慕红梅. 浮游分选技术 [M]. 北京：北京理工大学出版社，2015.
[8] 段旭琴，胡永平. 选矿概论 [M]. 北京：化学工业出版社，2011.

5　硼铁矿选矿实践

针对我国硼矿资源面临的开采、供应等方面的严峻形势，作为我国硼化工业后备资源的硼铁矿石被正式纳入了开发议程。

硼铁矿石的矿物组成复杂，矿石中已经发现的成分有60多种。有用矿物嵌布粒度细，属粗细不均匀嵌布，连生关系复杂，特别是矿石中的主要有用矿物磁铁矿与硼镁石呈犬牙交错状紧密共生，因此给硼、铁的选矿分离带来了极大的困难。

针对硼铁矿的选矿分离，截止到目前进行过试验研究的流程主要有如下几种：(1) 磁选—分级联合流程；(2) 单一磁选流程；(3) 浮选—磁选联合流程；(4) 磁选—浮选联合流程；(5) 磁—重—浮联合流程等。这几种流程结构有所不同，但最终的产品种类相近。

5.1　硼铁矿的磁选—分级分离

5.1.1　于家岭硼铁矿石选矿

5.1.1.1　*矿石性质*

于家岭硼铁矿石赋存于蛇纹石或蛇纹石大理岩中。矿体空间分布受地层和褶皱构造控制，并遭受断裂构造破坏。根据矿石中矿物组成和含量不同，通过光薄片鉴定资料统计，认为于家岭硼铁矿类型主要为硼镁石-磁铁矿型。矿石中除含有不等量硼组分外，矿体内尚有单纯的铁、硼矿夹层存在。主要矿物为磁铁矿、纤维硼镁石；主要脉石矿物为蛇纹石，次为金云母、透闪石等。

A　*矿石的结构构造*

矿石的结构主要有变晶结构、假象结构和交代残余结构。其中：(1) 变晶结构（也称粒状变晶结构）为该矿石主要结构类型之一。磁铁矿呈他形和半自形粒状，粒度相差大，分布不均，多与蛇纹石无定向嵌布。晶体往往显示着后期变质作用的改造，重结晶现象明显。(2) 假象结构是由原生柱、板状硼镁铁矿、硼镁石经交代分解，形成微粒状磁铁矿和纤维硼镁石，磁铁矿和硼镁石的矿物集合体仍具硼镁铁矿晶体假象，板状硼镁石被纤维硼镁石交代并保存板硼镁石假象。(3) 交代残余结构是由硼镁铁矿被交代分解、析出细粒磁铁矿和纤维硼镁石，保留未被交代完毕的硼镁铁矿残晶。

矿石的构造主要有块状构造、条带状构造和皱纹状构造。其中：（1）块状构造由单矿物或矿物集合体紧密共生的致密状构造。如致密块状磁铁矿矿石或磁铁矿、硼镁石、蛇纹石共生形成致密块状的矿石。（2）条状带构造由磁铁矿、硼镁石、蛇纹石、金云母等矿物相互交替呈定向排列而形成的黑绿相间的条带。按其条带形态大小，可分为条带状和条纹状。（3）皱纹状构造由于构造应变作用，矿石矿物发生弯曲变形的一种构造类型。矿物多呈波浪状或"S"形弯曲，有的像指纹状。

B 矿石物质组成

矿石的化学多元素分析结果见表5-1。该矿石铁含量和硼含量较低，分别为27.90%和6.34%；铀的含量为0.0047%，有害元素硫含量偏高，为0.31%。

表5-1 矿石的化学成分 (%)

成分	TFe	FeO	B_2O_3	MgO	CaO	Al_2O_3	SiO_2	P	S	U
含量	27.90	11.06	6.34	25.38	18.24	1.22	18.24	0.04	0.31	0.0047

为确定矿石中矿物组成及含量，进行了镜下鉴定，结果见表5-2。由表5-2可以看出，矿石中磁铁矿含量为36.64%，硼镁石含量为14.86%，蛇纹石含量为40.42%，硼镁铁矿含量为2.10%，云母类（水云母、金云母）矿物含量为2.20%，碳酸盐类（主要为方解石）矿物含量为1.36%，其他矿物含量为2.42%。

表5-2 矿石的矿物组成及含量 (%)

矿物名称	磁铁矿	硼镁石	蛇纹石	硼镁铁矿	云母	碳酸盐	其他
含量	36.64	14.86	40.42	2.10	2.20	1.36	2.42

C 主要矿物产出特征

矿石中主要矿物的产出特征：

（1）磁铁矿主要以尘点状、半自形粒状、他形不规则粒状产出，集合体呈长柱状外形。前者粒度较细，粒径一般在0.005~0.6mm，后者粒径稍粗，一般为0.05~2mm。其存在形态有以下三种：1）分布在脉石矿物间隙中；2）分布在脉石矿物裂隙中；3）分布在蛇纹石中。集合体状的磁铁矿成片分布，呈长柱形磁铁矿集合体两组解理发育，充填有纤维状硼镁石，这种磁铁矿是由原硼镁铁矿分解而成。部分呈柱状外形磁铁矿集合体受后期压应力作用变成扁豆状，呈定向平行排列。

（2）硼镁石多为细小纤维状，个别为粒状或柱状，极少数为羽毛状和叶片状。大部分呈平行的条纹状集合体，少量呈团块状集合体分布。经应力作用，常见有各种褶曲、拉长、定向排列的压扁体等挤压现象。有的纤维状硼镁石集合体中还残留有少量的柱状硼镁石，可隐约见到聚片双晶，或具两组解理的断面。空间分布与磁铁矿关系密切，也有在蛇纹石中单独呈不规则团块的。主要生长在蛇纹石、磁铁矿颗粒间和柱形磁铁矿集合体的两组解理及边缘。另外，尚见有晚期细脉状硼镁石集合体穿切磁铁矿、蛇纹石、绿帘石等矿物。

（3）蛇纹石主要成纤维状、鳞片状，有时也见羽毛状集合体。主要是交代橄榄石、透闪石、金云母，一些透闪石虽已蛇纹石化，但还保留其外形和解理，有的沿透闪石裂纹交代，橄榄石则仅存零星的残留体。蛇纹石片径一般小于0.01mm，大者不超过0.05mm。集合体大部分呈柱状和粒状假象。

D 主要矿物嵌布粒度

矿石中矿物种类繁多，由此形成了不同类型的结构构造。但如果考虑到矿物在矿石中的含量，那么在矿物嵌镶关系上，可以归纳出如下共同特点：矿石中的三类主要矿物都属于细粒不均嵌布。它们的粒度分布如图5-1~图5-3所示。

蛇纹石是矿石中含量最高、工艺粒度最粗的一种矿物。如图5-1所示，其含量的绝大多数（92.23%）集中于0.1mm以上的各粒级区间。矿石中蛇纹石的粒度分布趋向于对数正态分布。0.2~0.5mm是它的粒度峰值区间，仅有15.08%的蛇纹石散布于0.2mm以下的粒级中。蛇纹石中的粗粒部分，特别是1.0mm左右的自形粒状晶体，多数与矿化关系不大，因而它们是磨矿产品中首先获得单体解离的那一部分。

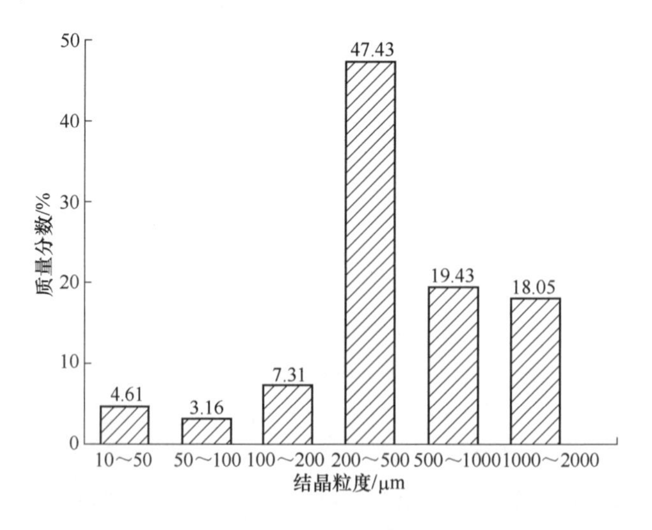

图5-1 矿石中蛇纹石粒度分布特征

蛇纹石单晶在显微镜下呈叶片状，集合体为隐晶质致密块状。在矿石中，除了与绿泥石等脉石矿物共生外，有用矿物中它与磁铁矿的嵌镶关系最为密切，常有浸染细度小于0.05mm的磁铁矿散布其中。硼镁石则仅有少量放射状或纤维状的集合体嵌布于蛇纹石的粒状基底里。此外，在个别情况下，还能见到由磁铁矿、硼镁石与它共同组成的斑点状构造。

纤维状硼镁石是矿石中三种主要矿物中含量最低、结晶粒度最为分散的一种矿物。如图5-2所示，在0.1~0.25mm之间虽也存在着一个粒度峰值区间，但区间内矿物含量值的优势远不如其他两种主要矿物明显和突出。以粒度峰值区间为中界，左右两边的矿物含量有着较好的对称性。矿石中磁铁矿是与其共生最紧密的矿物。绝大多数的硼镁石都是与磁铁矿犬牙交错地连生在一起，并组成了各种不同形式的结构与构造。

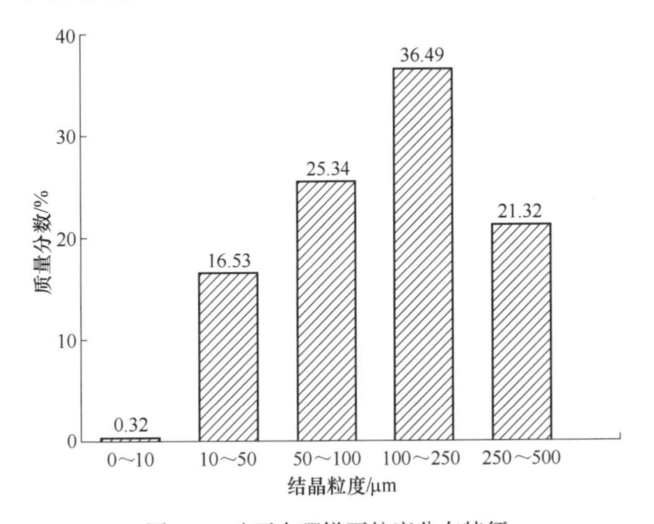

图5-2 矿石中硼镁石粒度分布特征

如图5-3所示，矿石中磁铁矿的粒度分布介于蛇纹石与硼镁石之间，而偏近蛇纹石。78.68%的磁铁矿集中于0.1mm以上的粗粒级中。从与矿石中其他矿物的共生关系来看，磁铁矿存在着两种不同的类型。一类是与纤维状硼镁石紧密共生的磁铁矿，这是矿石中磁铁矿的多数与主体，它的粒度主要分布于0.05~0.4mm之间；另还有含量不到1/4的磁铁矿与蛇纹石、硅镁石等共生。这部分磁铁矿的粒度分别集中于粒度分布两个单元区间，即小于0.05mm和大于0.4mm。

磁铁矿的粒度分布特征预示着在磨矿与选矿产品中，影响磁铁矿单体解离的主要矿物是硼镁石；抑制铁精矿品位提高的主导因素是浸染有磁铁矿细粒的蛇纹石。

总体来说，该硼铁矿石的铁集中分布于磁铁矿中，B_2O_3集中分布于硼镁石中，且两者的含量较低。SiO_2集中分布于蛇纹石中，且其含量高。在选矿过程中，如进行适当的破碎和干式磁选，可能抛出较多的铁、硼含量低的废石；干式

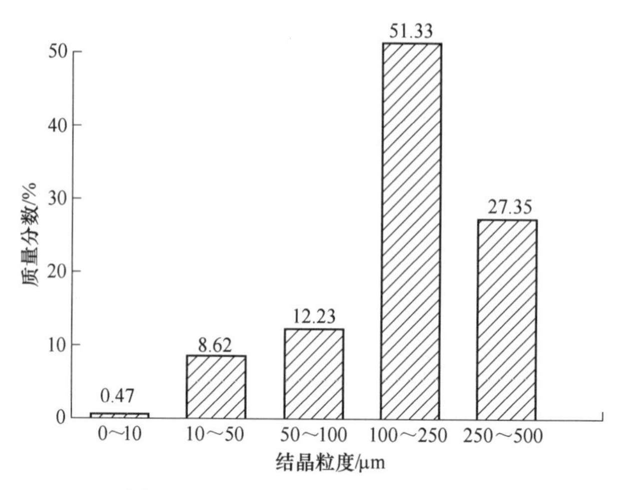

图 5-3　矿石中磁铁矿粒度分布特征

弱磁选精矿的铁、硼含量较之原矿将有所提高，对这部分粗精矿再进行适当的磨矿，用湿式弱磁选处理可得到符合高炉冶炼要求的铁精矿；在弱磁选尾矿中，主要是粗、细粒的蛇纹石和解离出来的微细硼镁石。由于原矿石中大部分的磁铁矿被分离出来，弱磁尾中的 B_2O_3 含量将提高很多，为了进一步提高它的含量，可利用蛇纹石和硼镁石间的粒度或磁性差异使它们彼此分开，以获得含量较高的硼镁石。至于哪一个方法好些，要通过试验来确定。

5.1.1.2　*矿石选矿流程试验*

工艺矿物学研究表明，蛇纹石是矿石的基底矿物。多数情况下蛇纹石是与磁铁矿、硼镁石连生集合体相嵌共生，但蛇纹石也有分别与磁铁矿、硼镁石相连共生的。此外，它们的物理性质也有明显差异。利用上述矿物嵌布特征和物理性质差异，在粗磨条件下通过湿式磁选有可能获得含硼铁精矿（粗精矿，主要为磁铁矿、蛇纹石、硼镁石三者的连生集合体）和尾矿（蛇纹石、硼镁石混合体），尾矿通过筛分（包括水力旋流器分级）和强磁选有可能使蛇纹石同硼镁石分开，蛇纹石作为尾矿抛弃掉。

A　粗粒抛尾可行性试验

矿石中含有较多的铁硼蕴矿层蛇纹石、蛇纹石化大理岩、金云透闪岩、角闪变粒岩及角闪透辉变粒岩等，它们是弱磁性和非磁性的，在适当的破碎粒度下经过干式弱磁选能够被抛掉大部分，使之不进入下段破碎和选矿作业，对减轻下段作业负荷和节能都是有利的。从生产实际出发进行了 50~0mm（2t）的干式磁选抛尾可行性试验。所用磁选装置的直径为 ϕ700mm，宽 300mm，极距 235mm（两极），磁系包角 60°，表面平均磁感强度 0.14T。

干式选别结果见表5-3。由表5-3可知，50~0mm的原矿石经过干式弱磁选后，干选精矿含B_2O_3 7.05%，Fe 30.31%，回收率分别为95.71%和95.72%，并可抛掉近14%的低硼（B_2O_3 1.98%）低铁（Fe 8.48%）的废弃尾矿。

表5-3 原矿干式磁选（预选）结果 （%）

原矿品位		产率		精矿品位		尾矿品位		回收率	
B_2O_3	TFe	精矿	尾矿	B_2O_3	TFe	B_2O_3	TFe	B_2O_3	TFe
6.35	27.3	86.21	13.79	7.05	30.31	1.98	8.48	95.71	95.72

B 磨矿细度优化试验

为考查磨矿细度对预选粗精矿湿式磁选效果的影响，对干选粗精矿进行不同磨矿细度的磁选分离（磁选管ϕ50mm）试验，结果见表5-4。由表5-4可知，当磨矿细度为35%（-0.074mm含量）时，磁性产品（含硼铁精矿）含Fe品位达42%，作业回收率达95%，含B_2O_3品位为6.59%；当磨矿细度为45%（-0.074mm含量）时，磁性产品含Fe品位达44.88%，作业回收率达94.24%，含B_2O_3品位为6.47%。考虑到磨矿细度粗些对非磁性产品中的蛇纹石（细粒）和硼镁石（微细粒）分离有利，确定磨矿细度为35%左右。

表5-4 预选精矿不同磨矿细度磁选分离结果（80mT） （%）

-0.074mm含量	产品名称	产率	品位		回收率	
			B_2O_3	TFe	B_2O_3	TFe
25	磁性产品	72.44	6.88	39.93	70.69	95.43
	非磁性产品	27.56	6.94	5.03	29.31	4.57
	给矿	100.00	7.05	30.31	100.00	100.00
35	磁性产品	68.49	6.59	42.04	64.02	95.00
	非磁性产品	31.51	7.62	4.81	35.98	5.00
	给矿	100.00	7.05	30.31	100.00	100.00
45	磁性产品	63.65	6.47	44.88	58.41	94.24
	非磁性产品	36.35	7.55	4.80	41.59	5.76
	给矿	100.00	7.05	30.31	100.00	100.00
65	磁性产品	59.00	5.80	48.23	48.54	93.89
	非磁性产品	41.00	8.36	4.52	51.46	6.11
	给矿	100.00	7.05	30.31	100.00	100.00
85	磁性产品	54.65	5.26	51.73	40.77	93.27
	非磁性产品	45.35	9.17	4.50	59.23	6.73
	给矿	100.00	7.05	30.31	100.00	100.00

在磨矿细度-0.074mm占35%及磁场强度为80mT的条件下，采用湿式弱磁选机（顺流型，ϕ450mm×300mm）对预选精矿进行分选，结果见表5-5。试验结果表明，含硼铁精矿（磁性产品）中Fe品位为41.57%、B_2O_3含量为6.63%，低硼精矿（非磁性产品）中B_2O_3含量为8.01%，指标良好。

表5-5　预选精矿磨矿—磁选扩大试验结果（80mT）　　(%)

产品名称	产率	品位		回收率	
		B_2O_3	TFe	B_2O_3	TFe
含硼铁精矿	69.38	6.63	41.57	65.25	94.1
低硼精矿	30.62	8.01	4.81	34.75	5.9
给矿	100	7.05	30.31	100	100

C　湿式弱磁选尾矿处理方案的探讨

为了进一步提高弱磁尾中的B_2O_3含量，采用了筛分（包括旋流器）和强磁选不同方案进行了试验探讨。

a　粗细筛分抛尾可行性试验

表5-6是对预选精矿湿式弱磁分选所得非磁性产品用不同筛孔尺寸筛分的结果。由表5-6可以看出，湿式弱磁分选所得非磁性产品（磁选尾矿）经过细筛（筛孔为0.1~0.75mm）筛分，随着筛孔变细，其筛下产品中B_2O_3含量逐渐增加。考虑到生产的可能，采用0.5mm筛孔的筛子，可使筛下产品B_2O_3含量提高0.29%，此时筛上产品含B_2O_3 2.36%，Fe 5.39%，筛下产品中B_2O_3回收率为97.36%。

表5-6　非磁性产品不同筛孔尺寸筛分结果　　(%)

筛孔尺寸/mm	产品名称	产率	品位		回收率	
			B_2O_3	TFe	B_2O_3	TFe
0.75	筛上产品	3.79	2.09	6.12	1.05	4.47
	筛下产品	96.21	7.95	5.10	98.95	95.53
	给矿	100.00	7.73	5.14	100.00	100.00
0.5	筛上产品	8.89	2.36	5.39	2.64	9.68
	筛下产品	91.11	8.02	4.66	97.36	90.32
	给矿	100.00	7.73	5.14	100.00	100.00
0.28	筛上产品	16.00	2.56	5.10	5.15	16.84
	筛下产品	84.00	8.63	4.81	94.85	83.16
	给矿	100.00	7.73	5.14	100.00	100.00

续表 5-6

筛孔尺寸/mm	产品名称	产率	品位		回收率	
			B_2O_3	TFe	B_2O_3	TFe
0.10	筛上产品	36.96	2.97	4.23	14.77	30.23
	筛下产品	63.04	10.25	5.81	85.23	69.77
	给矿	100.00	7.73	5.14	100.00	100.00

为此，采用 1000mm×165mm 细筛（筛孔为 0.5mm）对湿式弱磁尾矿进行筛分处理，结果见表 5-7。湿式弱磁选尾矿经 0.5mm 筛孔筛子筛分后，筛下产品中 B_2O_3含量提高至 8.64%，此时筛上产品中 B_2O_3 含量仅为 2.37%，B_2O_3的损失率为 2.98%。

表 5-7 非磁性产品细筛（筛孔 0.5 mm）筛分结果 （%）

筛孔尺寸/mm	产品名称	产率	品位		回收率	
			B_2O_3	Fe	B_2O_3	Fe
0.5	筛上产品	10.08	2.37	4.42	2.98	9.25
	筛下产品	89.92	8.64	4.85	97.02	90.75
	给矿	100	8.01	4.81	100	100

b 筛分所得硼精矿（筛下产品）精选试验

由表 5-7 可知，非磁性产品筛分所得硼精矿（筛下产品）中 B_2O_3含量不高，仅为 8.64%，不可作为硼精矿出售，需要进行再处理。本书采用两个处理方案：(1) 强磁选工艺。利用磁性差异分离蛇纹石和硼镁石，获得合格硼精矿；(2) 水力旋流器分级分选工艺。利用粒度差异分离蛇纹石和硼镁石（硼镁石性脆易碎，磨矿粒度更细），以提高硼精矿品位。

(1) 强磁选工艺。试验过程中，采用 XCQS-79 型湿式强磁选机，磁感强度为 1.2T，齿距为 5mm，极距为 2.5mm，给矿浓度为 7%。在上述工艺参数下，进行筛下产品（硼精矿）的强磁分选试验，结果见表 5-8。经强磁分选后，磁性产品为尾矿（蛇纹石为弱磁性矿物），非磁性产品为精矿（硼镁石为非磁性矿物），硼精矿中 B_2O_3品位可由 8.64%提高至 11.59%，B_2O_3的作业回收率为 68.08%，分选指标较差。

表 5-8 筛下产品强磁分选结果 （%）

给矿品位		产率		精矿品位		尾矿品位		回收率	
B_2O_3	TFe	精矿	尾矿	B_2O_3	TFe	B_2O_3	TFe	B_2O_3	TFe
8.64	4.85	50.75	49.25	11.59	3.21	5.6	5.97	68.08	33.59

（2）水力旋流器分级工艺。试验过程中采用 ϕ50mm 水力旋流器。水力旋流器的沉砂口大小无法改变，为 ϕ6mm。因此，需确定适宜的给矿压力、给矿口尺寸和溢流口尺寸。

为确定适宜的给矿压力，在给矿浓度为 2%、给矿口尺寸为 20mm×6mm 及溢流口尺寸为 ϕ12mm 的条件下，开展了不同给矿压力条件试验，结果见表 5-9。

表 5-9　不同给矿压力下硼精矿水力旋流器分选结果　（%）

给矿压力/MPa	产品名称	产率	品位		回收率	
			B_2O_3	TFe	B_2O_3	TFe
0.08	溢流	35.41	15.17	5.39	62.17	39.35
	沉砂	64.59	5.06	4.5	37.83	60.65
	给矿	100	8.64	4.85	100	100
0.1	溢流	35.85	15.17	5.24	62.94	38.73
	沉砂	64.15	4.99	4.61	37.06	61.27
	给矿	100	8.64	4.85	100	100
0.12	溢流	35.52	15.43	5.1	63.43	37.35
	沉砂	64.84	4.9	4.66	36.57	62.65
	给矿	100	8.64	4.85	100	100

由表 5-9 可知，在给矿压力为 0.12MPa 时，溢流中 B_2O_3 品位和回收率比给矿压力 0.08MPa 和 0.1MPa 时的高。因此，适宜的给矿压力定为 0.12MPa，此时获得的硼精矿（溢流）中 B_2O_3 品位为 15.43%、回收率为 63.43%。

为确定适宜的溢流口尺寸，在给矿浓度为 2%、给矿压力为 0.12MPa 及给矿口尺寸为 20mm×6mm 的条件下，开展了不同溢流口尺寸优化试验，结果见表 5-10。

表 5-10　不同溢流口尺寸下硼精矿水力旋流器分选结果　（%）

溢流口尺寸 ϕ/mm	产品名称	产率	品位		回收率	
			B_2O_3	TFe	B_2O_3	TFe
10	溢流	31.81	15.37	5.39	56.59	35.35
	沉砂	68.79	5.5	4.76	43.41	64.65
	给矿	100	8.64	4.85	100	100
12	溢流	35.52	15.43	5.1	63.43	37.35
	沉砂	64.48	4.9	4.66	36.57	62.65
	给矿	100	8.64	4.85	100	100

续表 5-10

溢流口尺寸 ϕ/mm	产品名称	产率	品位		回收率	
			B_2O_3	TFe	B_2O_3	TFe
15	溢流	38.59	15.10	5.54	67.44	44.08
	沉砂	61.41	4.58	4.52	32.56	55.92
	给矿	100	8.64	4.85	100	100
18	溢流	41.88	14.83	5.61	71.88	48.44
	沉砂	58.12	4.18	4.52	28.12	51.56
	给矿	100	8.64	4.85	100	100

从表 5-10 可以看出，在溢流口尺寸为 ϕ18mm 时，溢流中 B_2O_3 品位基本不变，而回收率比其他溢流口尺寸的高，为 71.88%。因此，适宜的溢流口尺寸确定为 ϕ18mm。

在确定了适宜的给矿压力为 0.12MPa、适宜的溢流口尺寸为 ϕ18mm 及给矿浓度为 2%的条件下，开展了不同给矿口尺寸优化试验，结果见表 5-11。

表 5-11 不同给矿口尺寸下硼精矿水力旋流器分选结果 (%)

给矿口尺寸 /mm×mm	产品名称	产率	品位		回收率	
			B_2O_3	TFe	B_2O_3	TFe
20×6	溢流	41.88	14.83	5.61	71.88	48.44
	沉砂	58.12	4.18	4.52	28.12	51.56
	给矿	100.00	8.64	4.85	100.00	100.00
20×10	溢流	45.31	14.76	5.28	77.40	49.33
	沉砂	54.69	3.57	4.49	22.60	50.67
	给矿	100.00	8.64	4.85	100.00	100.00

从表 5-11 可以看出，给矿口尺寸变化时，溢流的 B_2O_3 品位基本不变，而给矿口尺寸 20mm × 10mm 的硼回收率比给矿口尺寸 20mm × 6mm 高得多，为 77.40%。因此，适宜的给矿尺寸确定为 20mm×10mm。

综上所述，针对粗硼精矿（筛下产品）的精选提纯，分别开展了强磁分选工艺和旋流器分级工艺，两种方案精选对比结果见表 5-12。

表 5-12　两种方案精选粗硼精矿结果对比　　(%)

方案种类	产品名称	产率	品位		回收率	
			B_2O_3	TFe	B_2O_3	TFe
强磁分选	磁性产品	49.25	5.6	5.97	31.92	66.41
	非磁性产品	50.75	11.59	3.21	68.08	33.59
	给矿	100	8.64	4.85	100	100
水力旋流器分选	溢流	45.31	14.76	5.28	77.40	49.33
	沉砂	54.69	3.57	4.49	22.6	50.67
	给矿	100	8.64	4.85	100	100

从表 5-12 可以看出，旋流器分选方案精选粗硼精矿的效果明显好于强磁选方案，具体指标为：含 B_2O_3 8.64%、Fe 4.85%的给矿，经过水力旋流器处理后可获得含 B_2O_3 14.76%的硼精矿（含 Fe 5.28%），尾矿（沉砂）含 B_2O_3较低，为 3.57%。硼精矿中 B_2O_3的回收率为 77.40%。因此，决定采用旋流器分级处理粗硼精矿。

D　湿式弱磁选精矿选矿试验

二段湿式弱磁选粗精矿的铁品位为 41.57%（表 5-5），达不到高炉冶炼要求。为得到合格的铁精矿，对二段磁选所得精矿需要进行细磨再选试验。

为考查二段磁选精矿的磨矿细度对再选分离的影响，开展了磨矿细度条件优化试验，结果见表 5-13。由表 5-13 可以看出，当磨矿细度为 70% ~ 75%（-0.074mm含量）时，磁性产品（含硼铁精矿）含 Fe 品位接近 50%，B_2O_3品位为 5.60%~5.70%，作业回收率达 97%以上。

表 5-13　二段磁选精矿不同磨矿细度的选别指标　　(%)

粒度（-0.074mm 含量）	产品名称	产率	品位		回收率	
			B_2O_3	TFe	B_2O_3	TFe
60	磁性产品	83.86	5.95	48.5	75.26	97.85
	非磁性产品	16.14	10.25	5.55	24.74	2.15
	给矿	100.00	6.63	41.57	100.00	100.00
70	磁性产品	82.10	5.73	49.50	70.96	97.76
	非磁性产品	17.9	10.35	5.20	29.04	2.24
	给矿	100.00	6.63	41.57	100.00	100.00
80	磁性产品	79.87	5.55	50.82	66.86	97.63
	非磁性产品	20.13	10.55	4.90	33.14	2.37
	给矿	100.00	6.63	41.57	100.00	100.00

续表 5-13

粒度（-0.074mm 含量）	产品名称	产率	品位		回收率	
			B_2O_3	TFe	B_2O_3	TFe
90	磁性产品	78.20	5.49	51.85	64.25	97.53
	非磁性产品	21.80	11.15	4.70	35.75	2.47
	给矿	100.00	6.63	41.57	100.00	100.00

为此，采用湿式磁选机（ϕ450mm×300mm，半逆流型）对二段磁选精矿进行再磨再选扩大连续试验，分选结果见表 5-14。由表 5-14 可知，磨矿细度 75%（-0.074mm 含量，下同）时的分选指标明显优于磨矿细度 70%（-0.74mm）的。磨矿细度 75%时获得的硼精矿 B_2O_3 品位和作业回收率分别为 10.58%和 30.35%，较磨矿细度 70%时分别提高了 0.83 个和 5.65 个百分点。

表 5-14 二段磁选精矿扩大连选指标 （%）

粒度（-0.074mm 含量）	产品名称	产率	品位		回收率	
			B_2O_3	TFe	B_2O_3	TFe
70	磁性产品	83.21	6.00	49.10	75.30	98.29
	非磁性产品	16.79	9.75	4.23	24.70	1.71
	给矿	100.00	6.63	41.57	100.00	100.00
75	磁性产品	81.00	5.70	50.12	69.65	97.67
	非磁性产品	19.00	10.58	5.10	30.35	2.33
	给矿	100.00	6.63	41.57	100.00	100.00

E 含硼铁精矿脱磁—细筛提高铁品位探索试验

磨矿细度为 70%和 75%（-0.074mm 含量）时选出的含硼精矿含 Fe 和 B_2O_3 的品位分别为 49.10%、6.00%和 50.12%、5.70%。能否通过脱磁和适宜筛孔尺寸的细筛对它们进行湿筛，从而得到 Fe 品位较高、B_2O_3品位适宜的筛下产品是值得探讨的。表 5-15、表 5-16 分别为-0.074mm 占 70%和 75%两种磨矿细度所得含硼铁精矿（三段磁选精矿）的脱磁、筛析结果。

表 5-15 含硼铁精矿（细度 70%）筛析结果 （%）

粒级/mm	产率		B_2O_3品位		Fe 品位	
	个别	负累计	个别	负累计	个别	负累计
>0.28	3.30	100.00	9.97	6.00	39.85	49.10
0.28~0.1	18.15	96.70	6.93	5.86	43.22	49.41

续表 5-15

粒级/mm	产率		B_2O_3品位		Fe 品位	
	个别	负累计	个别	负累计	个别	负累计
0.1～0.074	16.63	78.55	6.27	5.61	46.63	50.85
0.074～0.04	24.09	61.92	6.06	5.44	48.89	52.00
<0.04	37.83	37.83	5.05	5.05	53.99	53.99

表 5-16　含硼铁精矿（细度 75%）**筛析结果**　（%）

粒级/mm	产率		B_2O_3品位		Fe 品位	
	个别	负累计	个别	负累计	个别	负累计
>0.28	2.55	100.00	8.90	5.70	38.91	50.12
0.28～0.1	11.91	97.45	7.01	5.57	43.79	50.22
0.1～0.074	15.66	85.54	6.4	5.37	46.63	51.33
0.074～0.04	28.26	69.88	5.73	5.17	48.93	52.38
<0.04	41.62	41.62	4.79	4.79	54.71	54.71

从表 5-15 和表 5-16 可以看出，+0.1mm 和-0.1mm 两个粒级产品的含 Fe 量和 B_2O_3品位无明显差异。如果采用筛孔尺寸 0.15mm 的倾斜细筛（生产上常用）对三段磁选精矿进行湿筛，不会有什么好的效果。

综上所述，决定采用一段干式弱磁预选—两段湿式弱磁选—细筛—水力旋流器分级的选别流程处理于家岭硼铁矿石。选别工艺流程及其选别指标见数质量流程图 5-4 和表 5-17。

表 5-17　干式预选—两段湿式弱磁选—细筛—旋流器分级选别指标　（%）

粒度（-0.074mm 含量）	产品名称	产率	品位		回收率	
			B_2O_3	TFe	B_2O_3	TFe
70	含硼铁精矿	49.77	6.00	49.10	47.03	89.51
	硼精矿	20.79	12.34	4.77	40.41	3.64
75	含硼铁精矿	48.45	5.70	50.12	43.49	88.95
	硼精矿	22.11	12.61	5.19	43.95	4.20

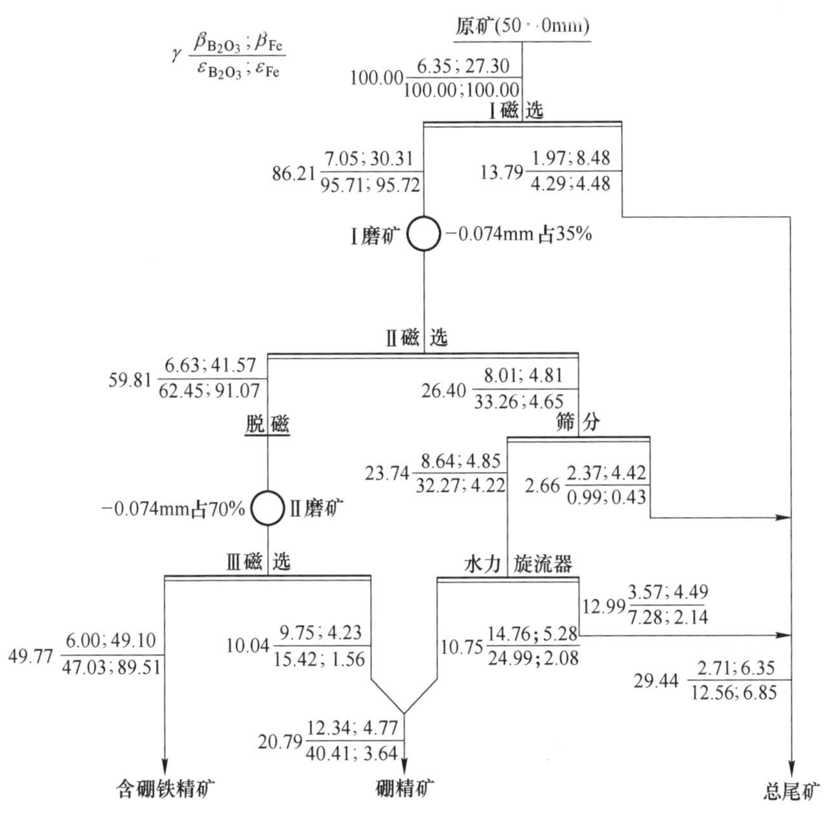

图 5-4 于家岭硼铁矿石磁选—分级数质量流程

磨矿细度为-0.074mm 占 70%时，硼铁矿石经干式预选—两段湿式弱磁选—细筛—旋流器分级工艺所得各产品的主要化学成分见表 5-18。同时，从表 5-15 可以看出，含硼铁精矿（三段磁选精矿）的粒度较细。其中，-0.1mm 粒级含量为 78.55%，-0.074mm 粒级含量为 61.92%。

表 5-18 各产品主要化学成分分析 (%)

产品名称	含量							
	TFe	B_2O_3	SiO_2	MgO	S	P	CaO	U
原矿	27.9	6.34	18.24	25.38	0.31	0.04	1.39	0.0047
Ⅰ磁尾	8.48	1.97	31.07	33.06				0.00345
Ⅱ磁尾筛上产品	4.42	2.37	34.47	35.81				0.0038
旋流器沉砂	4.49	3.57	34.03	36.69				0.0048
硼精矿	4.77	12.34	24.95	34.12				0.0065
含硼铁精矿	49.10	6.00	6.17	13.92	0.172	0.023	0.97	0.0034

采用光电扫描式粒度计测定硼精矿的粒度分布情况，结果见表 5-19。从表 5-19可以看出，硼精矿的粒度微细，-40μm 粒级含量为 94. 2%，-20μm 粒级含量为 45. 9%，-10μm 粒级含量为 17. 80%。

表 5-19　硼精矿的粒度分析　　(%)

粒级/μm	产率	正累计产率
>55	0. 00	0. 00
55~40	5. 80	5. 80
40~30	22. 7	28. 50
30~20	25. 60	54. 10
20~10	28. 10	82. 20
10~8	5. 00	87. 20
8~6	4. 60	91. 80
6~5	2. 30	94. 10
5~4	2. 10	96. 20
4~3	1. 70	97. 90
<3	2. 10	100. 00

为查明含硼铁精矿和硼精矿质量不高的原因，针对主要选别产品进行了矿物学分析，结果表明：

(1) 含硼铁精矿含 Fe 品位不高，只有 49. 10%，这与精矿中含有较多的磁铁矿-蛇纹石连生体有密切关系。分选试验产品工艺矿物学研究表明，除了大量的磁铁矿（90. 81%）被回收到精矿中外，以蛇纹石为主的脉石矿物也混入精矿中，它的质量占精矿的 15%。在混入的这部分脉石里，+0. 04mm 以上的粗粒部分（占精矿的 40. 4%）与磁铁矿组成了不同形式的连生体，-0. 04mm 的细粒部分（占精矿的 10. 73%），连生体量很少，多数是单体解离的蛇纹石（多数在 10μm 以下），这部分蛇纹石是由于磁性夹杂进入精矿中去的。磁铁矿-蛇纹石连生体的大量进入是降低铁精矿品位的主要原因。

(2) 硼精矿含 B_2O_3 品位为 12. 34%。不高的主要原因是硼精矿进入了 55. 06%的以蛇纹石为主的脉石矿物，且它们多数是以微细的单体颗粒存在。

(3) 水力旋流器沉砂（作为尾矿丢失）含 B_2O_3偏高，达 3. 57%。经分选试验产品工艺矿物学研究证明，在该产品中进入了 10. 82%的硼镁石。其中 50. 42%是单体硼镁石颗粒（>0. 04mm 占 60. 15%），而在 49. 58%的连生体中又以硼镁石的富连生体为主。沉砂中进入 10. 82%的单体硼镁石和硼镁石连生体是沉砂中

B_2O_3品位偏高的重要原因。

5.1.1.3 硼精矿沉降和压滤试验

从于家岭硼铁矿石选矿产品含硼铁精矿的粒度分析可以看出，铁精矿粒度较细（-0.074mm 粒级含量为 61.92%），而硼精矿的粒度微细（-40μm 粒级含量为 94.2%，-20μm 粒级含量为 45.9%）。对于细粒铁精矿的脱水生产上已有成熟的方法，而对于硼精矿的脱水过滤需进行探讨。本节重点进行了硼精矿的沉降和压滤试验。

A 沉降试验

将硼精矿矿浆（浓度为 1.5%）置入 1000mL 大量筒中，开展自然沉降试验，结果见表 5-20。

表 5-20 硼精矿自然沉降试验结果

时间/min	1	2	3	4	5	6	7	7.5
澄清层高度/mm	15	50	110	165	220	260	295	296
时间/min	10	15	20	25	30	35	40	
澄清层高度/mm	297	298	300	301	301	301.5	301.5	

根据表 5-20 数据，绘制沉降曲线图 5-5。由硼精矿自由沉降试验结果可知，自然沉降达到临界点时间为 7min，澄清层高度为 295mm，平均沉降速度为 42.14mm/min，浓缩层浓度为 27.5%，最终浓度较低，过滤时较难形成厚滤饼，属于难滤物料。清水层浊度为 732×10^{-6}，不符合排放标准。当沉降 15min 时，浊度为 264×10^{-6}，符合排放标准（排放标准为 $(200\sim350)\times10^{-6}$）。从硼精矿粒度分析知道-40μm 占 94.2%，沉降速度较快（主要因浓度小），但微细的硼镁石颗粒仍呈悬浮状态，除非沉降时间长，才可改变这种状态。

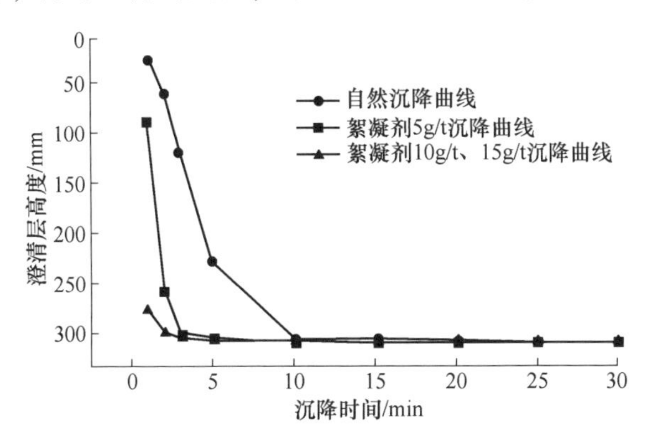

图 5-5 硼精矿沉降曲线

为此，为实现微细硼精矿的快速沉降，开展了硼精矿絮凝沉降试验。根据以往硼铁矿石矿样的试验经验，选择絮凝效果良好的阴离子型聚丙酰胺（分子量为800万）作为絮凝剂。沉降时药剂用量分别为5g/t、10g/t和15g/t，试验结果见表5-21和表5-22。根据表5-21数据绘制沉降曲线，如图5-5所示。

表5-21　硼精矿絮凝沉降试验结果

加药量 /g·t^{-1}	不同沉降时间的澄清层高度/mm								
	1min	2min	3min	5min	10min	15min	20min	25min	30min
5	80	250	294	297	299	301	301.5	301.5	301.5
10	210	290	295	298	298.5	300	301	301.5	301.5
15	270	292	295	299	299	301	301	301.5	301.5

表5-22　絮凝剂对硼精矿沉降速度的影响

加药量/g·t^{-1}	达到临界点时间/min	澄清层高度/mm	沉降速度 /mm·min^{-1}
0	7	295	42.14
5	2.5	290	116
10	2	290	145
15	2	290	145

由表5-21和表5-22可知，加入阴离子聚丙烯酰胺絮凝剂可提高沉降速度、缩短浓缩时间，但浓缩层浓度仍低（为27%左右），难于过滤。絮凝剂用量为5g/t、10g/t和15g/t时达到临界点时间相差很小，并且10g/t和15g/t的沉降曲线相重合，因而浓缩时采用最小用量5g/t为宜。

B　压滤试验

采用自制的实验室机械压滤机（ϕ10cm）进行压滤试验。参照生产实际选定压力为0.59MPa。给矿浓度为27%（根据沉降试验），给矿量200g，试验结果见表5-23。

表5-23　絮凝剂对硼精矿沉降速度的影响

压滤时间/min	滤饼厚度/mm	滤饼水分/%
10	19	26
30	19	25

由表5-23可以看出，采用机械压滤，压滤时间为10~30min，滤饼水分在25%~26%，滤饼水分含量较高。硼精矿由于微细粒级含量高（-40μm占94.2%，-20μm占45.9%），比重小（约2.6），致使沉降浓缩层浓度偏低（27%），造成压滤作业困难，属于难脱水物料。加入絮凝剂可提高沉降速度，但浓缩层浓度仍偏低（约27%）。

上述数据可供硼精矿澄清池设计（或选择倾斜浓密斗）和选择压滤机时参考。

5.1.2 业家沟硼铁矿石选矿

5.1.2.1 矿石性质

业家沟矿段矿石储量为6700万吨，以硼镁石-磁铁矿型矿石为主（占整个矿段的90%以上）。矿样由风城市四门子乡政府会同有关地质工作人员采取，共计9t。矿石的化学成分分析见表5-24，化验结果表明，矿石含TFe品位为27.86%，B_2O_3品位为6.36%，U为0.009%，有害元素硫含量较高，为1.45%。

表5-24 矿石的化学多元素分析结果 （%）

成分	TFe	B_2O_3	MgO	CaO	SiO_2	Al_2O_3	S	P	U	烧损
含量	27.86	6.36	24.87	0.95	17.94	1.2	1.45	0.056	0.009	7.2

业家沟矿段的矿石中磁铁矿和硼镁石的总含量比较高，而蛇纹石和斜硅镁石矿物的总含量也比较高。该矿段矿石特点是硼镁铁矿很少（此矿样为微量），含硫矿物较多。矿石的具体矿物组成见表5-25。

表5-25 矿石的化学多元素分析结果 （%）

矿物名称	磁铁矿	硼镁石	蛇纹石	硼镁铁矿	斜硅镁石
含量	45.20	16.80	20.20	微量	9.80
矿物名称	磁黄铁矿等	绿泥石	金云母	其他（石英、橄榄石）	晶质矿
含量	4.20	1.80	0.50	少量	微量

5.1.2.2 矿石选矿流程验证试验

从矿物组成和化学分析上看，可以采用于家岭硼铁矿石用的一段干式弱磁选—两段湿式磁选—筛分—水力旋流器分级的选矿流程。试验流程和选别指标如图5-6和表5-26所示。可以看出，业家沟硼铁矿石破碎至25mm后，经弱磁干式磁选后可抛掉产率14.80%，含B_2O_3 1.41%、TFe 7.32%的废石，减少矿石的入磨量。一段干式磁选（预选）精矿在磨矿细度-0.074mm占40%的条件下，经二段湿式弱磁分选，可获得产率58.91%，含B_2O_3 6.75%、TFe 42.67%的硼、铁粗精矿，磁选尾矿经湿式筛分（筛孔尺寸为0.15mm）后可获得产率24.78%、B_2O_3 8.4%的筛下产品（硼粗精矿），筛下产品再经旋流器分级后获得产率10.85%、B_2O_3 14.86%的溢流产品；一段磁选硼、铁粗精矿经脱磁、再磨（磨矿细度-0.074mm占70%）及湿式弱磁分选后，可获得产率49.45%、B_2O_3 5.82%、TFe 50.42%的含硼铁精矿，非磁性产品含B_2O_3 11.61%，可与水力旋流器分级溢流产品一起作为硼精矿。

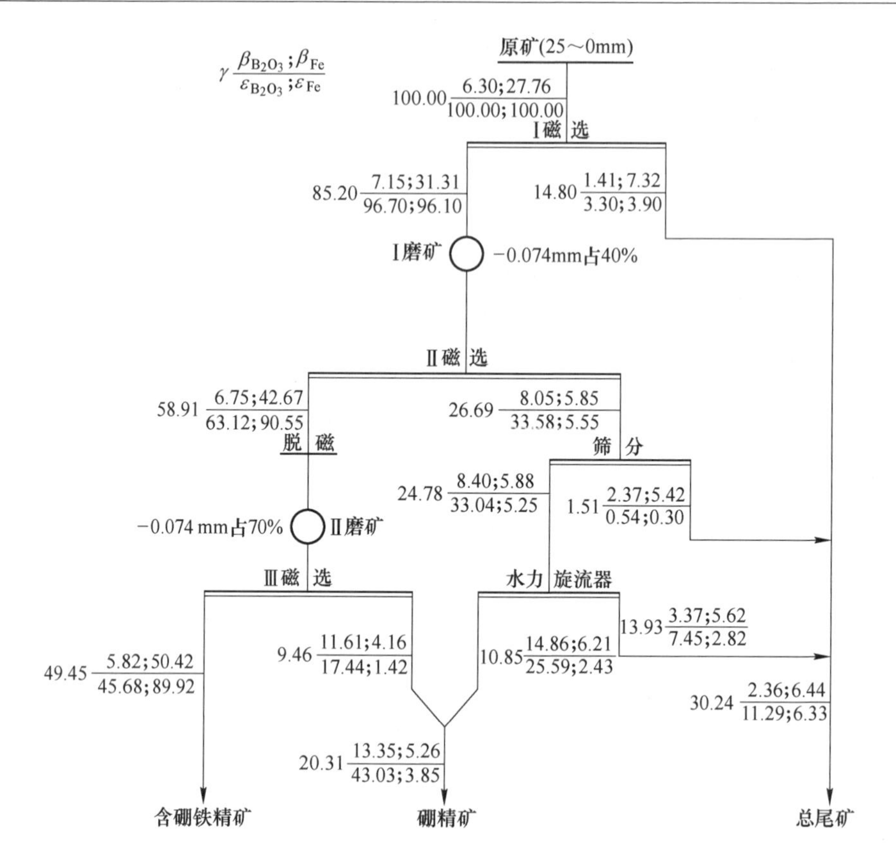

图 5-6　业家沟硼铁矿石磁选—分级数质量流程

表 5-26　矿石磁选—分级选别指标　　(%)

产品名称	产率	品位		回收率	
		B_2O_3	Fe	B_2O_3	Fe
含硼铁精矿	49.45	5.82	50.42	45.68	89.82
硼精矿	20.31	13.35	5.26	43.03	3.85

总体来说，硼铁矿石经磁选—分级选矿工艺流程处理后，可获得含 B_2O_3 13.35%、回收率 43.03% 的硼精矿及含 Fe 50.42%、回收率 89.82% 的铁精矿（含 B_2O_3 5.82%）。选矿产品的主要化学成分见表 5-27。

表 5-27　铁精矿及硼精矿的主要化学成分　　(%)

产品名称	含　量						
	TFe	B_2O_3	SiO_2	MgO	S	P	U
含硼铁精矿	50.42	5.82	5.6	13.92	1.02	0.055	0.007
硼精矿	5.26	13.35	15.68	41.84			0.001

该硼铁矿石采用的选矿工艺流程的主要特点是：（1）流程结构简单，可采用常规通用的选矿设备，易于掌握和操作；（2）流程对矿石性质适应性强，选矿指标良好且稳定。同时，选出两种独立的选矿产品，不用复杂选矿工艺，成本低。

值得一提的是硼精矿的 B_2O_3 品位和回收率问题。硼精矿 B_2O_3 品位是 13.35%，经造块焙烧后 B_2O_3 品位可以提高 1 个百分点以上。回收率是 43.03%，进一步提高硼回收率可以采取以下的技术措施：（1）提高磨矿细度（-0.074mm 粒级含量），第一段磨矿细度提高至-0.074mm 占 45%~50%，第二段磨矿细度提高至-0.074mm 占 80%以上；（2）在含硼铁精矿产品之后增加一道磁选设备，如磁力脱水槽或电磁精选机。采取以上措施后，可以降低含硼铁精矿和水力旋流器沉砂（尾矿）的产率和 B_2O_3 品位，亦即硼的带出量。

5.1.3 中低品位翁泉沟硼铁矿石选矿

5.1.3.1 矿石性质

矿样由凤城市刘家河镇政府提供，在 105 线采矿的矿石堆采取。矿石中有用矿物主要有磁铁矿、硼镁石和遂安石，少量的硼镁铁矿（9%左右）。脉石矿物主要有蛇纹石、金云母、斜硅镁石、白云石、少量黄铁矿和绿泥石等。矿石的化学元素分析见表 5-28。

表 5-28 矿石的主要化学成分 （%）

成分	TFe	B_2O_3	FeO	MgO	CaO	SiO_2	Al_2O_3	K_2O	Na_2O	S	P
含量	34.56	8.45	18.19	21.92	0.74	13.33	1.18	0.07	0.046	0.89	0.13

5.1.3.2 矿石选矿流程试验

A 磨矿细度优化试验

表 5-29 是对原矿石进行不同磨矿细度时的磁选分离试验（ϕ50mm 磁选管）结果。

表 5-29 不同磨矿细度的磁选分离指标 （%）

粒度（-0.074mm 含量）	产品名称	产率	品位		回收率	
			Fe	B_2O_3	Fe	B_2O_3
50	磁性产品	65.49	46.07	7.96	87.3	61.69
	非磁性产品	34.51	12.28	9.14	12.7	38.31
	给矿	100.00	34.56	8.45	100.00	100.00

续表 5-29

粒度（-0.074mm 含量）	产品名称	产率	品位		回收率	
			Fe	B_2O_3	Fe	B_2O_3
60	磁性产品	63.95	47.59	7.50	88.05	56.76
	非磁性产品	36.05	11.45	10.14	11.95	43.24
	给矿	100.00	34.56	8.45	100.00	100.00
70	磁性产品	58.23	51.04	7.06	85.99	48.65
	非磁性产品	41.77	11.59	10.38	14.01	51.35
	给矿	100.00	34.56	8.45	100.00	100.00
80	磁性产品	57.27	52.01	6.90	86.19	46.76
	非磁性产品	42.73	11.17	10.53	13.81	53.24
	给矿	100.00	34.56	8.45	100.00	100.00
85	磁性产品	56.45	52.70	6.47	86.09	43.22
	非磁性产品	43.55	11.04	11.02	13.91	56.78
	给矿	100.00	34.56	8.45	100.00	100.00
90	磁性产品	55.63	53.32	6.27	85.83	41.28
	非磁性产品	44.37	11.04	11.18	14.17	58.72
	给矿	100.00	34.56	8.45	100.00	100.00
99	磁性产品	50.93	56.83	5.80	83.74	34.96
	非磁性产品	49.07	11.45	11.20	16.26	65.04
	给矿	100.00	34.56	8.45	100.00	100.00

由表 5-29 可以看出，当磨矿细度-0.074mm 粒级含量为 50%~60%时，磁性产品（含硼铁粗精矿）含 Fe 品位为 46.07%~47.59%，回收率为 87.30%~88.05%，含 B_2O_3 品位为 7.96%~7.50%；当磨矿细度-0.074mm 粒级含量为 80%~85%时，磁性产品含 Fe 品位为 52.01%~52.70%，回收率为 86.19%~86.09%，含 B_2O_3 品位为 6.90%~6.47%；磨矿细度-0.074mm 粒级含量≥90%时，磁性产品含 Fe 品位也不过是 53.32%~56.83%，含 B_2O_3 品位也不低于 6.27%~5.80%，这种分选试验结果应该是由矿石组成和性质决定的。

从生产实践出发，第一段磨矿细度确定为-0.074mm 粒级含量为 50%，用湿式弱磁选机（半逆流型，ϕ450mm×300mm ）的选分结果见表 5-30。

表 5-30　不同磨矿细度的磁选分离指标　　(%)

细度（-0.074mm 粒级含量）	产品名称	产率	品位		回收率	
			TFe	B_2O_3	TFe	B_2O_3
50	含硼铁精矿	63.58	46.69	7.52	85.9	56.32
	低硼精矿	36.42	13.38	10.19	14.10	43.68
	原矿	100.00	34.56	8.49	100.00	100.00

B 一段磁选尾矿粗细分级试验

为了进一步提高一段弱磁选尾矿（低硼精矿）中的硼品位，根据之前的试验经验，确定用细筛（0.15mm 筛孔）和水力旋流器（ϕ50mm）进行处理，筛上产物和水力旋流器沉砂为蛇纹石等，作为最终尾矿，而水力旋流器溢流为高品位的硼精矿。表 5-31 为第一段弱磁选尾矿细筛结果，表 5-32 为细筛筛下产品的水力旋流器分级结果。可知，磁选尾矿经细筛—旋流器分级处理后，可获得 B_2O_3 含量 15.31%的高品位硼精矿。

表 5-31 一段磁选尾矿细筛分级分离指标 （%）

筛孔尺寸/mm	产品名称	产率	品位		回收率	
			Fe	B_2O_3	Fe	B_2O_3
0.15	筛上产品	3.16	19.31	8.35	4.53	2.59
	筛下产品	96.84	13.19	10.25	95.47	97.41
	给矿	100.00	13.38	10.19	100.00	100.00

表 5-32 一段磁选尾矿细筛—水力旋流器分级分离指标 （%）

产品名称	产率	品位		回收率	
		Fe	B_2O_3	Fe	B_2O_3
溢流（硼精矿 Ⅰ）	41.84	9.66	15.31	30.63	62.54
沉砂	58.16	15.73	6.61	69.37	37.46
给矿	100.00	13.19	10.25	100.00	100.00

C 一段磁选精矿再磨再选试验

从生产实践出发，第二段磨矿细度（一段磁选精矿）确定为-0.074mm 粒级占 80%，采用湿式弱磁选机（半逆流型，ϕ450mm×300mm）的选分结果见表 5-33。由表 5-33 可知，一段磁选精矿经再磨再选后，获得的硼精矿（磁选尾矿）中含 B_2O_3 13.60%，符合后续硼化工行业质量要求。

表 5-33 一段磁选精矿再磨再选指标 （%）

-0.074mm 粒级含量	产品名称	产率	品位		回收率	
			Fe	B_2O_3	Fe	B_2O_3
80	含硼铁精矿	86.15	52.42	6.54	96.70	74.90
	硼精矿	13.85	11.04	13.60	3.30	25.10
	给矿	100.00	46.69	7.52	100.00	100.00

为降低磁选过程中磁团聚效应对硼镁石的夹杂，采用磁力脱水槽（ϕ300mm）对二段弱磁选铁精矿进行精选，其结果见表 5-34。

表 5-34 二段弱磁选铁精矿磁力脱水槽精选指标 （%）

产品名称	产率	品位		回收率	
		TFe	B_2O_3	TFe	B_2O_3
最终铁精矿	99.01	52.83	6.46	99.77	97.78
硼精矿	0.99	11.38	14.43	0.23	2.22
给矿	100.00	52.42	6.54	100.00	100.00

采用阶段磨矿阶段选别—筛分—旋流器分级选别流程处理翁泉沟中低品位硼铁矿石，其选矿数质量流程图如图 5-7 所示，选矿最终指标见表 5-35。选矿最终产品的主要化学成分分析见表 5-36。

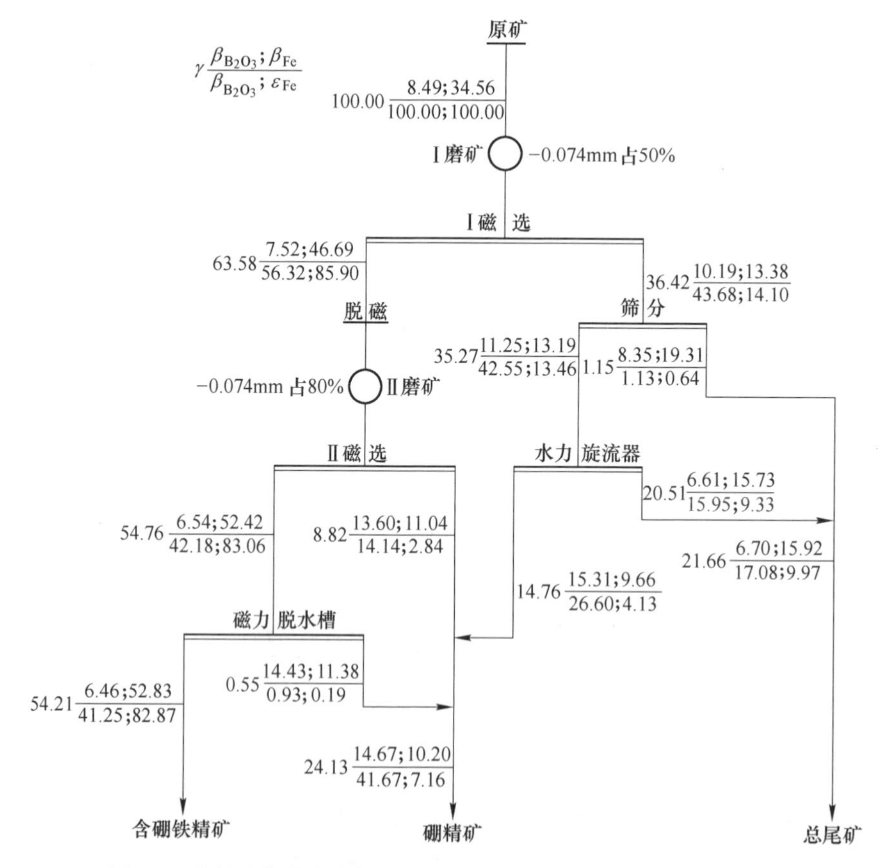

图 5-7 中低品位翁泉沟硼铁矿石磁选—粗细分级选别数质量流程

表 5-35 中低品位翁泉沟硼铁矿石最终选矿指标 (%)

产品名称	产率	品位		回收率	
		TFe	B_2O_3	TFe	B_2O_3
含硼铁精矿	54.21	52.83	6.46	82.87	41.25
硼精矿	24.13	10.20	14.67	7.16	41.67

表 5-36 含硼铁精矿及硼精矿化学多元素分析 (%)

产品名称	成分及含量						
	TFe	B_2O_3	SiO_2	MgO	S	P	CaO
含硼铁精矿	52.83	6.46	4.68	11.92	1.22	0.032	0.53
硼精矿	10.20	14.67	20.20	36.40	—	—	—

由上述试验结果可知，中低品位翁泉沟硼铁矿石（B_2O_3 8.49%）经阶段磨矿—阶段磁选—筛分—旋流器粗细分级选别后，可获得产率 54.21%、TFe 52.83%、B_2O_3 6.46%、铁回收率 82.87%的含硼铁精矿，及产率 24.13%、B_2O_3 14.67%、硼回收率 41.67%的富硼精矿。选出的含硼铁精矿可以作为炼铁厂生产含硼生铁和富硼渣原料，硼精矿品位也达到了硼化工要求。

5.2 硼铁矿的磁选分离

5.2.1 高品位东台子硼铁矿石选矿

东台子矿段矿石储量达 7615 万吨，其中 2542.3 万吨矿石含 B_2O_3 10.16%，2859.8 万吨矿石含 B_2O_3 6.66%，2212.8 万吨矿石含 B_2O_3 3.14%，没有单独划分东台子矿段的铁矿石储量，铁的地质平均品位为 30.10%。

5.2.1.1 矿石性质

A 矿石物质组成

东台子矿段的矿石以硼镁石-磁铁矿型为主。矿石的化学多元素分析结果见表 5-37。由表 5-37 可以看出，该矿石 Fe 品位为 29.34%，B_2O_3含量为 10.24%；铀的含量为 0.002%，有害元素硫含量偏高，为 0.65%。

表 5-37 矿石的化学多元素组成 (%)

元素	TFe	FeO	Fe_2O_3	MgO	CaO	B_2O_3	K_2O
含量	29.34	14.06	26.30	25.24	0.24	10.24	0.071

续表 5-37

元素	SiO_2	TiO_2	P_2O_5	U	S	LOS	
含量	13.66	0.062	0.052	0.002	0.65	6.12	

矿石中矿物组成较为复杂，矿石矿物组成见表 5-38。

表 5-38　矿石的矿物组成　　(%)

矿物名称	磁铁矿	硼镁铁矿	硼镁石	云母类	蛇纹石	褐铁矿
含量	27.88	19.64	17.27	1.00	26.34	0.50
矿物名称	硅镁石	绿泥石	碳酸盐	（磁）黄铁矿	晶质铀矿	其他
含量	2.15	1.90	0.54	1.63	0.002	1.15

从表 5-38 可以看出，矿石中主体组成矿物种类不多，主要为磁铁矿、硼镁铁矿、硼镁石和蛇纹石，上述四种矿物量占矿物总量的 91.13%，其中前三种有用矿物量之和达 64.79%。

矿石组成矿物的上述含量特征表明，在有用元素的赋存状态上，表现为各自配分量和配分比的相对集中。铁、硼、镁元素在硼铁矿中的配分见表 5-39。由表 5-39 可以看出，元素的配分集中系数较高，铁量的 89.60%集中于磁铁矿和硼镁铁矿中；矿石中 92.00%的 B_2O_3集中于硼镁石和硼镁铁矿中，其中有近 2/3 集中于硼镁石中，不足 1/3 集中于硼镁铁矿中。

表 5-39　硼、铁、镁元素在矿石中的配分情况　　(%)

矿物类别		磁铁矿	硼镁铁矿	硼镁石	硅镁石	蛇纹石等	其他	合计
矿物含量		27.88	19.64	17.27	2.15	29.74	3.32	100.00
B_2O_3	配分量	0.62	2.83	6.59	—	0.20	—	10.24
	配分比	6.05	27.64	64.36	—	1.95	—	100.00
Fe	配分量	18.06	8.23	—	0.31	1.72	1.02	29.34
	配分比	61.55	28.05	—	1.06	5.86	3.48	100.00
MgO	配分量	—	4.14	7.68	1.26	11.33	0.83	25.24
	配分比	—	16.39	30.43	5.00	44.89	3.29	100.00

B 主要矿物产出特征

矿石中主要矿物的产出特征：

(1) 磁铁矿是矿石中含量最高、含铁最多的工业有用矿物。按其产出形式可分为三种不同类型：原生粒状磁铁矿、后期蚀变细粒磁铁矿和网脉状磁铁矿。原生粒状磁铁矿在矿石中含量不高且粒度较粗，多为自形、半自形晶，粒径一般变化在0.2~2.0mm之间，少数可在0.05mm以下。这类磁铁矿常与橄榄石（蛇纹石）、硅镁石共生，颗粒间或与脉石矿物的交界以不规则的折线和弧形曲线居多。细粒磁铁矿系由硼镁铁矿后期分解而成，是矿石中数量最多的一种磁铁矿；它与硼镁铁矿、硼镁石有着最为紧密的嵌连关系，相互彼此犬牙交错，很少有平直的边界；细粒磁铁矿粒径多集中于0.5mm以下。由微晶集合而成的网脉状磁铁矿通常顺沿其他矿物裂隙或晶粒边界充填，它含量较少，仅在个别样品中偶有所见。

(2) 硼镁石是矿石中的最主要含硼矿物。由于它多为后期蚀变产物，故除了呈纤维状、针状穿切于硼镁铁矿、磁铁矿、蛇纹石等矿物中外，还常与上述各矿物犬牙交错连生，以致成为矿石中共生关系最复杂的一种矿物，尤其与硼镁铁矿和磁铁矿的交界线显得尤为不规则。少数呈板柱状晶形的硼镁石，不仅个体粗大（0.4~1.0mm），且边界平直。但在矿石中也多为纤维状硼镁石，故而只是偶尔才能见到它的完整自形晶。

(3) 硼镁铁矿是矿石中铁、硼兼而有之的一种有用矿物。除少数呈浑圆状、柱状外，绝大多数为针状、柱状体。由于受到广泛发育的后期蚀变作用，完整的自形晶已不多见，而是以磁铁矿和硼镁石的交代残留物形式产出。它的颗粒不大，粒径很少超过0.5mm，但小于0.05mm的也为数不多。

(4) 蛇纹石是矿石中最主要的脉石矿物。它包括叶蛇纹石、利蛇纹石和纤维蛇纹石三种。单晶以叶片状居多，集合体为致密块状。在矿石中它常与磁铁矿、硼镁铁矿、硼镁石等构成网脉状结构的斑杂状和浸染状构造。

C 主要矿物嵌布特征

矿石中矿物种类繁多，由此形成了不同类型的结构构造。但如果考虑到矿物在矿石中的含量，那么在矿物嵌镶关系上，可以归纳出如下特点：

(1) 在矿石现存的结构构造中，磁铁矿、硼镁铁矿、硼镁石和蛇纹石等四种矿物的空间关联状态，是矿石的最主要嵌镶形式。

(2) 矿石中的四类主要矿物，都属于细粒不均嵌布。它们的粒度分布见图5-8~图5-11所示的直方图。

由图可以看出，这些矿物中除了磁铁矿、蛇纹石分别有14.8%和10%的矿物集合体颗粒大于1.0mm外，其余矿物粒度均都小于1.0mm。另外，它们在粒度分布不均匀的程度上也有差别。比较起来，硼镁铁矿的粒度很均匀，它有

51. 61%的矿物量集中于 0. 3 ~0. 5mm 区间；蛇纹石和磁铁矿有着类似的粒度分布特征，他们不仅粒度分布区间宽（<0. 01 ~2. 0mm），含量峰值的粒度集中程度也不明显。

磁铁矿、硼镁铁矿、硼镁石和蛇纹石各自均有一个矿物量相对集中的粒度区间。磁铁矿是 0. 1 ~ 0. 5mm（占有 34. 25%的矿物量）；硼镁铁矿是 0. 3 ~ 0. 5mm（占有 51. 61%矿物量）；硼镁石是在 0. 1 ~0. 5mm（39. 45%的矿物量）；蛇纹石是在 0. 1 ~0. 5mm（占有 44. 45%的矿物量）。

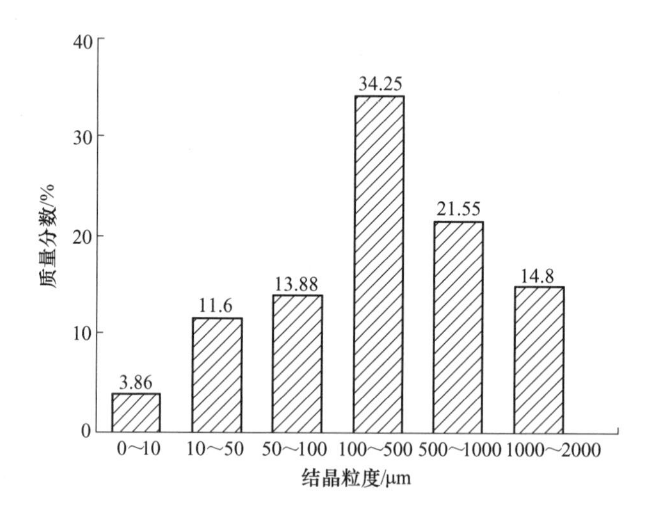

图 5-8　磁铁矿的粒度分布直方图

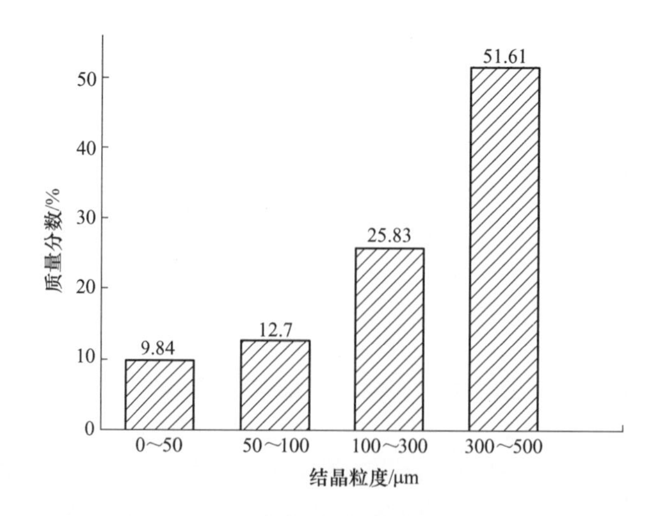

图 5-9　硼镁铁矿的粒度分布直方图

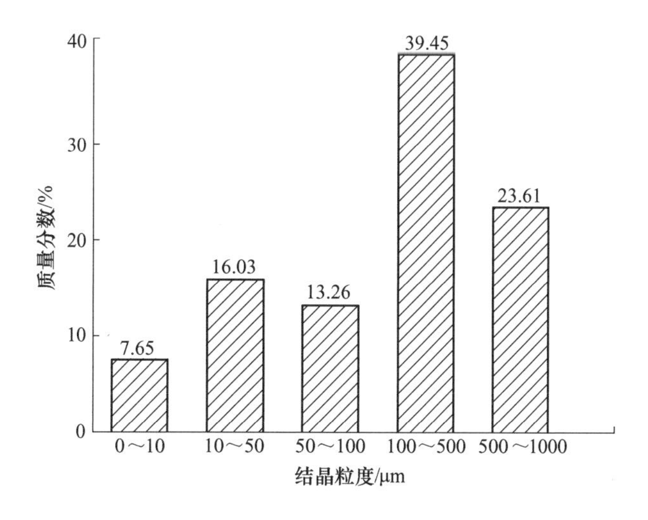

图 5-10 硼镁石的粒度分布直方图

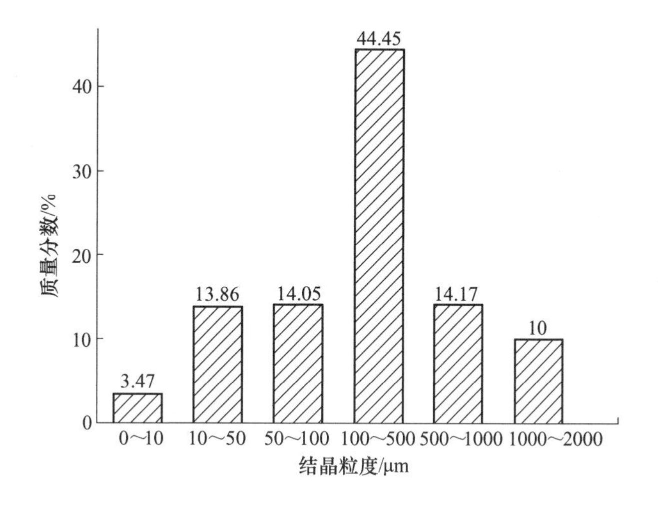

图 5-11 蛇纹石的粒度分布直方图

（3）就共生关系而言，这四种矿物间的嵌镶紧密程度差别较大。蛇纹石作为矿石的基底矿物，原则上与所有其他矿物有共用边界，但连生形式却各不相同：磁铁矿、硼镁铁矿、硼镁石可以分别单独地与蛇纹石相邻共生。在多数情况下，蛇纹石是与磁铁矿、硼镁铁矿，硼镁石三者的连生集合体相嵌共生；磁铁矿、硼镁铁矿、硼镁石，它们三者间有着最紧密的共生相嵌关系。相互共生的颗粒多是矿物中比较细小的部分，而共生矿物颗粒间的交界线绝大多数呈现为极不规则的犬牙交错状。它们间的共用边界，是这些矿物的主要外缘线。

5.2.1.2　矿石选矿流程试验

根据前面对东台子硼铁矿石工艺矿物学的研究及主要矿物的磁性差异，参考于家岭硼铁矿石试验研究的经验，本节采用磁选为主的选矿方法。东台子硼铁矿石的矿石性质有以下明显特点：铁量的 61.55% 集中于磁铁矿，B_2O_3 量的 64.36%集中于硼镁石，且原矿的 B_2O_3 含量较高，达 10.24%。在选矿过程中，如进行适当的磨矿，用弱磁选可以得出铁精矿，产品满足高炉冶炼对硼、铁的要求。弱磁选尾矿中主要是粗细粒蛇纹石及解离出来的硼镁石，由于原矿中的大部分磁铁矿被分离出去，弱磁选尾矿中的 B_2O_3 含量将明显提高，要比 10.24%（原矿 B_2O_3 含量）高得多，如若进一步提高它的含量，可以利用蛇纹石和硼镁石间的粒度差异使它们彼此分离，获得含 B_2O_3 品位不同的两种硼精矿。

A　粗粒抛尾可行性试验

东台子硼铁矿石硬度大，不易碎，这意味着矿石中的硼镁石不易“散离”出来，也为在较粗粒度下抛掉含硼低的尾矿创造了条件。如能在粗粒条件下抛掉低铁低硼的尾矿，使之不进入下段选别，对降低能耗、有用矿物回收都是有利的。为此，首先进行了 5～0mm、8.5～0mm、10～0mm 的磁选抛尾可能性试验，分选结果见表 5-40。

表 5-40　不同粒度原矿粗粒干式磁选抛尾结果　　(%)

粒度/mm	原矿品位		产率		精矿品位		尾矿品位		回收率	
	B_2O_3	Fe	精矿	尾矿	B_2O_3	Fe	B_2O_3	Fe	B_2O_3	Fe
5～0	10.66	30.65	85.87	14.13	9.89	34.75	15.4	5.71	79.57	97.36
8.5～0	10.37	30.91	92.59	7.41	9.96	33.10	15.54	3.51	88.91	99.15
10～0	10.79	29.96	93.11	6.89	10.38	31.90	16.37	3.80	89.53	99.14

由表 5-40 可以看出，随分选粒度的增加，精矿（磁性产品）中 B_2O_3 含量越高，B_2O_3 的品位符合要求，但含铁品位太低，尾矿（非磁性产品）中含 B_2O_3 高。因此，该矿石在粗粒情况下无法实现抛弃低硼低铁的尾矿。

B　磨矿细度优化试验

工艺矿物学研究指出，蛇纹石是矿石的基底矿物。磁铁矿、硼镁铁矿、硼镁石可分别单独与蛇纹石相邻共生，在多数情况下蛇纹石与磁铁矿、硼镁铁矿、硼镁石三者的连生集合体相嵌共生，而磁铁矿、硼镁铁矿、硼镁石三者有最紧密的共生相嵌关系。四类主要矿物都属于细粒不均匀嵌布。它们不仅粒度分布区间宽，含量峰值集中程度也不明显。因此，磨矿的目的不是使它们都达到单体分离，而是在适宜的磨矿粒度下，尽量保存磁铁矿、硼镁铁矿、硼镁石三者的连生集合体，使之与蛇纹石分离，当然也会有部分矿物单体解离。为此，进行了不同磨矿细度下磁选管分离试验，试验结果见表 5-41。由表可以看出，要获得铁精矿铁品位达 47%、B_2O_3的品位在 7%，磨矿产品的-0.074mm 含量应在 65%左右或略高些。如要使铁品位达到 50%，磨矿产品的-0.074mm 含量应在 75%或更高些。此时含硼铁精矿中 B_2O_3的品位已降到 6%左右，硼精矿 B_2O_3品位在此磨矿粒度下，可达到 15%以上。

表 5-41 不同磨矿细度下磁选管选别结果（0.08T） （%）

-0.074mm 含量	产品名称	产率	品位		回收率	
			B_2O_3	Fe	B_2O_3	Fe
25	精矿	73.89	8.85	38.85	62.26	95.07
	尾矿	26.11	15.26	5.71	37.74	14.93
	原矿	100.00	10.52	30.23	100.00	100.00
35	精矿	69.00	8.43	41.52	55.85	94.83
	尾矿	31.00	14.84	6.58	44.15	5.17
	原矿	100.00	10.42	30.21	100.00	100.00
45	精矿	64.95	7.46	44.77	47.32	95.09
	尾矿	35.05	15.33	4.54	52.68	4.91
	原矿	100.00	10.24	30.58	100.00	100.00
70	精矿	58.25	6.69	48.72	37.51	93.97
	尾矿	41.75	15.66	4.02	62.49	6.03
	原矿	100.00	10.39	30.20	100.00	100.00
75	精矿	55.36	6.20	50.7	32.89	93.57
	尾矿	44.64	15.68	4.32	67.11	6.43
	原矿	100.00	10.43	30.00	100.00	100.00

C 单一磁选流程试验

基于上述试验结果，决定采用单一磁选（两段磁选）流程，并确定第一段磨矿细度为 35%（-0.074mm 含量），第二段磨矿细度为 80%。其中，第一段磁选用顺流型湿式弱磁选机（ϕ450mm×300mm），第二段磁选用半逆流型湿式弱磁选机（ϕ450mm×300mm）。具体试验流程及选别指标如图 5-12 所示。

该选矿工艺的显著特点是无尾选矿，两段磨矿两段磁选流程的最终选矿产品的选别指标及其主要化学成分见表 5-42 和表 5-43。

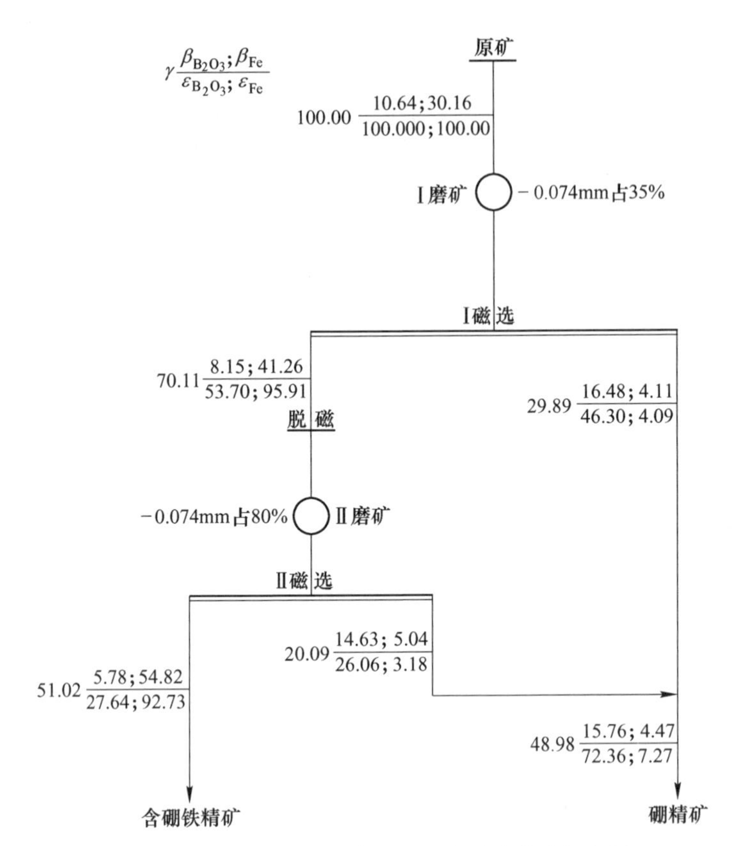

图 5-12　硼铁矿石两段磨矿两段弱磁选数质量流程

表 5-42　阶段磨矿—阶段磁选工艺指标　　(%)

产品名称	产率	品位		回收率	
		B_2O_3	Fe	B_2O_3	Fe
含硼铁精矿	51.02	5.78	54.82	27.64	92.73
硼精矿	48.98	15.76	4.47	72.36	7.27
原矿	100.00	10.64	30.16	100.00	100.00

表 5-43　最终产品的主要化学成分　　(%)

产品名称	成分及含量								
	TFe	B_2O_3	SiO_2	MgO	CaO	Al_2O_3	S	P	U
含硼铁精矿	54.82	5.78	4.80	11.39	0.18	0.08	0.58	0.01	0.0014
硼精矿	4.47	15.76	22.80	40.86	0.29	—	0.72	0.016	0.0025

由表 5-42 和表 5-43 可知，铁精矿中 Fe 含量为 54.82%，回收率为 92.73%；硼精矿中 B_2O_3的品位为 15.76%，回收率为 72.36%。此外，获得铁精矿和硼精矿经过灼烧后，烧损分别为 0.41%、11.45%。

5.2.1.3 硼精矿沉降和压滤试验

硼精矿的粒度组成对硼精矿的自然沉降及其脱水性能影响较大。因此，有必要对其粒度组成进行分析，结果见表 5-44。从表可以看出，硼精矿的粒度比较细，-40μm 粒级含量为 42.5%，-20μm 粒级含量为 26.15%，-10μm 粒级含量为 12.90%。

表 5-44 硼精矿的粒度组成 (%)

粒级/mm	产 率	正累计产率
>0.9	1.60	1.60
0.9~0.45	6.60	8.20
0.45~0.28	6.30	14.50
0.28~0.18	3.70	18.20
0.18~0.1	13.35	31.55
0.1~0.077	9.50	41.05
0.077~0.04	16.45	57.50
0.04~0.03	7.50	65.00
0.03~0.02	8.85	73.85
0.02~0.01	13.25	87.10
0.01~0.008	3.49	90.59
0.008~0.006	2.84	93.43
0.006~0.005	1.67	95.10
0.005~0.004	1.57	96.67
0.004~0.003	1.50	98.17
<0.003	1.83	100.00
合 计	100.00	

将硼精矿矿浆浓度调至 5%，并置入 1000mL 的大量筒中做自然沉降试验（浆面高度 320mm），沉降结果见表 5-45。根据表中数据绘制出沉降曲线如图5-13所示。

表 5-45　硼精矿沉降试验结果

沉降时间/min	1	2	3	4	5	6	7
澄清层高度/mm	10	48	83	123	160	227	240
沉降时间/min	8	10	15	20	30	50	
澄清层高度/mm	275	290	293	295	297	300	

从表 5-45 及图 5-13 可以看出，自然沉降达到临界点时间为 10min，澄清高度为 290mm，平均沉降速度为 0.048cm/s，浓缩层浓度为 38%。清水层浊度为 196mg/L，可以作为回水使用。

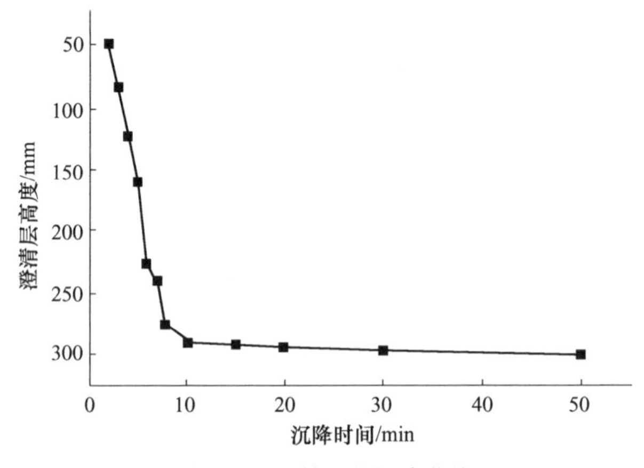

图 5-13　硼精矿的沉降曲线

采用自制的实验室用机械压滤机（ϕ10cm），对硼精矿进行了压滤试验。选定压力 0.6MPa，给矿浓度为 38%（沉降试验浓缩层浓度），给矿量为 200g，试验结果列入表 5-46。

表 5-46　硼精矿压滤试验结果

压滤时间/min	滤饼厚度/mm	滤饼水分/%
10	9	21.1
30	9	19.2

由表 5-46 可以看出，采用机械压滤可使硼精矿水分由 62%（浓度为 38%）降低到 20%左右。硼精矿由于微细粒级含量高（−40μm 占 42.5%，−20μm 占 26.15%），致使沉降浓缩层浓度略低（38%），造成压滤作业比较困难，属于难脱水物料。

上述数据可供硼精矿澄清池设计（或选择倾斜浓密斗）和选择压滤机时参考。

5.2.2　高品位翁泉沟硼铁矿石选矿

采样设计由辽宁省地质矿产局第七地质大队采样组完成。101～105线是翁泉沟矿段矿体最厚部分，且浅部矿体品位富，勘探程度高，部分可露天开采。在101线、103线、105线采矿的矿石堆采样。101线、101线与103线之间的矿石含B_2O_3 10.55%，含Fe 33.02%，占选矿样总重量的43%；103线与105线之间矿石含B_2O_3 11.66%，含Fe 33.32%，占选矿样总重的43%，围岩（顶底板及夹石）含B_2O_3 2.26%，含Fe 9.26%，占选矿样总重量的14%。

矿样经过充分混合破碎，化验结果为：含B_2O_3品位9.87%，含Fe品位29.57%，符合采样设计要求。

5.2.2.1　矿石性质

翁泉沟矿段的矿石以含硼镁铁矿-硼镁石-磁铁矿型为主，矿石的化学多元素分析结果见表5-47。

表5-47　矿石的化学多元素分析结果　（%）

成分	TFe	B_2O_3	MgO	CaO	SiO_2	Al_2O_3	K_2O	Na_2O	S	P
含量	29.57	9.87	25.79	0.33	16.03	1.91	0.31	0.56	0.46	0.056

5.2.2.2　矿石选矿流程试验

A　粗粒抛尾可行性试验

对30～0mm的矿样进行了干式弱磁选试验，所用磁选装置直径ϕ700mm，宽300mm，极距235mm（两极），磁包角60°，表面平均磁感0.14T，选别结果见表5-48。

表5-48　矿石干式弱磁预选结果　（%）

产品名称	产率	品位		精矿回收率	
		B_2O_3	Fe	B_2O_3	Fe
块精矿	88.18	10.91	33.02	97.47	98.47
块尾矿	11.82	2.11	3.83	2.53	1.53

由表5-48可知，原矿干式预选抛尾方案可行，块尾矿产率为11.82%，含B_2O_3品位2.11%，含Fe品位3.83%。块精矿回收率高，B_2O_3为97.47%，Fe为98.47%。

为测定矿石的相对可磨度，采用开路磨矿。选用的标准对照矿石为东鞍山赤铁矿石。取-2+0.076mm 的矿样（每份 500g）进行可磨度测定，测定结果见表 5-49，并得到对应曲线，如图 5-14 所示。

表 5-49　矿石磨矿中新生-0.074mm 粒级含量　（%）

矿样名称	磨矿时间/min				
	6	8	10	15	20
东鞍山赤铁矿石	42.70	57.20	71.50	90.40	98.50
翁泉沟干选精矿	42.30	54.80	68.50	89.80	96.50

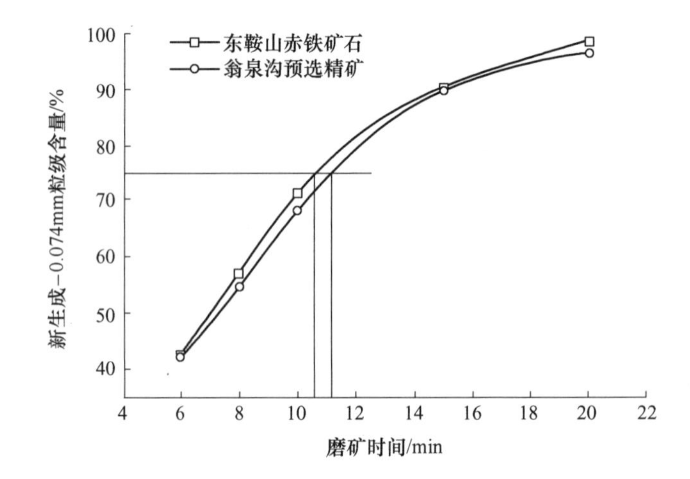

图 5-14　翁泉沟和东鞍山铁矿新生-0.074mm 粒级含量与磨矿时间的关系

由表 5-49 及图 5-14 可以看出，两种矿石的磨矿细度均随着磨矿时间的延长而提高，但在相同的磨矿时间下，与东鞍山铁矿石磨碎产品相比，磨矿产物中的-0.074mm 粒级含量更低，说明翁泉沟预选精矿更难磨。以磨矿细度为新生成-0.074mm粒级占 75%为例，翁泉沟预选精矿和东鞍山铁矿石的相对可磨度为：

$$K_G = \frac{t_{\text{翁泉沟}}}{t_{\text{东鞍山}}} = \frac{11.2}{10.6} = 1.056 \tag{5-1}$$

B　磨矿细度优化试验

为考查磨矿细度对预选粗精矿湿式磁选效果的影响，对干式预选精矿进行不同磨矿细度的磁选分离试验，结果见表 5-50。

表 5-50 干选精矿不同磨矿细度的磁选分离结果 (%)

粒度（-0.074mm 含量）	产品名称	产率	品位		回收率	
			B_2O_3	TFe	B_2O_3	TFe
40	精矿	62.18	9.01	45.50	51.40	85.68
	尾矿	37.82	14.02	12.50	48.60	14.32
	给矿	100.00	10.91	33.02	100.00	100.00
50	精矿	57.86	8.61	48.30	45.54	84.63
	尾矿	42.14	14.10	12.04	54.46	15.37
	给矿	100.00	10.91	33.02	100.00	100.00
60	精矿	56.37	8.30	49.38	42.69	84.30
	尾矿	43.63	14.33	11.88	57.31	15.70
	给矿	100.00	10.91	33.02	100.00	100.00
65	精矿	55.10	7.91	50.50	40.00	84.27
	尾矿	44.90	14.58	11.57	60.00	15.73
	给矿	100.00	10.91	33.02	100.00	100.00
75	精矿	52.80	7.41	52.47	36.06	83.91
	尾矿	47.20	14.78	11.26	63.94	16.09
	给矿	100.00	10.91	33.02	100.00	100.00
81.5	精矿	52.34	7.13	52.80	34.34	83.69
	尾矿	47.66	15.03	11.30	65.66	16.31
	给矿	100.00	10.91	33.02	100.00	100.00

由表 5-50 可以看出，干选铁精矿（B_2O_3 10.91%，Fe 33.02%）经过细磨后（如磨矿粒度为-0.074mm 含量占 80%左右），选出的硼精矿（尾矿）含 B_2O_3 品位可以达到 15%左右，B_2O_3 的回收率可以达到 65%以上。选出的铁精矿含 Fe 品位可以达到 52%以上，Fe 的回收率可以达到 84%左右。

考虑到该矿石坚硬致密难磨，确定磨矿段数为两段，第一段磨矿粒度（-0.074mm含量）确定为 50%，第二段磨矿粒度（-0.074mm 含量）确定为 80%。

C 预选精矿湿式弱磁试验

采用湿式圆筒型弱磁选机（顺流型，规则为 ϕ450mm×300mm，4 极磁系，筒表面的磁感应强度 0.14T）作为分选设备，选分磨矿粒度 50%（-0.074mm 粒级含量）的干选精矿，选分结果见表 5-51。

表 5-51　预选精矿一段弱磁选分离结果　　(%)

粒度 (-0.074mm 粒级含量)	产品名称	产率	品位		回收率	
			B_2O_3	TFe	B_2O_3	TFe
50	含硼铁精矿	57.93	8.70	48.14	46.20	84.46
	硼精矿	42.07	13.95	12.20	53.80	15.54
	给矿	100.00	10.91	33.02	100.00	100.00

试验结果表明，预选铁精矿经过粗磨、两次弱磁选后，选出的硼精矿含B_2O_3品位为13.95%，含Fe为12.20%，B_2O_3回收率为53.80%；选出的铁精矿含Fe品位为48.14%，含B_2O_3品位为8.70%，Fe回收率为84.46%，B_2O_3回收率为46.20%。

对一段磨矿后磁选所得铁精矿进行细磨（磨矿粒度-0.074mm粒级含量占80%）、两道弱磁选和一道磁力脱水，以增加硼精矿的回收率，得到合格的铁精矿和降低铁精矿中B_2O_3的含量。首先对一段磨矿后磁选所得铁精矿进行脱磁（DQ型脱磁器，脱磁场强度为75kA/m），然后再进行细磨、磁选（湿式圆筒型弱磁选机，半逆流选箱，规格为ϕ450mm×300mm，4极磁系，筒表面磁场强度0.14T）。磁选结果见表5-52。

表 5-52　预选精矿两段弱磁选分离结果　　(%)

粒度 (-0.074mm 含量)	产品名称	产率	品位		回收率	
			B_2O_3	Fe	B_2O_3	Fe
80	含硼铁精矿	87.28	7.40	53.50	74.24	96.99
	硼精矿	12.72	17.62	11.35	25.76	3.01
	给矿	100.00	8.70	48.14	100.00	100.00

由表5-52可以看出，磁选铁精矿磨细到80%（-0.074mm粒级含量）时，经过两次连选，选出的硼精矿含B_2O_3品位为17.62%，含Fe为11.35%，B_2O_3的回收率为25.76%。选出的铁精矿含Fe品位为53.50%，含B_2O_3品位为7.40%，Fe的回收率为96.99%，B_2O_3的回收率为74.24%。

为了使三磁选选出的铁精矿尽量不夹裹微细的硼镁石颗粒，利用ϕ300磁力脱水槽（磁感强度为0.03T）对三磁选铁精矿进行处理。这样做，不仅可进一步降低铁精矿中B_2O_3含量，同时也可提高铁精矿的浓度。铁精矿通过磁力脱水槽处理后，结果见表5-53。由表5-53可以看出，三段磁选铁精矿经过磁力脱水槽处理后，可以脱出少量（0.23%）B_2O_3品位为16.30%、Fe品位为11.0%的溢流（硼精矿）。

表 5-53 磁选铁精矿磁力脱水槽处理结果 (%)

产品名称	产率	品位		回收率	
		B_2O_3	TFe	B_2O_3	TFe
排矿	99.77	7.38	53.60	99.50	99.96
溢流	0.23	16.30	11.00	0.50	0.04
给矿	100.00	7.40	53.50	100.00	100.00

采用一段干式弱磁选（块矿预选抛尾）两段磨矿两段湿式弱磁选（四道磁选，一道磁力脱水）的选别工艺流程及其选别指标如图 5-15 所示。

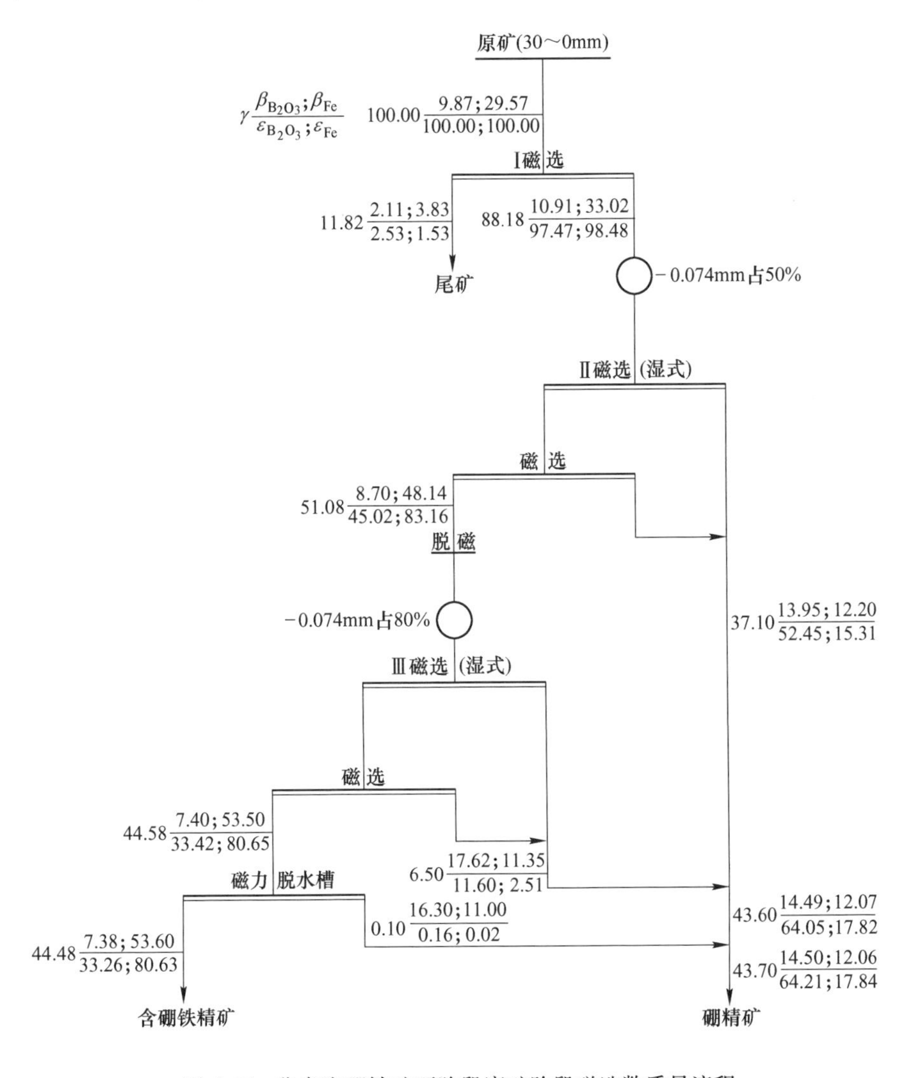

图 5-15 翁泉沟硼铁矿石阶段磨矿阶段磁选数质量流程

采用图 5-15 所示选别流程选别翁泉沟硼铁矿石（含 B_2O_3 9.87%，含 Fe 29.57%），可以获得含 B_2O_3 14.50%、含 Fe 12.06%的硼精矿，B_2O_3的回收率为 64.21%。同时，获得含 Fe 53.60%、含 B_2O_3 7.38%的铁精矿，Fe 和 B_2O_3的回收率分别为 80.63%、3.26%（B_2O_3总回收率为 97.47%）。硼精矿含 Fe 高的原因是由矿石中含硼镁铁矿物多造成的。

原矿及终端各产品的主要化学成分见表 5-54。其中，铁精矿经过灼烧后，烧损为 1.3%。磁选获得的含硼铁精矿可以作为冶炼生产含硼铸铁和富硼渣的原料用，铁精矿含 Fe 品位为 53.60%，含 B_2O_3品位为 7.38%。

表 5-54　原矿及终端产品的化学多元素分析结果　　（%）

产品名称	成分及含量									
	TFe	B_2O_3	MgO	CaO	SiO_2	Al_2O_3	K_2O	Na_2O	S	P
原矿	29.57	9.87	25.79	0.33	16.03	1.91	0.30	0.56	0.46	0.056
铁精矿	53.60	7.38	12.33	0.47	2.80	0.24	—	—	0.35	0.069
硼精矿	12.06	14.50	42.12	微量	18.24	—	—	—	—	—

5.2.2.3　硼精矿沉降和压滤试验

硼精矿的粒度分布见表 5-55。

表 5-55　硼精矿的粒度分布情况　　（%）

粒级/mm	产　率	正累计产率
>0.18	8.62	8.62
0.18~0.125	8.11	16.73
0.125~0.088	7.10	23.83
0.088~0.076	7.10	30.93
0.076~0.05	10.95	41.88
0.05~0.0385	7.91	49.79
<0.0385	50.21	100.00
合　计	100.00	

由表 5-55 可以看出，硼精矿的粒度比较细，-0.0385mm 粒级含量占 50%左右。另外+0.0385mm 各粒级含量相差不大，不存在某一粒级含量过高问题。

称取硼精矿量 50g，调成矿浆的浓度为 6%，并放入 1000mL 的大量筒中进行自然沉降试验（浆面高度 255mm），沉降结果见表 5-56。由表 5-56 可以看出，自然沉降达到临界点时间为 7min，澄清水高度为 221mm，平均沉降速度为 0.53mm/s。经测定，浓缩层浓度为 54%。清水层固体含量为 129mg/L，可以作为回水使用。

表 5-56 硼精矿的沉降试验结果

沉降时间/min	1	2	3	4	5	6
澄清层高度/mm	44	78	124	165	217	219
沉降时间/min	7	8	9	10	15	
澄清层高度/mm	221	223	223	223	225	

5.2.3 西堡硼铁矿石选矿

5.2.3.1 *矿石性质*

西堡是暖河堡村中的一个矿点，矿石含 Fe 和 B_2O_3品位高。另外，矿石中含硼镁铁矿高，矿物含量为 9%左右。供进行工业扩大试验用矿石的主要化学成分见表 5-57。由表 5-57 可知，矿石中 TFe 含量为 40.21%、B_2O_3含量为 9.19%，U 的含量为 0.031%。

表 5-57 西堡硼铁矿石的主要化学成分 (%)

成分	TFe	B_2O_3	MgO	SiO_2	S	U
含量	40.21	9.19	18.78	8.40	0.265	0.031

5.2.3.2 *矿石选矿流程试验*

冶炼对硼铁矿选矿的要求是：铁精矿含 Fe 品位大于 47%，含 B_2O_3大于 7%；Fe 回收率大于 85%，B_2O_3总回收率大于 80%。

根据以往选别铁、硼品位较高的硼铁矿石经验，选用一段粗磨矿一段弱磁选的选矿流程就可以选出合格的铁精矿，磁尾选矿就是富硼精矿。如把磁选尾矿进一步用水力旋流器处理，还可选出高硼精矿。

按照冶炼对选矿的要求配置试验流程，把风城钢铁厂的选矿车间的生产流程做了适当改造和延伸，试验流程及分选结果如图 5-16 所示。

矿石总处理量为 1100t/d。矿石最大粒度 300mm，经过两段破碎后粒度为 20mm，送入选别工段进行磨矿和选别。磨矿机矿石处理量为 5.5~5.7t/h。对全流程各产品进行取样、化验分析（每两小时取一次样），选别指标如图 5-16 所示，各精矿选别指标见表 5-58。

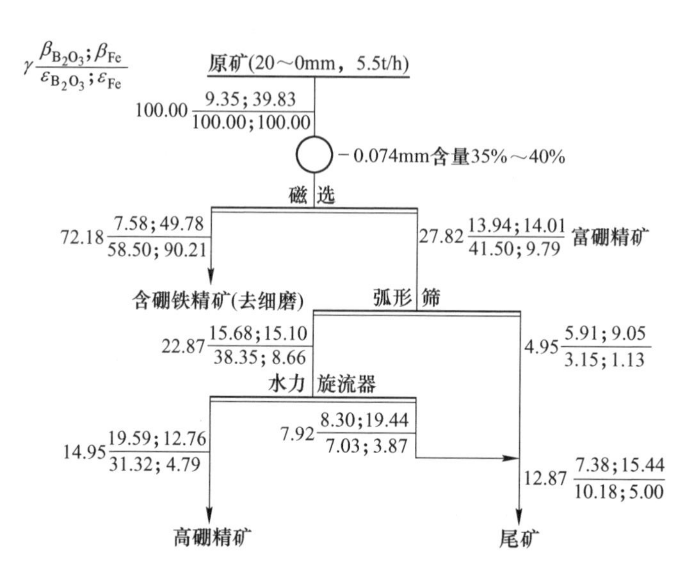

图 5-16　西堡硼铁矿石磁选—分级工业试验数质量流程

表 5-58　西堡硼铁矿石单一磁选及磁选—分级流程分选指标　　(%)

产品名称	产率	品位		回收率		备注
		B_2O_3	Fe	B_2O_3	Fe	
含硼铁精矿	72.18	7.58	49.78	58.50	90.21	
富硼精矿	27.82	13.94	14.01	41.50	9.79	磁选机尾矿
高硼精矿	14.95	19.59	12.76	31.32	4.79	水力旋流器溢流

从表 5-58 可以看出，原矿石只进行一段粗磨（-0.074mm 粒级含量占 35%～40%）和一段磁选时，就可选出含 Fe 49.78%、含 B_2O_3 7.58%的铁精矿，Fe、B_2O_3的回收率分别为 90.21%和 58.50%。磁选机的尾矿就是富硼精矿，含 B_2O_3 13.94%、Fe 14.01%，B_2O_3的回收率为 41.50%，加上铁精矿中 B_2O_3的回收率，B_2O_3总回收率为 100%。

如把富硼精矿用弧形筛和水力旋流器进行再处理，硼精矿中 B_2O_3品位便可从 13.94%提高到 19.59%，成为高硼精矿，但 B_2O_3的回收率降为 31.32%。加上铁精矿中 B_2O_3回收率，B_2O_3总回收率为 89.82%。

各精矿的主要化学成分见表 5-59。

表 5-59　含硼铁精矿及硼精矿的主要化学成分　　(%)

产品名称	成分及含量					
	TFe	B_2O_3	MgO	SiO_2	S	U
含硼铁精矿	49.78	7.58	13.99	5.46	0.228	0.022
富硼精矿	14.01	13.94	32.51	18.04	0.457	0.03
高硼精矿	12.75	19.59	29.84	17.48	—	0.024

入选原矿含铀品位为0.031%（翁泉沟矿床各矿段含铀平均为0.0048%），经过选矿得到的含硼铁精矿含铀0.022%，富硼精矿含铀0.030%。根据国家环保局和核工业部有关放射性废物规定的比活度下限值（固体料下限值为7.4×10^4Bq/kg），试验所用矿石和选矿所得产品含量换算成放射性比活度后均低于该规定值。

此外，选矿所用循环用水含铀0.00018mg/L，远远低于国家规定，露天水源中放射性铀限制浓度国家规定为0.05mg/L。此外，按照前述的选矿流程进一步处理了3000t于家岭矿段B_2O_3品位较高的硼铁矿石（含Fe品位29.0%，B_2O_3品位8.9%），获得的铁精矿含Fe 47.5%、B_2O_3 7.4%，硼精矿（磁选尾矿）含B_2O_3 13.30%、Fe 10.5%，铁精矿可供冶炼生产含硼生铁用，硼精矿可作为硼化工的合格原料。

5.2.4 中低品位东台子硼铁矿石选矿

采集的矿样粒度为20~0mm。其中Ⅰ级品矿石重量占65%（含B_2O_3 10.89%，含Fe 30.65%），Ⅱ级品位矿石重量占12%（含B_2O_3 6.69%，含Fe 23.07%），Ⅲ级品位矿石重量占9%（含B_2O_3 3.5%，含Fe 19.03%），混入围岩重量占14%（顶板岩石7%，底板岩石7%。它们含B_2O_3品位分别为1.48%和1.63%；含Fe品位分别为4.49%和3.74%）。矿样经过充分混合后，化验结果为：含B_2O_3品位8.40%，含Fe 25.2%。符合采样设计要求。

5.2.4.1 矿石性质

A 矿石的物质组成

矿样经过混匀、缩分后，测得的化学多元素分析结果见表5-60。

表5-60 矿石的化学多元素分析 (%)

成分	TFe	B_2O_3	MgO	CaO	SiO_2	Al_2O_3	S	P	U
含量	25.20	8.40	27.04	1.30	19.82	1.11	0.70	0.04	0.0012

由表5-60所列各成分含量值可以看出，试验矿样硼、铁两种主要有用成分均已达到工业品位，分别为25.20%和8.40%。因此，矿石开发利用时的选矿工艺流程必然要兼顾到对它们同时回收的需要。

矿石中的矿物组成复杂，主要组成矿物含量的观测结果见表5-61。测定时，对含量在0.10%以下的少见和次要脉石矿物予以合并处理。

表5-61 矿石主要组成矿物及含量 (%)

矿物	磁铁矿	硼镁铁矿	硼镁石	蛇纹石	云母	碳酸盐	斜硅镁石	绿泥石	褐铁矿	硫化铁	其他
含量	30.09	1.87	21.66	30.64	3.31	2.07	6.21	1.20	0.81	1.54	0.60

从表 5-61 可以看出，影响矿石工艺矿物学性质的主要矿物是磁铁矿、硼镁石和蛇纹石。三者合计占有矿石量的 82.39%。它们各自在矿石中的状态和相互间共生关系，无疑是影响选矿回收工艺的基本要素。铁、硼、镁、硅是矿石中含量较高的四种元素。它们在矿石各组成矿物中的配分直接影响着矿石的加工工艺。在对矿物元素分析和矿石中矿物定量的基础上，四种元素在矿石中的配分见表 5-62。

表 5-62 中所列主要元素在矿石中的配分值反映出铁、硼、镁、硅在矿石中有着极高的集中系数，除镁元素外，其他三种元素几乎都集中于矿石中的某一种矿物。例如，Fe 量的 86.02%存在于磁铁矿中，B_2O_3的 97.02%存在于硼镁石中，SiO_2的 74.29%存在于蛇纹石中。而硼镁石和蛇纹石中的 MgO 则占有矿石所含镁量的 79.59%。

表 5-62　铁、硼、镁、硅元素在矿石中的配分情况　　(%)

矿物名称		磁铁矿	硼镁铁矿	蛇纹石	斜硅镁石	云母、绿泥石等	硼镁石	黄铁矿、褐铁矿等
矿物含量		30.09	1.87	30.64	6.21	4.71	21.66	2.45
Fe	配分	21.66	0.86	0.06	0.22	0.90	0.82	1.47
	占比	86.02	3.42	0.24	0.87	0.36	3.26	5.83
B_2O_3	配分	—	0.25	—	—	—	8.15	—
	占比	—	2.98	—	—	—	97.02	—
MgO	配分	0.58	0.42	13.12	3.36	1.50	9.74	—
	占比	2.02	1.46	45.68	11.71	5.22	33.91	—
SiO_2	配分	—	0.02	12.92	2.25	2.12	0.08	—
	占比	—	0.12	74.29	12.94	12.19	0.46	—

B　主要矿物产出特征

磁铁矿是矿石中最主要的含铁矿物，在含量上它和蛇纹石有近乎相等的重要地位。按其产出形式可将其分为原生粒状磁铁矿、后期蚀变细粒磁铁矿和网脉状磁铁矿等三种类型：(1) 原生粒状磁铁矿，多与橄榄石（蛇纹石）、斜硅镁石共生。粒径一般大于 0.5mm，它在磁铁矿中的含量不超过 15%；(2) 细粒磁铁矿，它是矿石中磁铁矿的主体，系由硼镁铁矿后期风化而来，硼镁石是与它共生关系最密切的矿物，两者共同组成了海绵陨铁构造，这类磁铁矿也经常和蛇纹石共生；由硼镁石、蛇纹石、细粒磁铁矿组成的集合体，是矿石中最普遍的一种构造形式。(3) 网脉状磁铁矿是含量最低的一种磁铁矿，它多零星分布于蛇纹石等脉石矿物的裂隙或晶界中。

硼镁石是矿石中最重要的含硼矿物，除少数呈柱状晶形外，绝大多数为针状和纤维状。由硼镁铁矿蚀变而来的针状、纤维状硼镁石不仅和磁铁矿共生，而且集合体粒度多在0.2mm以下。矿石中集合体粒度0.2mm以上的硼镁石是柱状硼镁石的后期产物，后一类硼镁石集合体中很少有其他矿物存在，只在集合体的边缘有蛇纹石与之共生。

蛇纹石是矿石中含量最高的脉石矿物，有叶蛇纹石、纤维蛇纹石和胶蛇纹石等三种类型，其中以叶蛇纹石含量最高。在矿石中除了与硼镁石、磁铁矿组成各种连生集合体外，还有近一半的蛇纹石是以致密块状体存在。

C　主要矿物嵌布粒度

矿物定量分析结果表明，矿石组成矿物的82.39%是磁铁矿、硼镁石和蛇纹石。因此，这三种矿物的嵌布状况是决定矿石特征的主要因素。下面就其嵌布粒度分述如下。

图5-17所示为矿石中蛇纹石的嵌布粒度直方图。由图可以看出，蛇纹石的工艺粒度分布近似半抛物线。含量86.88%集中于120μm以上的各粒度区间，其中尤以480μm以上的粗粒含量最高。与矿化关系密切的是富含硼镁石的蛇纹石，其工艺粒度多集中于细粒级，其中尤以100μm以下的最为明显。粗粒级中那些1.0mm左右的蛇纹石一般与矿化关系不大，除了个别情况下有少许磁铁矿与之共生外，极难有硼镁石存在，有近半数的蛇纹石属于这后一种情况。蛇纹石与磁铁矿、硼镁石的共用边界较简单，而且颗粒愈粗、与其共生的矿物愈单一，邻接边界也愈简单。

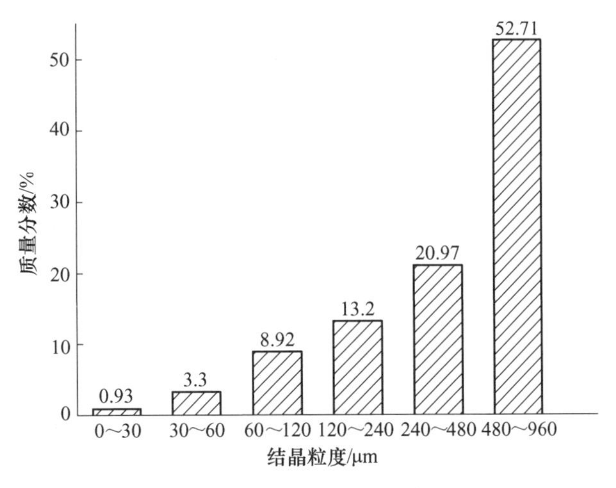

图5-17　蛇纹石粒度分布直方图

图5-18所示为矿石中磁铁矿的嵌布粒度分布直方图。从图可以看出，磁铁矿的平均粒度明显不如蛇纹石粗大。另外，粒度分布特征也和蛇纹石有区别，它趋向于正态分布。不过，120μm以上的粗粒级磁铁矿仍然是它的主要部分，含量

高达 50.49%。30~480μm 之间的磁铁矿多属于硼镁铁矿的后期风化产物，与硼镁石共生是这类磁铁矿的基本特征之一。处于粒度分布两端的磁铁矿主要与蛇纹石、斜硅镁石等共生。粗粒部分属原生粒状磁铁矿；30μm 以下的细粒部分多与网状磁铁矿有关。

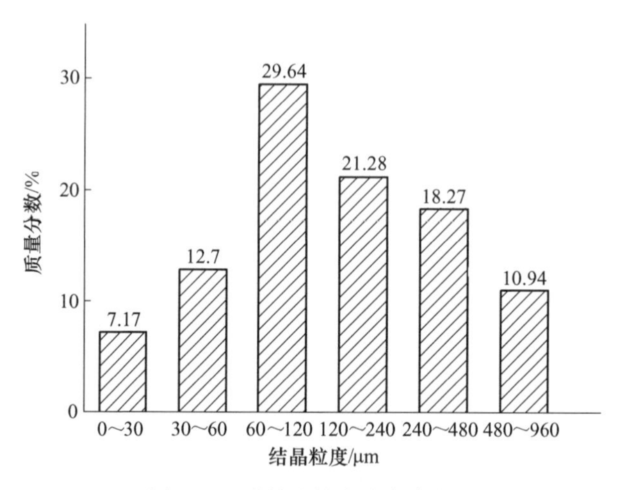

图 5-18　磁铁矿粒度分布直方图

硼镁石在矿石三种主要矿物中，不仅含量最低，而且粒度分布最不集中，属于极不均匀粒度分布（图 5-19）。矿物颗粒在各粒级中占有大致相同的含量。粒径 240μm 以下的硼镁石，主要是和磁铁矿共生，两者彼此犬牙交错紧密共生；粒径 240μm 以上，特别是 480μm 以上的硼镁石则多属于柱状体或者是由它蚀变而成的纤维状硼镁石集合体。

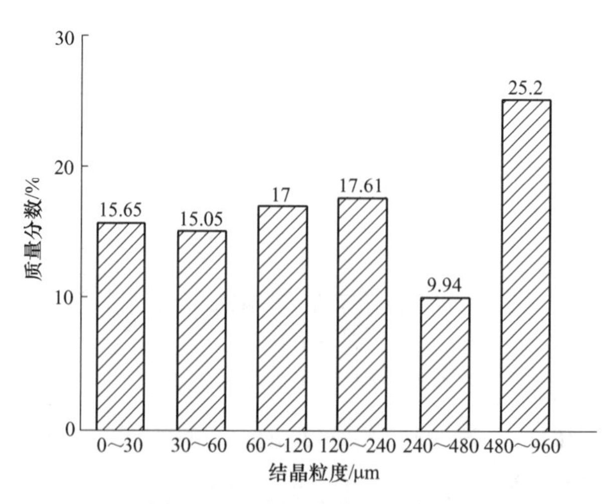

图 5-19　硼镁石粒度分布直方图

5.2.4.2 矿石选矿流程试验

根据前面对东台子硼铁矿石的工艺矿物研究、主要矿物的物理性质差异和之前对硼铁矿石分选的研究经验，本节采用的选矿方法为磁力选矿法。在选矿过程中，如进行适当的破碎和干式弱磁选，有极大的可能性先抛弃掉较多的含硼、铁低的废石；获得的干式弱磁选铁精矿（磁性产品）的硼、铁含量较之原矿会有所提高，对这部分粗精矿再进行适当的细磨矿和湿式弱磁选，则可选得含硼较高的硼精矿和含硼较低、含铁较高的铁精矿。

A 粗粒抛尾可行性试验

矿样中含有较多的铁硼蕴矿层金云母蛇纹岩、金云透闪岩、大理岩和电气透辉岩等，它们是弱磁性和非磁性的。在适当的破碎粒度下，经过干式弱磁选后能够抛掉大部分（不进入下一段选矿作业，对减轻下一段作业负荷和节能也是有利的）废石。

对 20~0mm 的矿样（150kg）进行了干式弱磁选抛尾可能性试验。所用磁选装置直径 ϕ700mm，宽 300mm，极距 235mm（两极），磁系包角 60°，表面平均磁感应强度 0.14T。选别结果见表 5-63。

表 5-63 原矿干式弱磁预选结果 （%）

粒度/mm	原矿品位		产率		精矿品位		尾矿品位		回收率	
	B_2O_3	Fe	精矿	尾矿	B_2O_3	Fe	B_2O_3	Fe	B_2O_3	Fe
20~0	8.40	25.20	86.20	13.80	9.53	28.60	1.34	3.96	97.80	97.83

由表 5-63 可以看出，20~0mm 的原矿石经过干式弱磁选后，干选精矿含 B_2O_3 9.53%，含铁 Fe 28.60%，回收率分别为 97.80%和 97.83%，并可抛掉近 14%的低硼（B_2O_3 1.34%）低铁（Fe 3.96%）的废弃尾矿。

干选精矿的化学多元素分析结果见表 5-64。

表 5-64 干式弱磁预选精矿化学多元素分析结果 （%）

成分	TFe	B_2O_3	MgO	CaO	SiO_2	Al_2O_3	S	P	U	LOS
含量	28.60	9.53	27.85	0.55	15.16	0.25	0.74	0.03	0.0013	6.90

B 预选精矿硬度系数和可磨度试验

预选精矿矿石的抗压强度为 138.5~183.2MPa，将此值换算为矿石的硬度系数 f 值，f=13.9~18.3，属于坚硬矿石。

为测定矿石的相对可磨度，采用开路磨矿，并选用东鞍山赤铁矿石作为标准对照矿石。取-2+0.077mm 的矿样（每份 500g）进行可磨度测定，测定结果见表 5-65 和图 5-20。

表 5-65 磨矿过程中新生-0.074mm 粒级含量 (%)

矿样名称	磨矿时间/min				
	6	8	10	12	15
东鞍山铁矿石	42.50	57.50	71.00	81.00	90.50
干选铁精矿	41.20	54.70	70.50	81.10	90.80

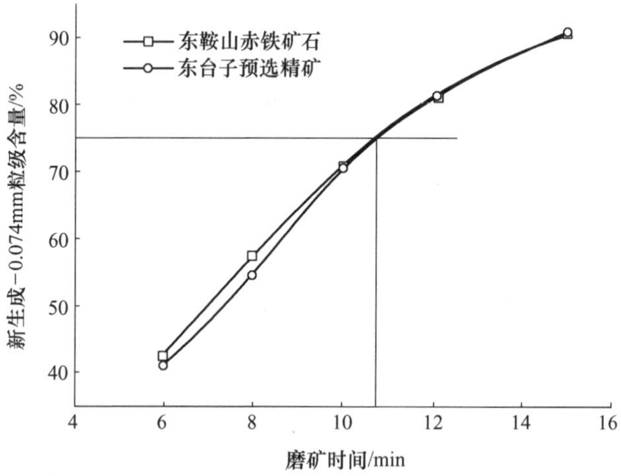

图 5-20 东台子和东鞍山铁矿新生-0.074mm 粒级含量与磨矿时间的关系

由表 5-65 及图 5-20 可以看出，干选所得铁精矿的可磨度与东鞍山赤铁矿石的几乎一致。以磨矿细度为新生成-0.074mm 粒级占 75%为例，东台子预选精矿和东鞍山铁矿石的相对可磨度为：

$$K_G = \frac{t_{东台子}}{t_{东鞍山}} = \frac{10.75}{10.75} = 1.0 \tag{5-2}$$

C 预选精矿湿式磁选分离试验

矿石的工艺矿物学研究表明，蛇纹石是矿石的基底矿物，多数情况它和磁铁矿、硼镁石连生集合体镶嵌共生，也有部分与磁铁矿、硼镁石相邻共生的。此外，它们的物理性质也有明显差异。利用上述矿物嵌布特征和物理性质的差异，在粗磨条件下弱磁选，可以获得含硼铁精矿（磁性产品粗精矿，为磁铁矿、蛇纹石、硼镁石三者的连生集合体）和蛇纹石、硼镁石共生或混合体（非磁性产品）。由于干式预选铁精矿含 B_2O_3品位较高，所以蛇纹石、硼镁石的共生或混合体含 B_2O_3品位会很高，而含 Fe 品位会很低。因此，针对预选精矿确定适宜的磨矿细度很有必要。

表5-66是对干选粗精矿进行不同磨矿细度磁分离试验的结果（磁选管ϕ50mm，磁感应强度0.08T）。考虑到该矿石坚硬致密难磨，确定磨矿段数为两段（第一段粗磨，第二段细磨），第一段粗磨粒度（-0.074mm含量）确定为35%。此时，进入第二段的磨矿量约为第一段的58%左右，第二段的磨矿细度通过细磨磁选试验来确定。

表5-66　干选精矿不同磨矿细度磁分离试验结果　（%）

粒度（-0.074mm粒级含量）	产品名称	产率	品　位		回收率	
			B_2O_3	Fe	B_2O_3	Fe
30	磁性产品	60.92	7.50	43.10	55.71	91.80
	非磁性产品	39.08	10.80	6.00	44.29	8.20
	给矿	100.00	9.53	28.60	100.00	100.00
35	磁性产品	57.92	7.80	44.80	47.90	90.73
	非磁性产品	42.08	11.80	6.30	52.10	9.27
	给矿	100.00	9.53	28.60	100.00	100.00
40	磁性产品	55.14	8.00	46.50	41.16	89.65
	非磁性产品	44.86	12.5	6.60	58.84	10.35
	给矿	100.00	9.53	28.60	100.00	100.00
45	磁性产品	53.68	8.40	47.50	38.76	89.15
	非磁性产品	46.32	12.60	6.70	61.24	10.85
	给矿	100.00	9.53	28.60	100.00	100.00
78.5	磁性产品	48.52	5.76	53.55	28.15	90.86
	非磁性产品	51.48	13.30	5.08	71.85	9.14
	给矿	100.00	9.53	28.60	100.00	100.00

采用湿式圆筒型弱磁选机（顺流型选箱，规格为ϕ450mm×300mm，4极磁系，筒面的磁感应强度0.14T）选分磨矿粒度35%（-0.07mm含量）的干选精矿，选分结果见表5-67。结果表明，干选铁精矿经过粗磨和弱磁选后，选出的硼精矿含B_2O_3品位为12.00%，含Fe为6.01%，B_2O_3回收率为51.78%；选出的铁精矿含Fe品位为44.36%，含B_2O_3品位为7.80%，Fe回收率为91.39%，B_2O_3回收率为48.22%。

为了得到合格的铁精矿和降低该精矿的B_2O_3品位以及增加硼精矿的回收率，对二段磁选所得含硼铁精矿需要进行细磨和精选。表5-68是对二段磁精（经过DQ型脱磁器脱磁，脱磁场强度为0.09T）进行不同磨矿细度磁选分离试验的结果。

表 5-67　干选精矿不同磨矿细度磁分离试验结果　(%)

磨矿细度 (-0.074mm 粒级含量)	产品名称	产率	品　位		回收率	
			B_2O_3	Fe	B_2O_3	Fe
35	含硼铁精矿	58.92	7.80	44.36	48.22	91.39
	硼精矿	41.08	12.00	6.01	51.78	8.61
	给矿	100.00	9.53	28.60	100.00	100.00

表 5-68　二段磁精矿不同磨矿细度磁选分离试验结果（0.08T）　(%)

磨矿细度 (-0.074mm 粒级含量)	产品名称	产率	品　位		回收率	
			B_2O_3	Fe	B_2O_3	Fe
65	磁性产品	81.67	6.25	53.25	59.98	98.04
	非磁性产品	18.33	17.03	4.75	40.02	1.96
	给矿	100.00	7.80	44.36	100.00	100.00
70	磁性产品	80.53	6.15	54.00	57.19	98.02
	非磁性产品	19.47	17.15	4.50	42.81	1.98
	给矿	100.00	7.80	44.36	100.00	100.00
75	磁性产品	79.43	6.00	54.75	54.15	98.03
	非磁性产品	20.57	17.25	4.25	45.49	1.97
	给矿	100.00	7.80	44.36	100.00	100.00
80	磁性产品	78.35	5.75	55.50	52.01	98.02
	非磁性产品	21.65	17.29	4.05	47.99	1.98
	给矿	100.00	7.80	44.36	100.00	100.00
85	磁性产品	78.18	5.50	55.75	52.02	98.25
	非磁性产品	21.82	17.15	3.55	47.98	1.75
	给矿	100.00	7.80	44.36	100.00	100.00
90	磁性产品	77.83	5.00	56.00	51.11	98.25
	非磁性产品	22.17	17.20	3.50	48.89	1.75
	给矿	100.00	7.80	44.36	100.00	100.00
95	磁性产品	76.14	4.59	57.25	47.45	98.26
	非磁性产品	23.86	17.18	3.23	52.55	1.74
	给矿	100.00	7.80	44.36	100.00	100.00

由表 5-68 可以看出，硼精矿（非磁性产品）的 B_2O_3品位随着磨矿细度增加变化不大，均稳定在 17%左右，B_2O_3的回收率缓慢上升，而含硼铁精矿（磁性产品）的 Fe 品位则随着磨矿细度增加缓慢上升，B_2O_3的品位缓慢下降。为了尽

量提高硼精矿 B_2O_3 的回收率，可以提高磨矿细度，降低含硼铁精矿的 B_2O_3 品位。从选矿生产实践出发，确定第二段磨矿粒度（-0.074mm 粒级含量）为80%。此时，硼精矿 B_2O_3 的回收率接近48%，含硼铁精矿含 Fe 品位为55%左右，含 B_2O_3 品位5.5%左右。要想使含硼铁精矿 B_2O_3 品位降低到5%或更低，只有把磨矿细度提高到90%以上。但这样做，对生产很不利，会显著降低磨矿机的处理能力，增加钢球、衬板等消耗，也给铁精矿过滤带来困难。况且，在磨矿细度达到90%时，硼精矿 B_2O_3 品位没有什么变化，回收率也只提高1.00%。

在确定二段磨矿细度-0.074mm 占80%的条件下，采用湿式圆筒型弱磁选机（半逆流型选箱、规格为 ϕ450mm×300mm，4级磁系，筒面磁感应强度0.14T）选分二磁选选出的含硼铁精矿（含 B_2O_3 7.8%，含 Fe 44.36%），选分结果见表5-69。

表5-69 二磁精矿湿式扩大磁选分离结果 (%)

磨矿细度（-0.074mm 粒级含量）	产品名称	产率	品位		回收率	
			B_2O_3	Fe	B_2O_3	Fe
80	含硼铁精矿	77.87	5.29	55.64	52.87	97.67
	硼精矿	22.13	16.61	4.67	47.13	2.33
	给矿	100.00	7.80	44.36	100.00	100.00

由表5-69可以看出，二磁选铁精矿磨细到80%（-0.074mm 粒级含量）时，经过扩大连选，选出的硼精矿含 B_2O_3 品位为16.61%，含 Fe 为4.67%，B_2O_3 的回收率为47.13%。选出的铁精矿含 Fe 品位为55.64%，含 B_2O_3 品位为5.29%，Fe 回收率为97.67%，B_2O_3 回收率为52.87%。为了使三段磁选选出的铁精矿尽量不夹裹微细的硼镁石颗粒，利用 ϕ300mm 磁力脱水槽（磁感应强度为0.03T）对三段磁选铁精矿进行处理，以期进一步降低铁精矿中 B_2O_3 品位，同时提高铁精矿的浓度。试验结果见表5-70。由表5-70可以看出，三段磁选铁精矿经过磁力脱水槽处理后，可以脱出少量的（产率0.43%）B_2O_3 品位较高的（17.58%）溢流（硼精矿）。

表5-70 三段磁选铁精矿磁力脱水槽处理结果 (%)

产品名称	产率	品位		回收率	
		B_2O_3	Fe	B_2O_3	Fe
排矿	99.57	5.24	55.86	98.57	99.97
溢流	0.43	17.58	4.24	1.43	0.03
给矿	100.0	5.29	55.64	100.00	100.00

综上所述，采用一段干式弱磁选（块矿预选抛尾）—两段湿式弱磁选（四

道磁选，一道磁力脱水）的选别工艺流程处理东台子硼铁矿石，选别工艺流程及其选别指标如图5-21所示。

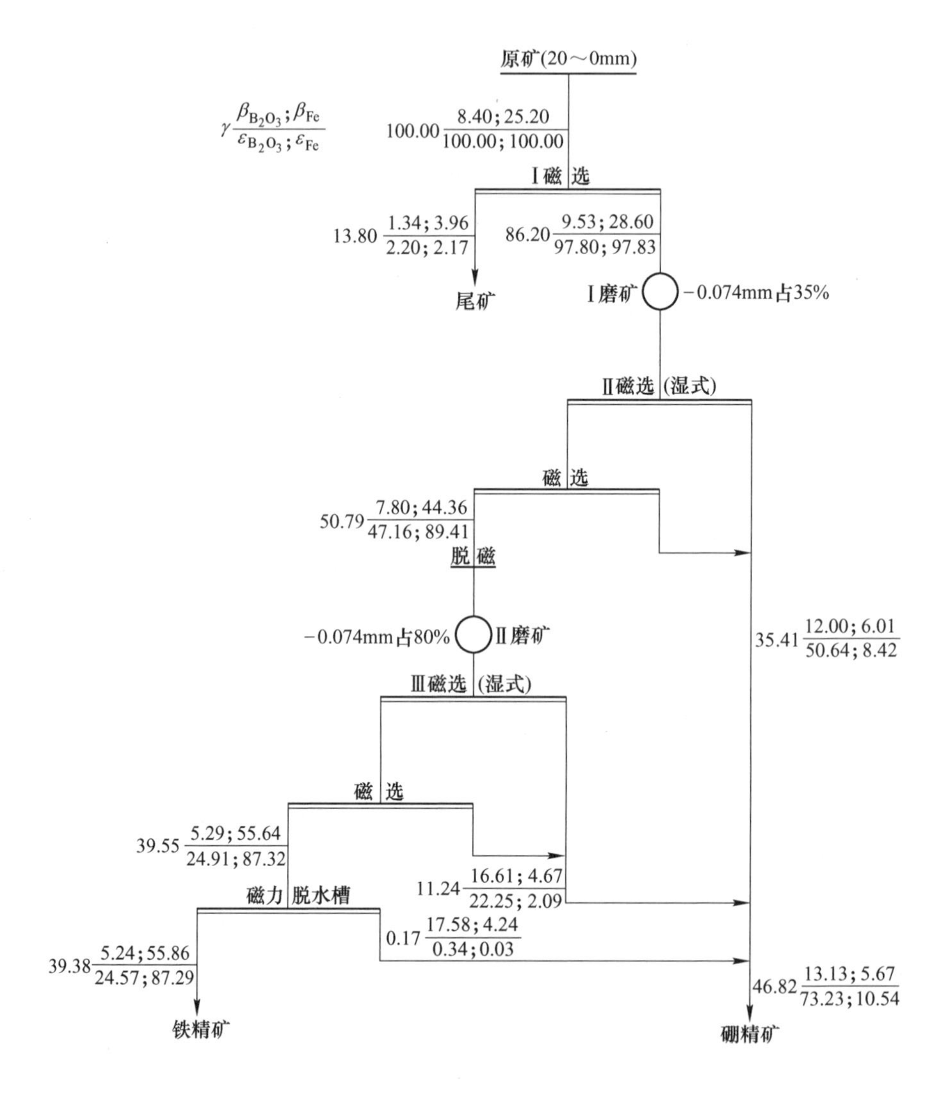

图5-21　东台子硼铁矿石干式预选—磁选工艺数质量流程

采用图5-21中所示选别流程处理东台子矿石（含 B_2O_3 8.40%，含 Fe 25.20%），可以获得含 B_2O_3 13.13%，含 Fe 5.67%的硼精矿，B_2O_3的回收率为73.23%；同时，可获得含 Fe 55.86%，含 B_2O_3 5.24%的铁精矿，Fe 和 B_2O_3的回收率分别为87.29%和24.57%。选别各产品的主要化学成分见表5-71。

表 5-71 各产品主要化学成分 (%)

产品名称	成分及含量								
	Fe	B_2O_3	SiO_2	Al_2O_3	MgO	CaO	S	P	U
原矿	25.20	8.40	19.82	1.11	27.04	1.30	0.70	0.04	0.0012
铁精矿	55.86	5.24	3.04	0.098	10.21	0.051	0.76	0.019	0.00075
硼精矿	5.67	13.13	25.68	0.42	42.8	0.12	—	—	0.0018
尾矿	3.96	1.34	48.73	—	21.89	—	—	—	0.00045

5.2.4.3 硼精矿沉降和压滤试验

试验所得硼精矿的粒度分布结果见表 5-72。

表 5-72 硼精矿的粒度分布情况 (%)

粒级/mm	产率	正累计产率
>0.9	1.60	1.60
0.9~0.45	6.60	8.20
0.45~0.28	6.30	14.50
0.28~0.18	3.70	18.20
0.18~0.1	13.35	31.55
0.1~0.077	9.50	41.05
0.077~0.04	16.45	57.50
0.04~0.03	7.50	65.00
0.03~0.02	8.85	73.85
0.02~0.01	13.25	87.10
0.01~0.008	3.49	90.59
0.008~0.006	2.84	93.43
0.006~0.005	1.67	95.10
0.005~0.004	1.57	96.67
0.004~0.003	1.50	98.17
<0.003	1.83	100.00
合 计	100.0	

从表 5-72 可以看出，硼精矿的粒度比较细，-40μm 粒级含量为 42.50%，-20μm粒级含量为 26.15%，-10μm 粒级含量为 12.9%。

将硼精矿矿浆浓度调为 5%，并放入 1000mL 的大量筒中开展自然沉降试验(浆面高度 320mm)，沉降结果见表 5-73。根据表 5-73 数据绘制出沉降曲线，如图 5-22 所示。

表 5-73　硼精矿沉降试验结果

沉降时间/min	1	2	3	4	5	6	7
澄清层高度/mm	10	48	83	128	160	227	240
沉降时间/min	8	10	15	20	30	50	
澄清层高度/mm	275	290	293	295	297	300	

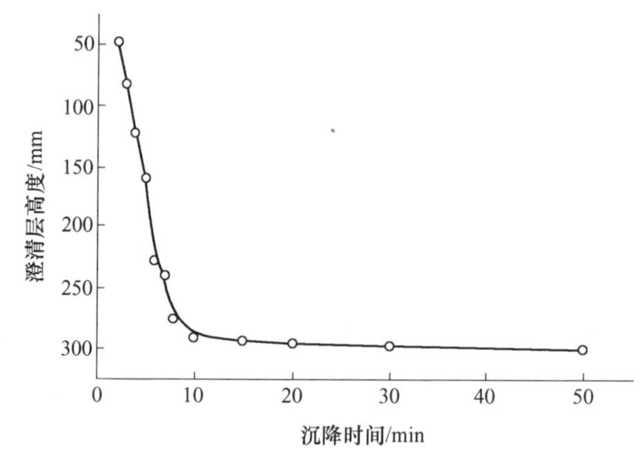

图 5-22　硼精矿自然沉降曲线

从硼精矿沉降试验结果可以看出，自然沉降达到临界点时间为 10min，澄清高度为 290mm，平均沉降速度为 0.048cm/s，浓缩层浓度为 38%。清水层浊度为 196mg/L，可以作为回水使用。

采用自制的实验室用机械压滤机（ϕ10cm）进行了压滤试验。参照生产实际，选定操作条件为：压力为 0.6MPa，给矿浓度为 38%（由沉降试验得出），给矿量为 200g，试验结果见表 5-74。从表 5-74 可以看出，采用机械压滤，可使水分 62%（浓度 38%）的硼精矿降低到 19%左右。

表 5-74　硼精矿压滤试验结果

压滤时间/min	滤饼厚度/mm	滤饼水分/%
10	19	21.10
30	19	19.20

5.3　硼铁矿的磁—浮分离

针对硼铁矿石磁选—分级工艺中硼精矿回收率较低（作业回收率约 70%）的问题，为了降低选矿过程中硼的损失率，因而在磁选的基础上补充了浮选作业回收磁选尾矿中的硼矿物，以降低选矿过程中硼的损失率。

硼铁矿的磁—浮分离工艺按照作业顺序的不同，有先磁后浮工艺和先浮后磁工艺两种。

5.3.1 先磁后浮（磁—浮）工艺

5.3.1.1 业家沟、翁泉沟混合硼铁矿石选矿

A 矿石性质

试验所用矿石主要为两个矿段：业家沟段硼镁石-磁铁矿型、翁泉沟矿段硼镁铁矿-磁铁矿型，矿石属于高硫的硼镁石（硼镁铁矿）-磁铁矿型矿石，矿石具有致密块状、条带状、网脉状或斑杂状构造，矿石的矿物种类较为复杂。有用矿物主要为磁铁矿，其次是硼镁石、硼镁铁矿和晶质铀矿，偶见褐铁矿零星分布；金属硫化物以磁黄铁矿居多，其次是黄铁矿；脉石矿物主要为蛇纹石，其次是金云母、白云母、滑石、透闪石、橄榄石、长石、石英、绿泥石和硅镁石等；其他微量矿物包括磷灰石、萤石、方解石、白云石、锆石、独居石和绿帘石等。

磁铁矿主要呈自形、半自形等轴粒状或不规则粒状以浸染状的形式嵌布于脉石矿物中，部分与硼镁石的嵌连关系较为密切，晶体粒度一般为 0.1~0.5mm，集合体粒度变化较大，部分粗者可至 1.0mm 以上。

硼镁铁矿的结晶粒度粗细不均，少数可至 0.6mm 左右，一般为0.03~0.4mm。

硼镁石是硼镁石-磁铁矿型矿石中重要的含硼矿物，常呈柱状嵌布在蛇纹石中，部分沿磁铁矿粒间充填，粒度一般在 0.04~0.4mm 之间。

晶质铀矿主要与磁铁矿、硼镁石连生，呈不规则状接触，晶质铀矿和硼镁铁矿嵌布粒度比前两者略粗一点。晶质铀矿粒度大小悬殊，大者 2mm，小者 0.01mm；各矿段各有差异，明显地分为大小两群，其中业家沟矿段嵌布粒度较细，在 0.076mm 以下的占 66.33%，其相对密度为 10.2，具弱磁性和强反射性。

矿样（业家沟段、翁泉沟段硼铁矿石）经过混匀、缩分后，测得的化学多元素分析结果见表 5-75，原矿中铁和硼的化学物相分析结果分别列于表 5-76 和表 5-77。矿石的成分分析表明，矿石中含 Fe 29.65%、B_2O_3 5.36%、U 0.008%，主要杂质成分为 SiO_2，含量为 18.15%，有害元素 S 含量较高，为 1.01%。矿石中的铁主要以磁铁矿的形式存在，占有率为 72.91%；其次以硼镁铁矿的形式存在，占有率为 18.13%。硼主要以硼镁石的形式存在，占有率为 61.98%；其次以微细包裹体形式赋存于磁铁矿中，占有率为 17.80%；部分以硼镁铁矿的形式赋存，占有率为 14.51%。

表 5-75　矿石的化学多元素分析结果　　(%)

成分	TFe	FeO	B_2O_3	SiO_2	Al_2O_3	CaO	MgO
含量	29.65	15.54	5.36	18.15	18.15	1.64	24.63
成分	MnO	K_2O	Na_2O	P	S	U	
含量	0.085	0.47	0.12	0.043	1.01	0.008	

表 5-76　矿石中铁的化学物相分析结果　　(%)

载体矿物	磁铁矿中铁	褐铁矿中铁	硼镁铁矿中铁	碳酸盐中铁	硫化物中铁	硅酸盐中铁	全铁
金属量	21.72	0.26	5.40	0.13	0.75	1.53	29.79
分布率	72.91	0.87	18.13	0.44	2.52	5.13	100.00

表 5-77　矿石中硼的化学物相分析结果　　(%)

载体矿物	硼镁铁矿中 B_2O_3	硼镁石中 B_2O_3	磁铁矿中 B_2O_3	硅酸盐中 B_2O_3	合计
B_2O_3量	0.66	2.82	0.81	0.26	4.55
分布率	14.51	61.98	17.80	5.71	100.00

B　矿石选别流程试验

针对上述矿石，采用干选—连续磨矿—磁选—磁选尾矿浮选提硼联合新工艺，具体选别流程如图 5-23 所示，实验室选别指标列于表 5-78。

表 5-78　预选—磁选—浮选实验室试验指标　　(%)

产品名称	产率	品位		回收率	
		TFe	B_2O_3	TFe	B_2O_3
铁精矿	41.68	56.74	4.64	79.41	36.22
硼精矿	15.25	8.50	12.26	4.35	35.01
预选尾矿	13.36	11.43	2.81	5.13	7.03
浮选尾矿	29.71	11.14	3.91	11.11	21.74
原矿	100.00	29.78	5.34	100.00	100.00

在实验室磨矿细度-0.074mm 占 90.21%的条件下，可以获得产率 41.68%、TFe 品位 56.74%、铁回收率 79.41%的铁精矿及产率 15.25%、B_2O_3 品位 12.26%、硼回收率 35.01%的硼精矿。基于实验室小型试验的良好指标，进行了扩大连续试验，但对试验流程进行了调整，具体试验流程如图 5-24 所示，扩大试验分选指标见表 5-79。

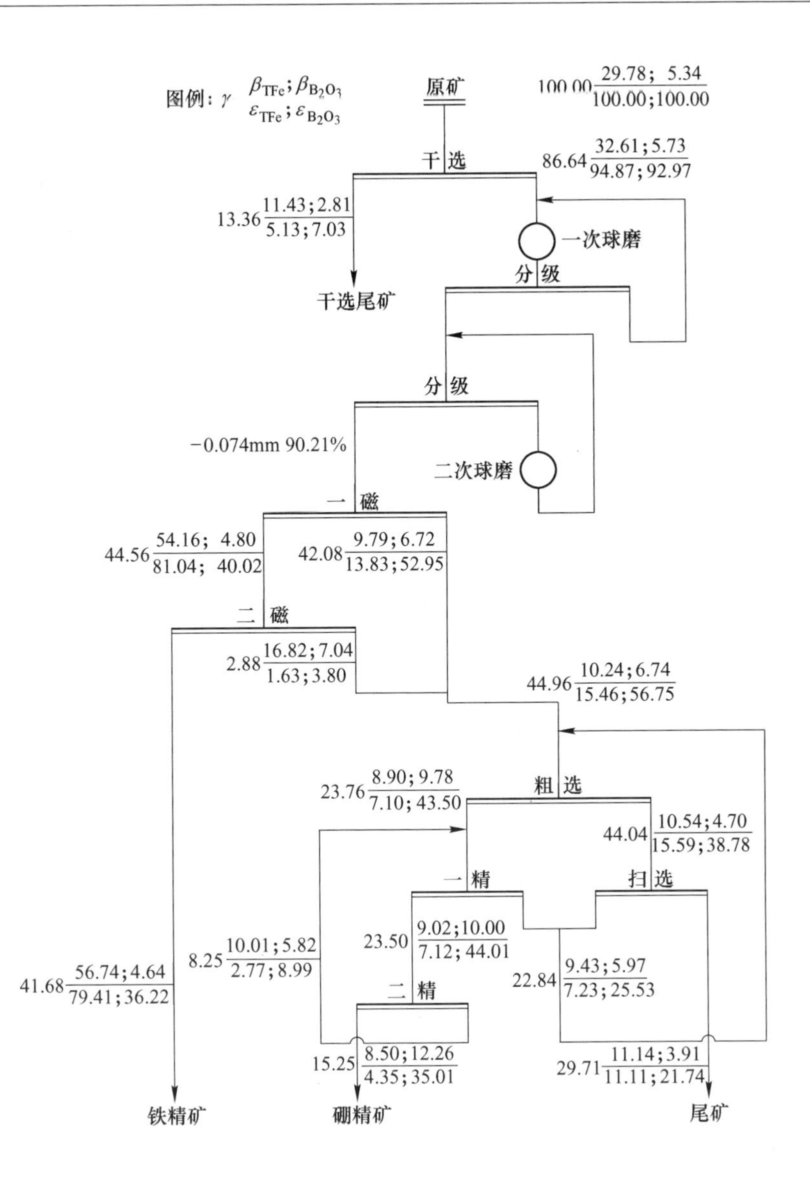

图 5-23 硼铁矿石干选—连续磨矿—磁选—浮选数质量流程

表 5-79 预选—磁选—浮选扩大连续试验指标 (%)

产品名称	产率	品位		回收率	
		TFe	B_2O_3	TFe	B_2O_3
铁精矿	36.30	57.83	4.56	70.49	30.71
硼精矿	13.14	8.03	14.37	3.70	35.03
预选尾矿	13.27	11.75	2.78	5.24	6.85

续表 5-79

产品名称	产率	品　位		回收率	
		TFe	B_2O_3	TFe	B_2O_3
浮硼尾矿	32.83	11.33	4.19	12.49	25.53
脱硫泡沫	4.46	55.00	2.27	8.24	1.88
原矿	100.00	29.78	5.39	100.00	100.00

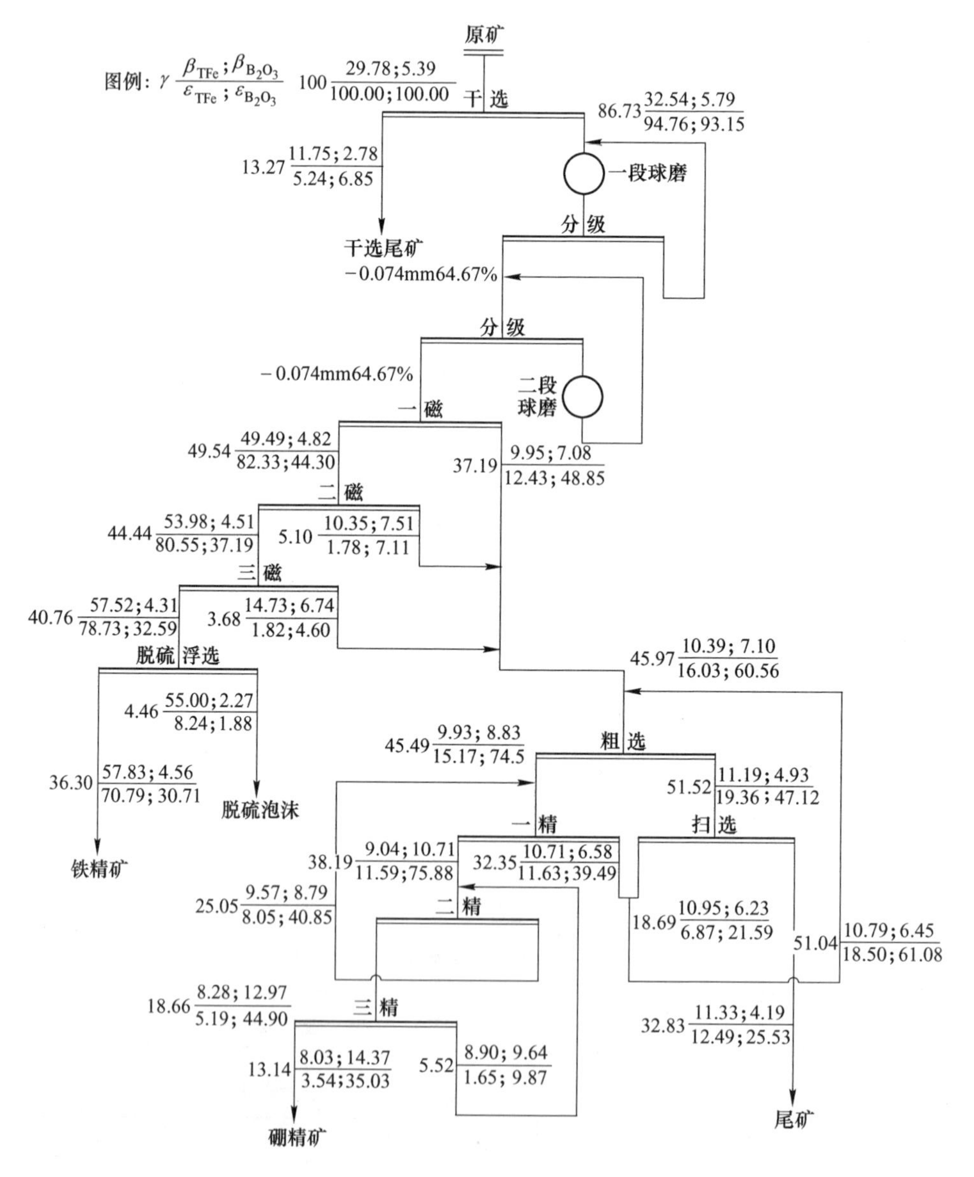

图 5-24　预选—连续磨矿—磁选—浮选提硼/脱硫数质量流程

由扩大连选试验结果可知，在磨矿细度-0.074mm 占 90.20%的条件下，预选粗精矿经三次弱磁分选—铁精矿浮选脱硫—磁选尾矿浮选提硼的扩大试验流程后，可获得产率 36.30%、TFe 57.83%、$B_2O_3$4.56%的含硼铁精矿，铁回收率为 70.49%；以及产率 13.14%、B_2O_3 14.37%、回收率 35.03%的硼精矿。

该先磁后浮工艺流程采用在低磁场强度下实现粗粒干式抛尾，减少了入磨量，节能降耗；在常规磨矿粒度下，采用磁分离技术达到了铁、硼有效分选的目的；采用酸化改性水玻璃选择性地抑制蛇纹石、滑石等脉石矿物，实现了硼矿物与含镁硅酸盐类矿物的有效分选，提高了硼精矿品位。总体来说，采用干式预选—连续磨矿—磁选—浮硼—脱硫浮选联合分选工艺流程，取得了较好的技术指标。但该工艺没有充分利用矿石中有用矿物、脉石矿物嵌布粒度粗细不均的特点，如果采用阶段磨矿—阶段磁选，可有效防止硼镁石、蛇纹石等易泥化矿物过粉磨，有望取得更好的分选指标。

5.3.1.2 宽甸和平硼铁矿石选矿

宽甸县大西岔乡和平硼铁矿床属于低品位硼铁矿，原矿含 B_2O_3 5%，TFe 11%。据有关方面估计，这样低品位的硼铁矿石约占全县总储量的 25%左右，主要矿物为纤维硼镁石、磁铁矿；脉石矿物为蛇纹石、方解石、橄榄石、黄铁矿等。纤维硼镁石一般为 0.1~0.2mm 的集合体，这些集合体中还有蛇纹石和磁铁矿的集合体；纤维硼镁石单体横断面为 0.01mm 左右，横向解理发育易泥化；磁铁矿嵌布粒度 0.01~0.05mm，一般为 0.03mm。

采用磁选—浮选联合流程对磁铁矿和硼铁矿进行综合回收，经过深入的试验取得了较为满意的指标。试验流程如图 5-25 所示，试验结果见表 5-80。

表 5-80 和平硼铁矿石选矿试验指标 (%)

编号	产品名称	产率	品位		回收率	
			B_2O_3	TFe	B_2O_3	TFe
1	硼精矿	16.20	25.56	1.82	80.20	2.67
	铁精矿	13.50	0.40	63.98	1.05	78.08
	中矿	8.10	2.28	3.10	3.58	2.27
	尾矿	62.20	1.26	3.02	15.17	16.98
	原矿	100.00	5.16	11.06	100.00	100.00
2	硼精矿	16.50	24.27	1.84	79.55	2.76
	铁精矿	13.50	0.48	63.75	1.29	78.19
	中矿	7.90	2.15	3.04	3.37	2.18
	尾矿	62.10	1.28	2.9	15.79	16.87
	原矿	100.00	5.03	11.00	100	100

续表 5-80

编号	产品名称	产率	品　位		回收率	
			B_2O_3	TFe	B_2O_3	TFe
3	硼精矿	16.50	24.67	1.84	80.82	2.77
	铁精矿	13.50	0.40	63.80	1.07	78.61
	中矿	8.00	2.02	3.02	3.21	2.21
	尾矿	62.00	1.21	2.90	14.90	16.14
	原矿	100.00	5.03	10.95	100.00	100.00
平均	硼精矿	16.40	24.83	1.83	80.19	—
	铁精矿	13.50	0.43	63.84	—	78.29

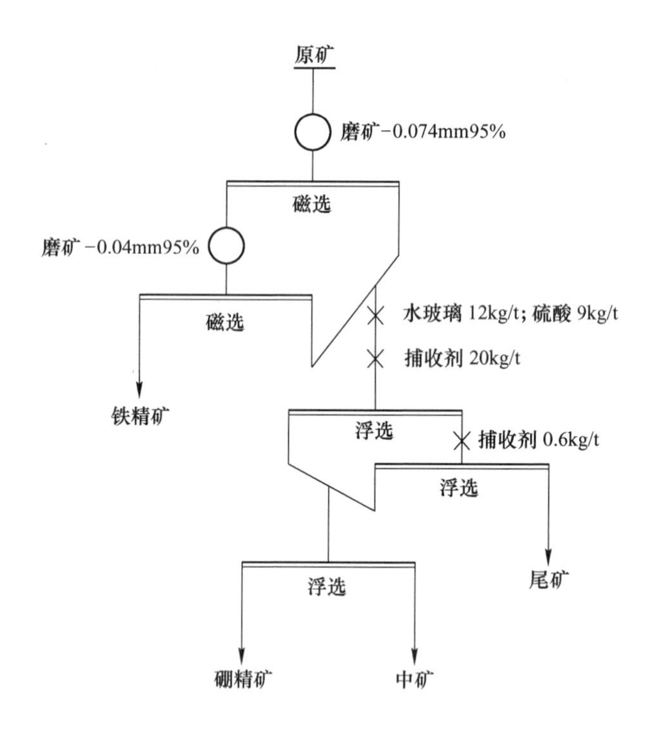

图 5-25　和平硼铁矿石选矿试验流程

试验数据稳定可靠，说明对和平硼铁矿石这类低品位硼铁矿石，采用磁选—浮选联合选矿工艺流程，可以较好地解决硼铁综合利用的难题。所得铁精矿和硼精矿完全满足冶炼和化工行业的要求。产品的质量分析见表 5-81。由试验及对多元素分析结果可知，所获铁精矿 TFe 品位 63.84%、铁回收率为 78.29%，有害元素 P、S 含量低，符合铁精矿质量标准；所得硼精矿含 B_2O_3 24.83%、硼回收率 80.19%，实现了硼、铁的高效分离与回收。

表 5-81 产品的化学多元素分析 (%)

产品名称	成分及含量							
	B_2O_3	TFe	SiO_2	CaO	MgO	Al_2O_3	P	S
硼精矿	24.83	1.84	9.14	2.97	44.17	—	—	—
铁精矿	0.42	63.84	2.52	0.12	29.67	1.07	0.01	0.03

5.3.1.3 宽甸五道岭硼铁矿石选矿

宽甸五道岭硼铁矿和凤城县翁泉沟硼铁矿属于同一类型，两者仅在矿物含量上略有差别；后者含铀略高于前者，而含硼略低于前者。五道岭硼铁矿原矿含 B_2O_3 9.97%，含铁 TFe 32.44%，含铀 0.002%。其矿物组成及含量为：纤维硼镁石 23%、磁铁矿 51%、硼镁铁矿 3%、橄榄石 12%，蛇纹石 10%，以及少量其他矿物。纤维硼镁石集合体 74%小于 0.074mm，大部分是硼镁铁矿分解的产物，硼镁石集合体大多呈细脉状、网状、似文象状、星点状等与磁铁矿、硼镁铁矿紧密共生，矿物之间犬牙交错状互相包裹。磁铁矿呈多种形态分布在硼镁石和硼镁铁矿及脉石之中，矿物嵌布粒度微细、极难解离，而且硼镁石易泥化。对五道岭这种类型的硼铁矿石采用磁选—浮选联合工艺流程同样也能取得较好的选别结果。其选别流程及结果如图 5-26 所示。由试验结果可知，所获铁精矿 TFe 品位为 62.40%、铁回收率为 94.90%，可以作为优质的炼铁原料；所得硼精矿含 B_2O_3 20.8%、硼回收率 76.37%，可以作为硼化工的合格原料。

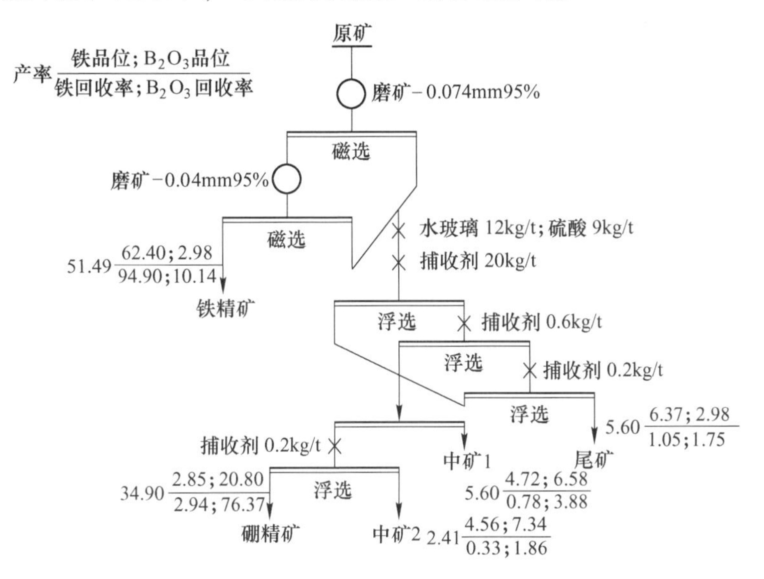

图 5-26 五道岭硼铁矿石选矿试验流程

5.3.2　先浮后磁（浮—磁）工艺

5.3.2.1　矿石性质

试验所用硼铁矿矿样取自翁泉沟矿床车店子矿段，属于硼镁石-硼镁铁矿型，为沉积变质型矿床。对试验矿样进行化学多元素分析，结果见表5-82。

表5-82　矿石的化学多元素分析结果　（%）

元素	MgO	CaO	SiO_2	P	B_2O_3	TFe	S
含量	23.22	0.13	10.56	0.026	7.33	36.97	0.32

矿石中主要有用组分 B_2O_3、TFe 的含量分别为 7.33%、36.97%，是主要的回收对象；矿石中的共生元素 MgO 的含量在 23.22%，可作为副产品综合回收；矿石中含有少量的硫化矿物；有害杂质 P 含量为 0.026%，可以不予考虑。

矿样中硼和铁是主要的有用元素，因此分别对硼元素和铁元素进行化学物相分析，结果见表5-83和表5-84。矿石中主要可利用的硼镁石含量为13.24%，其中的 B_2O_3 占总 B_2O_3 量的74.76%，由于 MgO、B_2O_3 在冶炼生产过程中均为有用组分，故该矿石的可利用价值较高；矿石中铁主要以磁铁矿的形式存在，占有率为92.36%；少量以磁黄铁矿、黄铁矿形式存在，其占有率分别为0.03%和0.78%，在磁选过程中由于磁黄铁矿的含量少，不会影响铁精矿的质量。

表5-83　矿石中硼的化学物相分析结果　（%）

载体矿物	硼镁铁矿	硼镁石	其他	总计
B_2O_3 含量	0.30	5.48	1.55	7.33
占有率	4.09	74.76	21.15	100.00

表5-84　矿石中铁的化学物相分析结果　（%）

铁矿物	磁铁矿	黄铁矿	磁黄铁矿	其他	总铁
TFe 含量	28.39	0.24	0.01	2.10	30.83
占有率	92.36	0.78	0.03	6.83	100.00

矿石中的矿物组成相对简单，但矿物之间的嵌布关系复杂。其中主要有用矿物为硼镁石、磁铁矿；其他还有少量的硼镁铁矿、褐铁矿、镁铁矿、黄铁矿及磁黄铁矿等矿物；主要脉石矿物为蛇纹石、绿泥石及少量的方解石、白云石、石英等。矿石中各矿物组成及相对含量见表5-85。

表 5-85　矿石中各矿物组成及含量　(%)

矿　物		含量	矿　物		含量
有用矿物	硼镁石	13.24	脉矽物	蛇纹石	24.35
	硼镁铁矿	0.50		白云石、方解石	0.23
	磁铁矿	40.10		绿泥石	15.20
	黄铁矿	0.52		石英、其他	4.96
	磁黄铁矿	0.12		总　计	100.00
	褐铁矿	0.78			

5.3.2.2　矿石选别流程试验

A　磨矿细度的测定

通过三段破碎、一闭路筛分的破碎流程，得到-2mm 的试验用物料。由于硼铁矿中有用矿物浸染都比较细，磨矿试验（锥型球磨机，容积 1.5L；磨矿浓度 70%，每次磨矿量 500g。）以-43μm 含量作为衡量标准，不同磨矿时间下-43μm 粒级产率如图 5-27 所示。根据磁铁矿的浸染粒度和以往的研究结果，确定实际矿石分离的磨矿细度为-43μm 占 95%，磨矿时间约 55min。

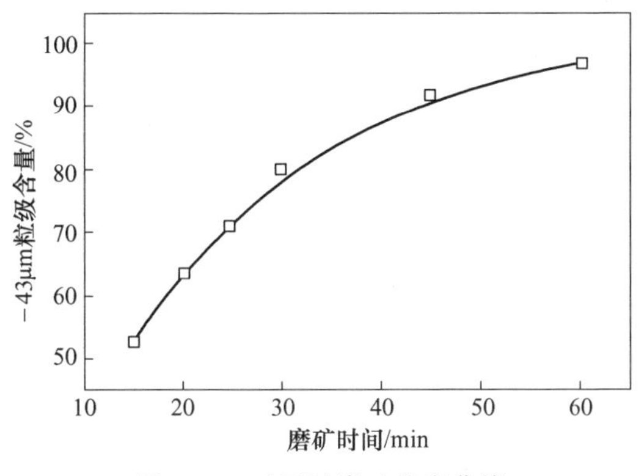

图 5-27　矿石的磨矿粒度曲线

B　捕收剂种类试验

采用油酸钠（500g/t）作为捕收剂，在碳酸钠用量为 5kg/t、浮选矿浆温度 32℃、pH 值为 9.0 及浮选浓度 30%的条件下，采用 0.75L 单槽浮选机（下同）进行浮选粗选试验，结果见表 5-86。从试验结果看出，硼精矿中 B_2O_3的品位仅为 9.95%，TFe 的品位高达 48.13%，说明在碱性条件下，硼镁石和磁铁矿都选入精矿，没能有效分离。虽然淀粉是铁矿物的有效抑制剂，但是淀粉对硼镁石也具有强烈的抑制作用，因而不能用淀粉抑制磁铁矿而浮选硼镁石。综合分析结果表明，采用油酸钠分离硼镁石具有很大难度。

表 5-86　油酸钠浮选硼镁石试验结果　（%）

产品名称	产率	品　位		回收率	
		B_2O_3	TFe	B_2O_3	TFe
铁粗精矿	75.5	5.18	31.79	61.66	67.06
硼精矿	24.5	9.95	48.13	38.34	32.94
给　矿	100.00	6.35	35.79	100.00	100.00

单矿物浮选试验表明，十二胺对磁铁矿和蛇纹石都具有比较好的选择性和捕收性，并且六偏磷酸钠在用量较大时对磁铁矿具有较强的抑制作用，对硼镁石有一定的活化作用。因此，用十二胺作捕收剂时添加调整剂六偏磷酸钠可实现硼镁石的选择性捕收。在六偏磷酸钠用量为4kg/t、十二胺用量为60g/t、浮选矿浆温度25℃、浮选浓度为30%的条件下，开展了浮选粗选分离试验，结果见表5-87。

表 5-87　十二胺浮选硼镁石试验结果　（%）

产品名称	产率	品　位		回收率	
		B_2O_3	TFe	B_2O_3	TFe
铁粗精矿	82.00	5.18	40.22	65.35	91.90
硼精矿	18.00	12.50	16.15	34.65	8.10
给　矿	100.00	6.50	35.89	100.00	100.00

根据表5-87的试验结果，采用六偏磷酸钠作调整剂、十二胺作捕收剂，粗选获得的硼精矿已经达到了硼工业所需的标准（B_2O_3含量12%），硼精矿中TFe品位仅为16.15%，硼精矿中铁的回收（损失）率仅为8.10%。尽管硼精矿中硼的回收率比较低，但尚可以通过工艺优化进一步提高。

将铁粗精矿（十二胺浮选尾矿）进行磁选管分离，磁场强度为80kA/m，磁选分离结果见表5-88。

表 5-88　磁选分离结果　（%）

产品名称	产率	品　位		回收率	
		TFe	B_2O_3	TFe	B_2O_3
铁精矿	62.82	61.34	2.13	95.81	25.87
磁选尾矿	33.80	4.99	11.36	4.19	74.13
给　矿	100.00	40.22	5.18	100.00	100.00

磁选管试验表明，铁粗精矿具有很好的可选性。铁精矿品位达到了61.34%，

可以作为炼铁原料。初步试验结果表明，采用浮选—磁选的流程，不但能获得合格的硼镁石精矿，还能获得合格的磁铁矿精矿。

对比捕收剂十二胺和油酸的试验结果和过程，可得出如下结论：

(1) 采用十二胺作捕收剂，通过浮选可以获得合格的硼镁石精矿，对浮选尾矿进行磁选，获得的铁精矿品位可达61.34%，回收率达到95.81%。采用油酸作捕收剂，获得的硼镁石精矿品位较低，并且铁的金属量损失较大。

(2) 在十二胺体系中，六偏磷酸钠可有效地抑制磁铁矿，并对硼镁石有一定的活化作用。

(3) 采用油酸作捕收剂需要在矿浆温度大于32℃的条件下进行，十二胺可在室温（约25℃）条件下进行。

(4) 十二胺浮选过程中，精矿泡沫不易破裂，精选比较困难。

根据试验结果和实践经验，确定采用十二胺作捕收剂进行其他条件试验和流程试验。

C 十二胺用量试验

为了探索十二胺对硼镁石精矿品位和回收率的影响规律，进行十二胺不同用量试验。试验条件如下：六偏磷酸钠用量为1kg/t，矿浆温度为25℃。试验结果见表5-89。

表5-89 十二胺不同用量试验结果 (%)

十二胺用量/$g \cdot t^{-1}$	产品名称	产率	B_2O_3品位	B_2O_3回收率
60	尾矿	82.10	7.18	76.70
	精矿	17.90	9.85	23.30
	给矿	100.00	7.66	100.00
70	尾矿	66.10	6.38	56.08
	精矿	33.90	9.75	43.90
	给矿	100.00	7.52	100.0
80	尾矿	71.70	6.77	64.20
	精矿	28.30	9.56	35.80
	给矿	100.00	7.58	100.00
90	尾矿	61.20	6.19	52.20
	精矿	38.90	8.95	47.80
	给矿	100.00	7.27	100.00
110	尾矿	55.00	5.71	43.80
	精矿	45.00	8.98	56.20
	给矿	100.00	7.18	100.00

续表 5-89

十二胺用量/g·t^{-1}	产品名称	产率	B_2O_3品位	B_2O_3回收率
150	尾矿	41.50	5.07	29.90
	精矿	58.50	8.44	70.10
	给矿	100.00	7.04	100.00

根据表 5-89 浮选结果可以看出，随着十二胺用量的增加，硼镁石精矿的品位呈降低趋势，而回收率则呈上升趋势。因此，为确保硼精矿的品位，确定在后续试验中十二胺的适宜用量为 60g/t。

D　六偏磷酸钠用量试验

探索性试验表明，六偏磷酸钠对硼镁石的浮选具有较大影响，为了研究其对硼镁石精矿品位和回收率的影响，进行六偏磷酸钠不同用量试验。试验条件如下：十二胺的用量为 60g/t，矿浆温度为 25℃，试验结果见表 5-90。根据表 5-90 可知，随着六偏磷酸钠用量的增加（1～4kg/t），硼镁石精矿品位有升高的趋势，进一步升高六偏磷酸钠用量至 5kg/t 时，硼精矿品位开始降低；硼回收率在用量小于 2kg/t 时逐渐增加，超过 2kg/t 后则逐渐降低。综合考虑，适宜的六偏磷酸钠用量为 4kg/t。

表 5-90　六偏磷酸钠用量试验结果　　(%)

六偏磷酸钠用量/kg·t^{-1}	产品名称	产率	B_2O_3品位	B_2O_3 回收率
0	尾矿	89.70	6.58	85.30
	精矿	10.30	9.91	14.70
	给矿	100.00	6.92	100.00
1	尾矿	80.90	6.03	72.60
	精矿	19.10	9.66	27.40
	给矿	100.00	6.73	100.00
2	尾矿	79.60	6.00	69.40
	精矿	20.40	10.30	30.60
	给矿	100.00	6.88	100.00
3	尾矿	89.40	6.13	80.00
	精矿	10.60	12.99	20.00
	给矿	100.00	7.26	100.00
4	尾矿	92.80	6.32	86.20
	精矿	7.20	13.09	13.80
	给矿	100.00	6.80	100.00

续表 5-90

六偏磷酸钠用量 /kg · t^{-1}	产品名称	产率	B_2O_3品位	B_2O_3 回收率
5	尾矿	94.30	6.61	91.40
	精矿	5.70	11.61	8.60
	给矿	100.00	6.79	100.00

E 流程试验

根据条件试验结果确定的捕收剂和分散剂的种类和用量，进行流程试验。由于十二胺作捕收剂，浮选泡沫黏，不易破裂，精选比较困难，因此，试验采用分段浮选的方法进行，控制每次选别时的精矿产率不要过大，目的是要求精矿品位合格。通过探索性试验，确定试验条件和工艺流程，具体工艺流程如图 5-28 所示，试验结果见表 5-91。

表 5-91 分段浮选—磁选工艺流程选别结果 (%)

产品名称	产率	品位		回收率	
		TFe	B_2O_3	TFe	B_2O_3
硼精矿 1	13.10	16.38	15.20	5.60	26.30
硼精矿 2	9.80	17.73	14.00	4.60	18.10
硼精矿 3	8.20	17.65	13.50	3.80	14.40
铁精矿	54.50	58.52	4.50	83.60	18.20
硼精矿 4	14.40	6.06	12.10	2.40	23.00
给 矿	100.00	38.10	7.56	100.00	100.00

从试验数据结果可以看出，四种硼镁石精矿的品位分别 15.20%、14.00%、13.50%和 12.10%，都达到了碳碱法制备硼砂的给矿要求，三种精矿的回收率分别为 26.30%、18.10%、14.40%和 23.00%。试验获得的铁精矿品位和回收率分别为 58.82%和 83.60%，达到了分离硼、铁的试验目的。

矿石分选过程数质量流程如图 5-29 所示。由于原矿中 B_2O_3含量较高，为 7.56%，磁选尾矿（硼精矿 4）中 B_2O_3的含量也达到了 12.10%，满足硼化工生产的要求，因此将磁选尾矿与前三种硼精矿合并。合并后的硼精矿品位为 13.60%，B_2O_3的回收率达到了 71.80%，实现了硼铁矿石的无尾选矿。对于原矿 B_2O_3含量较低的硼铁矿石，可能需要丢弃一部分尾矿。

通过对硼铁矿石性质和分段浮选—磁选分离工艺的可行性试验，得到如下结论：

(1) 试验所用的矿石中 B_2O_3的品位为 7.33%，TFe 为 36.97%，矿石中的

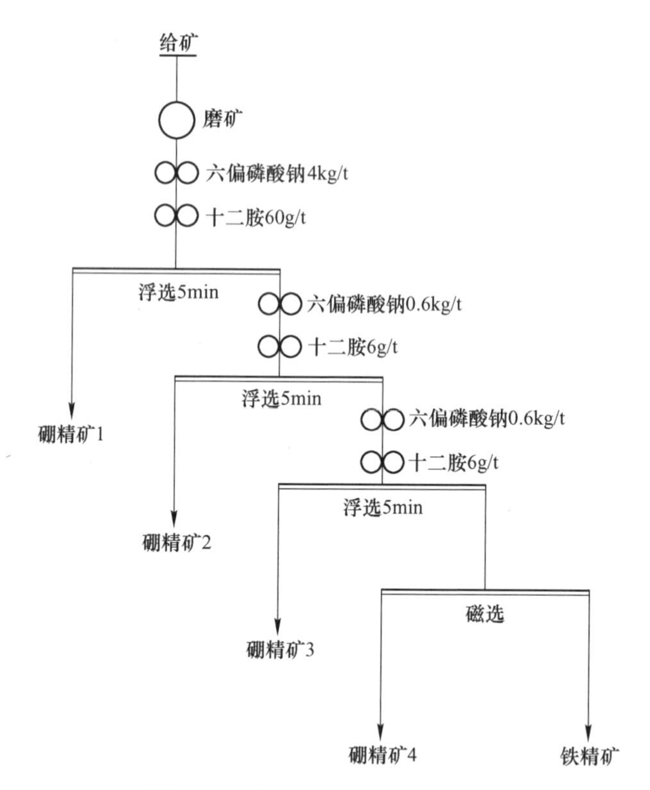

图 5-28　分段浮选—磁选工艺流程

P、S 含量分别为 0.026%、0.32%，属于典型的硼铁矿矿石。

（2）矿石的化学物相分析表明，矿石中硼以硼镁石形式存在的占有率为 74.76%，矿石中铁以磁铁矿形式存在的占有率为 92.36%，少量铁以磁黄铁矿形式存在，占有率仅为 0.03%，磁选过程中对磁铁矿精矿质量的影响小。

（3）矿石中的矿物组成主要有硼镁石、硼镁铁矿、磁铁矿；其他少量硫化矿物为黄铁矿及微量的磁黄铁矿；脉石矿物主要为蛇纹石，部分绿泥石及少量的方解石、白云石、石英等矿物。

（4）矿石中磁铁矿的粒度粗细不均，多数硼镁石的粒度细，常以微晶粒状集合体与磁铁矿和蛇纹石共生。原生的磁铁矿粒度较粗，由硼镁铁矿蚀变生成的细粒、微细粒磁铁矿与硼镁石之间的嵌布关系复杂。

（5）确定了细磨—分段浮选—磁选的工艺流程。主要工艺参数：调整剂六偏磷酸钠的用量为 4kg/t，捕收剂十二胺的用量为 60g/t。

（6）在磨矿细度为-0.043mm 粒级含量占 95%、给矿铁品位 38.10%、B_2O_3 含量 7.56%的条件下，经过浮选-磁选工艺得到 B_2O_3品位（13.60%）高于 12%的硼精矿回收率为 81.80%，得到的铁精矿 TFe 品位 58.52%，回收率为 83.60%。

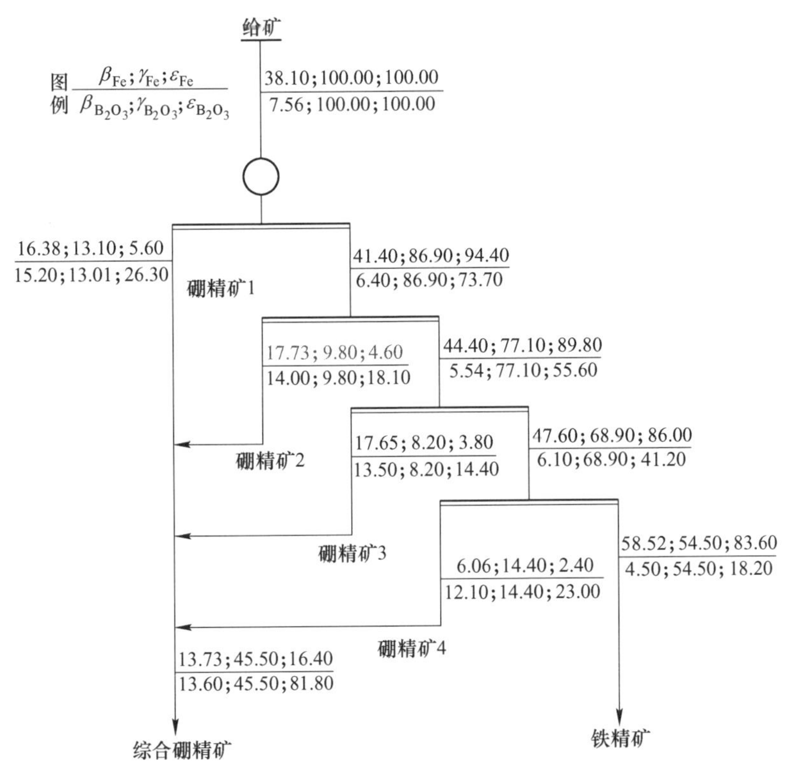

图 5-29 分段浮选—磁选工艺数质量流程

5.4 含铀硼铁矿的重选联合流程分离

硼铁矿石主要由磁铁矿、硼镁石、蛇纹石、硼镁铁矿、云母、磁黄铁矿等矿物组成，其中硼镁石、蛇纹石和云母均为轻矿物，密度在 3.0g/cm^3 以下；硼镁铁矿、磁铁矿和磁黄铁矿的密度介于 4.0~5.2g/cm^3 之间；而晶质铀矿密度达 10.2g/cm^3。铀矿物与其他矿物之间的密度差异较大，因此采用重选回收晶质铀矿是合理的。

辽宁凤城硼镁铁矿石中铀以晶质铀矿形态存在，主要与磁铁矿、硼镁石共生，多分布在 0.074mm 以下粒级中。晶质铀矿按照其产状以及与其他矿物的相互关系可分为 3 种：（1）主要呈不规则形状出现，往往被硼镁石-磁铁矿穿插交代；（2）部分呈细小颗粒以浸染状分布于蛇纹石中；（3）部分呈粒状，分布于破碎带中，粒度较粗。为验证重选是回收硼铁矿石中晶质铀矿的有效手段，许多单位开展了大量的研究工作。其中东北大学以硼铁矿石细磨—磁选尾矿作为原料，采用旋流器分级—螺旋溜槽粗选—摇床精选的重选方法回收其中的铀矿物，具体试验流程如图 5-30 所示。该流程通过水力旋流器分级去除大量密度相对较小的矿物，对旋流器的沉砂经螺旋溜槽粗选和摇床精选获得铀精矿。水力旋流器和螺旋溜槽具有处理量大、富集比高的特点，可以尽早抛弃大量尾矿，减少后续分选作业的处理量；摇床分选有利于获得品位较高的精矿。

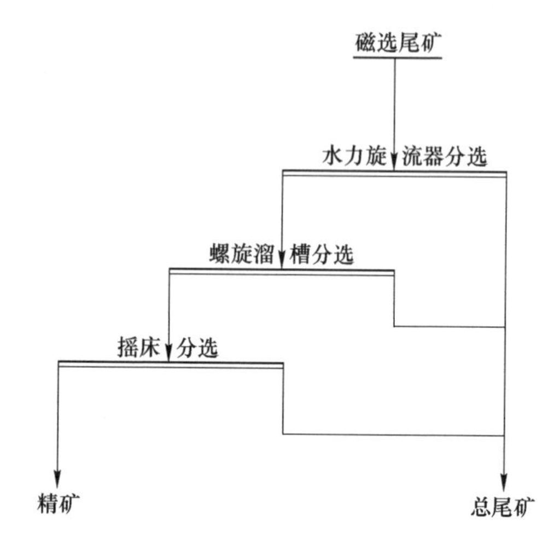

图 5-30　重选回收磁选尾矿中铀的工艺流程

原硼铁矿石经细磨—磁选工艺分选其中的磁铁矿后，剩余部分作为试验研究的入选原料。原料中除晶质铀矿外，其他主要矿物为硼镁石、硼镁铁矿、石英、蛇纹石、云母等，原料的主要化学成分分析结果见表 5-92。

表 5-92　原料的主要化学成分　　(%)

TFe	B_2O_3	U	SiO_2	Al_2O_3	CaO
11.34	9.86	0.0067	20.68	1.19	1.24
MgO	P_2O_5	TiO_2	K_2O	Na_2O	S
36.42	0.154	0.047	0.25	0.08	1.28

表 5-93 为水力旋流器分级选别试验结果，试验所用水力旋流器规格为 ϕ50mm，沉砂口直径为 5mm，溢流管直径为 18mm。

表 5-93　水力旋流器分选试验结果　　(%)

矿浆浓度	产品名称	产率	品位			回收率		
			U	TFe	B_2O_3	U	TFe	B_2O_3
5	溢流	27.06	0.0039	7.54	12.86	16.36	18.45	37.80
	沉砂	72.94	0.0074	12.36	7.85	83.64	81.55	62.20
	合计	100.00	0.0065	11.05	9.21	100.00	100.00	100.0

续表 5-93

矿浆浓度	产品名称	产率	品位			回收率		
			U	TFe	B_2O_3	U	TFe	B_2O_3
7	溢流	29.72	0.0036	7.25	12.65	17.06	19.23	40.31
	沉砂	70.28	0.0074	12.88	7.92	82.94	80.77	59.69
	合计	100.00	0.0063	11.21	9.33	100.00	100.00	100.0
10	溢流	33.26	0.0036	7.30	12.66	19.31	22.32	44.06
	沉砂	66.74	0.0075	12.66	9.01	80.69	77.68	55.94
	合计	100.00	0.0062	10.88	9.56	100.00	100.00	100.0
15	溢流	37.28	0.0037	7.35	12.36	21.89	25.02	46.80
	沉砂	62.72	0.0078	13.09	8.35	78.11	74.98	53.20
	合计	100.00	0.0063	10.95	9.84	100.00	100.00	100.0

由表 5-93 可以看出，对 4 种不同浓度的给料矿浆，旋流器溢流中的矿泥和沉砂的铀品位相差较小，而回收率和产率差别较明显。由于应用水力旋流器的目的之一是抛弃大量轻矿物，减少后续作业的处理量，因此，在综合考虑铀回收率前提下，确定水力旋流器分选适宜的给料矿浆浓度为 7%。

针对水力旋流器分级沉砂，采用螺旋溜槽进行重选粗选，分选结果见表 5-94。此外，试验所用螺旋溜槽的规格为 ϕ400mm，螺距为 300mm，螺旋圈数为 5 圈，给料矿浆流量为 4.32L/min，冲洗水流量为 4.08L/min。由表 5-94 可知，给料矿浆浓度在 15%~25%范围内时，螺旋溜槽分选效果差别较小，铀粗精矿品位和回收率相对稳定；当给料矿浆浓度达 30%时，铀粗精矿品位明显降低，此时矿物分带不及低浓度矿浆时明显。因此，确定螺旋溜槽分选的适宜给料矿浆浓度为 20%。

表 5-94 螺旋溜槽粗选试验结果 (%)

矿浆浓度	产品	产率		品位		回收率			
						U		B_2O_3	
		作业	总	U	B_2O_3	作业	总	作业	总
15	精矿	7.03	4.93	0.0640	10.86	60.20	50.08	9.48	5.74
	尾矿	92.97	65.16	0.0032	7.84	39.80	33.10	90.52	54.75
	给料	100.00	70.09	0.0075	8.05	100.00	83.18	100.00	60.49
20	精矿	7.15	5.00	0.0630	10.01	61.01	50.00	8.88	5.40
	尾矿	92.85	64.97	0.0031	7.96	38.99	31.97	91.12	55.43
	给料	100.00	69.97	0.0074	8.11	100.00	81.97	100.00	60.83

续表 5-94

矿浆浓度	产品	产率		品位		回收率			
						U		B_2O_3	
		作业	总	U	B_2O_3	作业	总	作业	总
25	精矿	7.36	5.16	0.0610	10.12	61.77	49.96	9.37	5.60
	尾矿	92.46	64.89	0.0030	7.78	38.23	30.9	90.63	54.11
	给料	100.00	70.05	0.0073	7.95	100.0	80.86	100.00	59.71
30	精矿	8.59	6.03	0.0520	9.59	61.19	49.77	10.40	6.20
	尾矿	91.41	64.17	0.0031	7.76	38.81	31.58	89.60	53.37
	给料	100.00	70.20	0.0073	7.92	100.00	81.35	100.00	59.57

为进一步提高螺旋溜槽分选精矿中铀的含量，采用摇床进行精选，试验结果见表 5-95。试验用摇床为规格 1750mm×750mm 的刻槽弹簧摇床，通过不断调整摇床的各工作参数，观察床面矿物分带情况，最终确定摇床分选的试验条件：冲程为 10mm，冲次 444 次/min，倾角为 0.5°，给矿量为 0.2kg/min，冲洗水流量为 1.4L/min。由表 5-95 可以看出，摇床分选效果较好，铀矿物集中富集在精矿中，铀精矿品位和作业回收率分别达到 0.216%和 86.46%，损失于尾矿中的铀仅为 2.90%，因此，摇床适用于回收该矿石中的铀矿物。

表 5-95　摇床精选试验结果　（%）

产品名称	产　率		品　位		回收率			
					U		B_2O_3	
	作业	总	U	B_2O_3	作业	总	作业	总
铀精矿	25.84	1.30	0.216	7.86	86.46	44.57	20.79	1.10
铀中矿	38.16	1.92	0.018	10.99	10.64	5.49	42.94	2.26
尾矿	36.00	1.81	0.0052	9.84	2.90	1.49	36.27	1.91
给料	100.00	5.03	0.065	9.77	100.00	51.55	100.00	5.27

综合水力旋流器、螺旋溜槽和摇床分选的结果，将各分选作业尾矿合并作为总尾矿（图 5-30），计算得出该重选开路流程分选的最终指标，见表 5-96。由表 5-96 可以看出，铀精矿品位较高，但回收率较低。通过显微镜观察发现，在螺旋溜槽作业尾矿中存在一定量的未解离的晶质铀矿。因此，解离度低是造成选别指标不理想的根本原因。

表 5-96 旋流器分级—螺旋溜槽—摇床分选流程结果 (%)

产品名称	产率	品位			回收率		
		U	TFe	B_2O_3	U	TFe	B_2O_3
铀精矿	1.30	0.216	52.02	7.86	44.24	6.02	1.09
铀中矿	1.92	0.018	47.36	10.99	5.44	8.11	2.26
总尾矿	96.78	0.0033	9.96	9.32	50.32	85.87	96.65
给矿	100.00	0.0063	11.21	9.33	100.00	100.00	100.00

5.4.1 磁—重—分级联合流程

图 5-31 所示为硼铁矿石磁选—重选—分级原则流程。该流程的主要特点是阶段磨矿阶段选别一般采用三段磨矿、三段磁选，其中一段磨矿细度为-0.074mm粒级占 60%~65%；二段磨矿细度为-0.074mm 粒级占 95%；第三段磨矿粒度为-0.045mm 粒级含量占 95%。当原矿铁矿品位 TFe 为 32.53%，B_2O_3品位为 6.23%、铀含量为 0.0056%时，采用此流程的分选结果是铁精矿中铁品位 TFe 61.21%，硼精矿 B_2O_3品位 13.72%，铀精矿中铀 U 含量为 0.197%；回收率分别为 84.51%、60%和 46.27%，实现了含铀硼铁石的综合利用。

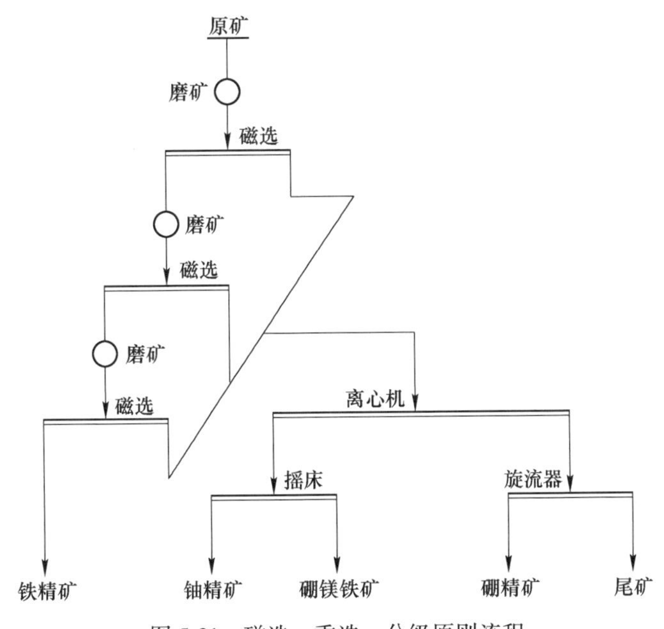

图 5-31 磁选—重选—分级原则流程

该流程充分利用磁铁矿与其他矿物的磁性差异，采用弱磁选优先将磁铁矿分离出来；利用磁选尾矿中晶质铀矿与其他矿物的密度差异，采用离心机进行重选粗选，重选粗选精矿采用摇床进行重选精选，重选精矿作为铀精矿，精选尾矿作为硼精矿（主要成分为硼镁铁矿）；根据硼镁石性脆易碎易泥化的特点，针对离心选矿机分选尾矿采用水力旋流器分级获得的溢流作为硼精矿，沉砂作为尾矿。

5.4.2　磁—重—浮联合流程

图 5-32 所示为硼铁矿石磁选—重选—浮选原则流程。该流程同磁—重—分级流程基本类似，只是将分级作业改为浮选作业，第三段磨矿粒度一般为 -0.045mm粒级含量占 96%。当原矿中 TFe 品位为 27.40%、B_2O_3品位为 5.21%、铀含量为 0.0047%时，采用此流程的分选结果是铁精矿中铁品位 TFe 60.40%，硼精矿 B_2O_3品位 13.74%，铀精矿中铀 U 含量为 0.18%；回收率分别为 84.24%、51.04%和 44.48%，实现了含铀硼铁石中铁、硼、铀的综合回收。

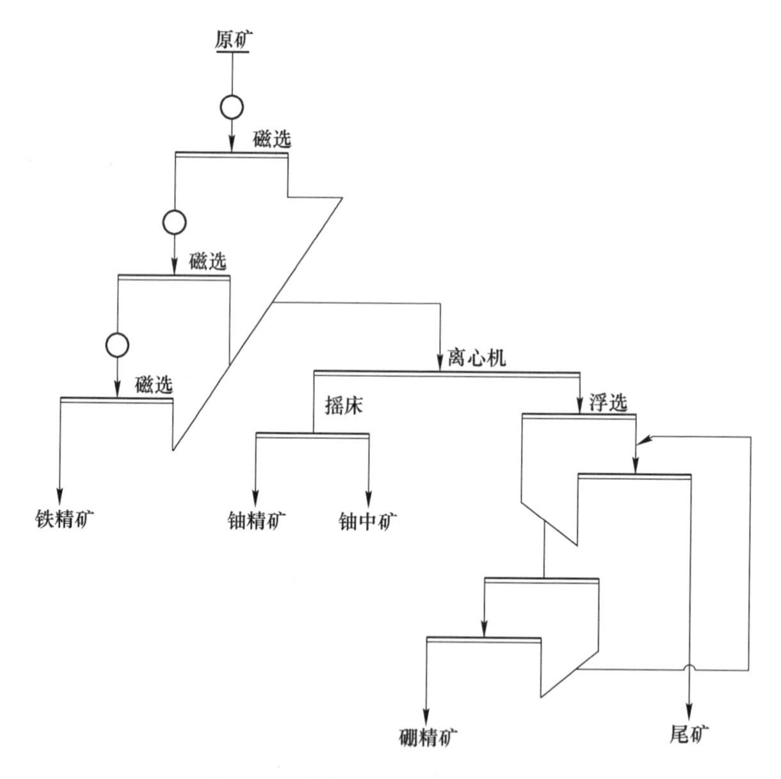

图 5-32　磁选—重选—浮选原则流程

另外，有研究表明：凤城县翁泉沟含铀铁硼矿在磨矿细度-38μm 占 94%的条件下，采用磁—浮—重联合流程选别，即采用阶段磨矿阶段磁选回收铁，磁选尾矿浮选回收硼，浮选尾矿重选回收铀的流程，最终得到品位为 65% TFe、回收率 89%的铁精矿，品位为 27% B_2O_3、回收率 76%的硼精矿，以及品位为 0.154% U、回收率 44%的铀精矿。

5.4.3 重—磁—重联合流程

图 5-33 所示为硼铁矿石重选—磁选—重选原则流程。该流程同磁—重—分级流程基本类似，只是将分级作业改为浮选作业，第三段磨矿粒度一般为 -0.045mm粒级含量占 96%。当原矿铁矿品位 TFe 为 27.40%、B_2O_3品位为 5.21%、铀含量为 0.0047%时，采用此流程的分选结果是铁精矿中铁品位 TFe 60.40%，硼精矿 B_2O_3品位 13.74%，铀精矿中铀 U 含量为 0.18%；回收率分别为 84.24%、51.04%和 44.48%，实现了含铀硼铁石中铁、硼、铀的综合回收。但该工艺流程比较复杂，操作和管理上难以达到生产要求。

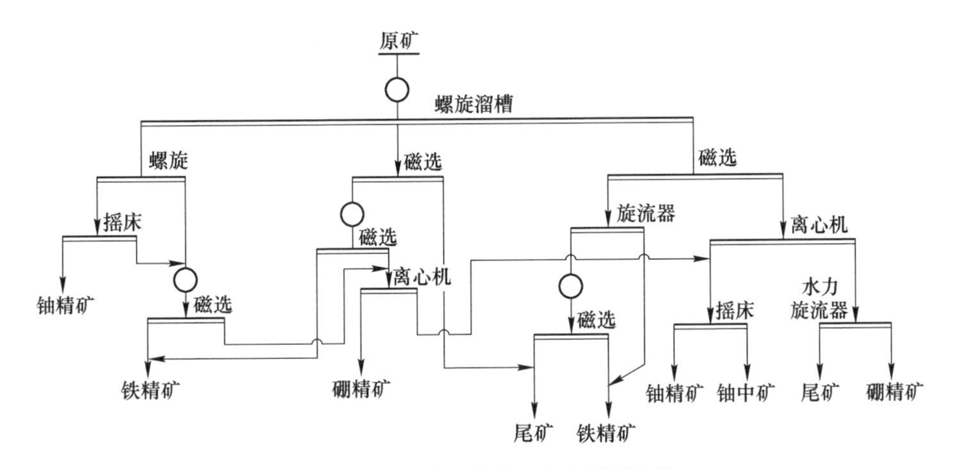

图 5-33 重选—磁选—重选原则流程

5.5 硼铁矿选矿实例

5.5.1 硼铁矿选矿生产实践概述

硼铁矿石的共同特点是纤维状硼镁石和磁铁矿系由硼镁铁矿分解而来，嵌布粒度细，共生关系复杂，要使有用矿物、脉石矿物彼此单体解离，必须根据不同矿区硼镁石、磁铁矿等有用矿物的具体嵌布粒度进行不同程度的磨矿，为机械物理选矿进行硼铁分选提供必要的前提条件。

凤城灯塔硼铁矿选矿厂曾采用阶段磨矿—阶段磁选—粗细分级的方法（具体选别流程见图 5-34），即将原矿破碎至 75mm 以下，通过干式磁选将非磁性脉石抛除；对经预选抛尾后的矿石再细碎进入一段球磨机，将矿石磨碎到适当细度，矿石经湿式弱磁场磁选机磁选，将矿石分选为磁性部分和非磁性部分；磁性部分经二段球磨后用湿式弱磁选机磁选，非磁性部分采用水力旋流器将以硼镁石为主要矿物的硼精矿和脉石分离。具体分选结果见表 5-97。

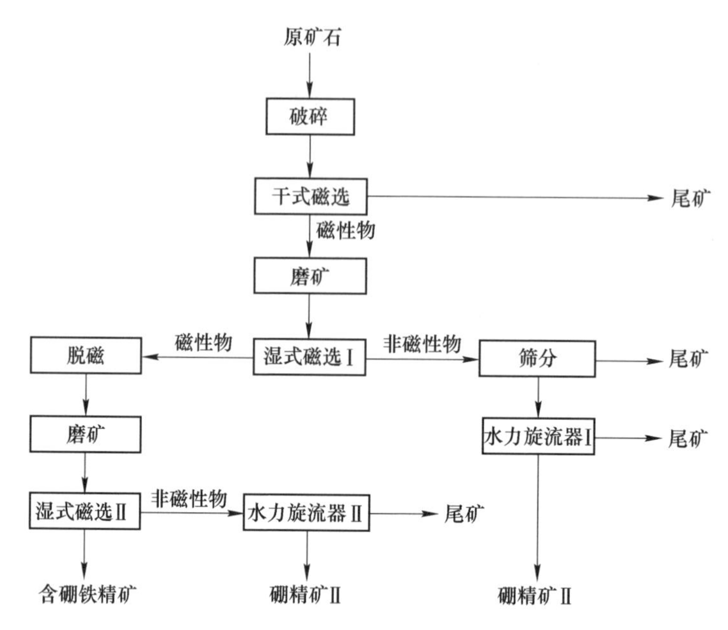

图 5-34　阶段磨矿—阶段磁选—粗细分级选别流程

表 5-97　硼铁矿石阶段磨矿—阶段磁选—粗细分级产品化验结果　　（%）

项目	TFe	B_2O_3	SiO_2	Al_2O_3	MgO	CaO	S	U
原矿	25.20	8.40	19.82	1.11	27.04	1.30	0.70	0.0272
硼精矿	5.67	13.13	25.67	0.42	42.8	0.12	—	0.0018
铁精矿	55.86	5.24	3.04	0.10	10.21	0.05	0.78	0.00075
尾矿	3.90	1.34	48.73	—	21.89	—	—	0.046

2000 年，凤城市某企业利用凤城原硼镁矿浮选厂房通过改造建设成年处理能力 10 万吨矿石的硼铁矿选矿厂。选矿厂生产两种产品：含硼铁精矿和硼精矿。其中铁精矿含 Fe 品位为 53%，含 B_2O_3品位为 5.5%～6%，作为硼添加剂销售给省内几家钢铁厂；硼精矿含 B_2O_3品位为 11%左右，经过造块后销售给当地硼砂厂。

原矿石（<350mm）来自凤城地区马家西沟、暖和堡、东台子、翁泉沟等几个矿点，用汽车运输到厂区。矿石进入原矿仓后经过两段开路破碎（第一段为 1 台 400mm×600mm 颚式破碎机，第二段为 2 台 150mm×750mm 颚式破碎机），使破碎产品粒度小于 25mm。

破碎产品进入主厂房进行选别，选别流程分为阶段磨矿—阶段磁选—细筛—水力旋流器（Ⅰ型选矿流程）以及阶段磨矿—阶段磁选（Ⅱ型选矿流程）两个系列，具体工艺流程如图 5-35 所示。其中，一段磨矿采用 ϕ1800mm×3000mm 溢

流型球磨机和 ϕ1200mm 高堰式螺旋分级机，二段磨矿采用 1 台 ϕ1500mm×5700mm 磨矿机。一段磁选采用 ϕ750mm×1800mm 半逆流型筒式磁选机，二段磁选采用串联式的半逆流型筒式磁选机，它的后面是 1 台 ϕ160mm 上磁系型的磁力脱水槽，水力旋流器直径为 50mm，浓缩磁选机采用的是半逆流型筒式磁选机。选出的含硼铁精矿用泵输送到厂外露天堆放场，硼精矿经过沉淀池浓缩后输送到附近砖厂干燥后制砖造块。

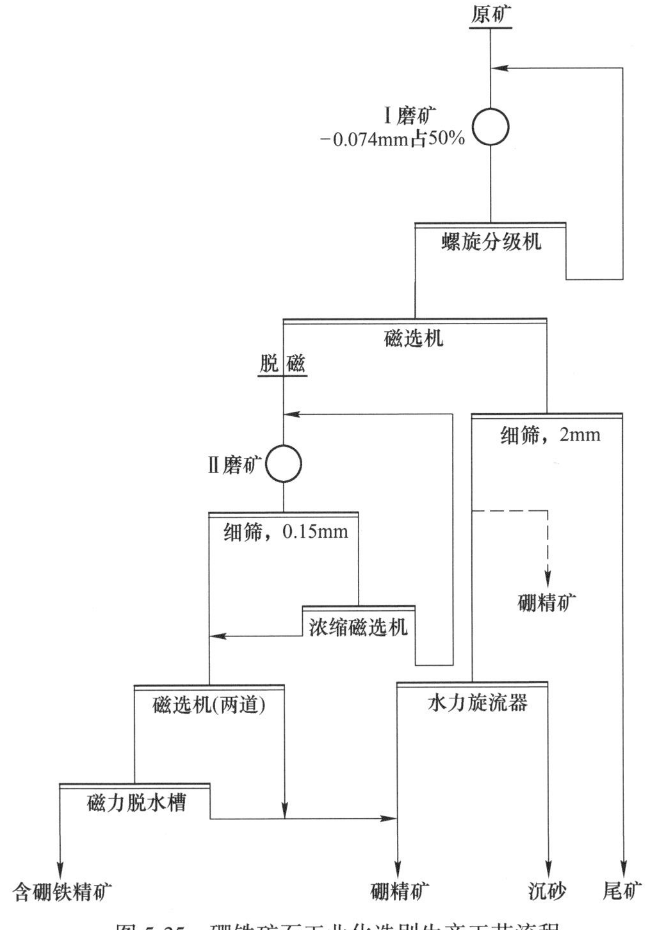

图 5-35 硼铁矿石工业化选别生产工艺流程

选别低硼品位的暖和堡矿点硼铁矿石和中硼品位的翁泉沟矿段边缘的硼铁矿石采用Ⅰ型选矿流程。一段磁选后细筛筛上产品作为尾矿弃掉，而水力旋流器沉砂，如含 B_2O_3品位较低（<4%），就弃掉；如较高（7%左右）则暂存，有机会就掺杂到品位较高的硼精矿中（混合物含 B_2O_3品位达到 11%）；选别东台子和马家西沟等矿点的中硼品位的硼铁矿石（也有高硼品位的，含 B_2O_3品位大于 9%），采用Ⅱ型选矿流程。铁精矿产率约为 46%，硼精矿产率约为 54%。生产实践证

明，采用的选矿流程对矿石可选性适应性强。

5.5.2　辽宁首钢硼铁有限责任公司生产实践

辽宁首钢硼铁有限责任公司是由北京首钢矿业投资有限公司、辽宁东方测控集团有限公司、中核集团金原铀业有限责任公司和辽宁凤城市黄金（集团）公司四方共同出资的采、选、铀水冶、硼化工联合企业。注册资金人民币 2 亿元，2004 年 4 月在辽宁省凤城市注册成立。2006 年被列为辽宁省重点建设项目之一。公司坚持“以硼为主，综合利用”的原则，总投资人民币 21 亿元，对该项目进行了开发。其中一期建设投资 15 亿元，现生产规模为年采选硼铁矿 270 万吨，其中年产含硼铁精矿 110 万吨、硼精矿 65 万吨。

公司选厂现生产流程主要分为破碎—粗粒预选抛尾和阶段磨矿—阶段分选，其中破碎—粗粒预选抛尾流程如图 5-36 所示。由图 5-36 可知，硼铁矿石经过三段一闭路破碎—筛分流程后进高压辊磨机进行超细碎，细碎至-5mm 后进行弱磁预选（含粗选和扫选），提前抛掉部分已经解离了的脉石，降低矿石的入磨量，提高产能。尤其是现场通过增加高压辊磨后，选厂由原先的年处理能力 200 万吨提高至 270 万吨，极大地提高了选矿厂的处理能力，降低了生产成本，为企业的增产提效提供了技术支持。

预选精矿经过水力旋流器预先分级，沉砂进入一段球磨机，一段球磨机与水力旋流器构成闭合磨矿回路，旋流器溢流进行一段磁选（含弱磁粗选和筒式强磁扫选，弱磁选尾矿通过筒式强磁选机扫选回收未单体解离的铁矿物），一段磁选尾矿经过水力旋流器分级分选获得的沉砂作为尾矿丢弃，溢流经过矿砂摇床分选获得铀精矿、中矿和硼粗精矿，中矿返回二段球磨再磨系统，硼粗精矿经过水力旋流器精选后获得硼精矿；一段磁选精矿给入高频振动细筛，筛下产品经水力旋流器分级后获得沉砂和溢流产品，溢流产品经过磁选（两道磁选）获得磁选精矿，其中一道磁选尾矿再经两道磁选后获得铁精矿，二道磁选尾矿返回高频振动筛；筛上产品经浓缩磁选后进入二段磨机再磨，并与高频振动筛构成闭合回路，振动筛下产品经水力旋流器分级后的沉砂再进入另一水力旋流器分级，获得的沉砂产品经过三段磨机细磨，并与水力旋流器构成闭合回路，溢流产品经过磁选（两道磁选，一道磁选尾矿进入重选，二道磁选尾矿返回高频振动筛）获得铁精矿，一道磁选尾矿经水力旋流器分选后，沉砂经过矿泥摇床分选获得铀精矿、中矿和硼粗精矿，中矿返回二段球磨系统，硼粗精矿与旋流器溢流产品经斜板浓密后进立环高梯度磁选机磁选，获得铁精矿和硼精矿，具体工艺流程如图 5-37 所示。

实践生产数据表明，在原矿含 TFe 26.7%、B_2O_3 5.5%及 U 0.005%的条件下，经上述流程处理后，可获得铁精矿含铁 52%～55%、B_2O_3 5%～6%的含硼铁

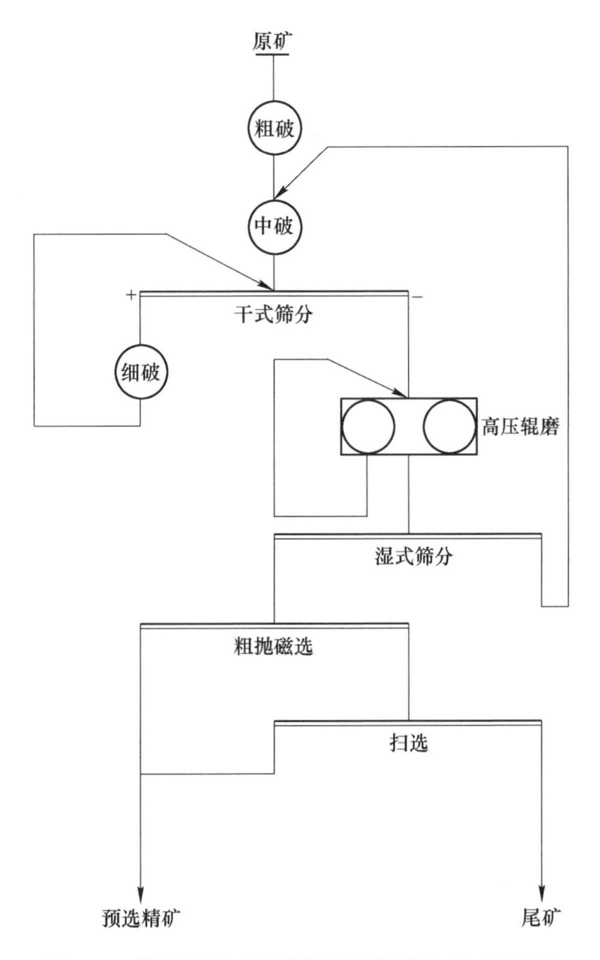

图 5-36 首钢硼铁矿石粗粒预选抛尾生产工艺流程

精矿、含 U 0.1%的铀精矿以及含 $B_2O_3 \geqslant 12.10\%$的硼精矿。其中，铁的回收率约 86%、硼的回收率约 30%、铀的回收率约 45%，尾矿中 B_2O_3含量偏高，达 5%~6%，与原矿中 B_2O_3的含量相当。因此，强化磁选尾矿中硼的高效回收是一项迫切的科研任务。

由于所生产的含硼铁精矿含 MgO 较高，含 SiO_2较低，可作为添加剂广泛用于球团、烧结矿生产。国内鞍钢、武钢、首钢、建龙钢铁、燕山钢铁等实践证明，配加含硼铁精粉不仅可以提高产品质量性能，而且能起到节能减排的作用，有着明显的经济和社会效益。

5.5.3 凤城化工集团有限公司生产实践

凤城化工集团有限公司地处中国最大的边陲城市—丹东市西北 57km 处的凤

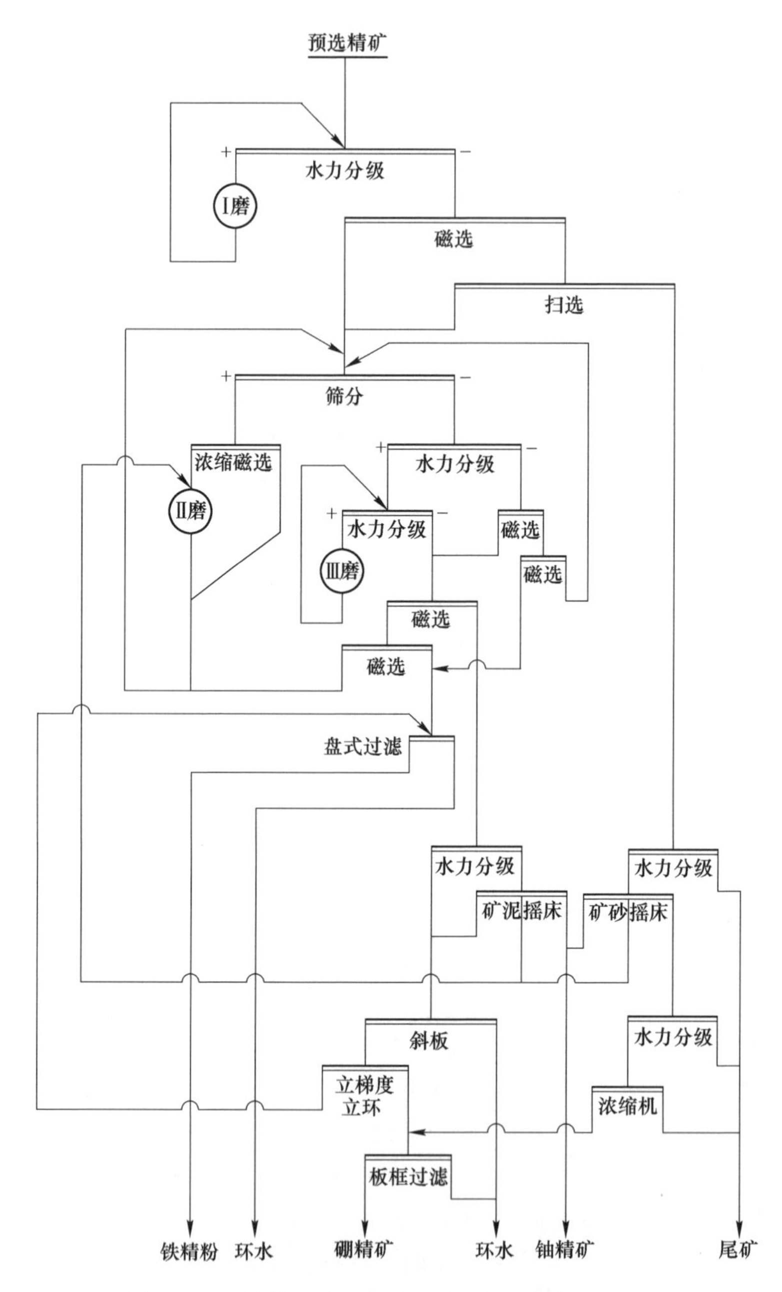

图 5-37　预选精矿阶段磨矿—阶段分选生产工艺流程

城市内，始建于 1958 年，现在已跨入国家中型企业的行列，连续多年被原化工部命名为“全国化肥生产先进企业”，是凤城市最大的工业企业，丹东地区最大的化工企业之一，也是中国最重要的“硼母体”产品生产基地；是集硼矿开采、选矿和生产硼系列产品、化肥系列产品为主的工业企业，固定资产净值超过 2.2 亿元。集团下设三个生产厂、三个子公司和一个研究所。主要产品有：年产含硼铁精矿 23 万吨、硼精矿 8.5 万吨，硼砂 10 万吨，硼酸 1.1 万吨，其中硼砂和硼酸的产量分别占全国总产量的 30%和 10%

凤城化工集团有限公司多年来一直坚持“以硼为主”的开发原则，走循环经济路线，倡导资源开发综合利用，在硼镁铁矿石开发综合利用方面取得了优异的成绩，其核心技术如硼铁分离技术、硼精粉闪速煅烧技术及其余热回收技术都具有技术尖端、工艺先进的特点。凤城化工集团有限公司目前的矿山选厂处理能力为 50 万吨/年，其将对国内硼化工行业的发展及硼铁资源开发综合利用起到举足轻重的作用。

根据相关资料，凤城化工集团有限公司现处理的硼铁矿石的化学成分分析见表 5-98。采用表 5-98 所示原料，采用阶段磨矿—阶段磁选—水力旋流器分级分选工艺流程（图 5-38），可获得 TFe 51.6%、B_2O_3 4%的含硼铁精矿，及含 $B_2O_3$16%的硼精矿。其中铁的回收率为 82.3%，硼的回收率为 37.9%，尾矿中 B_2O_3含量偏高，达 7.1%。因此，强化磁选尾矿中硼的回收是提高硼回收率的唯一途径。由于矿石中 U 的含量仅为 0.0006%，含量较低，满足《电离辐射防护与辐射安全基本标准》（GB 18871—2002）豁免限值要求，因此没有综合回收。

表 5-98 原矿的化学多元素分析结果 （%）

元素	TFe	B_2O_3	SiO_2	Al_2O_3	MgO	CaO	S	U
含量	28.70	7.23	17.82	1.06	26.04	1.30	0.70	0.0006

如图 5-38 所示，该公司所用原料硼铁矿石（0~1000mm）取自翁泉沟东台子矿区，该矿山矿石堆放场距选矿厂车间距离较短，即产即运，选矿厂不设矿石堆放场。原矿通过装载机给入颚式破碎机进行一次破碎，出料（最大力度 10mm）通过皮带运输机给入圆锥破碎机进行二次破碎，破碎后合格矿进入料仓，不合格矿返回二段破碎再破；经破碎后的硼铁矿首先经给料机进入一段球磨机磨矿（0.5~0.3mm），然后进入分级机分级。通过分级机分级后，不合格矿返回一段球磨机再磨，合格产品进入一级磁选机进行一级磁选。通过一次磁选机下来的磁选精矿经高频细筛预选筛分后，筛下产品经过二级磁选、三级磁选和四级磁选获得合格铁精矿；高频振动筛上的产品经二段磨矿后（0.3~0.1mm）返回高频筛构成闭路磨矿；一级磁选、二级磁选、三级磁选和四级磁作业所产生的尾矿（粗硼精矿）经过水力旋流器分级分选后获得硼精矿（溢流）和尾矿渣，尾矿渣用来填充东台子矿井下的采空区，实现无尾外排。

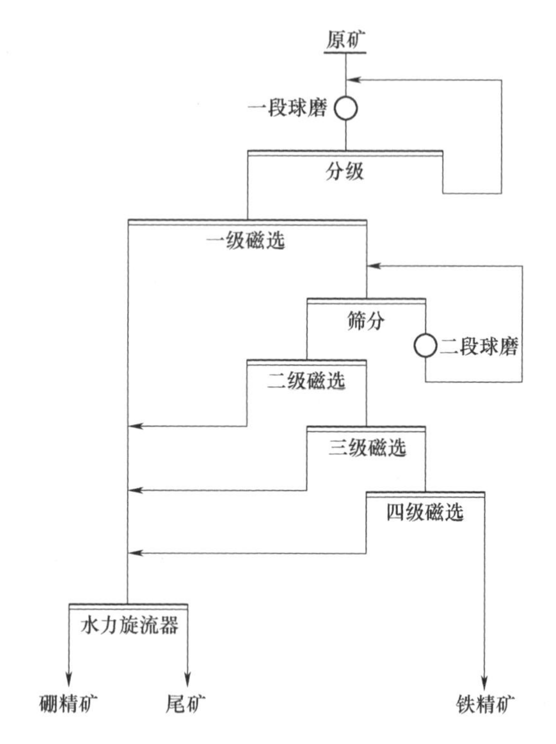

图 5-38　凤化集团硼铁矿 50 万吨/年生产工艺流程

参 考 文 献

[1] 李艳军. 硼铁矿的浮选分离研究[D]. 沈阳：东北大学，2006.

[2] 张丽清，袁本福，刘志国，等. 低品位硼铁矿中硼镁铁的共提取[J]. 高校化学工程学报，2014，28(4)：725~730.

[3] 于长水. 硼铁矿的选矿技术[J]. 辽宁化工，2014，43(2)：193~197.

[4] 于长水. 硼铁矿开发研究[J]. 辽宁化工，2014，43(1)：42~46.

[5] 曹钊，曹永丹，桂富. 硼铁矿资源开发利用研究现状及进展[J]. 矿产综合利用，2013(2)：17~20.

[6] 杨克勤，刘茂生，于永坤. 低品位硼铁共生矿石选矿试验研究的新进展[J]. 矿产综合利用，1987(4)：76~81.

[7] 余建文，高鹏，祝昕冉，等. 含硼铁精矿综合利用研究进展[J]. 矿产综合利用，2014(6)：1~5.

[8] 刘双安. 凤城硼铁矿石选矿试验研究[J]. 金属矿山，2007(5)：47~50.

[9] 连相泉，王常任. 凤城硼铁矿石的选矿试验研究[J]. 化工矿山技术，1997(4)：12~14.

[10] 杨克勤，刘茂生，于永坤. 低品位硼铁共生矿石选矿试验研究的新进展[J]. 矿产综合利

用，1987(4)：76~81.

[11] 张涛，梁海军，薛向欣. 辽宁凤城含铀硼铁矿分选研究[J]. 矿产综合利用，2009(5)：3~7.

[12] 张涛，梁海军，薛向欣. 辽宁凤城硼铁矿硼镁石矿物浮选分离研究[J]. 有色矿冶，2009，25(4)：26~31.

[13] 张涛，梁海军，薛向欣. 重选回收辽宁凤城硼铁矿中铀矿物研究[J]. 铀矿冶，2009，28(1)：1~4.

[14] 曾邦任. 辽宁硼铁矿选矿研究[J]. 辽宁冶金，1989(2)：30~45.

[15] 任祥俭. 某硼镁铁型硼矿的化学选矿[J]. 矿产综合利用，1992(4)：48~51.

[16] 赵庆杰，何长清，王常任，等. 硼铁矿磁选分离综合利用新工艺[J]. 东北大学学报，1996(6)：12~16.

[17] 赵庆杰，王常任. 硼铁矿的开发利用[J]. 辽宁化工，2001(7)：297~299.

[18] 徐佩利. 试谈硼铁矿的浮选分离选矿技术[J]. 中国资源综合利用，2018，36(2)：188~190.

6 硼铁矿浮选分离基础

硼铁矿选矿生产实践与试验结果表明,由于硼铁矿床矿物种类多、共生紧密、结晶粒度细，采用单一磁选、重选、分级或者它们的联合流程的分选工艺选别效果不佳（硼的回收率只有 30%～40%），浮选是获得高品位、高回收率硼精矿的有效途径。目前，我国针对硼铁矿选矿的研究主要集中在分选工艺方面，关于硼铁矿分选的基础研究十分缺乏。因此，开展微细粒硼镁石的浮选回收理论研究是实现硼铁矿石高效综合利用的基础。

6.1 矿物表面及晶体化学特性研究

矿物的化学组成及物质结构是影响矿物可浮性的重要因素，晶体结构的差异不仅影响着矿物颗粒内部的性质，也将导致矿物表面化学性质有所差异。在矿物解离后，晶胞表面将暴露出新的原子，也会导致矿物表面荷电性质发生变化。矿物在水中受到溶剂的作用以及自身发生溶解，将导致矿物表面荷电状态发生改变，并与溶液内部产生电位差，这种界面两侧带有异种电荷的体系被称为双电层。理论研究与生产实际都表明，矿物表面荷电情况对矿物可浮性具有重要影响。

本节着重探讨硼镁石、蛇纹石以及磁铁矿的晶体结构特征和表面形貌特征，考察不同条件下蛇纹石、硼镁石的表面溶解特性，并对蛇纹石、硼镁石表面荷电机理进行分析。该研究对研究矿物表面与药剂相互作用，以及深入认识矿物表面电性与矿物可浮性之间的关系具有重要意义。

6.1.1 矿物晶格结构特性分析

6.1.1.1 蛇纹石晶格结构特性分析

蛇纹石是一种富镁硅酸盐矿物，理论化学式为 $Mg_6[Si_4O_{10}](OH)_8$，其中 MgO、SiO_2、H_2O 的理论含量分别为 43.6%、43.6%、13.1%，结构中部分 Mg^{2+} 可被 Fe^{2+}、Ni^{+}、Mn^{2+}、Cr^{3+}取代。蛇纹石晶体属于单斜晶系，晶格常数为 $a=b=0.53273nm$，$c=0.72604nm$，$\alpha=\beta=90°$，$\gamma=120°$，蛇纹石晶格结构如图 6-1 所示。蛇纹石理想结构是由复合层组成，每个复合层有两种结构，即结构单元层由硅氧四面体的六方网层与氢氧镁石的八面体层按 1∶1 结合而成。硅氧四面体结构连接成网状（Si_2O_5）$_n$，且所有硅氧四面体均朝向同一方向，与氢氧镁石层相连；氢氧镁石层结构主要由 $Mg\text{-}O_2(OH)_4$组成，每三个羟基中有两个被硅氧四面体角顶的活性氧替代。此外，蛇纹石晶胞内的硅氧四面体层与氢氧镁石层的大小不同，前者为 0.50nm×0.87nm，后者为 0.54nm×0.93nm。这种情况使得蛇纹石结构常出现偏离原来简单结构的情况，导致形态和结构上的差异，单元层结构之间相互堆叠时，也可产生各种有序或无序的堆砌，形成蛇纹石多型。为了补偿基本结构层间不相适应的情况，常发生以下三种情况：（1）四面体结构中的 Si 原子被较大的原子替代，而在八面体层结构中 Mg 离子被较小的离子替代；（2）使八面体层与四面体层变形，通过增强层间作用力以保持平衡；（3）结构单元层弯曲，使得八面体层居外，四面体层居内。蛇纹石矿物常以上述三种方式单独或混合出现。

有研究表明，蛇纹石四面体层结构中原子间主要以共价键相互作用，而八面体层结构中主要是离子键的作用，四面体层结构与八面体层结构之间则通过离子键连结，并且比八面体内的离子键还要弱。因而在蛇纹石的断裂面上主要存在不饱和的 Si—O—Si、O—Si—O、Mg—OH 等，这些具有不饱和键的基团构成了蛇纹石的活性基团。

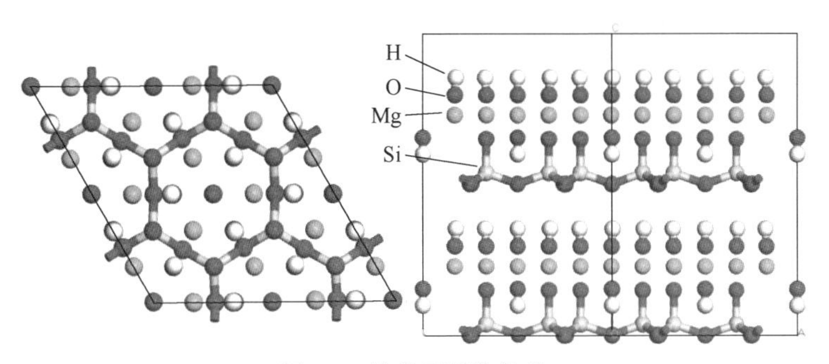

图 6-1 蛇纹石晶格结构

6.1.1.2 硼镁石晶格结构特性分析

硼镁石是一种重要的硼酸盐矿物，但是有关其晶格结构的研究还不是很深入。硼镁石理论化学式为 $Mg_2[B_2O_4(OH)](OH)$，其中含 MgO 47.92%，含 $B_2O_3$41.38%，含 H_2O 10.70%。硼镁石晶体属于单斜晶系，晶格参数为：$a=1.250$nm，$b=1.042$nm，$c=0.314$nm，$\beta=95°40'$，沿 c 轴延伸，（110）面解理完全，沿（100）、（010）和（001）面解离不完全，硼镁石晶格结构如图 6-2 所示。在硼镁石结构中，骨干结构由两个共角顶的双三角形结构组成，其晶体结构表达式为：

```
⎡ H—O           O ⎤3−
⎢     \        /  ⎥
⎢      B—O—B      ⎥
⎢     /        \  ⎥
⎣    O          O ⎦
```

其中一个硼氧三角形结构与羟基相连，并且在这种硼氧双三角形结构中，两个硼氧三角形并不在同一平面中，彼此间有较大的扭曲。

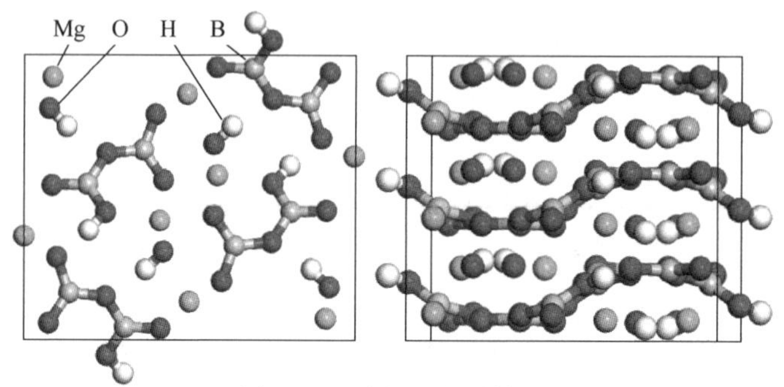

图 6-2　硼镁石晶格结构

镁原子在硼镁石结构中形成八面配位体，镁氧八面体沿 c 轴共棱形成柱状结构，侧面再以共棱、共角顶的方式相连。此外，在硼镁石结构中可见两种不同的羟基，一种羟基与 Mg 原子相连，另一种与 B 原子相连。前者主要为离子键的作用，后者则主要是共价键的作用。硼镁石结构沿（001）面呈层状结构，因此硼镁石硬度低，结构易被破坏。由于 Mg—OH 结构中离子键作用弱，B—O 结构以及 B—OH 结构中共价键作用强，所以在其结构被破坏后，价键断裂，硼镁石表面将暴露出大量 Mg^{2+}、—OH 以及少量的硼酸根。同蛇纹石一样这些具有不饱和键的基团构成了硼镁石的主要活性基团。

6.1.1.3　*磁铁矿晶格结构特性分析*

磁铁矿是一种常见的强磁性矿物，其化学成分为 Fe_3O_4，FeO 含量 31.03%，Fe_2O_3含量 69.97%，磁铁矿属于等轴晶系，其晶格常数为 $a=b=c=0.840$nm，$\alpha=\beta=\gamma=90°$。Fe_3O_4是由 Fe^{2+}、Fe^{3+}、O^{2-} 通过离子键而组成的复杂离子晶体，其晶格结构如图 6-3 所示。

磁铁矿原子间的排列方式与尖晶石构型相仿，属于倒置尖晶石型结构。因此探讨磁铁矿表面结构之前，可先研究尖晶石的晶体结构。尖晶石属于 AB_2O_4型多元离子晶体，其中 A 为二价金属离子，B 为三价金属离子，晶体的基本结构是由 O^{2-} 按立方密堆积排列起来的，而 A、B 等阳离子填充在阴离子间的空隙中。二价阳离子 A 填充 1/8 四面体空隙，三价阳离子 B 填充 1/2 八面体空隙，配位四面体和八面体以共角顶方式相连。磁铁矿为倒置尖晶石型晶体结构，Fe^{2+} 填充半数八面体空隙，Fe^{3+} 填充剩下的半数八面体空隙和全部四面体空隙。该现象可通过

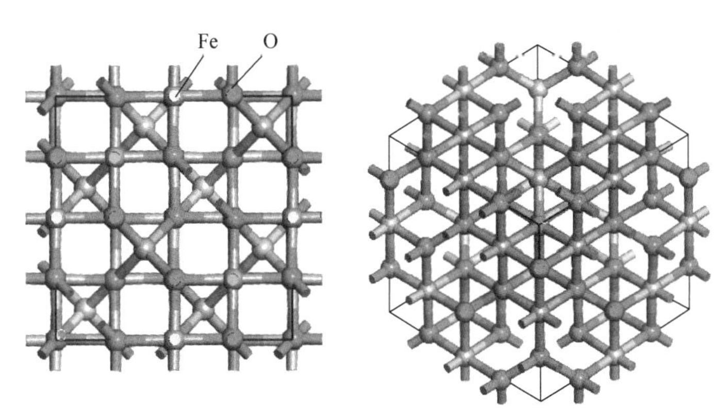

图 6-3 磁铁矿晶格结构

晶体场理论来解释，过渡元素离子由于受到配位体的静电作用，原来简并的 d 轨道发生能级分裂，即产生晶体场效应。磁铁矿中的 Fe^{2+} 的八面体位置优先能比 Fe^{3+} 大得多，因此 Fe^{2+} 优先占据八面体配位位置，而 Fe^{3+} 只能进入到四面体配位位置以及剩余的八面体配位位置，从而形成倒置尖晶石结构。当磁铁矿晶体结构被破坏后，部分 Fe—O 键断裂，矿物表面会出现大量不饱和键。

6.1.2 矿物表面溶解特性分析

浮选是根据矿物表面物理化学性质差异进行矿石分选的方法，矿物的表面特性在很大程度上影响着浮选的结果。因此在开展浮选试验研究前，首先对矿物表面特性进行深入分析是十分必要的。在研究过程中发现蛇纹石、硼镁石矿浆总是维持在一个较高的 pH 值条件下，针对该现象对蛇纹石、硼镁石的表面溶解特性进行研究。

6.1.2.1 蛇纹石表面溶解特性分析

在浮选槽中加入 20mL 去离子水和 2.0g 蛇纹石并不断搅拌，矿浆 pH 值随时间的变化如图 6-4 所示。试验中所用去离子水 pH 值在 6.0 左右，在水中加入蛇纹石后，矿浆 pH 值随时间迅速升高，然后逐渐趋于稳定。由此可见蛇纹石会在水中发生溶解，从而导致矿浆 pH 值升高，并且蛇纹石粒度对于蛇纹石矿浆 pH 值有明显影响。由图可知，在-74+45μm 蛇纹石加入水中约 100s 后，矿浆 pH 值开始趋于稳定，并最终维持在 8.0 左右；-45+38μm 蛇纹石矿浆 pH 值变化在约 100s 后趋缓，最终保持在 8.5 左右；-38μm 蛇纹石矿浆 pH 值变化最快，在 60s 后就开始趋于稳定，并保持在 9.1 附近。可见细粒级蛇纹石更易于在水中溶解，溶解速率更快，最终矿浆 pH 值也越高。试验结果表明，蛇纹石在水中发生溶解后能够迅速增大矿浆 pH 值，且蛇纹石粒度越细，其矿浆 pH 值变化越快，最终矿浆 pH 值也越高。

此外，试验中发现蛇纹石矿浆对 HCl 表现出较强的缓冲能力，为进一步研究蛇纹石表面的溶解特性，对蛇纹石矿浆的缓冲能力进行了研究，HCl 对蛇纹石矿浆 pH 值的影响如图 6-5 所示。矿浆中未加 HCl 时，矿浆 pH 值维持在 9. 1 左右；当加入 HCl（质量分数 0. 2%）后，蛇纹石矿浆 pH 值缓慢降低，在 HCl 用量由 0 增加至 4. 0mL 时，矿浆 pH 值由 9. 1 降低至 6. 81。而当直接在 pH 值为 9. 1 的水（20mL）中加入 HCl 时，溶液 pH 值迅速降低，当 HCl 用量超过 0. 5mL 后，溶液 pH 值就降低至 2. 0 以下。试验结果表明，蛇纹石在水中溶解后使得矿浆呈碱性，并对 HCl 表现出较强的缓冲能力。

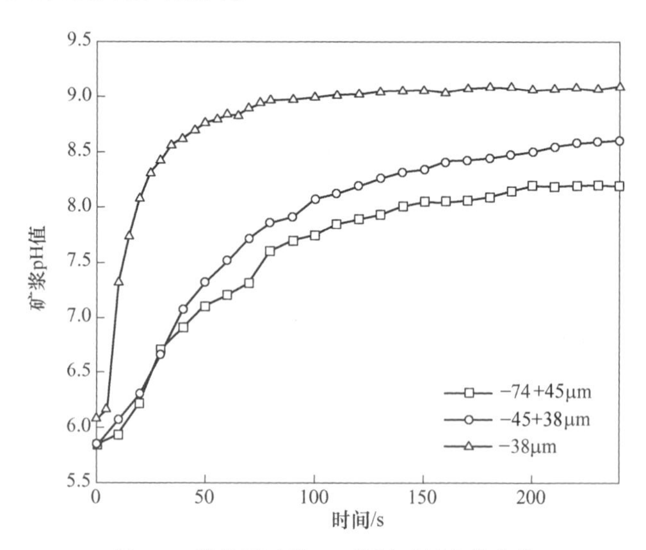

图 6-4　蛇纹石矿浆 pH 值随时间变化曲线

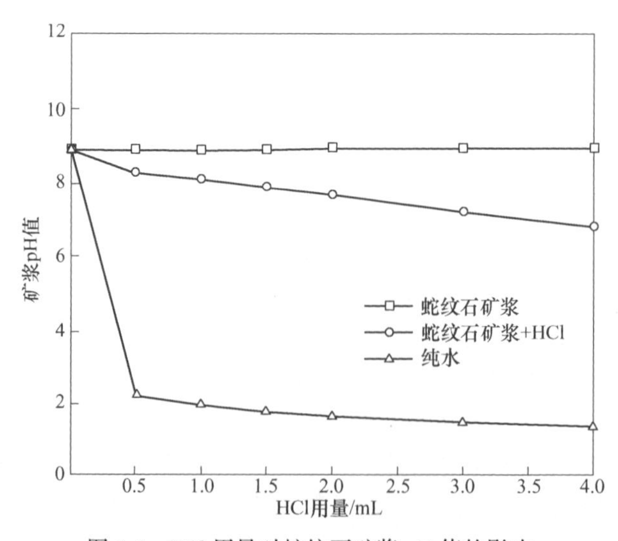

图 6-5　HCl 用量对蛇纹石矿浆 pH 值的影响

为进一步探究蛇纹石在水中的溶解情况，对矿浆中离子含量进行了检测。蛇纹石含量对溶液中 Mg 离子浓度的影响如图 6-6 所示。由图 6-6 可知，当在水中加入蛇纹石后，溶液中 Mg^{2+} 含量显著升高；随着溶液中蛇纹石含量增加，溶液中 Mg^{2+} 含量也逐渐升高，二者基本上呈线性变化。结果表明，蛇纹石确实在水溶液中发生了溶解，使得大量镁离子由蛇纹石表面转移进入到溶液中。

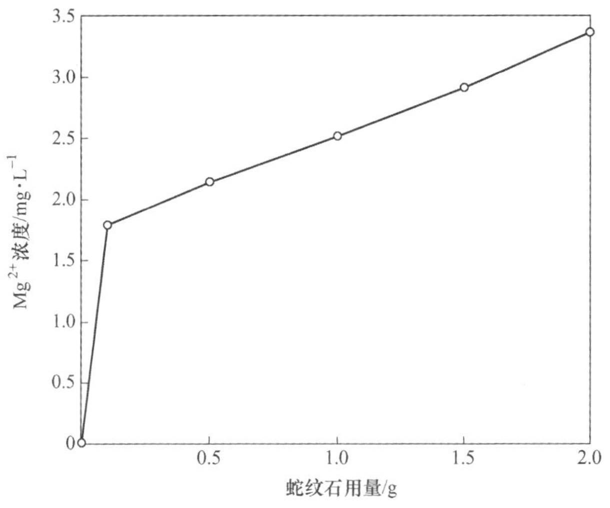

图 6-6 蛇纹石含量对 Mg^{2+}浓度的影响

HCl 用量对蛇纹石溶解的影响如图 6-7 所示。随着 HCl 用量增加，溶液中 Mg^{2+} 含量逐渐升高，且明显高于未加 HCl 时溶液中 Mg^{2+} 浓度。结果表明，HCl 可以加速蛇纹石溶解，从而使得大量 Mg^{2+} 进入溶液。此时可能发生了如下反应：

$$Mg_3Si_2O_5(OH)_4 + 6H^+ = 3Mg^{2+} + 2SiO_2 + 5H_2O \quad (6\text{-}1)$$

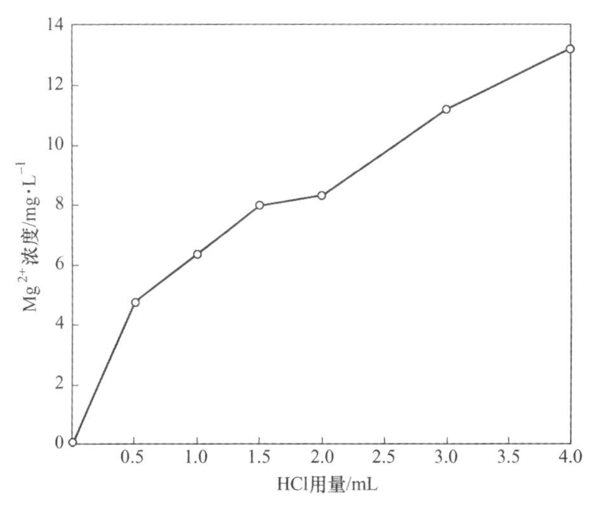

图 6-7 HCl 用量对 Mg^{2+}浓度的影响

6.1.2.2　硼镁石表面溶解特性分析

在20mL水溶液中加入2.0g硼镁石并持续搅拌，矿浆pH值变化如图6-8所示。随着时间变化，矿浆pH值迅速升高，在30s以前，矿浆pH值迅速升高，随后pH值变化趋缓；50s时矿浆pH开始趋于稳定，并最终维持在9.5左右。试验结果表明，硼镁石也易在水中发生溶解，使矿浆pH值迅速升高呈碱性。

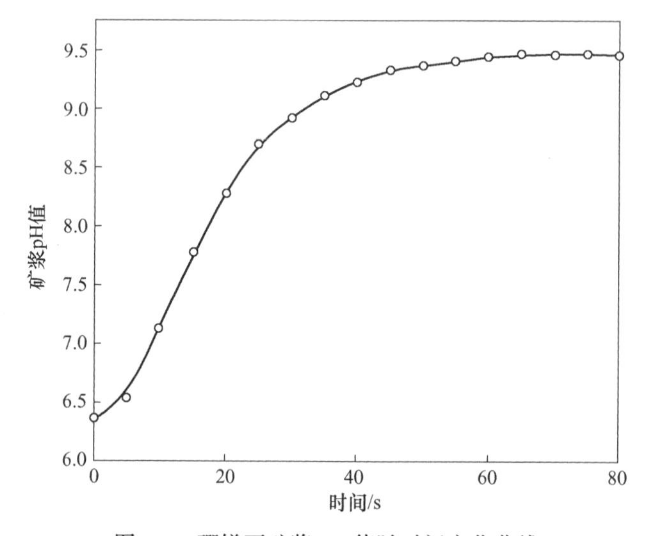

图6-8　硼镁石矿浆pH值随时间变化曲线

HCl用量对硼镁石矿浆pH值影响如图6-9所示。在体系中未加入HCl时，

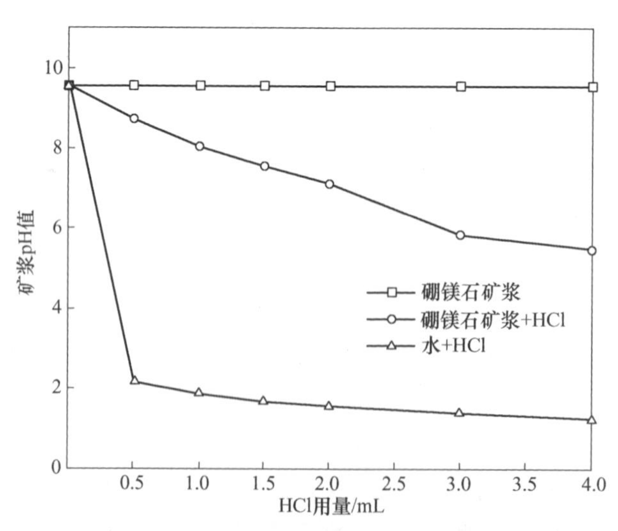

图6-9　HCl用量对硼镁石矿浆pH值的影响

矿浆 pH 值维持在 9.5 附近，引起矿浆 pH 值变化的原因主要为硼镁石表面羟基的溶解。加入 HCl 后（体积分数 0.2%），硼镁石矿浆 pH 值缓慢降低，HCl 用量由 0 增加至 4.0mL 时，硼镁石矿浆 pH 值由 9.5 下降至 5.4。当在 20mL 水溶液中直接加入 HCl 时，溶液 pH 值迅速降低，当 HCl 加入量超过 0.5mL 后，水溶液 pH 值就降低至 2.0 以下。试验结果表明，加入 HCl 后促进硼镁石表面不断溶解，因此硼镁石矿浆对 HCl 表现出一定的缓冲能力。

为进一步探究硼镁石在水中的溶解情况，对矿浆离心液中的 Mg、B 元素含量进行了检测。硼镁石含量对溶液中离子浓度的影响如图 6-10 所示。由图 6-10 可知，当在水中加入硼镁石后，溶液中 Mg、B 元素含量迅速升高，表明硼镁石表面在溶液中发生了溶解，大量离子由硼镁石表面进入溶液当中。

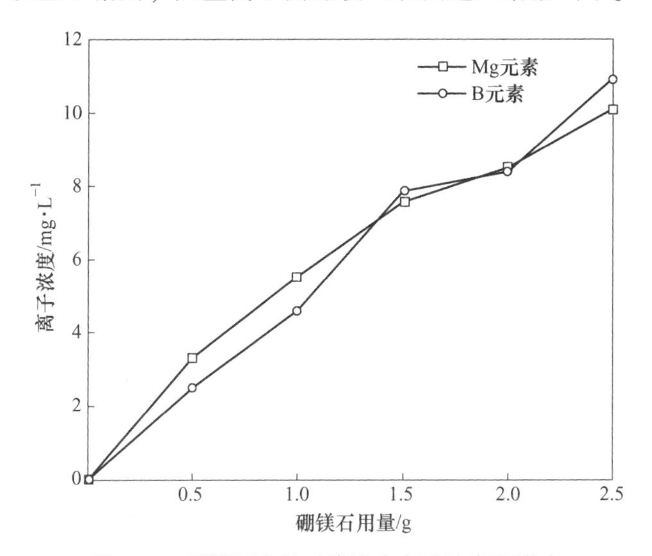

图 6-10 硼镁石含量对溶液中离子浓度的影响

HCl 用量对硼镁石溶解的影响如图 6-11 所示。随着 HCl 用量增加，溶液中 B、Mg 元素含量显著增多。结果表明 HCl 促进了硼镁石溶解，可能破坏了硼镁石的结构，才使得大量 B、Mg 元素进入溶液，并且 Mg^{2+} 向液相转移是主要趋势。可能发生如下反应：

$$Mg_2[B_2O_3(OH)]OH + 4H^+ \longrightarrow 2Mg^{2+} + B_2O_3 + 3H_2O \tag{6-2}$$

由于溶液中 Mg 元素含量明显高于 B 元素含量，表明 Mg—OH 结构更容易被 HCl 破坏，而 B—O 结构相对稳定。这是由于 Mg—OH 结构间以离子键结合，易被破坏，所以 Mg^{2+}更易于从硼镁石表面解离，从而进入到溶液当中。

6.1.3 矿物表面电性分析

双电层的电位主要包括表面电位（ψ_0）、动电位（ζ）以及斯特恩电位

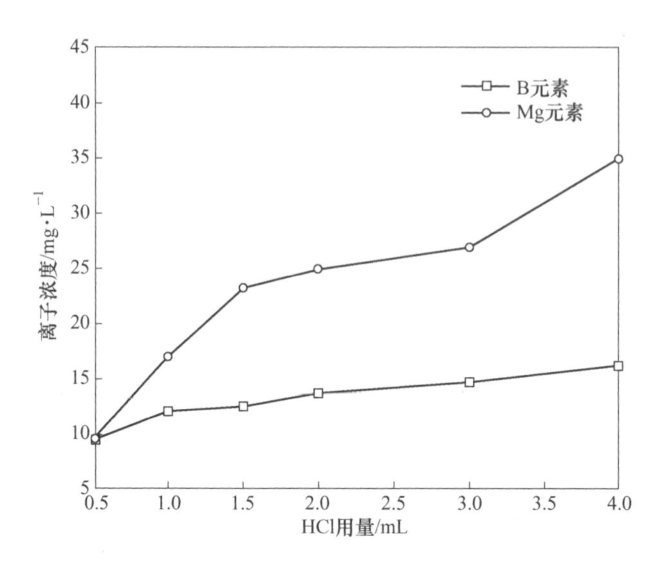

图 6-11　HCl 用量对硼镁石溶解的影响

(ψ_δ)。表面电位是指荷电固体表面与溶液内部的电位差，其表面电位与定位离子间的关系服从能斯特方程，即：

$$\psi_0 = RT\ln(a_+ / a_+^0)/(nF) = RT\ln(a_- / a_-^0)/(nF) \tag{6-3}$$

式中　R——摩尔气体常数，8.314J/ (mol · K)；

T——绝对温度，K；

n——定位离子价数；

F——法拉第常数，96500C/mol；

a_+，a_- ——正、负定位离子的活度，当溶液很稀时等于其浓度，mol/L；

a_+^0，a_-^0 ——表面电位为零时，正、负定位离子的活度，mol/L。

动电位是滑动面与溶液内部的电位差，斯特恩电位是紧密层与溶液内部的电位差。动电位可通过 Zeta 电位仪直接测定。表面电位可通过动电位计算获得，即：

$$\psi_0 = 0.059(\mathrm{pH_{PZC}} - \mathrm{pH}) \tag{6-4}$$

式中　$\mathrm{pH_{PZC}}$ ——以定位离子活度负对数值表示的零电点；

pH——定位离子活度的负对数。

零电点是指在表面电位为零时，溶液中定位离子活度的负对数值。由于磁铁矿、硼镁石均为氧化物矿物，蛇纹石为硅酸盐矿物，其定位离子均为 H^+ 和 OH^-，因此这些矿物的零电点即为表面电位为零时溶液的 pH 值。等电点是指动电位为零时，溶液中电解质浓度的负对数值。在不存在特性吸附的情况下，如果表面电位为零，那么动电位也为零，此时所测得的等电点即为零电点。

6.1.3.1 蛇纹石表面电性分析

蛇纹石 Zeta 电位随溶液 pH 值变化关系如图 6-12 所示。随着溶液 pH 值逐渐升高，蛇纹石 Zeta 电位逐渐降低。该蛇纹石的零电点为 pH=9.2，在水中溶解后的蛇纹石 Zeta 电位明显下降，等电点下降至 pH=5.1 左右，在 HCl 中溶解的蛇纹石表面带有大量负电荷，等电点降低至 pH=3.6。当 pH 值大于等电点时，矿物表面荷负电，当 pH 值小于等电点时，矿物表面荷正电。在水和 HCl 溶液中溶解后，虽然蛇纹石表面有部分—OH 进入溶液，但是其表面 Mg^{2+} 减少更多，这是其表面电位大幅降低的主要原因。由于 HCl 破坏了蛇纹石结构，使得更多 Mg^{2+} 进入溶液，因此其表面电位降低的更为显著。在水溶液中加入 5.5×10^{-4}mol/L 的 Mg^{2+} 后，经 HCl 处理后的蛇纹石 Zeta 电位较之前有明显升高，此时蛇纹石等电点为 pH=4.4。此外，当溶液 pH>9.5 时，随着溶液 pH 值逐渐升高，其 Zeta 电位也出现升高现象。

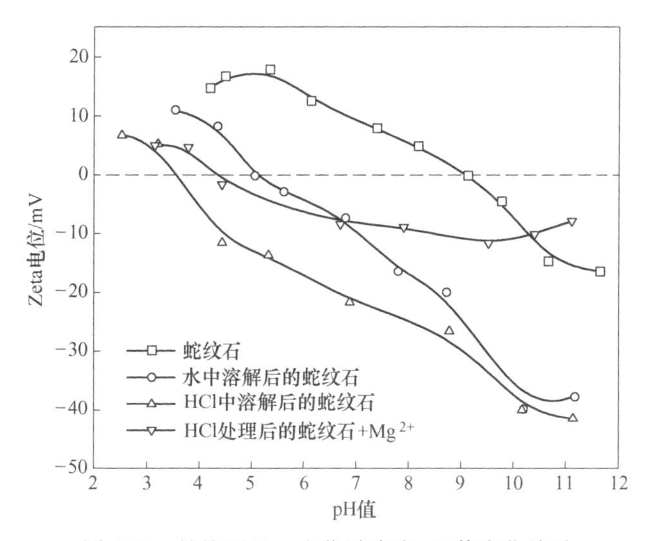

图 6-12 蛇纹石 Zeta 电位随溶液 pH 值变化关系

为了考察水溶液中 Mg^{2+} 溶解组分对蛇纹石表面电性的影响，对溶液中 Mg^{2+} 组分浓度进行了计算。

由于

$$K_{SP} = [Mg^{2+}][OH^-]^2 \tag{6-5}$$

因此，

$$[OH^-]^2 = \frac{K_{SP}}{[Mg^{2+}]} = 1.29 \times 10^{-8}, [OH^-] = 1.13 \times 10^{-4} \tag{6-6}$$

可得 $Mg(OH)_2$ 形成沉淀时的临界 $pH_{(s)} = -\lg[H^+] = 10.05$。当 $pH \leqslant pH_{(s)} =$

10.05 时，根据 Mg^{2+} 在水溶液中的水解平衡可得：

$$Mg^{2+} + OH^- \longequal MgOH^+,\ \beta_1 = \frac{[MgOH^+]}{[Mg^{2+}][OH^-]} = 10^{2.58} \tag{6-7}$$

$$Mg^{2+} + 2OH^- \longequal Mg(OH)_{2(aq)},\ \beta_2 = \frac{[Mg(OH)_{2(aq)}]}{[Mg^{2+}][OH^-]^2} = 10 \tag{6-8}$$

$$\lg[Mg^{2+}] = \lg C_T - \lg(1 + \beta_1[OH^-] + \beta_2[OH^-]^2) \tag{6-9}$$

$$\lg[MgOH^+] = \lg\beta_1 + \lg[Mg^{2+}] + \lg[OH^-] \tag{6-10}$$

$$\lg[Mg(OH)_{2(aq)}] = \lg\beta_2 + \lg[Mg^{2+}] + 2\lg[OH^-] \tag{6-11}$$

当 $pH > pH_{(s)} = 10.05$ 时，取 pH 值为 10.05 时的 $[Mg^{2+}]$，此时 $Mg(OH)_{2(s)}$ 可在水中发生电离，其平衡式如下：

$$Mg(OH)_{2(s)} \longequal Mg^{2+} + 2OH^-,\ K_{S0} = [Mg^{2+}][OH^-]^2 = 1.29 \times 10^{-10.02} \tag{6-12}$$

$$Mg(OH)_{2(s)} \longequal MgOH^+ + OH^-,\ K_{S1} = \beta_1 \times K_{S0} \tag{6-13}$$

$$\lg[Mg^{2+}] = \lg K_{S0} - 2\lg[OH^-] \tag{6-14}$$

$$\lg[MgOH^+] = \lg K_{S1} - \lg[OH^-] = \lg\beta_1 \times K_{S0} - \lg[OH^-] \tag{6-15}$$

$$\lg[Mg(OH)_{2(aq)}] = \lg\beta_2 + \lg[Mg^{2+}][OH^-]^2 = \lg\beta_2 + \lg K_{S0} \tag{6-16}$$

$$[Mg(OH)_{2(s)}] = C_T - [Mg(OH)_{2(aq)}] - [MgOH^+] - [Mg^{2+}] \tag{6-17}$$

由式（6-3）~式（6-13）可绘制出 Mg^{2+} 在溶液中的组分浓度图，如图 6-13 所示。由图可知，当溶液 pH<10.05 时，溶液中镁元素主要以 Mg^{2+} 形式存在，其次以 $Mg(OH)^+$ 形式存在；当溶液 pH>7.6 时，溶液中开始逐渐出现 $Mg(OH)_{2(aq)}$；当 pH>10.05 时，溶液中 Mg^{2+}、$Mg(OH)^+$ 浓度逐渐降低，并开始出现 $Mg(OH)_{2(s)}$。此时镁元素主要以 $Mg(OH)_{2(s)}$ 形式存在。由于 Mg^{2+} 与蛇

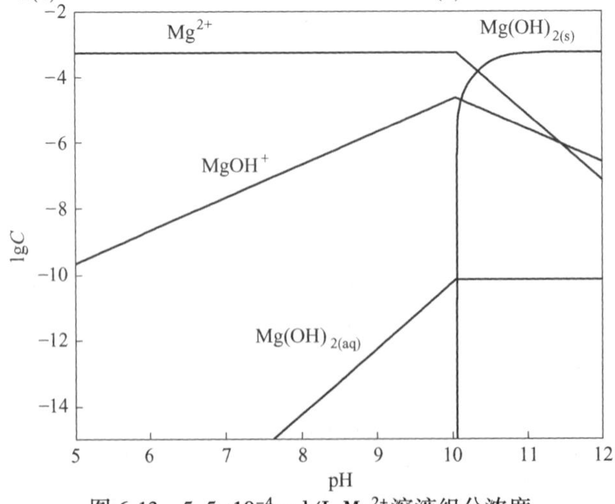

图 6-13　5.5×10⁻⁴mol/L Mg^{2+}溶液组分浓度

纹石表面—OH 作用，使得 Mg^{2+}在蛇纹石表面吸附，导致蛇纹石 Zeta 电位较之前明显升高。当 pH>10.05 时，Mg^{2+} 易与—OH 作用形成 $Mg(OH)_{2(s)}$，导致大量 Mg^{2+}在蛇纹石表面发生吸附，从而使得蛇纹石 Zeta 电位不降反升。

6.1.3.2 硼镁石表面电性分析

硼镁石 Zeta 电位随溶液 pH 值变化关系如图 6-14 所示。随着 pH 值逐渐升高，硼镁石 Zeta 电位逐渐降低，其零电点为 pH=7.8。在 HCl 中溶解后的硼镁石 Zeta 电位明显下降，等电点降低至 pH=4.0 左右。当 pH 值大于等电点时，矿物表面荷负电，当 pH 值小于等电点时，矿物表面荷正电。在 HCl 溶液中溶解后，硼镁石颗粒表面结构被破坏，暴露出大量硼酸根、—OH 及 Mg^{2+}，并大量进入溶液，但是其表面 Mg^{2+} 减少得更多，这是其表面电位大幅降低的主要原因。在该溶液中加入 1.4×10^{-5}mol/L Mg^{2+} 后，蛇纹石 Zeta 电位显著升高，其等电点为 pH=6.7 和 pH=10.8。

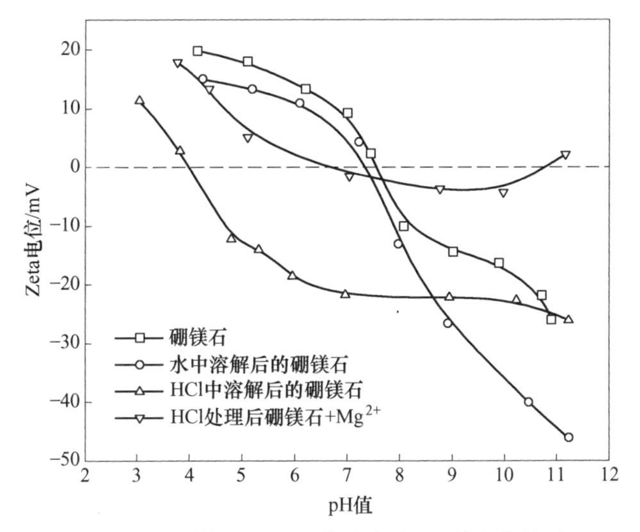

图 6-14 硼镁石 Zeta 电位随溶液 pH 值变化关系

为了考察水溶液中 Mg^{2+} 组分对硼镁石表面电性的影响，对溶液中 Mg^{2+} 组分浓度进行了分析。溶液中 Mg^{2+} 组分浓度图如图 6-15 所示。

由图 6-15 可知，当 pH<10.8 时，溶液中镁元素主要以 Mg^{2+} 形式存在，其次为 $Mg(OH)^+$，少量以 $Mg(OH)_{2(aq)}$ 形式存在，当 pH>10.8 时，溶液中 Mg^{2+}、$Mg(OH)^+$ 浓度随 pH 值升高而逐渐降低，并出现了 $Mg(OH)_{2(s)}$，此时溶液中镁元素主要以 $Mg(OH)_{2(s)}$ 形式存在。由于 Mg^{2+} 与矿物表面—OH 作用，使得 Mg^{2+} 吸附于矿物颗粒表面，导致硼镁石 Zeta 电位明显升高。在溶液 pH 值为 10.8 时，Mg^{2+} 在矿物颗粒表面生成了 $Mg(OH)_{2(s)}$，导致大量 Mg^{2+} 吸附于矿物表面，引起了表面电位由负变正。

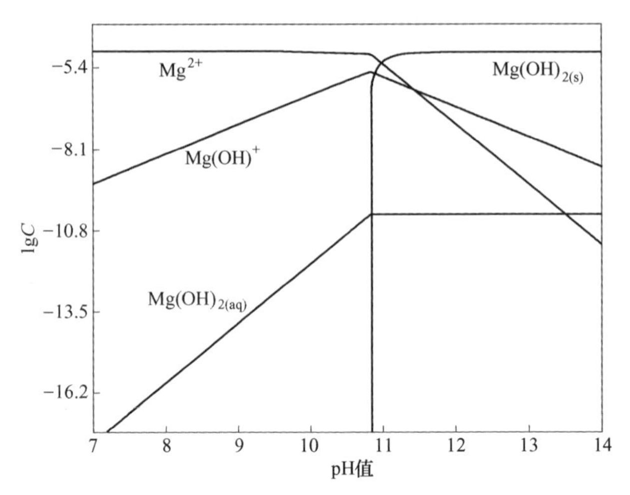

图 6-15　1.4×10^{-5}mol/L Mg^{2+}溶液组分浓度

6.1.3.3　磁铁矿表面电性分析

磁铁矿 Zeta 电位随溶液 pH 值变化关系如图 6-16 所示。在 pH 值 2～11.5 范围内，随溶液 pH 值升高，磁铁矿 Zeta 电位逐渐降低。在溶液 pH 值为 6.4 时，该磁铁矿 Zeta 电位降低为零，因此该磁铁矿的零电点为 pH = 6.4。当 pH>6.4 时，磁铁矿表面带荷负电，当 pH<6.4 时，磁铁矿表面荷正电。

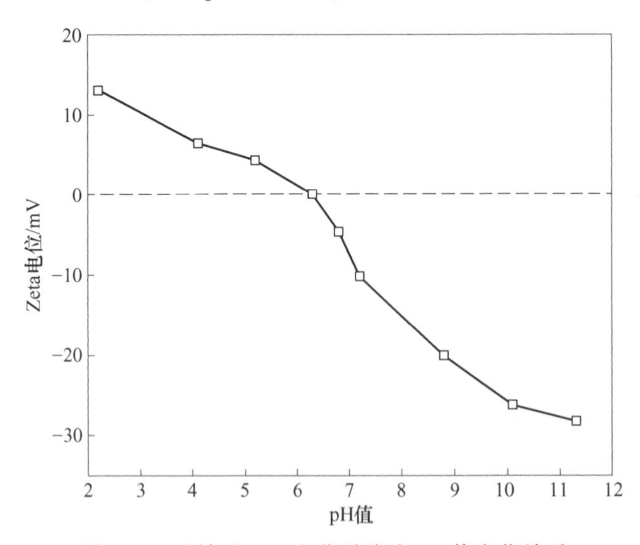

图 6-16　磁铁矿 Zeta 电位随溶液 pH 值变化关系

6.1.4　矿物表面形貌分析

由于试验中矿物易在溶液中发生溶解，因此针对矿物表面形貌进行了分析。

蛇纹石表面形貌如图 6-17 所示，蛇纹石表面较为光滑，并可见少量片状结构。这可能与蛇纹石的层状晶体结构有关，解理后呈现出较为明显的层状结构，因而在蛇纹石表面可以观察到大量的片状结构。硼镁石表面形貌如图 6-18 所示，由图可知硼镁石表面也较为光滑平整。磁铁矿表面形貌如图 6-19 所示，可见磁铁矿表面也较为平整，但是由于磁铁矿的磁性较强，导致其表面附着有大量微细磁铁矿颗粒。

在水溶液中溶解后的蛇纹石及硼镁石 SEM 图像如图 6-20 所示。与未溶解时相比，二者表面均出现了较多的颗粒状结构，此时已经难以观测到较为平整光滑的表面结构。当蛇纹石及硼镁石经 HCl 处理后，其表面形貌进一步发生了改变，如图 6-21 所示。经 HCl 处理后，蛇纹石以及硼镁石表面均出现了较多凸起、褶皱状结构，主要原因是 HCl 破坏了矿物原本的晶体结构，促使大量—OH、Mg^{2+} 等物质由矿物表面溶解进入溶液，从而使得矿物表面形貌发生较大改变。由于磁铁矿不会在水中发生溶解，因此该处未对其进行进一步分析。

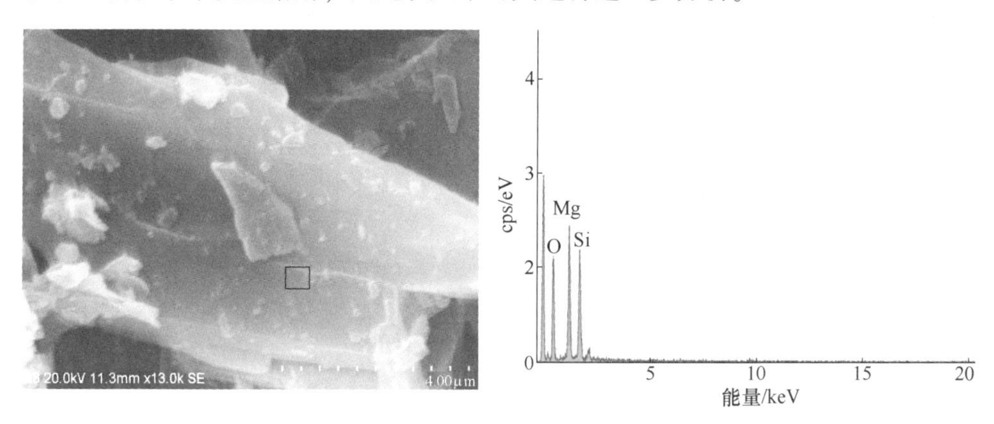

图 6-17　蛇纹石 SEM 图像及 EDS 能谱

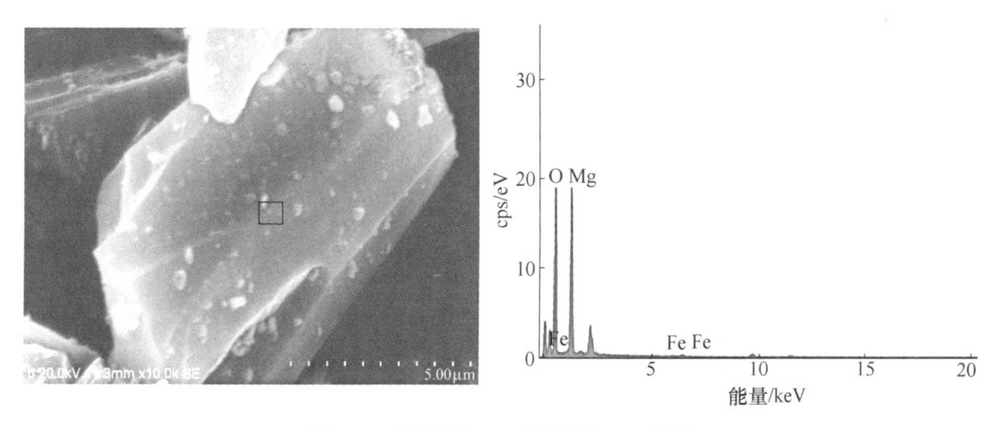

图 6-18　硼镁石 SEM 图像及 EDS 能谱

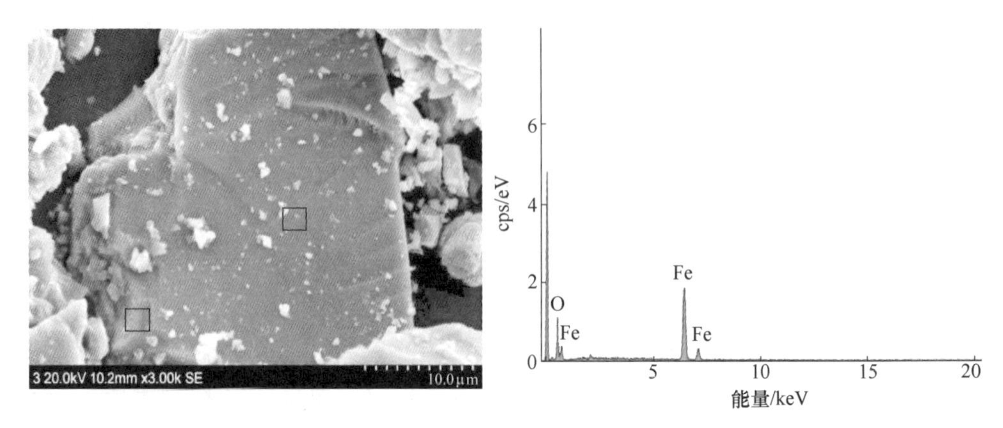

图 6-19　磁铁矿 SEM 图像及 EDS 能谱

(a)　　(b)

图 6-20　水溶液中溶解后的蛇纹石（a）及硼镁石（b）SEM 图像

(a)　　(b)

图 6-21　经 HCl 处理后的蛇纹石（a）及硼镁石（b）SEM 图像

6.1.5 矿物表面X射线光电子能谱分析

X射线光电子能谱（XPS）能够有效地分析矿物的表面性质，是一种重要的表面性质检测分析手段。相比于其他检测方式，XPS在表面性质分析上有诸多优势，如元素间相互干扰少、定性标识性强，它可以通过测量原子内层的电子结合能来推知样品中所含元素的种类；能够通过分析结合能的化学位移，找到不同原子结合以及元素价态变化的有效证据；检测灵敏度高，能够对元素进行精细的能量扫描，精确检测出元素的相对浓度。

6.1.5.1 蛇纹石X射线光电子能谱分析

为进一步对蛇纹石表面元素进行分析，对其进行了XPS分析。蛇纹石XPS分析结果如图6-22所示，检测结果中C元素主要来自空气中的CO_2，由于样品在制样、检测过程中在空气中暴露了较长时间，因此样品中C元素主要是空气中CO_2在样品表面吸附所致。除C、O、Mg、Si外，未检测到其他元素特征峰，表

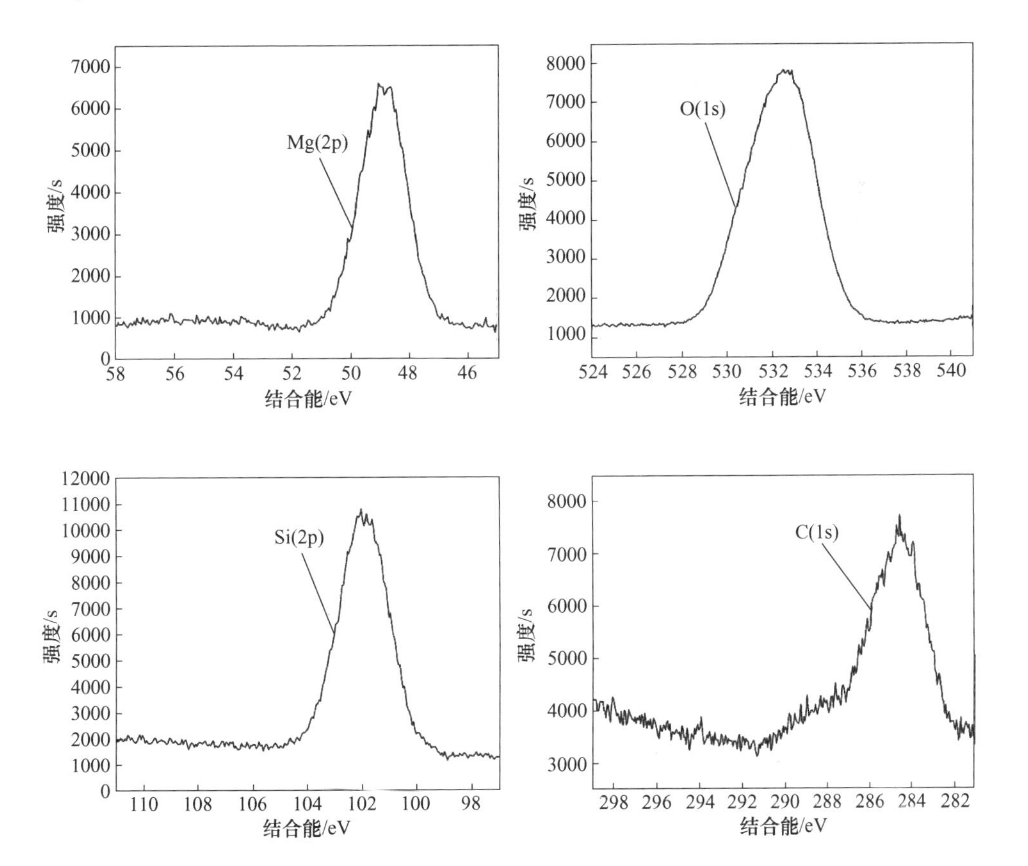

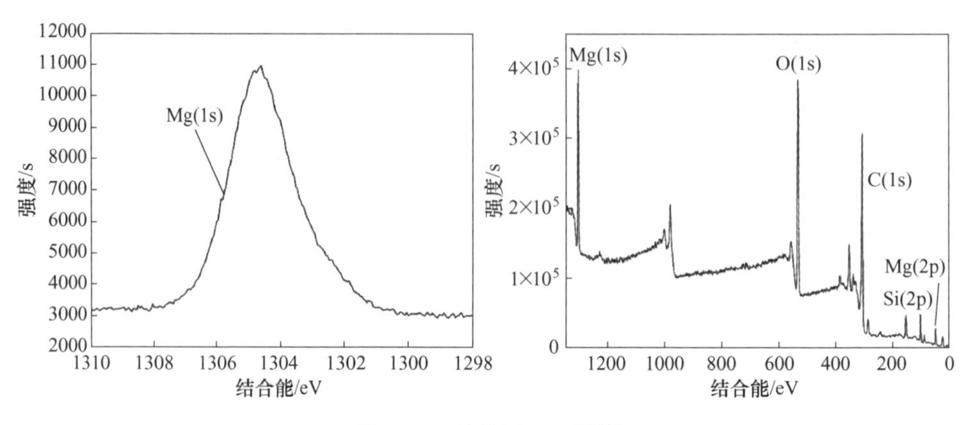

图 6-22　蛇纹石 XPS 图谱

明该蛇纹石样品未受到污染。表面结合能为 532. 5eV 对应的为 O(1s) 衍射峰，结合能为 101. 8eV 对应的为 Si(2p) 衍射峰，结合能为 284. 6eV 对应的为 C(1s) 衍射峰，结合能为 1304. 7eV 对应的为 Mg(1s) 衍射峰，结合能为 49. 4eV 对应的为 Mg(2p) 衍射峰。

为进一步探究蛇纹石表面性质，对样品表面元素相对含量进行了测定，试验结果见表 6-1，检测结果中 C 元素主要来自空气中的 CO_2。该蛇纹石样品表面 Mg 元素相对含量为 21. 97%；在水中溶解后，其表面 Mg 元素相对含量为 18. 65%；在盐酸溶液中溶解后，其表面 Mg 元素含量降低至 16. 72%。可见，随着蛇纹石溶解的加剧，其表面 Mg 元素相对含量逐渐降低。

表 6-1　蛇纹石表面元素相对含量

样　品	元素/%			
	C	O	Mg	Si
蛇纹石	8. 76	53. 69	21. 97	15. 61
蛇纹石+H_2O	13. 15	53. 66	18. 65	14. 55
蛇纹石+HCl	9. 81	55. 91	16. 72	17. 55

6. 1. 5. 2　硼镁石 X 射线光电子能谱分析

硼镁石的 XPS 分析结果如图 6-23 所示。检测结果中的 C 元素同样来自空气中的 CO_2。除 C、O、Mg、B 外，未检测到其他元素特征峰，表明该硼镁石样品未受到污染。结合能为 532. 5eV 对应的为 O(1s) 衍射峰，结合能为 191. 8eV 对应的为 B(1s) 衍射峰，结合能为 284. 6eV 对应的为 C(1s) 衍射峰，结合能为 1304. 7eV 对应的为 Mg(1s) 衍射峰，结合能为 49. 4eV 对应的为 Mg(2p) 衍射峰。

为进一步探究硼镁石表面性质，对样品表面元素相对含量进行了测定，试验结果见表6-2。经过不同方式处理后，硼镁石表面元素含量发生了明显变化。在水中溶解后，硼镁石表面B、Mg元素含量降低；经HCl处理后，硼镁石表面B、Mg含量进一步降低。结果表明，在水中或HCl溶液中溶解后，B、Mg元素由硼镁石表面转入溶液中，其表面元素含量下降，并且硼镁石表面在HCl中溶解得更为剧烈。

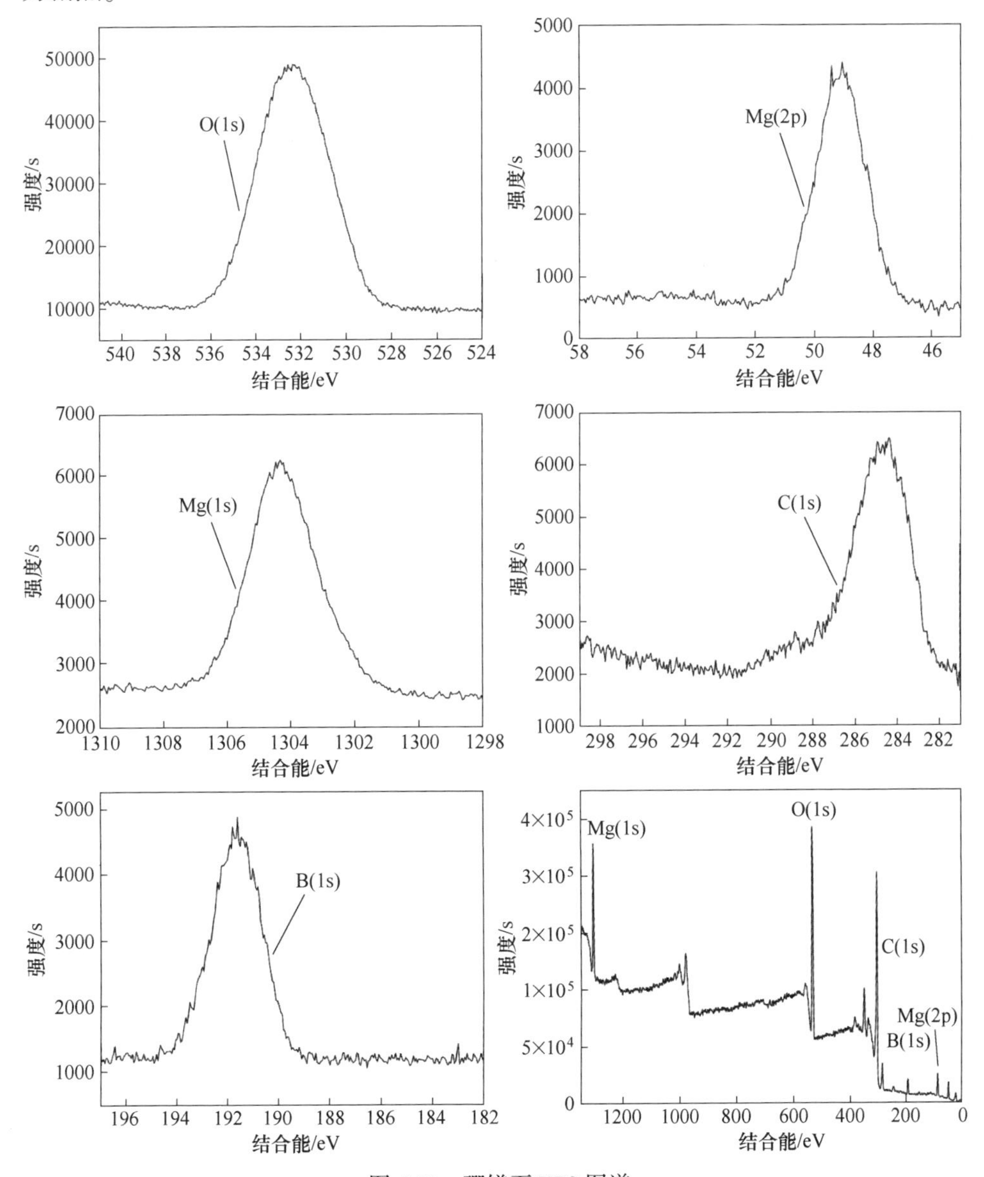

图6-23 硼镁石XPS图谱

表 6-2　硼镁石表面元素相对含量

样　品	元素/%			
	C	O	B	Mg
硼镁石	15. 0	52. 22	16. 86	16. 1
硼镁石+H_2O	16. 05	52. 23	16. 7	15. 02
硼镁石+HCl	25. 61	48. 83	15. 06	10. 5

6. 1. 5. 3　磁铁矿 X 射线光电子能谱分析

磁铁矿的 XPS 分析结果如图 6-24 所示。检测结果中的 C 元素同样来自空气中的 CO_2。除 C、O、Fe 外，未检测到其他元素特征峰，表明该磁铁矿样品未受到污染。结合能为 532. 5eV 对应的为 O(1s) 衍射峰，结合能为 284. 6eV 对应的为 C(1s) 衍射峰，结合能为 708. 3eV 对应的为 Fe(2p) 衍射峰。

对磁铁矿样品表面元素相对含量进行了测定，试验结果见表 6-3。可见磁铁矿表面暴露出的原子主要为 O 原子，Fe 原子暴露较少。

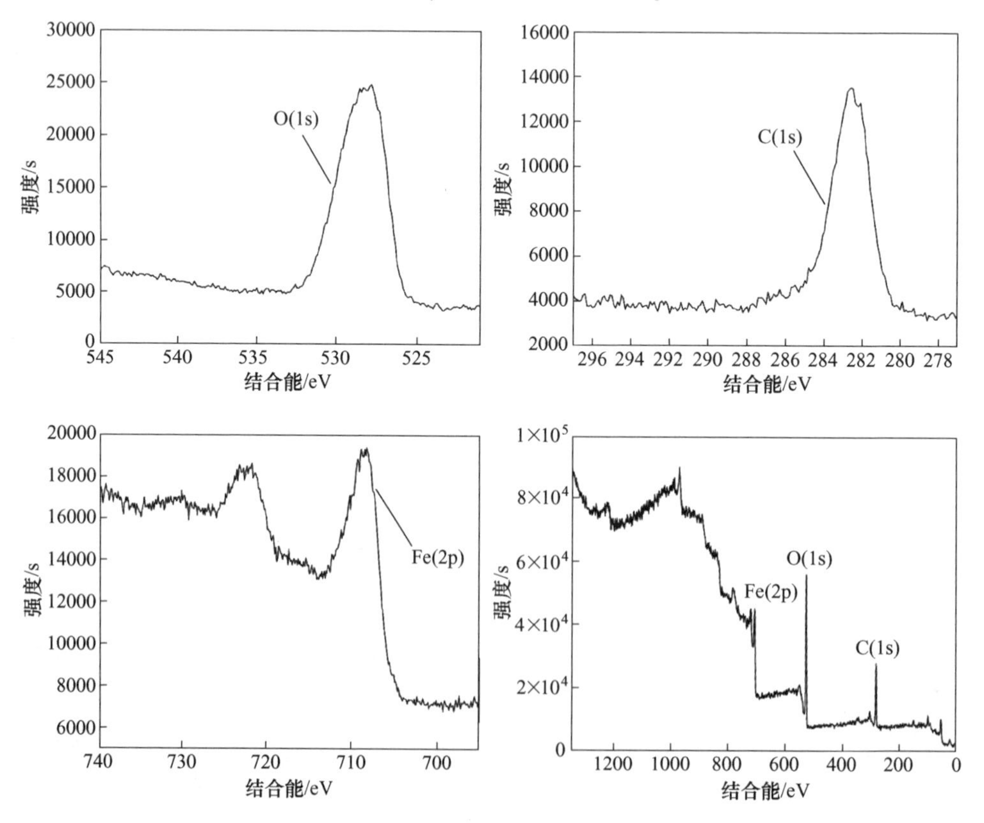

图 6-24　磁铁矿 XPS 图谱

表 6-3 磁铁矿表面元素相对含量

样 品	元素/%		
	C	O	Fe
磁铁矿	45.08	45.43	9.49

6.1.6 矿物表面荷电机理

矿物表面电位是影响矿物可浮性的重要因素，而影响矿物表面荷电的原因主要有以下几个方面。

（1）固体表面组分的选择性解离或溶解。离子型物料经过细磨后，由于新的断裂面上阴阳离子的表面结合能以及所受水化作用的不同，使得部分离子从矿物表面选择性地优先解离或溶解进入溶液中，从而使得表面荷电。

（2）固体颗粒表面对溶液中阴阳离子的不等量吸附。溶液中，固体表面对阴阳离子的吸附往往是不等量的，当某种荷电离子在矿物表面吸附偏多时，就将引起矿物表面荷电。

（3）固体表面某些物质的不等量溶解。溶液中，矿物表面某些物质会出现不同程度的溶解，由于这种溶解并不是等量的，导致矿物表面产生净电荷，从而使得矿物颗粒表面荷电。

（4）晶格取代及缺陷。矿物晶体在生长过程中，某些高价态的离子被另外一些低价态的离子替代，或者低价态的离子被另外一些高价态的离子所替代，或者晶格生长过程中某些位置出现缺陷，矿物晶体为了维持电中性，矿物表面就会吸附某些阳离子或阴离子，从而使得表面出现荷电现象。

下面针对蛇纹石及硼镁石的表面荷电机理进行讨论和分析。

6.1.6.1 蛇纹石表面荷电机理分析

由图 6-4 及图 6-6 可知，蛇纹石在水中将发生溶解，引起矿浆 pH 值及溶液中 Mg^{2+} 含量迅速升高。由于蛇纹石是一种层状硅酸盐矿物，层间解离后其表面易暴露出—OH 及 Mg^{2+}，溶解后其表面形貌将发生变化（图 6-14、图 6-16）。当把矿物置于水溶液中后，这部分离子从矿物表面溶解进入溶液中，由表 6-1 可知蛇纹石表面 Mg^{2+} 含量较之前明显降低。由图 6-6 可知，蛇纹石在水中溶解后，溶液中 $c(OH^-)$ 由 1.26×10^{-8}mol/L 升高至 1.25×10^{-5}mol/L，而 $c(Mg^{2+}) = 1.4\times10^{-4}$mol/L，可见溶液中 $c(Mg^{2+})$ 远大于 $c(OH^-)$。因此 Mg^{2+} 由矿物表面向溶液的转移是主要的，由于这种 Mg^{2+}、OH^- 不等量溶解现象，使得蛇纹石表面荷电。

6.1.6.2 硼镁石表面荷电机理分析

由图6-8、图6-10可知，硼镁石在水溶液中易发生溶解，引起矿浆pH值迅速升高。并使得溶液中B、Mg元素含量也明显增加。当硼镁石表面Mg—OH、B—OH、B—O等结构遭到破坏后，表面暴露出较多硼酸根离子、Mg^{2+}及—OH，并且其表面形貌也发生了相应变化。由表6-2可知，溶解后矿物表面B、Mg元素含量较之前明显降低，表明矿物表面的离子从矿物表面溶解进入溶液中。由图6-8可知，矿浆pH值由6.4升高至9.5时，溶液中$c(OH^-)$由2.51×10^{-8}mol/L升高至3.16×10^{-5}mol/L，而溶液中$c(B(Ⅲ))=1.4\times10^{-4}$mol/L，$c(Mg^{2+})=3.5\times10^{-4}$mol/L，可见更多阳离子由矿物表面转移进入液相中，而较多的阴离子留在矿物表面，由于矿物表面阴阳离子的不等量溶解，使得硼镁石表面荷电。

6.1.7 小结

本节对蛇纹石、硼镁石、磁铁矿晶体结构及化学组成进行了分析，对其表面荷电性质及表面形貌进行了检测，并着重探讨了蛇纹石、硼镁石表面荷电机理，得到如下结论：

（1）蛇纹石、硼镁石、磁铁矿的零电点分别为pH=9.2、pH=7.8、pH=6.4。蛇纹石、硼镁石在水溶液中易发生溶解，从而引起矿浆pH值升高呈碱性。自然pH值条件下，蛇纹石、硼镁石矿浆pH值分别在9.1、9.5左右，并对HCl呈现出较强的缓冲能力。蛇纹石、硼镁石在水中溶解后，其等电点分别为pH=5.1、pH=7.3，在HCl溶液中溶解后，其等电点分别降低至pH=3.6、pH=4.0。

（2）蛇纹石在水中溶解后，溶液中Mg^{2+}含量明显增多，HCl可以加速蛇纹石的溶解，使得溶液中Mg^{2+}含量显著升高。此外，蛇纹石溶解后，其表面形貌也发生了较大改变，原本光滑的表面上出现了较多凸起状结构。当在溶液中加入Mg^{2+}后，可使得蛇纹石表面电位升高，表明Mg^{2+}在矿物表面发生了吸附。

（3）硼镁石在水中溶解后引起矿浆中B、Mg元素含量增多，HCl可以破坏原本硼镁石结构，加速硼镁石溶解，从而使得矿浆中B、Mg元素含量进一步升高。溶解后的硼镁石表面形貌也发生了明显变化，表面出现较多凸起、褶皱状结构。当在溶液中加入Mg^{2+}后，可使得硼镁石表面电位升高，表明Mg^{2+}在矿物表面发生了吸附。

（4）蛇纹石溶解后表面Mg元素含量，以及硼镁石溶解后表面B、Mg元素含量都有明显降低。相较于在水中溶解的样品表面Mg、B元素含量，经HCl处理后的样品表面元素含量降低得更为显著。蛇纹石溶解过程中，Mg^{2+}的溶解量较—OH的溶解量更大，而硼镁石溶解过程中，Mg^{2+}的溶解量较—OH、硼酸根溶解量更大。由于矿物表面阴阳离子的非等量溶解，使得矿物表面荷电，这是这两种矿物表面荷电的根本原因。

6.2　单矿物浮选试验研究

本节探讨不同浮选体系下硼镁石、蛇纹石、磁铁矿单矿物的可浮性。考察捕收剂种类及用量、抑制剂种类及用量、矿浆 pH 值等因素对单矿物浮选的影响，以明确不同浮选体系下单矿物在浮选特性上的差异。十二胺是一种常见的胺类捕收剂，其分子式为 $C_{12}H_{25}NH_2$，具有良好的起泡性，对硅酸盐矿物具有较好的捕收性能。油酸钠是一种不饱和脂肪酸类捕收剂，其分子式为 $C_{17}H_{33}COONa$。油酸钠与十二胺可通过化学吸附或者静电作用与矿物表面发生作用，从而对矿物浮选行为产生影响。六偏磷酸钠（SHMP）、羧甲基纤维素钠（CMC）、木质素磺酸钙、水玻璃作为抑制剂同样会对矿物浮选规律产生影响。本节采用十二胺、油酸钠为捕收剂，采用 SHMP、CMC、木质素磺酸钙、水玻璃作为抑制剂，探讨不同试验条件下单矿物的浮选规律。

6.2.1　硼镁石浮选行为研究

6.2.1.1　pH 值对硼镁石可浮性的影响

在不同浮选体系下，捕收剂用量为 60mg/L 时，考察了 pH 值对硼镁石的可浮性的影响。pH 值对硼镁石浮选结果的影响如图 6-25 所示。

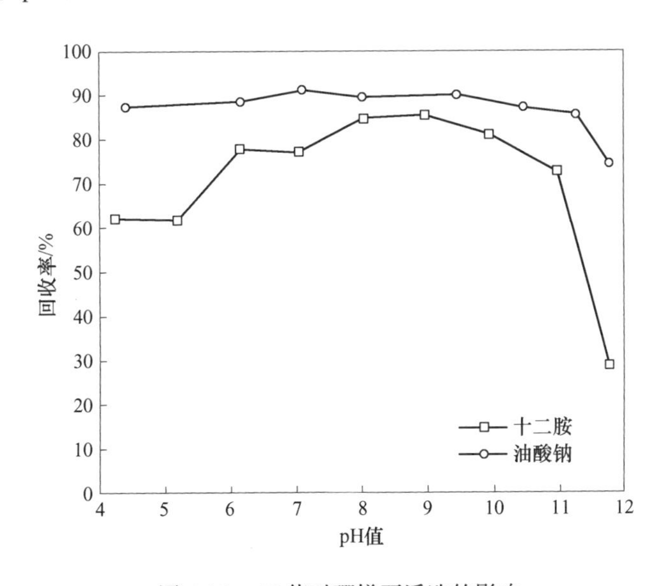

图 6-25　pH 值对硼镁石浮选的影响

十二胺浮选体系下，矿浆 pH 值由 4.1 升高至 9.0 时，硼镁石回收率由 61% 提高至 82%，继续增大矿浆 pH 值，硼镁石浮选回收率开始逐渐下降。当矿浆 pH 值升高至 11.7 时，硼镁石浮选回收率降低至 28%。在油酸钠浮选体系下，矿浆 pH 值对硼镁石浮选回收率影响并不明显。矿浆 pH 值由 4.2 增加至 9.3 时，硼镁石浮选回收率基本维持在 89%左右。当矿浆 pH 值升高至 11.3 时，硼镁石浮选回收率略有降低。继续增大矿浆 pH 值至 11.8 时，硼镁石浮选回收率降低至 75%。试验结果表明，硼镁石在十二胺与油酸钠浮选体系下均有较好的可浮性，在油酸钠浮选体系下，硼镁石可浮性更好，具有更高的回收率。在十二胺浮选体系下，pH 值对硼镁石回收率影响较大，而油酸钠浮选体系下，pH 值对硼镁石回收率影响较小，在较宽的 pH 值范围内，硼镁石均有较高的回收率。

6.2.1.2　捕收剂对硼镁石可浮性的影响

由于硼镁石易在水中溶解，在不加入 pH 值调整剂条件下，硼镁石矿浆 pH 值维持在 9.5 左右，由图 6-25 可知，此时硼镁石在不同浮选体系下均有较高回收率。因此，在矿浆自然 pH 值条件下，考察了不同浮选体系下，捕收剂用量对硼镁石可浮性的影响。捕收剂用量对硼镁石浮选结果的影响如图 6-26 所示。十二胺体系下，在捕收剂用量由 20mg/L 增加至 60mg/L 时，硼镁石回收率由 41.2%升高至 82.4%，继续增大捕收剂用量，浮选回收率不再增加。油酸钠浮选体系下，在捕收剂用量由 20mg/L 增加至 60mg/L 时，硼镁石浮选回收率由 63.4%增加至 87.1%，捕收剂继续增大时，硼镁石浮选回收率逐渐降低，在捕收

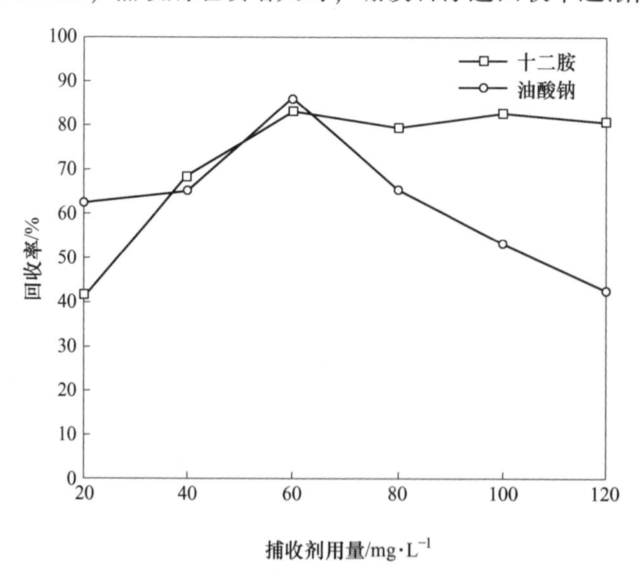

图 6-26　捕收剂用量对硼镁石浮选的影响

剂用量达到120mg/L时，硼镁石浮选回收率降低至42%。试验结果表明，在十二胺与油酸钠浮选体系下，捕收剂最佳用量均为60mg/L。

6.2.1.3 抑制剂对硼镁石可浮性的影响

在自然pH值条件下，捕收剂用量均为60mg/L时，分别考察了以十二胺、油酸钠作为捕收剂时，水玻璃、木质素磺酸钙、SHMP、CMC四种抑制剂对硼镁石的可浮性的影响。油酸钠与十二胺浮选体系下，抑制剂对硼镁石浮选结果的影响分别如图6-27、图6-28所示。

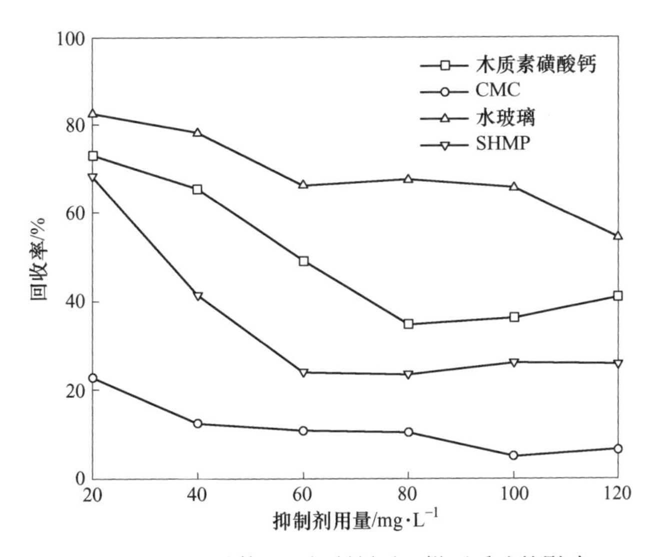

图6-27 油酸钠体系下抑制剂对硼镁石浮选的影响

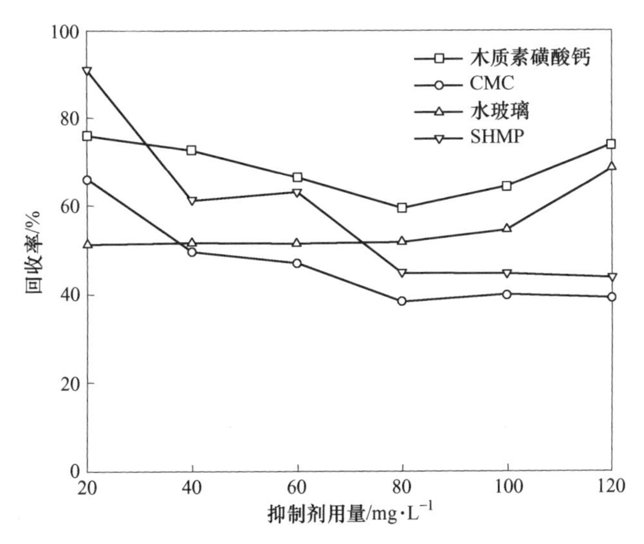

图6-28 十二胺体系下抑制剂对硼镁石浮选的影响

由图 6-27 可知，以水玻璃、木质素磺酸钙、SHMP、CMC 为抑制剂，在油酸钠浮选体系下，硼镁石回收率均随抑制剂用量增大而逐渐降低。当抑制剂用量分别由 20mg/L 增加至 120mg/L 时，硼镁石浮选回收率分别由 82.6%、73.2%、68.9%、22.9%降低至 54.2%、40.9%、25.8%、6.4%。可见 CMC 对硼镁石抑制效果最为明显，在药剂用量较小时即可强烈抑制硼镁石上浮。四种抑制剂对硼镁石抑制效果强弱顺序为：CMC > SHMP > 木质素磺酸钙 > 水玻璃。

由图 6-28 可知，在十二胺浮选体系下，以 SHMP、CMC 作为抑制剂时，其抑制效果随药剂用量增加而逐渐增强。当抑制剂用量由 20mg/L 增加至 80mg/L 时，硼镁石浮选回收率分别由 91.4%、66.7%降低至 45.3%、38.5%。以木质素磺酸钙为抑制剂时，当药剂用量由 20mg/L 增加至 80mg/L 时，硼镁石浮选回收率由 76.3%降低至 59.7%，继续增大抑制剂用量，其抑制效果逐渐减弱，硼镁石浮选回收率出现升高趋势。以十二胺为捕收剂时，当抑制剂用量超过 80mg/L 时，其抑制效果随药剂用量增加逐渐减弱，硼镁石浮选回收率逐渐升高。在抑制剂用量小于 80mg/L 时，四种抑制剂对硼镁石抑制效果强弱顺序为：CMC > 水玻璃 > SHMP > 木质素磺酸钙；当抑制剂用量大于 80mg/L，抑制效果强弱顺序为：CMC > SHMP > 水玻璃 > 木质素磺酸钙。

6.2.2 蛇纹石浮选行为研究

6.2.2.1 pH 值对蛇纹石可浮性的影响

在不同浮选体系下，捕收剂用量为 60mg/L 时，考察了 pH 值对蛇纹石可浮性的影响。由图 6-29 可知，在十二胺浮选体系下，蛇纹石具有一定可浮性。矿

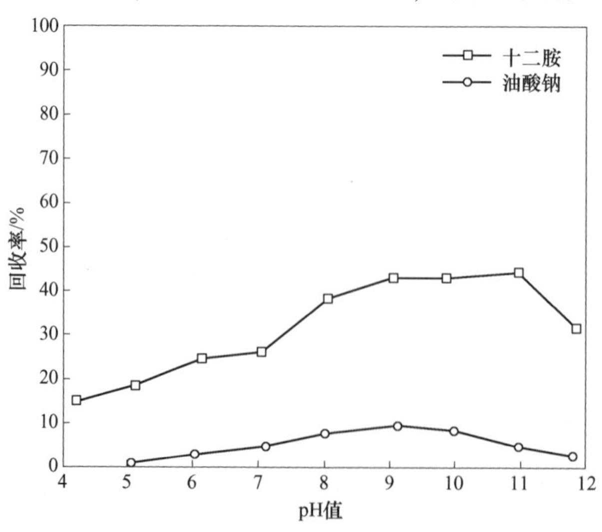

图 6-29　pH 值对蛇纹石浮选的影响

浆 pH 值由 4.2 升高至 9.0 时，蛇纹石浮选回收率由 15.0%增加至 42.2%；继续增加矿浆 pH 值至 11.0 左右时，蛇纹石浮选回收率基本维持不变，当矿浆 pH 值超过 11.0 后，蛇纹石浮选回收率逐渐下降。以油酸钠作为捕收剂时，蛇纹石可浮性较差，在 pH 值为 9.2 时，蛇纹石最高浮选回收率仅为 8.9%，可见油酸钠对蛇纹石的捕收性能较差。由于蛇纹石天然亲水性较强，因此在十二胺和油酸钠作为捕收剂时，蛇纹石可浮性均较差。

6.2.2.2 捕收剂对蛇纹石可浮性的影响

由于蛇纹石易在水中溶解从而引起矿浆 pH 值升高，蛇纹石矿浆 pH 值基本维持在 9.1 附近。为了便于开展试验，在自然 pH 值条件下进行了捕收剂用量试验。不同浮选体系下，捕收剂用量对蛇纹石可浮性影响如图 6-30 所示。在十二胺浮选体系下，当捕收剂用量由 20mg/L 增加至 60mg/L 时，蛇纹石浮选回收率由 19.2%升高至 38.1%，再继续增大捕收剂用量蛇纹石浮选回收率不再增加。在油酸钠浮选体系下，蛇纹石可浮性差，捕收剂用量对蛇纹石浮选回收率影响不大。捕收剂用量由 20mg/L 增加至 100mg/L 时，蛇纹石浮选回收率不足 10%。

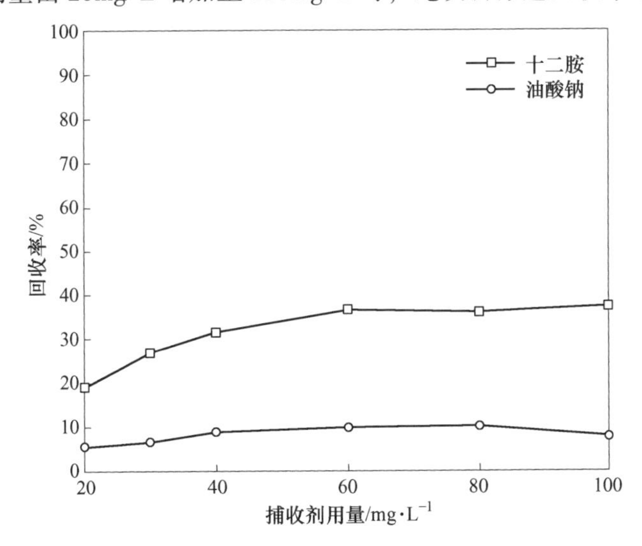

图 6-30 捕收剂用量对蛇纹石浮选的影响

6.2.2.3 抑制剂对蛇纹石可浮性的影响

在自然 pH 值条件下，捕收剂用量均为 60mg/L 时，考察了四种抑制剂对硼镁石的可浮性的影响。油酸钠与十二胺体系下，抑制剂对蛇纹石浮选结果的影响分别如图 6-31、图 6-32 所示。由图 6-31 可知，油酸钠浮选体系下，四种抑制剂对蛇纹石均有较好的抑制效果。与木质素磺酸钙和水玻璃相比，CMC、SHMP 对蛇纹石的抑制效果更好，在药剂用量 20mg/L 条件下，就能对蛇纹石有较强的抑制效果。十二胺浮选体系下，木质素磺酸钙、水玻璃、SHMP 对蛇纹石抑制效果随药剂用量增加而加强。当抑制剂用量由 20mg/L 增大至 140mg/L 时，蛇纹石回收率分别由 41.3%、41.2%、29.7%降低至 23.6%、32.4%、14.2%。而 CMC 作为抑制剂使用时，随药剂用量增加其抑制效果反而减弱。当 CMC 用量由 20mg/L 增加至 100mg/L 时，蛇纹石浮选回收率由 14.2%上升至 26.2%。综上所述，当抑制剂用量小于 60mg/L 时，四种抑制剂对蛇纹石抑制效果强弱顺序为：CMC > SHMP > 木质素磺酸钙 > 水玻璃；当抑制剂用量大于 60mg/L 时，抑制效果强弱顺序为：SHMP > 木质素磺酸钙 > CMC > 水玻璃。

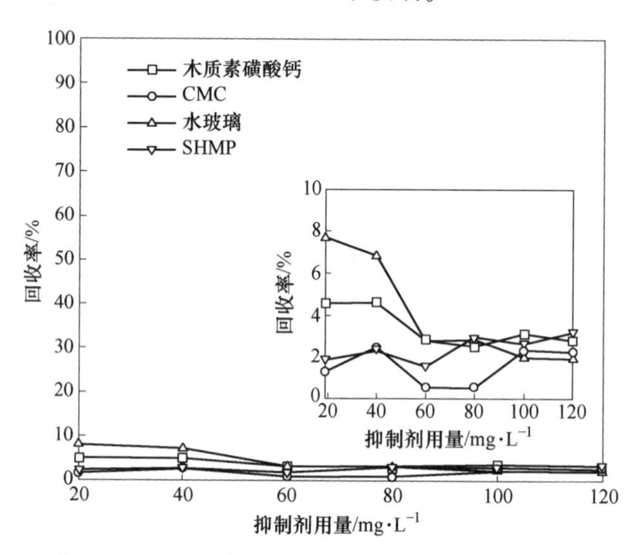

图 6-31　油酸钠体系下抑制剂对蛇纹石浮选的影响

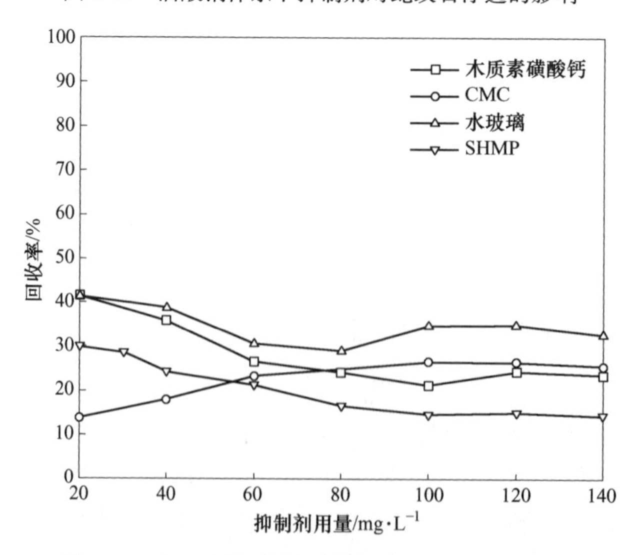

图 6-32　十二胺体系下抑制剂对蛇纹石浮选的影响

6.2.3 磁铁矿浮选行为研究

6.2.3.1 pH 值对磁铁矿可浮性的影响

在不同浮选体系下，捕收剂用量为 60mg/L 时，考察了 pH 值对磁铁矿可浮性的影响。由图 6-33 可知，在十二胺浮选体系下，当矿浆 pH 值由 4.1 升高至 7.1 时，磁铁矿浮选回收率由 51.5%增加至 86.5%；当矿浆 pH 值在 7.1~10.3 之间时，磁铁矿浮选回收率基本维持不变；当矿浆 pH 值超过 10.3 后，磁铁矿浮选回收率出现明显降低。在矿浆 pH 值为 11.6 时，磁铁矿回收率已降低至 44%。油酸钠浮选体系下，磁铁矿在 pH 值为 4.2~6.1 之间时具有较好的可浮性，当矿浆 pH 值超过 6.1 时，磁铁矿浮选回收率开始逐渐降低。继续增大矿浆 pH 值至 11.5 时，磁铁矿浮选回收率降低至 31.0%。最终确定十二胺浮选体系下，最佳浮选 pH 值为 9.0 左右，而在油酸钠浮选体系下，最佳浮选 pH 值条件为 6.0 左右。

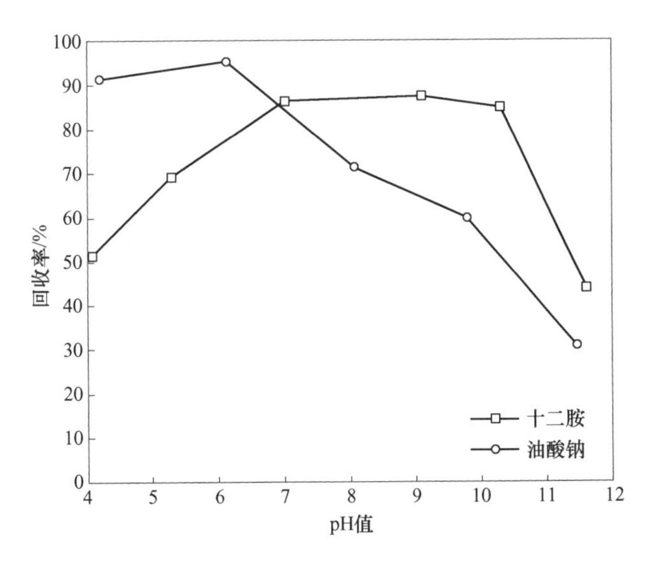

图 6-33 pH 值对磁铁矿浮选的影响

6.2.3.2 捕收剂对磁铁矿可浮性的影响

在最佳 pH 值条件下，考察了捕收剂用量对磁铁矿可浮性的影响。不同浮选体系下，捕收剂用量对磁铁矿可浮性的影响如图 6-34 所示。在油酸钠和十二胺浮选体系下，磁铁矿浮选回收率变化趋势基本一致。在十二胺浮选体系下，捕收剂用量由 20mg/L 增加至 40mg/L 时，磁铁矿浮选回收率由 53.8%升高至 84.4%，继续增大捕收剂用量至 120mg/L，磁铁矿浮选回收率增加趋势并不明显。在油酸钠浮选体系下，捕收剂用量由 20mg/L 增加至 40mg/L，磁铁矿浮选回收率由 68.0%增加至 85.6%。继续增大捕收剂用量，磁铁矿浮选回收率略有增加。在捕收剂用量为 120mg/L 时，磁铁矿浮选回收率为 91.6%。可见，捕收剂用量会对磁铁矿浮选回收率造成一定的影响，增加捕收剂用量，可提高磁铁矿浮选回收率。但是，当其用量达到 40mg/L 后，继续增大捕收剂用量，磁铁矿浮选回收率增加并不明显。最终确定十二胺与油酸钠的最佳用量均为 60mg/L。

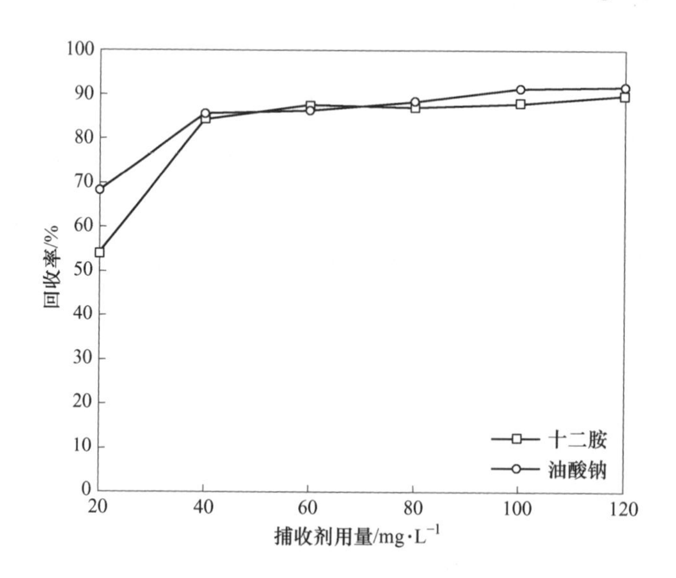

图 6-34　捕收剂用量对磁铁矿浮选的影响

6.2.3.3　抑制剂对磁铁矿可浮性的影响

在最佳 pH 值条件下，捕收剂用量均为 60mg/L 时，考察了不同浮选体系下四种抑制剂对磁铁矿可浮性的影响。油酸钠与十二胺体系下抑制剂对蛇纹石浮选结果的影响分别如图 6-35、图 6-36 所示。

由图 6-35 可知，油酸钠浮选体系下，四种抑制剂对磁铁矿均有较好的抑制效果。以 SHMP 为抑制剂时，在用量 20mg/L 时，即可抑制磁铁矿上浮，此时磁铁矿浮选回收率仅为 3.2%；以水玻璃作为抑制剂，随着抑制剂用量由 20mg/L 增加至 60mg/L，磁铁矿浮选回收率由 23.8%逐渐降低至 3.3%；以木质素磺酸钙为抑制剂，当其用量由 20mg/L 增加至 80mg/L 时，磁铁矿回收率由 59.2%降低至 3.4%；当 CMC 作为抑制剂使用时，其用量由 20mg/L 增加至 40mg/L，磁铁矿回收率由 87.1%降低至 1.0%。可见油酸钠浮选体系下，增大抑制剂用量能够明显抑制磁铁矿上浮。当抑制剂用量小于 40mg/L 时，四种抑制剂的抑制效果强弱顺序为：SHMP > 水玻璃 > 木质素磺酸钙 > CMC；当抑制剂用量大于 40mg/L 时，抑制效果强弱顺序为：SHMP > CMC > 水玻璃 > 木质素磺酸钙。

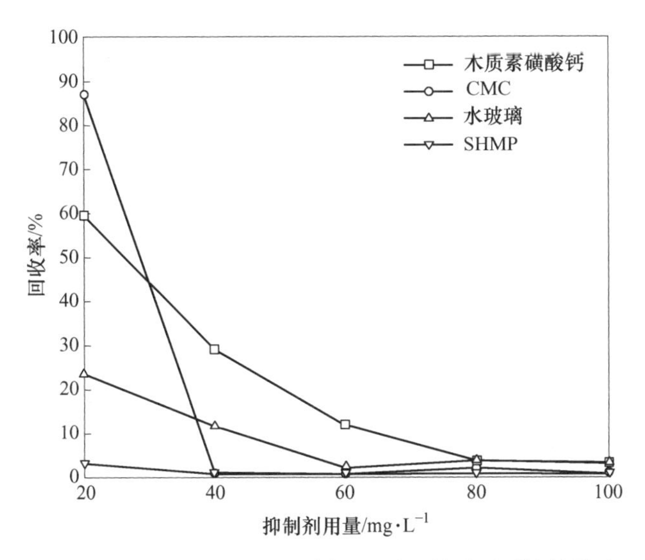

图 6-35 油酸钠体系下抑制剂用量对磁铁矿可浮性的影响

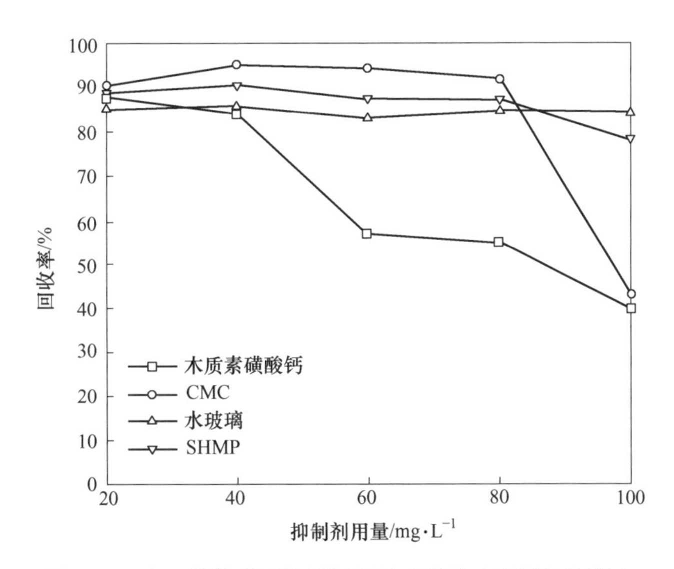

图 6-36 十二胺体系下抑制剂用量对磁铁矿可浮性的影响

由图 6-36 可知，十二胺浮选体系下，以 CMC 作为抑制剂，在药剂用量小于 80mg/L 时，CMC 对磁铁矿基本没有抑制效果，此时磁铁矿浮选回收率均在 90% 以上；当继续增大 CMC 用量，磁铁矿浮选回收率出现明显降低，在 CMC 用量为 100mg/L 时，磁铁矿浮选回收率降低至 42.8%。可见 CMC 在用量较大时才会抑制磁铁矿上浮。以木质素磺酸钙作为抑制剂时，随着其用量逐渐增加，磁铁矿浮选回收率逐渐降低。木质素磺酸钙用量由 20mg/L 增加至 100mg/L 时，磁铁矿浮选回收率由 87.6%降低至 39.5%。水玻璃、SHMP 对磁铁矿抑制效果较差，当抑制剂用量由 20mg/L 增加至 100mg/L 时，磁铁矿浮选回收率基本无明显变化。可见十二胺浮选体系下，在抑制剂用量小于 80mg/L 时，四种抑制剂的抑制效果强弱顺序为：木质素磺酸钙 > 水玻璃 > SHMP > CMC；当抑制剂用量大于 80mg/L 时，抑制效果强弱顺序为：木质素磺酸钙 > CMC > SHMP > 水玻璃。

6.2.4　小结

（1）硼镁石天然可浮性好，在油酸钠、十二胺浮选体系下均有较好的可浮性；蛇纹石天然可浮性差，在油酸钠浮选体系下可浮性差，而在十二胺浮选体系下具有一定的可浮性；在适宜 pH 值范围内，磁铁矿在十二胺、油酸钠浮选体系下也都具有较好的可浮性。

（2）SHMP、CMC、水玻璃、木质素磺酸钙对硼镁石、蛇纹石、磁铁矿均有一定的抑制效果。油酸钠浮选体系下，四种抑制剂均可较好地抑制蛇纹石与磁铁矿上浮，此时水玻璃对硼镁石可浮性影响较小，硼镁石回收率较高。十二胺浮选体系下，四种抑制剂对磁铁矿、蛇纹石抑制效果较差，磁铁矿及蛇纹石均有较高的回收率。相比之下，在油酸钠浮选体系下，SHMP 在用量较小时即可对蛇纹石、磁铁矿有较好的抑制效果，而此时 SHMP 对硼镁石抑制效果较差，硼镁石可获得较高的回收率。因此，在进行混合矿浮选时，可选用 SHMP 作为蛇纹石的抑制剂使用，以提升硼镁石浮选效果。

6.3　人工混合矿浮选试验研究

本节探讨十二胺及油酸钠浮选体系下人工混合矿浮选分离的特性。主要讨论硼镁石-蛇纹石、硼镁石-磁铁矿、硼镁石-蛇纹石-磁铁矿在不同条件下的浮选分离效果。考察矿浆 pH 值、捕收剂用量、抑制剂种类、抑制剂用量等因素对人工混合矿浮选分离的影响，以明确不同试验条件下人工混合矿在浮选分离效果上的差异，并对蛇纹石在浮选中的不利影响做了较为深入的研究。

6.3.1　硼镁石-蛇纹石混合矿浮选行为研究

6.3.1.1　pH 值对硼镁石-蛇纹石混合矿浮选的影响

在捕收剂用量 60mg/L 时，考察了 pH 值对硼镁石-蛇纹石人工混合矿浮选的影响，pH 值对硼镁石浮选结果的影响如图 6-37 所示。十二胺浮选体系下，矿浆 pH 值由 4.1 升高至 9.1 时，精矿 B_2O_3 品位由 16.0%升高至 19.7%，精矿硼镁石浮选回收率由 20.1%升高至最大值 54.6%，相较于硼镁石单矿物浮选回收率，其回收率偏低；当 pH 值超过 9.1 时，B_2O_3 品位略有降低，硼镁石浮选回收率急剧下降；当 pH 值升至 11.4 时，硼镁石浮选回收率已降低至 17.1%。油酸钠浮选体系下，精矿 B_2O_3 品位较高，在 pH 值 5.0~11.0 范围内，B_2O_3 品位基本保持在 30%左右；随着 pH 值升高，硼镁石浮选回收率逐渐降低；pH 值由 5.0 升至 8.3 时，硼镁石浮选回收率由 89.4%降低至 80.7%；当 pH>8.3 时，硼镁石浮选回收率迅速降低；在 pH 值为 11.0 时，硼镁石回收率已降低至 42.4%。

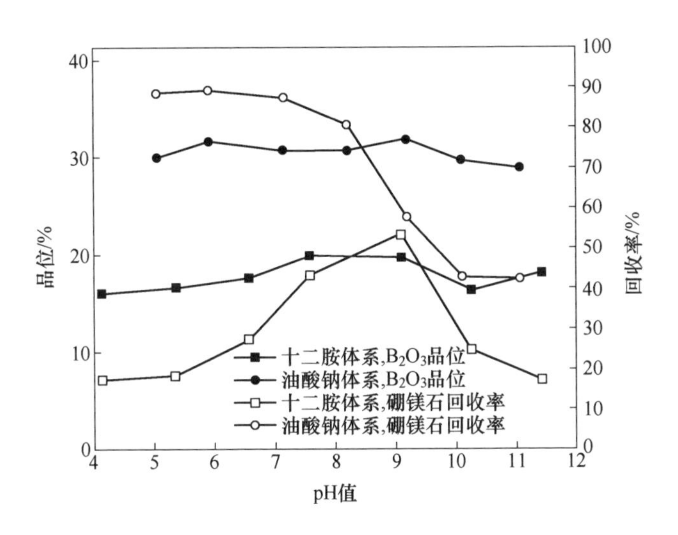

图 6-37 pH 值对硼镁石浮选的影响

pH 值对精矿中蛇纹石回收率的影响如图 6-38 所示。十二胺浮选体系下，精矿中 SiO_2 品位较高，pH 值由 4.1 升高至 9.1 时，其品位由 14.2% 升高至 23.1%，蛇纹石回收率也逐渐升高；在 pH 值为 9.1 时达到最大值 53.6%；继续增大矿浆 pH 值，蛇纹石回收率逐渐降低。油酸钠浮选体系下，精矿中 SiO_2 品位

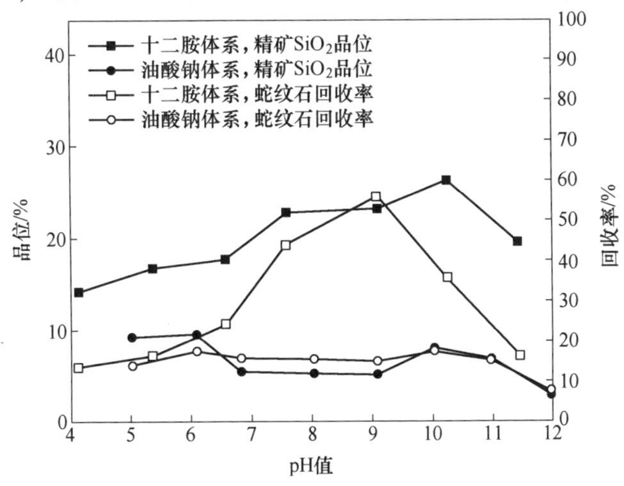

图 6-38 pH 值对蛇纹石浮选的影响

较低，不足10%。当矿浆 pH 值小于10.0时，蛇纹石的浮选回收率基本维持在17%左右；当继续增大矿浆 pH 值，蛇纹石回收率开始降低。

试验结果表明，浮选时蛇纹石可对硼镁石浮选回收率产生不利影响。十二胺体系下浮选分离硼镁石-蛇纹石混合矿时，精矿中硼镁石回收率较低，蛇纹石回收率较高。由于十二胺对硼镁石、蛇纹石均有一定的捕收能力，使得较多的蛇纹石进入精矿当中，导致精矿 SiO_2 品位较高、B_2O_3 品位较低。油酸钠浮选体系下，在 pH 值小于8.0时精矿中硼镁石浮选回收率较高，蛇纹石回收率较低。当 pH 值大于8.0时，硼镁石回收率逐渐降低。可见在 $pH<8.0$ 时，以油酸钠作为捕收剂分离硼镁石、蛇纹石时选择性较好。最终确定十二胺浮选体系、油酸钠浮选体系下的最佳 pH 值范围分别为7.5~9.5、5.0~8.0。

6.3.1.2　捕收剂对硼镁石-蛇纹石混合矿浮选的影响

在最佳 pH 值条件下，考察了捕收剂用量对硼镁石-蛇纹石人工混合矿浮选的影响。捕收剂用量对硼镁石浮选结果的影响如图6-39所示。十二胺浮选体系下，随捕收剂用量增加，精矿中 B_2O_3 品位逐渐降低。捕收剂用量由20mg/L增加至60mg/L时，B_2O_3 品位由28.8%降低至24.2%，硼镁石浮选回收率由39.1%提高至60.5%，继续增加捕收剂用量对精矿 B_2O_3 品位及硼镁石回收率均影响不大。油酸钠浮选体系下，精矿中 B_2O_3 品位及硼镁石回收率均明显高于十二胺浮选体系下的试验结果。随着捕收剂用量增加，精矿 B_2O_3 品位略有增加。当捕收剂用量由20mg/L增加至60mg/L时，硼镁石浮选回收率由55.1%增加至84.8%，继续增大捕收剂用量，浮选回收率开始逐渐下降。由此可见，适量增加捕收剂用量，一定程度上可以增加硼镁石浮选回收率及精矿 B_2O_3 品位。

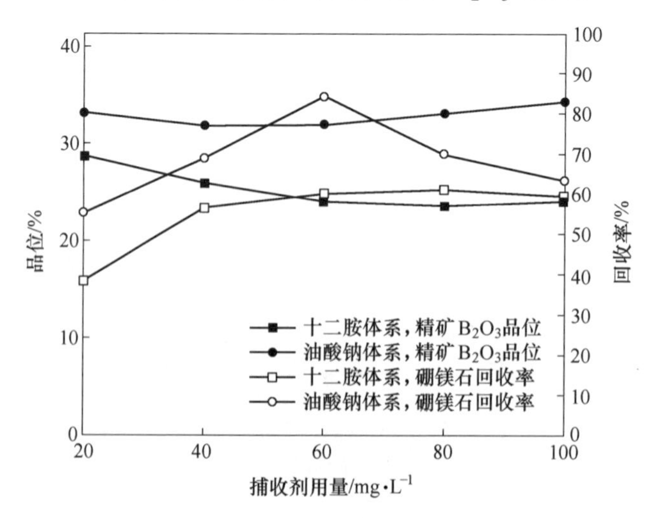

图6-39　捕收剂用量对硼镁石浮选的影响

捕收剂用量对蛇纹石浮选结果的影响如图 6-40 所示。十二胺浮选体系下，精矿中 SiO_2 含量较高。随着捕收剂用量增加，精矿 SiO_2 含量逐渐升高，蛇纹石回收率也逐渐升高。在捕收剂用量为 60mg/L 时，蛇纹石回收率达到最大值 41.5%，继续增大药剂用量对蛇纹石回收率影响不大。油酸钠浮选体系下，精矿中 SiO_2 品位及蛇纹石浮选回收率均较低，增大油酸钠用量对蛇纹石回收率影响不大。

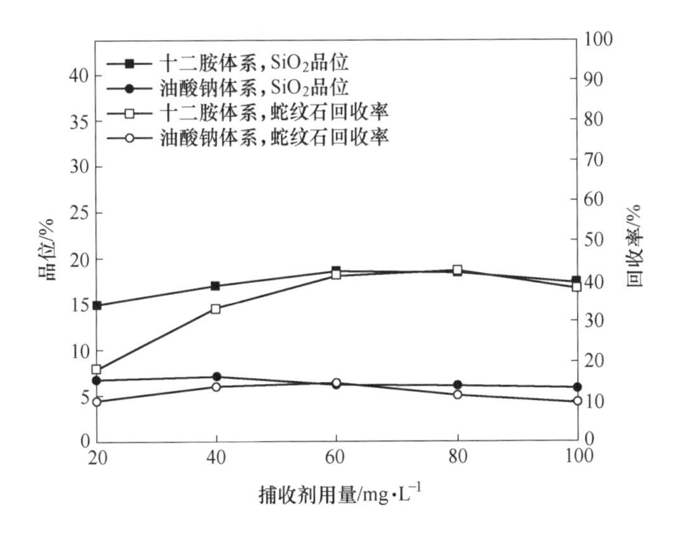

图 6-40 捕收剂用量对蛇纹石浮选的影响

试验结果表明，浮选分离硼镁石-蛇纹石混合矿时，油酸钠浮选体系下，硼镁石与蛇纹石分离效果较好；十二胺浮选体系下，硼镁石与蛇纹石分离效果较差。最终确定十二胺、油酸钠的最佳用量均为 60mg/L。

6.3.1.3 抑制剂对硼镁石-蛇纹石混合矿浮选的影响

为进一步提高精矿中硼镁石浮选回收率，降低对蛇纹石的回收。在最佳 pH 值条件及最佳捕收剂用量条件下，考察了木质素磺酸钙、CMC、水玻璃、SHMP 四种抑制剂对硼镁石-蛇纹石混合矿浮选效果的影响。十二胺浮选体系下，抑制剂用量对蛇纹石浮选的影响如图 6-41 所示。以 CMC、SHMP 为抑制剂时，其对蛇纹石抑制效果随药剂用量增加而逐渐增强。药剂用量由 20mg/L 增加至 100mg/L 时，精矿蛇纹石回收率分别由 56.1%、75.2%下降至 41.4%、54.9%。木质素磺酸钙、水玻璃用量对蛇纹石回收率影响不大，随着药剂用量增加，蛇纹石回收率基本保持在 60%左右。总体来看，采用十二胺作为捕收剂，采用木质素磺酸钙、CMC、水玻璃、SHMP 作为蛇纹石抑制，浮选分离硼镁石-蛇纹石混合矿的效果并不十分明显。十二胺浮选体系下，该四种抑制剂并不能有效抑制蛇纹石进入精矿中，精矿中蛇纹石回收率依然较高。

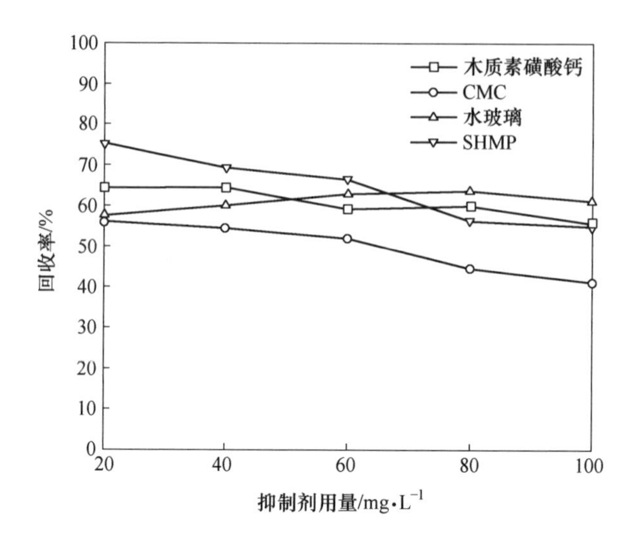

图 6-41　十二胺体系下抑制剂用量对蛇纹石浮选的影响

十二胺浮选体系下，抑制剂用量对硼镁石浮选的影响如图 6-42 所示。在浮选分离硼镁石-蛇纹石过程中，抑制剂不仅对蛇纹石有一定的抑制效果，也会对硼镁石浮选回收率产生影响。由图 6-42 可知，加入抑制剂后，硼镁石回收率较未加入抑制剂时有明显降低。其中，CMC 对硼镁石抑制效果最为明显，木质素磺酸钙与水玻璃次之，SHMP 抑制效果最弱。

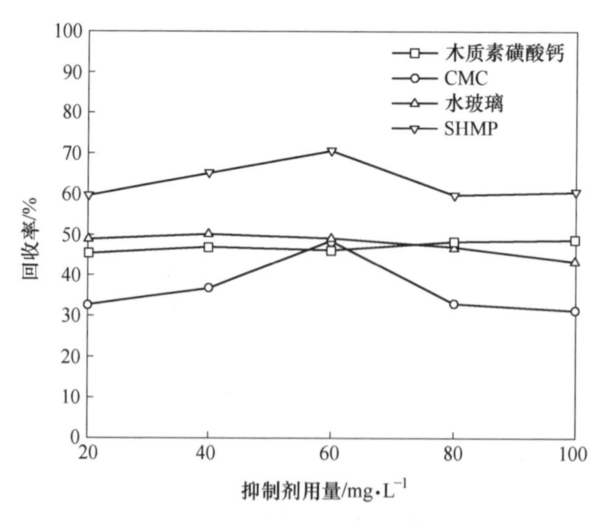

图 6-42　十二胺体系下抑制剂用量对硼镁石浮选的影响

试验结果表明，十二胺浮选体系下分离硼镁石-蛇纹石，大量蛇纹石进入精矿中，木质素磺酸钙、水玻璃、CMC、SHMP 均不能有效的抑制蛇纹石上浮，并且对硼镁石产生了较为明显的抑制作用，其中木质素磺酸钙、水玻璃、CMC 对硼镁石抑制效果最为显著，而 SHMP 对硼镁石抑制效果较弱。总体来看，为保证硼镁石浮选回收率，十二胺浮选体系下应考虑采用 SHMP 作为抑制剂使用，以实现硼镁石-蛇纹石的有效分离。

油酸钠浮选体系下，抑制剂用量对蛇纹石浮选的影响如图 6-43 所示。由图可知，在浮选硼镁石-蛇纹石混合矿时，油酸钠浮选体系下水玻璃对蛇纹石具有较好的抑制作用，在其用量超过 20mg/L 后，蛇纹石回收率就降低至 8.7%以下，此时继续增大抑制剂用量对蛇纹石回收率影响不大；SHMP、CMC 对蛇纹石抑制效果较弱，精矿中蛇纹石回收率较未加入抑制剂时相差不大；木质素磺酸钙对蛇纹石抑制效果不佳，在加入木质素磺酸钙后，精矿中蛇纹石回收率可达 65%左右。与未加入抑制剂时的试验结果相比，木质素磺酸钙的加入不仅未能抑制蛇纹石上浮，反而一定程度上促进了蛇纹石的回收。

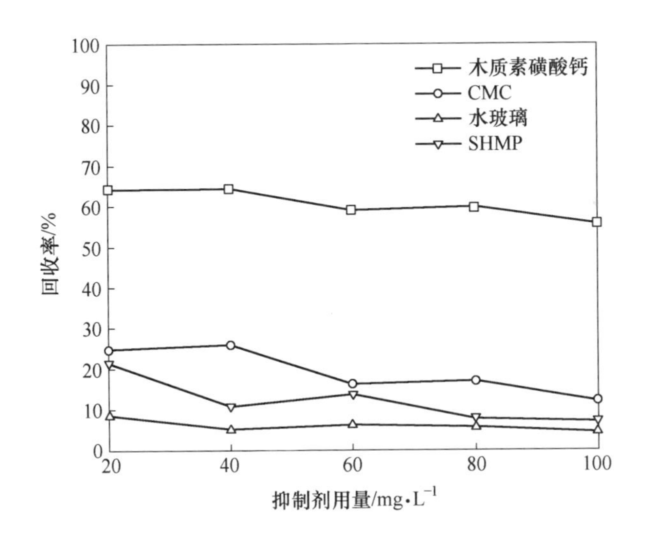

图 6-43 油酸钠体系下抑制剂用量对蛇纹石浮选的影响

油酸钠浮选体系下，抑制剂用量对硼镁石浮选的影响如图 6-44 所示。由图可知，水玻璃对硼镁石具有较好的抑制效果，在水玻璃用量达到 40mg/L 时即可有效抑制硼镁石上浮，此时硼镁石回收率仅为 6.1%，继续增大药剂用量，硼镁石回收率无明显变化。SHMP 对硼镁石也具有明显的抑制效果，在其用量由 20mg/L 增加至 100mg/L 时，硼镁石回收率由 17.8%降低至 7.0%。木质素磺酸钙也可一定程度上抑制硼镁石上浮，在其用量小于 100mg/L 时，增大其用量对硼镁石回收率影响并不明显。以 CMC 作为抑制剂时，其对硼镁石抑制效果较弱，

当CMC用量大于40mg/L时，硼镁石依然具有较高的回收率。

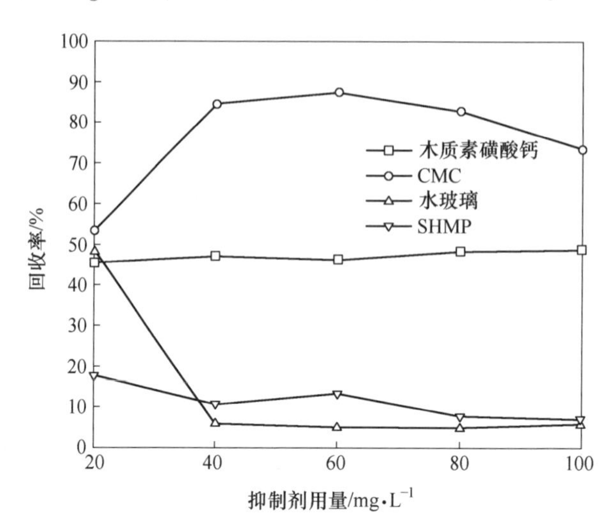

图6-44 油酸钠体系下抑制剂用量对硼镁石浮选的影响

试验结果表明，油酸钠浮选体系下分离硼镁石-蛇纹石，加入木质素磺酸钙、水玻璃、CMC及SHMP对蛇纹石进行抑制时，虽然随着抑制剂用量增加蛇纹石回收率呈逐渐降低的趋势，但是，这四种抑制剂对蛇纹石的抑制效果并不理想。此外，SHMP、水玻璃及木质素磺酸钙对硼镁石浮选回收率呈现出较为明显的抑制作用，而CMC对硼镁石的抑制效果较弱。由此可见，油酸钠浮选体系下分选硼镁石-蛇纹石，加入抑制剂后并不能强化分选效果。

6.3.2 硼镁石-磁铁矿混合矿浮选行为研究

6.3.2.1 pH值对硼镁石-磁铁矿混合矿浮选的影响

在捕收剂用量为60mg/L时，考察了pH值对硼镁石-磁铁矿混合矿浮选的影响。pH值对硼镁石回收率的影响如图6-45所示。十二胺浮选体系下，精矿中B_2O_3品位在20%左右。当pH值由6.8增加至11.4时，精矿B_2O_3品位由21.6%降低至18.2%。当矿浆pH值在6.8左右时，硼镁石浮选回收率达到最大值；当pH值大于6.8后，硼镁石浮选回收率逐渐降低；在pH值为11.4时，硼镁石回收率已经降低至44.1%。在油酸钠浮选体系下，精矿中B_2O_3品位要明显高于十二胺体系试验结果。当矿浆pH值为4.4~9.3时，B_2O_3品位均高于31.5%；在矿浆pH值为7.5~9.5时，硼镁石浮选回收率达到96.3%以上。由此可见，与十二胺体系试验结果相比，采用油酸钠浮选分离硼镁石-磁铁矿，可以实现硼镁石的高效回收，并且磁铁矿对硼镁石浮选回收影响不大。

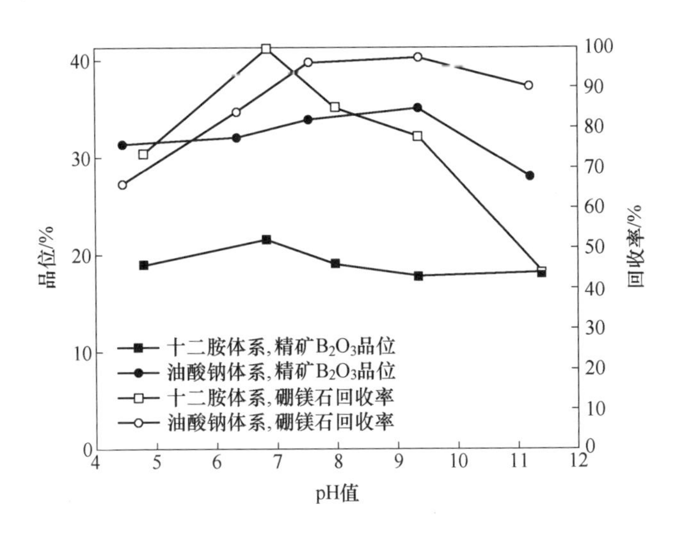

图 6-45 pH 值对硼镁石回收率的影响

pH 值对磁铁矿回收率的影响如图 6-46 所示。十二胺浮选体系下，pH 值对精矿中 Fe 品位影响不大。随着矿浆 pH 值逐渐升高，磁铁矿回收率逐渐升高。在 pH 值为 9.4 时，精矿中磁铁矿回收率达到最大值 95.1%。继续增加矿浆 pH 值，磁铁矿回收率迅速降低。油酸钠浮选体系下，精矿中 Fe 品位较低，磁铁矿回收率也较低。随着矿浆 pH 值由 4.5 逐渐升高 11.3，磁铁矿回收率由 18.3%降低至 13.5%。

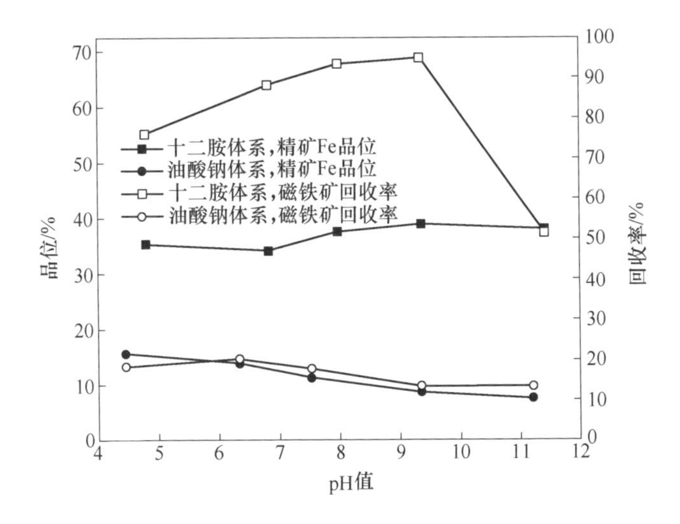

图 6-46 pH 值对磁铁矿回收率的影响

试验结果表明，以油酸钠作为捕收剂分离硼镁石-磁铁矿，精矿中 B_2O_3 品位较高，Fe 品位较低，在 pH 值为 7.5~9.5 时可实现硼镁石、磁铁矿的有效分离。而十二胺作为捕收剂使用时，大量磁铁矿进入浮选精矿中，使得精矿 B_2O_3 偏低，不能实现两种矿物的高效分离。最终确定十二胺浮选体系最佳 pH 值均为 7.0 左右，油酸钠浮选体系下的最佳 pH 值为 9.0 左右。

6.3.2.2　捕收剂对硼镁石-磁铁矿混合矿浮选的影响

在最佳 pH 值条件下，考察了捕收剂用量对硼镁石-磁铁矿混合矿浮选的影响。十二胺浮选体系下，捕收剂用量对硼镁石浮选的影响如图 6-47 所示。由图可知，精矿中 B_2O_3 品位与硼镁石回收率均不高，B_2O_3 品位在 20%左右，硼镁石回收率在 75%左右。油酸钠浮选体系下，精矿中 B_2O_3 品位、硼镁石回收率均明显高于十二胺体系试验结果。在油酸钠用量为 60mg/L 时，硼镁石回收率达 97%，此时精矿 B_2O_3 品位为 35.2%。

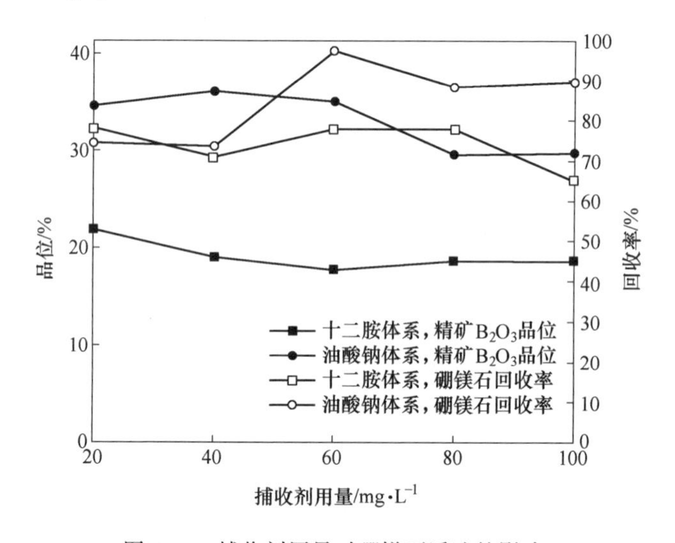

图 6-47　捕收剂用量对硼镁石浮选的影响

捕收剂用量对磁铁矿回收率的影响结果如图 6-48 所示。十二胺浮选体系下，随捕收剂用量增加，精矿中磁铁矿回收率逐渐升高，导致精矿 B_2O_3 品位不高。捕收剂用量由 20mg/L 增加至 60mg/L 时，磁铁矿回收率逐渐升高，导致精矿 B_2O_3 品位有所降低。油酸钠浮选体系下，精矿 Fe 品位与磁铁矿回收率均较低。当油酸钠用量不足 60mg/L 时，精矿中磁铁矿的回收率不足 14%，当继续增大捕收剂用量时，精矿中磁铁矿的回收率明显升高。

试验结果表明，适量增大捕收剂用量可以增加精矿中硼镁石、磁铁矿回收率。十二胺为捕收剂时，精矿中硼、铁元素均具有较高的回收率，仅通过浮选难以对硼镁石、磁铁矿进行有效分离。以油酸钠为捕收剂，在其用量 60mg/L 条件下，可对硼镁石进行高效回收，而对磁铁矿回收效果较差，从而实现二者的有效

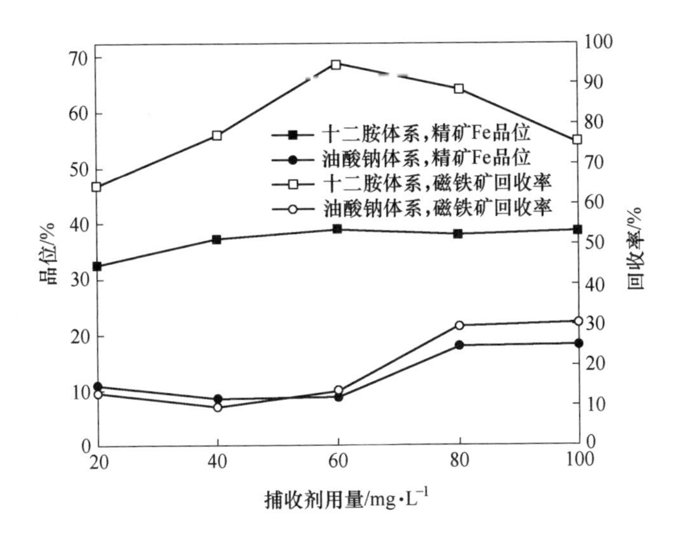

图 6-48　捕收剂用量对磁铁矿回收率的影响

分离。总体来说，采用油酸钠作为硼镁石-磁铁矿混合矿捕收剂来使用更为适宜。

6.3.2.3　抑制剂对硼镁石-磁铁矿混合矿浮选的影响

为进一步提高精矿中硼镁石浮选回收率，降低对磁铁矿的回收，在最佳 pH 值条件及最佳捕收剂用量条件下，考察了木质素磺酸钙、CMC、水玻璃、SHMP 四种抑制剂对硼镁石-磁铁矿混合矿浮选分离效果的影响。十二胺浮选体系下，抑制剂用量对硼镁石浮选的影响如图 6-49 所示。由图可知，该条件下水玻璃对硼镁石抑制效果最为明显，随着水玻璃用量由 20mg/L 增加到 100mg/L，硼镁石回收率由 76.1%降低至 46.2%。木质素磺酸钙对硼镁石抑制效果较弱，并且其用量对硼镁石回收率影响不大，此时硼镁石浮选回收率基本保持在 80%左右。CMC 对硼镁石抑制作用较木质素磺酸钙弱，并且 CMC 用量对硼镁石回收率影响并不明显，此时硼镁石回收率在 86%左右。SHMP 对硼镁石抑制效果最弱，随其用量逐渐增加，硼镁石回收率略有升高；在 SHMP 用量为 80mg/L 时，硼镁石回收率达到最大，为 96.6%。

十二胺浮选体系下，抑制剂对磁铁矿浮选效果的影响如图 6-50 所示。由图可知，该试验条件下，木质素磺酸钙、CMC、水玻璃、SHMP 对磁铁矿的抑制作用均较弱，此时磁铁矿均保持着较高的浮选回收率，并且抑制剂用量对磁铁矿浮选回收率的影响并不十分明显。

试验结果表明，十二胺浮选体系下，浮选分离硼镁石-磁铁矿人工混合矿时，该四种抑制剂对硼镁石均具有一定的抑制作用，其抑制作用强弱顺序为：水玻璃 > 木质素磺酸钙 > CMC > SHMP。但是这四种抑制剂均不能有效抑制磁铁矿上

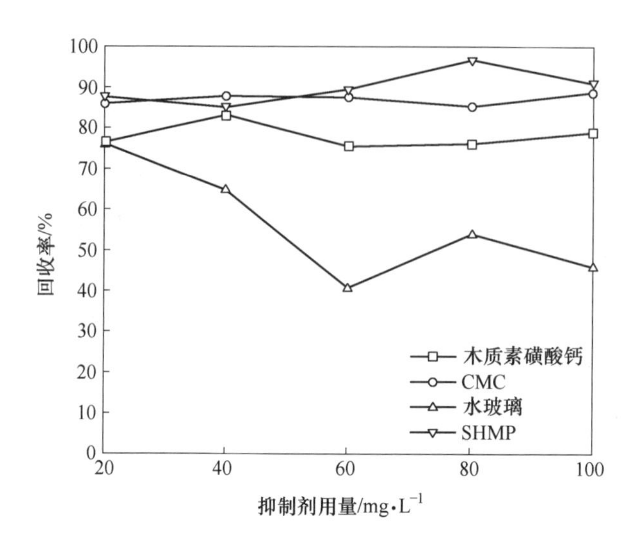

图 6-49　抑制剂用量对硼镁石浮选的影响

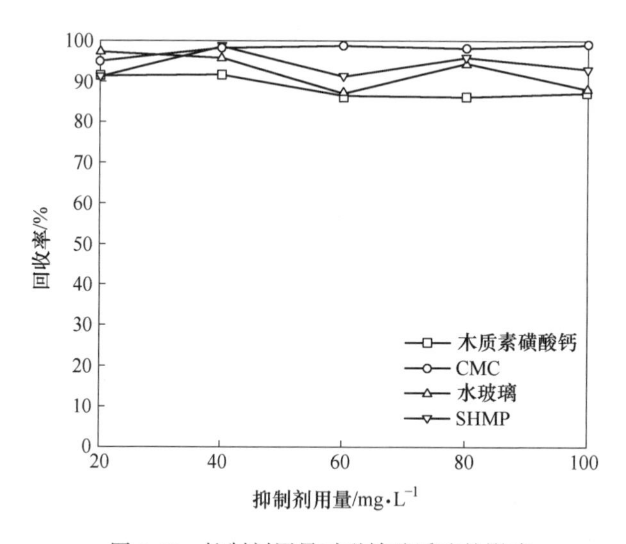

图 6-50　抑制剂用量对磁铁矿浮选的影响

浮，浮选精矿中磁铁矿具有很高的回收率，从而对精矿中 B_2O_3 品位的提高造成了不利影响。因此，十二胺作捕收剂时，很难实现硼镁石、磁铁矿的高效分离。

油酸钠浮选体系下，抑制剂用量对硼镁石浮选的影响如图 6-51 所示。由图可知，该条件下 CMC 能够显著抑制硼镁石上浮，在其用量为 20mg/L 时即可将硼镁石回收率降低至 10%以下，继续增大 CMC 用量对硼镁石回收率影响不大。在木质素磺酸钙、水玻璃、SHMP 用量为 20mg/L 时，其对硼镁石抑制效果较弱，此时硼镁石回收率较高，随着抑制剂用量增加，其对硼镁石抑制效果逐渐增强，硼镁石回收率逐渐降低。总体来看，该条件下 CMC 对硼镁石抑制效果最强，其

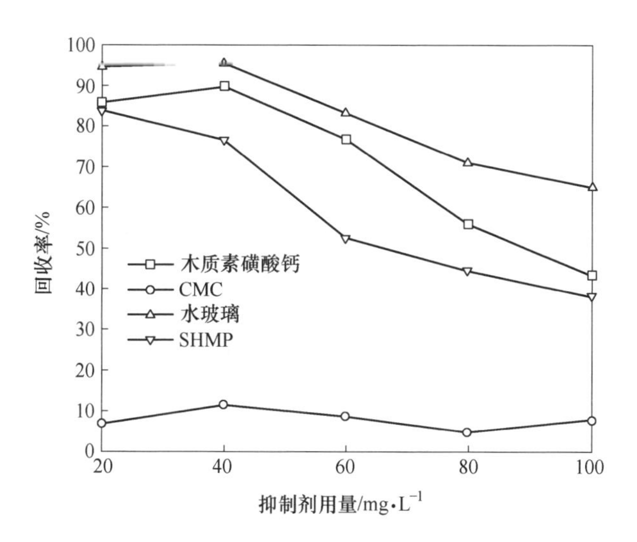

图 6-51 抑制剂用量对硼镁石浮选的影响

次为 SHMP 与木质素磺酸钙，水玻璃抑制效果最弱。

油酸钠浮选体系下，抑制剂用量对磁铁矿浮选的影响如图 6-52 所示。由图可知，四种抑制剂均可对磁铁矿产生抑制作用，随着抑制剂用量增加，其对磁铁矿抑制作用逐渐增强。其中 CMC 对磁铁矿抑制效果最强，在 CMC 用量为 20mg/L 时，磁铁矿回收率就降低至 4.6%；当其用量超过 60mg/L 时，磁铁矿基本不浮。在 SHMP 用量超过 80mg/L 后，其也能显著抑制磁铁矿上浮。木质素磺酸钙对磁铁矿抑制效果较弱，在其用量较大时才能够抑制磁铁矿上浮。水玻璃对磁铁矿抑制效果不佳，较未加入水玻璃时磁铁矿回收率有所升高。

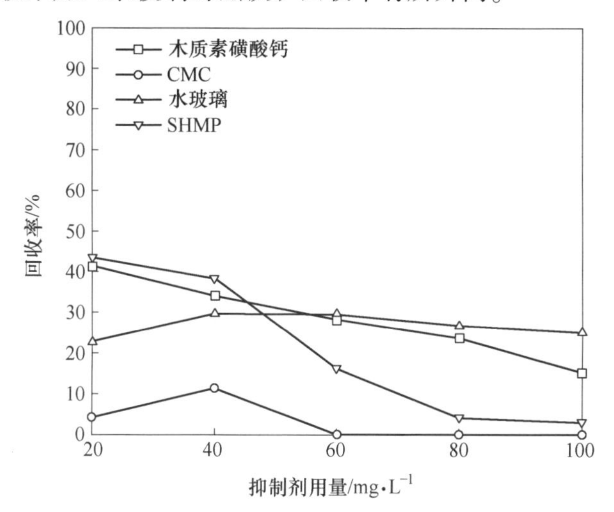

图 6-52 抑制剂用量对磁铁矿浮选的影响

试验结果表明，油酸钠浮选体系下 CMC 可强烈抑制磁铁矿、硼镁石上浮，难以实现硼镁石、磁铁矿的有效分离。在抑制剂用量较小时，木质素磺酸钙、SHMP、水玻璃对磁铁矿抑制效果不佳，较未加入抑制剂时磁铁矿回收率有所升高。仅当 SHMP 用量大于 80mg/L 时对磁铁矿抑制效果较好，但是此时 SHMP 也明显降低了硼镁石回收率。

6.3.3 硼镁石-蛇纹石-磁铁矿混合矿浮选行为研究

6.3.3.1 pH 值对硼镁石-蛇纹石-磁铁矿混合矿浮选的影响

在捕收剂用量 60mg/L 条件下，考察了矿浆 pH 值对硼镁石-蛇纹石-磁铁矿混合矿浮选效果的影响。pH 值对硼镁石浮选的影响如图 6-53 所示。十二胺浮选体系下，在矿浆 pH 值范围 6.1～9.2 时，硼镁石回收率达到最大值，但依然不足 45%。精矿中 B_2O_3 品位随矿浆 pH 值升高而逐渐降低。矿浆 pH 值由 6.1 增大至 11.3 时，精矿 B_2O_3 品位由 13.4%降低至 9.9%。油酸钠浮选体系下，精矿中 B_2O_3品位及硼镁石回收率均明显高于十二胺体系试验结果。随着矿浆 pH 值逐渐升高，精矿 B_2O_3 品位逐渐升高。在矿浆 pH 值为 9.2 时，精矿 B_2O_3 品位达到最大值 30%，此时硼镁石回收率也达到最大值，为 99%。

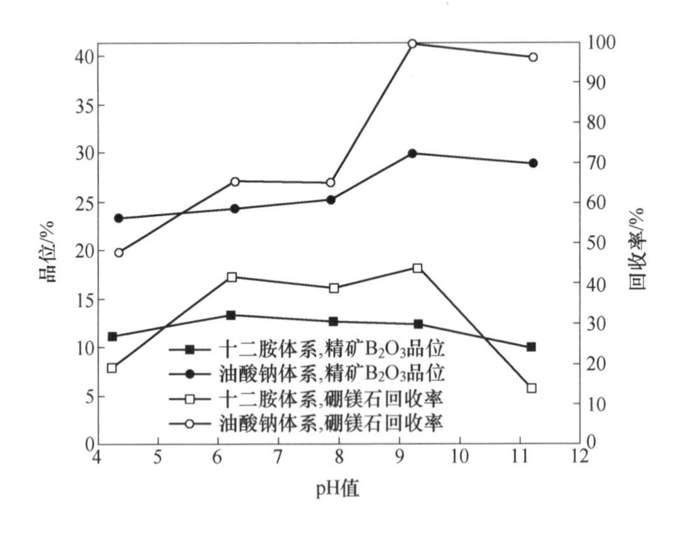

图 6-53　pH 值对硼镁石浮选的影响

pH 值对蛇纹石浮选的影响如图 6-54 所示。十二胺浮选体系下，当矿浆 pH 值在 6.1 附近时，精矿中 SiO_2 品位达到最大 25.7%，此时蛇纹石回收率为 71.9%。当矿浆 pH 值大于 6.1 时，精矿 SiO_2 品位及蛇纹石回收率均随矿浆 pH 值升高而降低。油酸钠浮选体系下，捕收剂对蛇纹石的捕收能力较弱，因此精矿中蛇纹石含量较低。

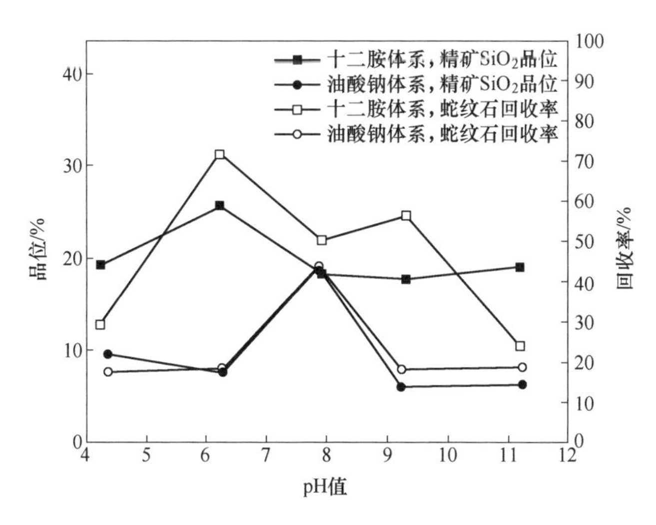

图 6-54 pH 值对蛇纹石浮选的影响

pH 值对磁铁矿浮选的影响如图 6-55 所示。十二胺浮选体系下，pH 值对精矿中 Fe 品位影响不大。pH 值由 4.2 升高至 11.2 时，Fe 品位仅由 24.5%升高至 27.1%。在 pH 值为 4.2~9.3 时，磁铁矿回收率随 pH 值升高而逐渐增加。在 pH 值为 9.3 时，磁铁矿回收率为 49.3%；当 pH 值超过 9.3 时，磁铁矿回收率开始降低。油酸钠浮选体系下，由于油酸钠对磁铁矿的捕收性能较十二胺弱，因此精矿中 Fe 品位与回收率均较低。

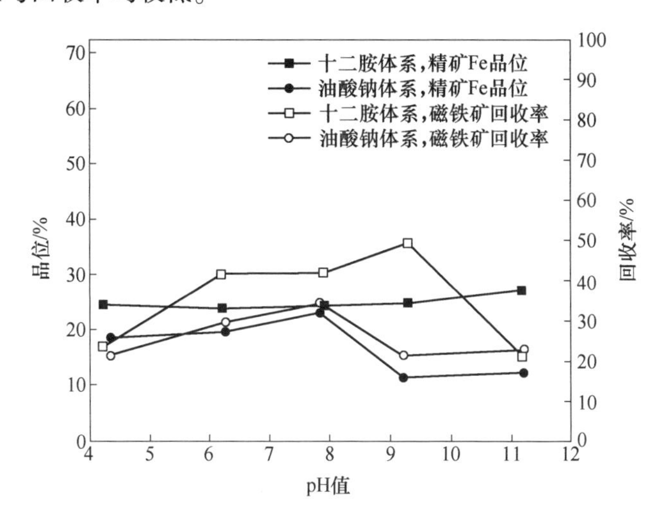

图 6-55 pH 值对磁铁矿浮选的影响

试验结果表明，以十二胺为捕收剂浮选分离硼镁石-蛇纹石-磁铁矿混合矿时，增大 pH 值对精矿 SiO_2、Fe 品位影响不大，但是大量磁铁矿与蛇纹石进入精

矿严重影响 B_2O_3 品位的提高。以油酸钠为捕收剂时，当矿浆 pH 值超过 9.3 后，精矿中 Fe 品位及回收率均出现明显降低，并且 SiO_2 品位及蛇纹石回收率也较低，因此在该 pH 值条件下进行浮选可明显降低精矿中磁铁矿及蛇纹石含量，有利于提高精矿中硼镁石的品位。最终确定十二胺与油酸钠浮选体系最佳 pH 值均为 9.3 左右。

6.3.3.2　捕收剂对硼镁石-蛇纹石-磁铁矿混合矿浮选的影响

在最佳 pH 值条件下，考察了捕收剂对硼镁石-蛇纹石-磁铁矿混合矿浮选的影响。捕收剂对硼镁石浮选的影响如图 6-56 所示。十二胺浮选体系下，当捕收剂用量由 20mg/L 增加至 100mg/L 时，精矿中 B_2O_3 品位由 9.5%增加至 15.5%，而硼镁石回收率则由 8.8%升高至 46.3%。油酸钠浮选体系下，随着捕收剂用量增加，精矿中硼镁石回收率逐渐升高，在油酸钠用量为 60mg/L 时硼镁石浮选回收率达到最大，为 97.3%；继续增大捕收剂用量时，硼镁石回收率出现小幅降低。精矿中 B_2O_3 品位则随捕收剂用量增加而略有降低。相比之下，油酸钠作捕收剂时，可获得更高的硼镁石回收率及更高的 B_2O_3 品位。

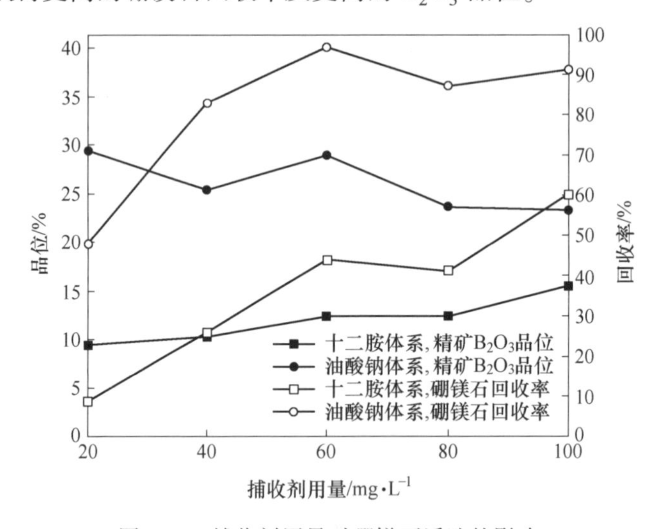

图 6-56　捕收剂用量对硼镁石浮选的影响

捕收剂对蛇纹石浮选的影响如图 6-57 所示。十二胺浮选体系下，当捕收剂用量由 20mg/L 增加至 100mg/L 时，精矿中蛇纹石回收率由 22.0%升高至 62.8%。精矿中 SiO_2 品位随十二胺用量增加而降低。当十二胺用量超过 60mg/L 后，精矿中蛇纹石回收率变化并不明显，此时精矿中 SiO_2 品位降低至 16.1%。油酸钠浮选体系下，由于油酸钠对蛇纹石捕收能力差，因而夹带、罩盖等原因是导致精矿中蛇纹石含量较多的主要原因。增大油酸钠用量后，精矿中蛇纹石回收率有所增加，但影响不大。试验结果表明，为了尽量减少进入精矿的蛇纹石含量，采用油酸钠作为捕收剂更为适宜。

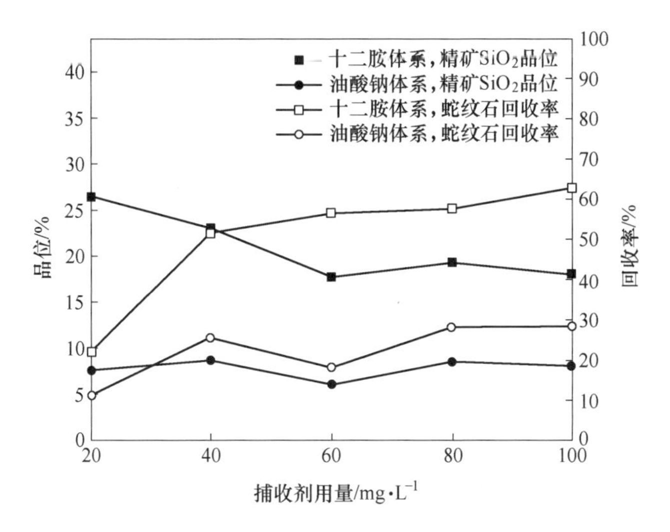

图 6-57 捕收剂用量对蛇纹石浮选的影响

捕收剂对磁铁矿浮选的影响如图 6-58 所示。十二胺浮选体系下，精矿中磁铁矿回收率随捕收剂用量增加而增加。当捕收剂用量由 20mg/L 增加至 100mg/L 时，磁铁矿回收率由 9.5%升高至 54.4%。油酸钠浮选体系下，当捕收剂用量由 20mg/L 增加至 100mg/L 时，磁铁矿回收率由 8.4%增加至 41.6%。对比之下，油酸钠作为捕收剂时，精矿中磁铁矿回收率及 Fe 品位均更低，有利于提高精矿中 B_2O_3 品位。试验结果表明，为了降低进入精矿中磁铁矿的含量，使用油酸钠作为混合矿捕收剂更为适宜。最终确定十二胺、油酸钠的最佳用量均为 60mg/L。

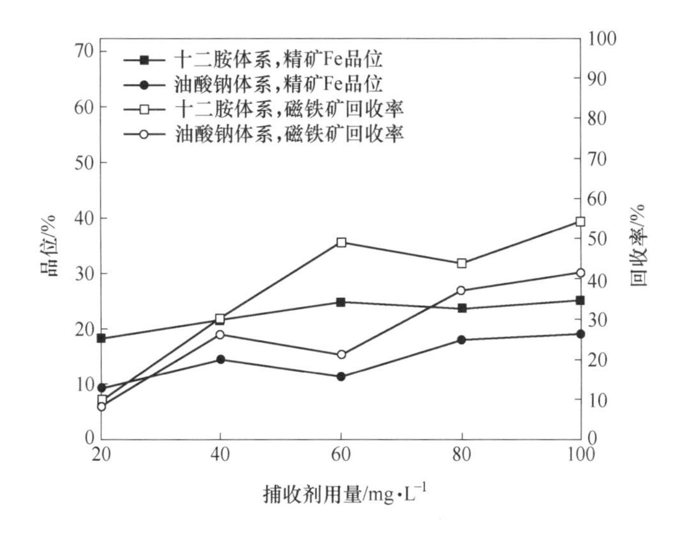

图 6-58 捕收剂用量对磁铁矿浮选的影响

6.3.3.3　抑制剂对硼镁石-蛇纹石-磁铁矿混合矿浮选的影响

为进一步提高精矿中硼镁石浮选回收率，降低对蛇纹石、磁铁矿的回收，在最佳pH值条件及最佳捕收剂用量条件下，考察了木质素磺酸钙、CMC、水玻璃、SHMP四种抑制剂对硼镁石-磁铁矿-蛇纹石混合矿浮选效果的影响。十二胺浮选体系下，抑制剂用量对蛇纹石浮选的影响如图6-59所示。由图可知，该条件下四种抑制剂对蛇纹石抑制效果不佳，增大抑制剂用量对蛇纹石的抑制效果并不明显。其中SHMP对蛇纹石抑制效果最差，此时精矿中蛇纹石回收率达75%左右。

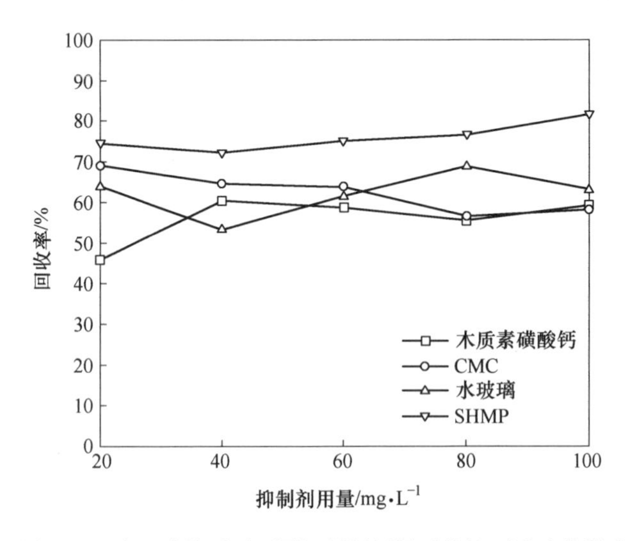

图6-59　十二胺体系下不同抑制剂用量对蛇纹石浮选的影响

十二胺浮选体系下，抑制剂用量对硼镁石浮选的影响如图6-60所示。以SHMP为抑制剂时，随着抑制剂用量由20mg/L升高至100mg/L时，精矿中硼镁石回收率由77.4%升高至93.3%，但是木质素磺酸钙、CMC、水玻璃为抑制剂时，硼镁石回收率均不高，均在60%以下。尽管精矿中硼镁石回收率较高，但是大量蛇纹石进入精矿使得B_2O_3品位较低。

十二胺浮选体系下，抑制剂用量对磁铁矿浮选的影响如图6-61所示。由图可知，木质素磺酸钙对磁铁矿抑制效果最好，此时磁铁矿浮选回收率在40%左右。使用SHMP、水玻璃、CMC作为抑制剂时，其对磁铁矿的抑制作用并不理想，精矿中磁铁矿回收率较高。由于有大量磁铁矿进入精矿，这也降低了精矿B_2O_3品位。

试验结果表明，十二胺体系下，四种抑制剂对硼镁石、蛇纹石、磁铁矿的分选效果并不理想。精矿中蛇纹石、磁铁矿含量较高，造成精矿B_2O_3品位较低。木质素磺酸钙、水玻璃、CMC作为抑制剂时，不仅硼镁石回收率不高，而且由于大量蛇纹石、磁铁矿进入精矿中，使得精矿B_2O_3品位也较低。SHMP作为抑

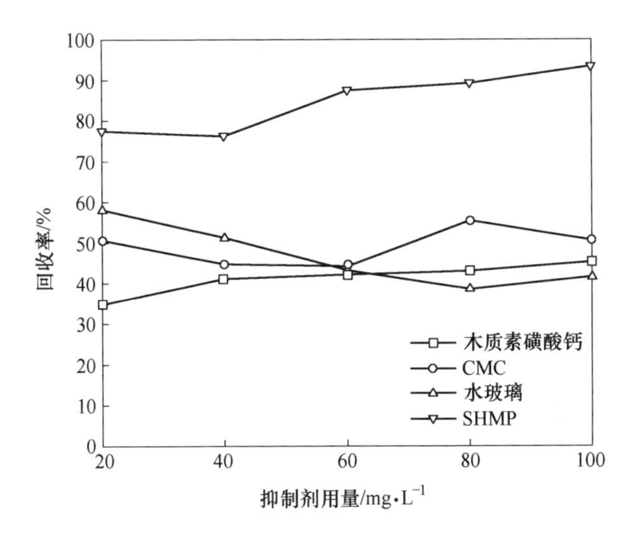

图 6-60 十二胺体系下不同抑制剂用量对硼镁石浮选的影响

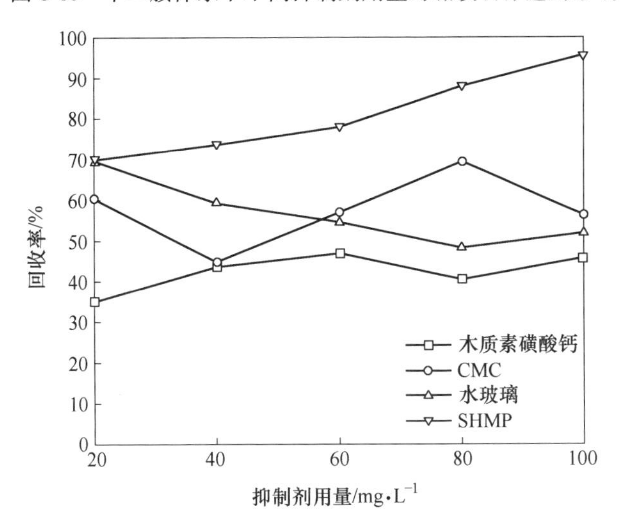

图 6-61 十二胺体系下不同抑制剂用量对磁铁矿浮选的影响

制剂时，虽然精矿中硼镁石回收率较高，但是该条件下，SHMP 对于蛇纹石、磁铁矿的抑制效果不佳，这影响了精矿中 B_2O_3 品位的提高。可见十二胺浮选体系下，该四种抑制剂均不能实现三种矿物的高效分离。

油酸钠浮选体系下，抑制剂用量对蛇纹石浮选的影响如图 6-62 所示。由图可知，油酸钠浮选体系下，四种抑制剂对蛇纹石均有一定的抑制作用，随着抑制剂用量增加，其对蛇纹石抑制效果均有所增强。CMC 对蛇纹石抑制效果最佳，在其用量 60mg/L 时，精矿中蛇纹石回收率仅为 2% 左右。在 SHMP 用量为 40mg/L 时，蛇纹石回收率仅为 9.3%。在木质素磺酸钙、水玻璃用量达 60mg/L

后，也可将蛇纹石回收率降低至 10%以下。

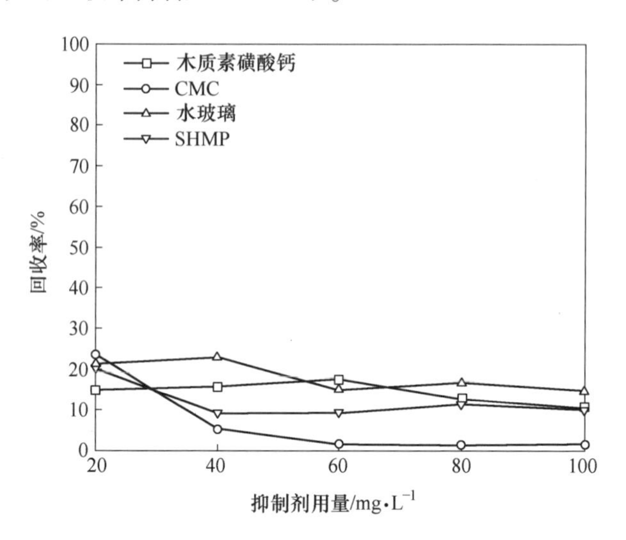

图 6-62　油酸钠体系下不同抑制剂用量对蛇纹石浮选的影响

油酸钠浮选体系下，抑制剂用量对硼镁石浮选的影响如图 6-63 所示。由图可知，油酸钠浮选体系下，四种抑制剂对硼镁石也均表现出一定的抑制效果，随着抑制剂用量增加，其抑制效果也逐渐增强，硼镁石回收率逐渐降低。其中，CMC 可强烈抑制硼镁石上浮，在其用量达 40mg/L 后，硼镁石回收率就降低至 5%以下。SHMP、木质素磺酸钙与水玻璃对硼镁石抑制作用较弱，在其用量较小时硼镁石可获得较高回收率。

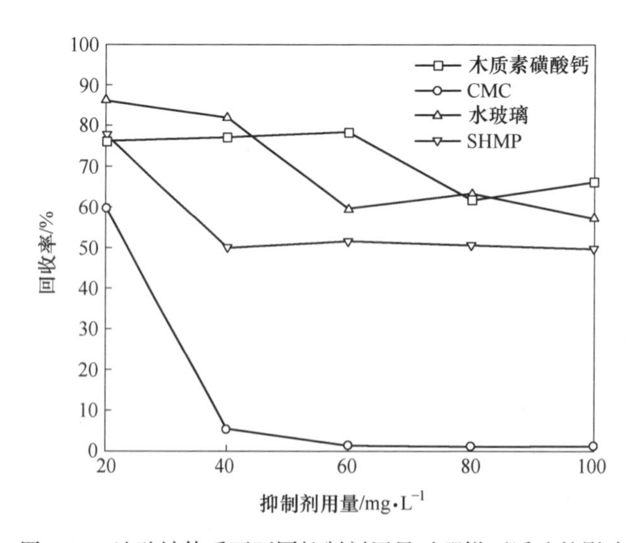

图 6-63　油酸钠体系下不同抑制剂用量对硼镁石浮选的影响

油酸钠浮选体系下，抑制剂用量对磁铁矿浮选的影响如图 6-64 所示。由图可知，油酸钠浮选体系下，四种抑制剂对磁铁矿均有一定抑制效果，其抑制效果均随药剂用量增大而逐渐增强。其中，CMC、SHMP 抑制效果明显，在用量达 40mg/L 时，即可较好抑制磁铁矿上浮，此时磁铁矿回收率不足 10%。而木质素磺酸钙、水玻璃在其用量较大时才可有效抑制磁铁矿。

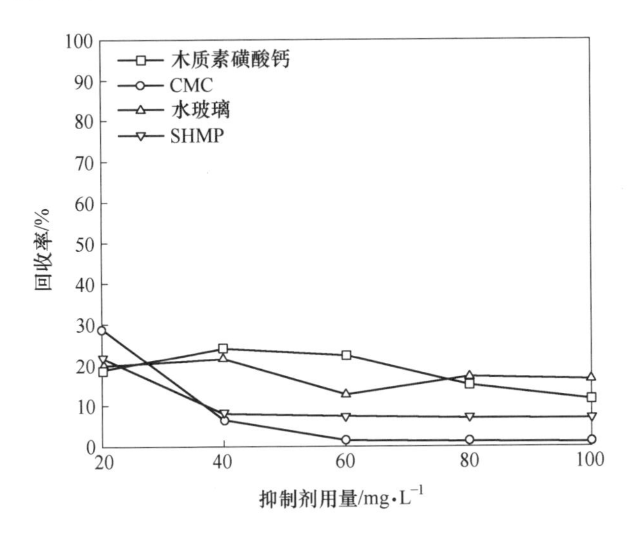

图 6-64 油酸钠体系下不同抑制剂用量对磁铁矿浮选的影响

试验结果表明，油酸钠浮选体系下，添加抑制剂后能进一步降低精矿中蛇纹石、磁铁矿含量，但是同时抑制剂也可对硼镁石产生一定的抑制作用。在抑制剂用量较小时，其对硼镁石抑制效果较弱；当抑制剂用量较大时，能够明显抑制硼镁石上浮。因此，油酸钠浮选体系下，可在抑制剂用量较小的条件下分离硼镁石-蛇纹石-磁铁矿人工混合矿。

6.3.4 蛇纹石对硼镁石浮选的影响

蛇纹石是一种常见的脉石矿物，具有易碎、易泥化、亲水性强等特点，常与有用矿物密切伴生。研究表明，浮选过程中微细粒蛇纹石将对浮选结果产生严重影响，不仅能够降低有用矿物回收率，还可随有用矿物进入精矿，从而降低精矿品位。在硼铁矿石中，蛇纹石矿物量较大，浮选过程中必然对硼镁石浮选产生一定的影响。结合单矿物及混合矿浮选试验结果可知，蛇纹石是影响硼镁石回收率的最主要因素，磁铁矿对硼镁石回收率影响并不十分明显。因此，本节在不同浮选体系下，研究蛇纹石粒度及含量对硼镁石浮选的影响，并讨论十二胺浮选体系下，抑制剂对提升硼镁石回收率的影响。试验结果还表明，在油酸钠浮选体系下硼镁石与蛇纹石具有较好的分离效果，加入抑制剂能够进一步降低精矿中蛇纹石含量，但是抑制剂也会一定程度上影响硼镁石可浮性，降低其回收率。

6.3.4.1　十二胺体系下蛇纹石对硼镁石浮选的影响

十二胺浮选体系下，蛇纹石粒度及含量对硼镁石浮选的影响如图 6-65 所示。随着蛇纹石含量的增加，硼镁石浮选回收率逐渐降低。当所添加的蛇纹石粒度为 -74+45μm 时，随着蛇纹石含量增多，其对硼镁石回收率影响较小。在蛇纹石与硼镁石矿物配比量由 0.1∶1 变化至 1∶1 时，硼镁石回收率仅由 87.8%降低至 85.5%，精矿中 B_2O_3 品位由 38.5%降低至 30.3%。当所添加蛇纹石粒度为 -45+38μm时，蛇纹石含量的增加可以明显降低硼镁石回收率，且精矿中 B_2O_3 品位也较之前有所降低。在矿物配比量由 0.1∶1 变化至 1∶1 时，硼镁石回收率由 89.8%降低至 57.8%，精矿中 B_2O_3 品位由 38.1%降低至 29.5%。当蛇纹石粒度进一步减小至-38μm 时，硼镁石回收率以及 B_2O_3 品位降低得更为显著。随着蛇纹石含量增加，硼镁石回收率由 92.6%降低至 17.6%，而 B_2O_3 由 35.7%降低至 18.9%。由图 6-65 可知，当蛇纹石添加量超过 0.3g 时，在不同矿物量配比下，蛇纹石粒度越细，硼镁石回收率越低，精矿中 B_2O_3 品位也越低。试验结果表明，浮选过程中，蛇纹石粒度越细、含量越高，硼镁石回收率越低。蛇纹石粒度及含量均可对硼镁石回收率产生影响，但是粒度是影响硼镁石回收率的最主要因素，蛇纹石含量的影响效果次之。

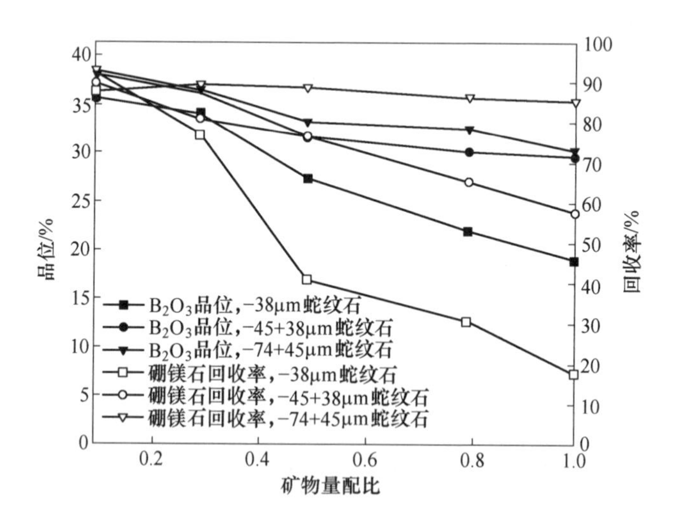

图 6-65　蛇纹石粒度及含量对硼镁石浮选的影响

蛇纹石粒度及含量对蛇纹石回收率影响如图 6-66 所示。由图 6-66 可知，精矿中 SiO_2 品位随着蛇纹石含量增加而增加，其回收率随着蛇纹石含量增加而逐渐降低。蛇纹石粒度越细，精矿中其回收率越高。由此也可见，细粒级蛇纹石更容易进入精矿中，因此细粒级蛇纹石对硼镁石回收率的影响更为显著。由于蛇纹石是一种亲水性较强的矿物，可浮性较差，因此蛇纹石在有用矿物表面黏附后，能够明显降低有用矿物的可浮性，这可能是蛇纹石导致硼镁石回收率降低的主要原因。

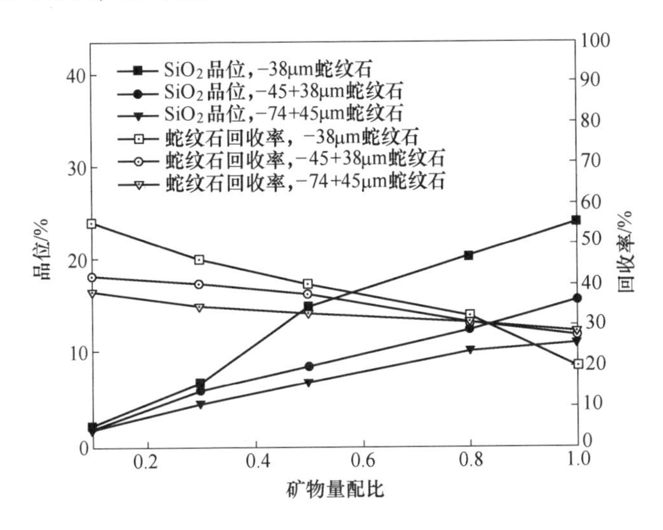

图 6-66 蛇纹石粒度及含量对蛇纹石浮选的影响

由以上试验结果可知，十二胺浮选体系下蛇纹石易进入精矿中，影响精矿 B_2O_3 品位，并且降低硼镁石回收率。因此，为了降低蛇纹石对硼镁石浮选的不利影响，使用 SHMP 作为蛇纹石抑制剂，考察 SHMP 对浮选结果的影响。加入 SHMP 后，蛇纹石粒度及含量对硼镁石浮选的影响如图 6-67 所示。加入 SHMP 后，随着 -74+45μm 蛇纹石含量逐渐增加，硼镁石回收率由 89.2%降低至 66.3%；随着 -45+38μm 蛇纹石含量增加，硼镁石回收率由 90.3%降低至 61.0%；随着-38μm 蛇纹石含量增加，硼镁石回收率由 92.6%降低至 55.0%。相较于图 6-65，当蛇纹石粒度为-74+45μm 时，加入 SHMP 后硼镁石回收率略有降低。这是由于 SHMP 不仅对蛇纹石有抑制作用，也对硼镁石具有一定的抑制作用，因此硼镁石回收率较之前有所降低。加入 SHMP 后，-45+38μm 蛇纹石对硼镁石回收率的不利影响有所减弱；并且，SHMP 的加入，使得-38μm 蛇纹石对硼镁石回收率的不利影响得到明显减弱，不同矿物量配比条件下硼镁石回收率较之前明显升高。试验结果表明，SHMP 主要针对-38μm 蛇纹石颗粒起抑制作用，而对+38μm 蛇纹石颗粒抑制效果并不十分明显。

加入 SHMP 后，蛇纹石粒度及含量对蛇纹石浮选的影响如图 6-68 所示。由图可知，加入 SHMP 后，蛇纹石回收率及 SiO_2 品位的变化规律与未加入 SHMP 时相似。随着蛇纹石含量增加，精矿中 SiO_2 品位逐渐升高，蛇纹石回收率逐渐降低；并且，在相同矿物量配比条件下，蛇纹石粒度越细其回收率越高。此外，与未加入 SHMP 时相比，不同粒度下的蛇纹石回收率、SiO_2 品位均有明显降低。结果表明，SHMP 能够抑制蛇纹石进入精矿，有效降低精矿中蛇纹石的含量，并且削弱蛇纹石对硼镁石浮选的不利影响。

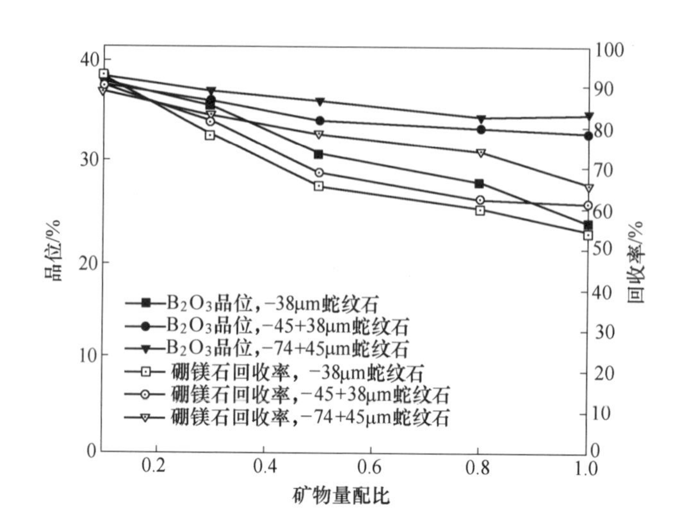

图 6-67　SHMP 体系下蛇纹石粒度及含量对硼镁石浮选的影响

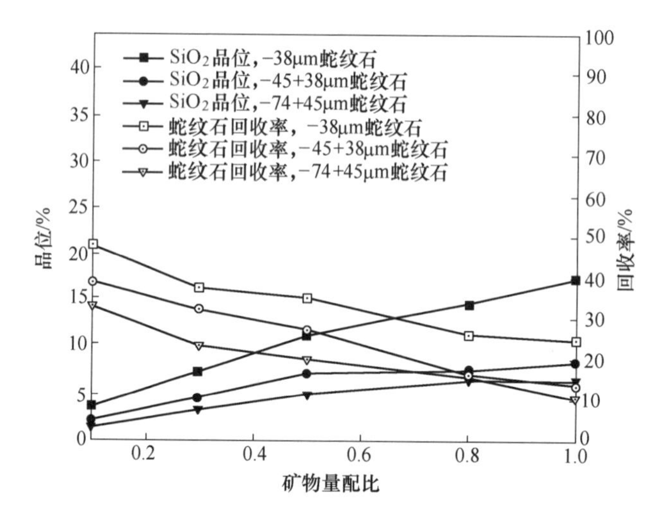

图 6-68　SHMP 体系下蛇纹石粒度及含量对蛇纹石浮选的影响

6.3.4.2　油酸钠体系下蛇纹石对硼镁石浮选的影响

油酸钠浮选体系下，蛇纹石粒度及含量对硼镁石浮选的影响如图 6-69 所示。由图可知，精矿中 B_2O_3 品位随着蛇纹石含量增加而逐渐降低。在相同矿物量配比条件下，蛇纹石粒度越细，硼镁石回收率越低。蛇纹石含量由 0.1g 增加至 1.0g 的过程中，当蛇纹石粒度为-74+45μm 时，B_2O_3 品位由 38.9%降低至 36.6%；当蛇纹石粒度为-45+38μm 时，B_2O_3 品位由 38.5%减小至 32.8%；当蛇纹石粒度为-38μm 时，B_2O_3 品位由 38.5%减小至 31.9%。在蛇纹石粒度为

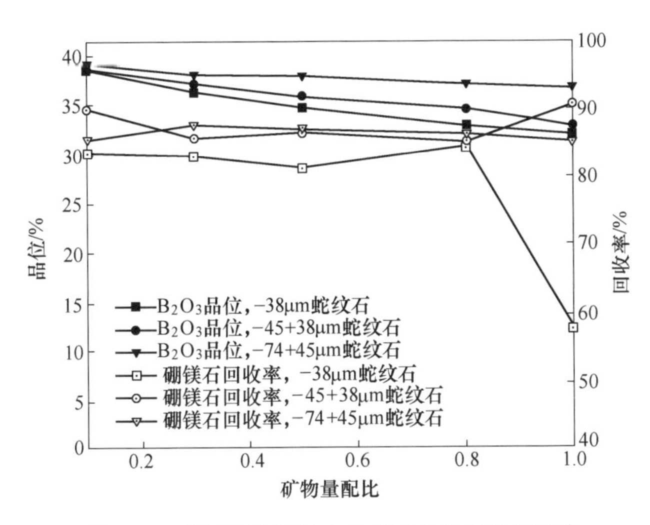

图 6-69　蛇纹石粒度及含量对硼镁石浮选的影响

-74+38μm 时，蛇纹石含量对硼镁石回收率影响并不大。当蛇纹石粒度减小至-38μm 时，在不同矿物量配比条件下，硼镁石回收率有所降低；并且，当-38μm 蛇纹石含量超过 0.8g 后，硼镁石回收率迅速降低。可见，油酸钠浮选体系下，蛇纹石粒度是影响硼镁石回收率的主要原因，+38μm 蛇纹石含量对硼镁石回收率影响不大，-38μm 蛇纹石含量达到一定程度后可显著降低硼镁石回收率。

蛇纹石粒度及含量对蛇纹石浮选的影响如图 6-70 所示。由图可知，精矿中 SiO_2 品位随蛇纹石含量增加而逐渐升高。并且蛇纹石粒度越细，精矿中 SiO_2 含量越高。蛇纹石回收率随着蛇纹石含量增加而逐渐降低，蛇纹石粒度越细，精矿

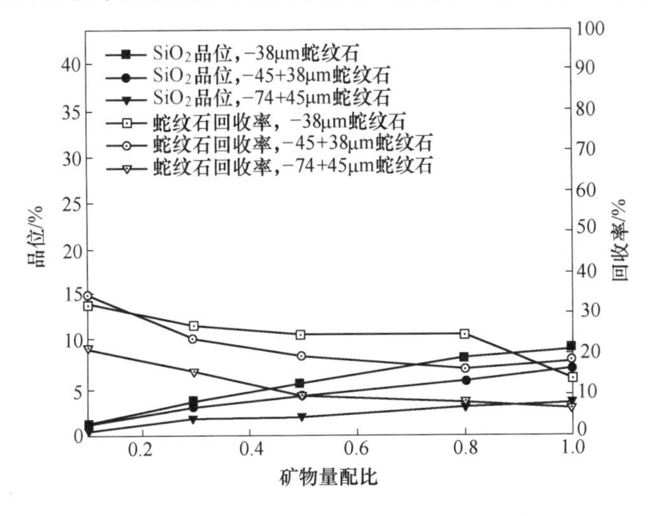

图 6-70　蛇纹石粒度及含量对蛇纹石浮选的影响

中蛇纹石回收率越高。由于油酸钠对硼镁石捕收能力强，对蛇纹石的捕收性能很弱，因此精矿中 SiO_2 含量、蛇纹石回收率均不高。试验结果表明，相较于粗粒级蛇纹石来说，细粒级蛇纹石更易于进入精矿中，从而使得精矿中 B_2O_3 品位降低。由此也可见蛇纹石粒度依然是其影响硼镁石回收的主要因素。

6.3.5　小结

（1）在进行硼镁石-蛇纹石人工混合矿浮选时，蛇纹石能够明显降低精矿中硼镁石的回收率。相较于蛇纹石，磁铁矿对硼镁石回收率的影响较小。在进行硼镁石-磁铁矿混合矿浮选时，硼镁石有着较高的回收率。

（2）采用十二胺作为捕收剂分离混合矿时，蛇纹石、磁铁矿易进入精矿中，精矿中 SiO_2、Fe 品位较高，不利于提升精矿 B_2O_3 品位；采用油酸钠作为捕收剂时，精矿中蛇纹石、磁铁矿回收率以及 SiO_2、Fe 品位均明显低于十二胺体系下试验结果。因此，浮选分离混合矿时，油酸钠作为捕收剂时可获得更好的分离效果。

（3）十二胺浮选体系下，蛇纹石粒度及含量是其影响硼镁石回收率的两大因素，但前者是主要影响因素。当添加的蛇纹石粒度越细、含量越高时，精矿中硼镁石回收率越低，B_2O_3 品位也越低，此时，进入精矿中的细粒级蛇纹石较多，因而降低了精矿中 B_2O_3 品位。

（4）十二胺浮选体系下，采用 SHMP 作为抑制剂可减弱蛇纹石对硼镁石浮选的不利影响。结果表明，SHMP 主要对-38μm 蛇纹石起抑制作用，能够显著降低-38μm 蛇纹石对硼镁石回收率的不利影响，使硼镁石回收率得到提高；而 SHMP 对+38μm 蛇纹石抑制作用并不十分明显。

（5）油酸钠浮选体系下，蛇纹石粒度依然是其影响硼镁石回收率的主要因素。随着蛇纹石粒度逐渐减小，含量逐渐升高，精矿中 B_2O_3 品位逐渐降低，且蛇纹石粒度越细，精矿中 B_2O_3 品位及硼镁石回收率也均降低得更为明显。蛇纹石含量对硼镁石回收率的影响并不十分显著，随着蛇纹石含量增加，硼镁石回收率变化不大，仅在蛇纹石粒度为-38μm 且含量超过 0. 8g 时，硼镁石回收率才有明显的降低。由此可见，与十二胺浮选体系下的试验结果相比，以油酸钠为捕收剂时，蛇纹石对硼镁石回收率的影响较弱。

6.4　药剂与矿物表面作用机理分析

浮选药剂与矿物之间的作用机理研究，是浮选分离理论的重要内容，不仅对于人们加深对浮选分离体系及过程的认知具有重要作用，它还能够为工艺条件优化及实际生产提供理论指导，以获得最佳的浮选分离效果。浮选过程是一个比较复杂的分离过程，在矿物浮选过程中，矿浆 pH 值、捕收剂、抑制剂等因素都会对矿物的浮选结果产生影响。此外，矿物颗粒间的相互作用也会影响矿物颗粒的浮选行为。矿物颗粒间的分散与团聚状态也最终影响着浮选分离效果的好坏。

本节通过红外光谱分析、Zeta 电位分析、浮选溶液化学计算、XPS 分析、扫描电子显微镜及 EDS 能谱分析、DLVO 理论计算及 AFM 测试等多种分析检测手段，分别对捕收剂、抑制剂与矿物表面的作用机理进行探究，并对矿物颗粒间的相互作用机理进行较为深入的分析。

6.4.1 捕收剂与矿物表面作用机理分析

6.4.1.1 十二胺与矿物表面红外光谱分析

为了研究十二胺在硼镁石、蛇纹石表面的吸附作用，对与十二胺作用前后的矿物颗粒进行了红外光谱分析，结果分别如图 6-71、图 6-72 所示。在十二胺红外光谱图中，在 $3334cm^{-1}$ 处为 N—H 伸缩振动峰，$1487cm^{-1}$、$1563cm^{-1}$、$1713cm^{-1}$处为—NH_2 的弯曲振动吸收峰。在硼镁石红外光谱图中，—OH 的伸缩振动峰位于 $3561cm^{-1}$处，$1011cm^{-1}$和 $979cm^{-1}$、$919cm^{-1}$处为 B—O 键非对称和对称伸缩振动峰，$838cm^{-1}$处为 B—O 面外弯曲振动峰。由图 6-71 可知，与十二胺作用后，曲线（c）几乎与曲线（b）无差别，因此十二胺可能在硼镁石表面发生了物理吸附。

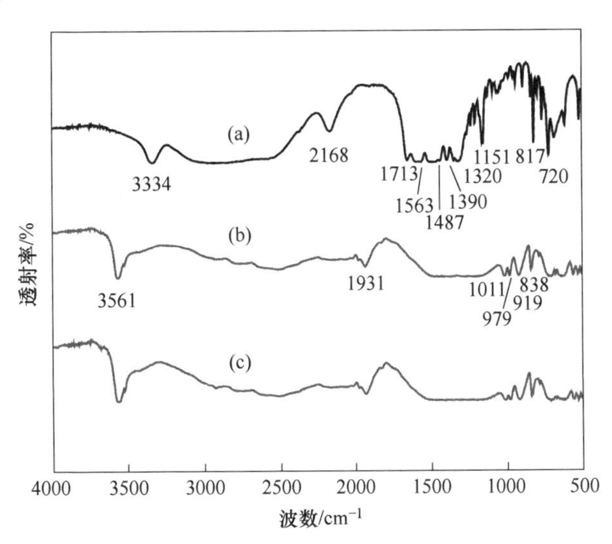

图 6-71 硼镁石与十二胺作用前后红外光谱

(a) 十二胺；(b) 硼镁石；(c) 硼镁石+十二胺

由图 6-72 可知，在蛇纹石红外光谱图中，$3449cm^{-1}$处为—OH 伸缩振动峰，$1078cm^{-1}$、$990cm^{-1}$处为 Si—O 伸缩振动峰。由图 6-72 中曲线（c）可知，与十二胺作用后的蛇纹石红外光谱图中并未出现新的吸收峰。在 3421cm^{-1}处为—OH 的伸缩振动峰，与蛇纹石红外光谱中 3449cm^{-1}处吸收峰相对比，其波数移动了 25cm^{-1}。这可能是由于蛇纹石表面带有大量的—OH 基团，在与十二胺作用的过程中形成了氢键，导致—OH 伸缩振动峰位置出现了漂移。因此，判断十二胺可能在蛇纹石表面发生了氢键吸附。

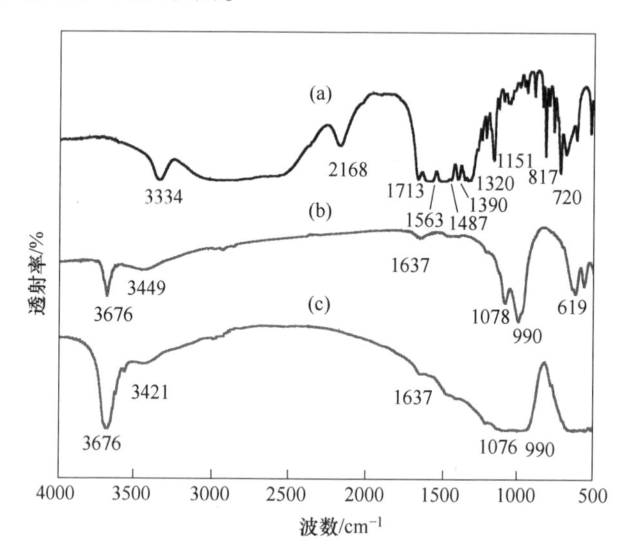

图 6-72　蛇纹石与十二胺作用前后红外光谱

(a)十二胺；(b)蛇纹石；(c)蛇纹石+十二胺

6.4.1.2　油酸钠与矿物表面红外光谱分析

为了研究油酸钠在硼镁石、蛇纹石表面的吸附作用，对与油酸钠作用前后的矿物颗粒进行了红外光谱分析，结果如图 6-73、图 6-74 所示。在油酸钠红外光谱中，位于 3445cm^{-1}处为—OH 伸缩振动峰，位于 2940cm^{-1}和 2851cm^{-1}处的两个吸收峰分别是—CH_2—和—CH_3 中 C—H 键的对称振动吸收峰，1562cm^{-1}、1446cm^{-1}和 1425cm^{-1}处的谱峰为—COO—基团的特征吸收峰，其中 1562cm^{-1}对应的是—COO—不对称伸缩振动峰，1446cm^{-1}和 1425cm^{-1}处是—COO—对称伸缩振动峰，721cm^{-1}处为其面内弯曲振动吸收峰。硼镁石与油酸钠作用后，在 2923cm^{-1}、2852cm^{-1}处出现了新的吸收峰，对应油酸钠中的—CH_2—吸收峰。此外，在 1447cm^{-1}、1375cm^{-1}处出现了—COO—基团特征峰。结果表明油酸钠在硼镁石表面发生了化学吸附。

由图 6-74 可知，与蛇纹石红外光谱（曲线（b））相比，当油酸钠与蛇纹石作用后，蛇纹石红外光谱（曲线（c））中 2925cm^{-1}、2851cm^{-1}和 1448cm^{-1}处出现了新的吸收峰，分别对应—CH_2—振动吸收峰、—CH_3 振动吸收峰和—COO—

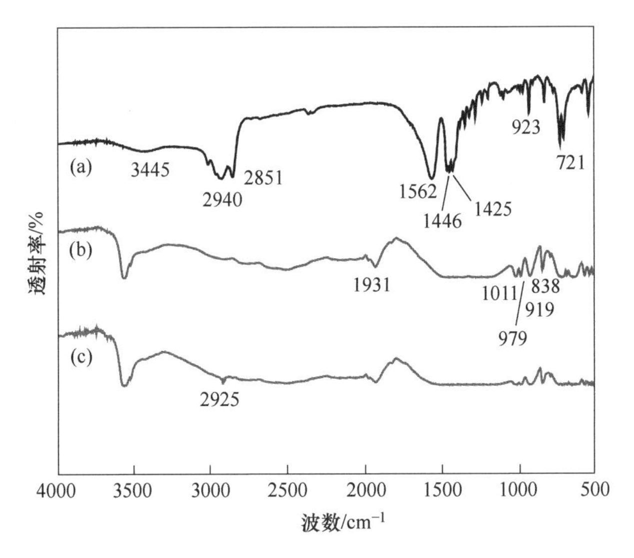

图 6-73 硼镁石与油酸钠作用前后红外光谱

(a)油酸钠；(b)硼镁石；(c)硼镁石+油酸钠

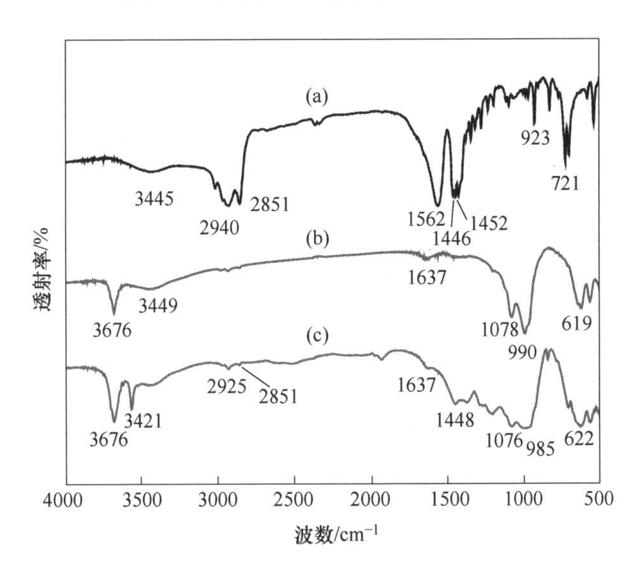

图 6-74 蛇纹石与油酸钠作用前后红外光谱

(a)油酸钠；(b)蛇纹石；(c)蛇纹石+油酸钠

伸缩振动峰，并且吸收峰位置发生了明显位移，表明油酸钠在蛇纹石表面发生了化学吸附。曲线（c）中，在 3421cm^{-1}处出现了新的—OH 伸缩振动峰，与蛇纹石红外光谱中 3449cm^{-1}处的吸收峰相比，其波数移动了 25cm^{-1}。由于蛇纹石表面带有大量的—OH 基团，负电性较强，因此可能与油酸钠中的 H 原子形成氢键，从而使—OH 伸缩振动峰位置发生位移。因此，判断油酸钠在蛇纹石表面的吸附是化学吸附与氢键的共同作用。

6.4.1.3 捕收剂溶液化学计算

各类浮选药剂，无论是有机的捕收剂、起泡剂、抑制剂，还是以无机物为主的各类调整剂，均在矿浆溶液及矿物-溶液界面上发生作用。当介质 pH 值发生变化后，药剂与矿物表面之间的作用随之受到影响。因此，它们在溶液中的存在状态及基本的化学行为，对浮选过程有着重要的影响。下面对十二胺和油酸钠在溶液中的组分浓度进行了计算。十二胺在水溶液中的初始浓度 $C_T = 0.32 \times 10^{-3}$ mol/L，其溶解平衡式如下：

$$RNH_{2(s)} \rightleftharpoons RNH_{2(aq)}，溶解度 S = [RNH_{2(aq)}] = 10^{-4.69} \tag{6-18}$$

$$pH - pK_a = \lg \frac{[RNH_{2(aq)}]}{[RNH_3^+]} = \lg \frac{[RNH_{2(aq)}]}{C_T - [RNH_{2(aq)}]} \tag{6-19}$$

因此，可得生成胺分子沉淀的临界 pH_s：

$$pH_s = pK_a + \lg\left(\frac{S}{C_T - S}\right) = 9.46,\ K_a = 10^{-10.63} \tag{6-20}$$

当 $pH<pH_s=9.46$ 时，

$$[RNH_{2(s)}] = 0 \tag{6-21}$$

$$\lg[RNH_3^+] - \lg[RNH_{2(aq)}] = pK_a - pH \tag{6-22}$$

当 $pH \ll pK_a$ 时，

$$\lg[RNH_3^+] - \lg(C_T - [RNH_3^+]) = -\lg K_a \tag{6-23}$$

$$\frac{[RNH_3^+]}{C_T - [RNH_3^+]} = \frac{1}{K_a},\ \lg[RNH_3^+] = \lg C_T - \lg(1 + K_a) \tag{6-24}$$

$$K_a = 10^{-10.63} \ll 1$$

因此，

$$\lg[RNH_3^+] = \lg C_T = -3.49 \tag{6-25}$$

$$\lg[RNH_{2(aq)}] = -13.12 + pH \tag{6-26}$$

当 $pH>pH_s=9.46$ 时，

$$[RNH_{2(aq)}] = S = 10^{-4.69} \tag{6-27}$$

$$\lg[RNH_3^+] = 5.93 - pH \tag{6-28}$$

$$\lg[RNH_{2(s)}] = \lg(3 \times 10^{-4} - [RNH_3^+]) \tag{6-29}$$

由式（6-21）~式(6-29）可绘制出十二胺在溶液中的溶解组分浓度分布图，如图 6-75 所示。由图可知，当 pH<9.5 时，溶液中十二胺主要以 RNH_3^+ 离子形式存在，其次以十二胺分子形式存在；当 pH>9.5 时，溶液中十二胺主要以 $RNH_{2(s)}$形式存在，其次以离子形式存在，并且其浓度随 pH 值升高而逐渐降低，此时随着 pH 值逐渐升高其捕收能力将大幅减弱。随着 pH 值逐渐降低，矿物表面电位逐渐升高，蛇纹石、硼镁石表面净剩正电荷增加，由于十二胺与蛇纹石、硼镁石表面的静电斥力作用，导致酸性条件下矿物的浮选回收率较低。

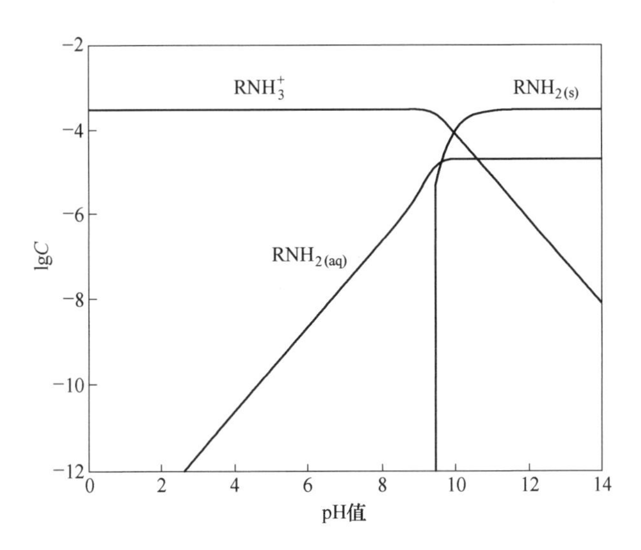

图 6-75 十二胺在水溶液中的溶解组分对数图（$C_T=0.32\times10^{-3}$mol/L）

为讨论油酸钠在溶液中的存在状态及其对浮选结果的影响，对油酸钠在溶液中的溶解组分浓度进行了计算。油酸钠在溶液中的初始浓度 $C_T=1.97\times10^{-4}$mol/L，其在水溶解中可发生如下平衡：

溶解平衡： $HOL_{(1)} \rightleftharpoons HOL_{(aq)}$ ，溶解度 $S=10^{-7.6}$ (6-30)

解离平衡：

$$HOL_{(aq)} \rightleftharpoons H^+ + OL^-,\ K_a = \frac{[H^+][OL^-]}{[HOL_{(aq)}]} = 10^{-4.95} \tag{6-31}$$

三聚平衡： $2OL^- \rightleftharpoons (OL)_2^{2-},\ K_d = \dfrac{[(OL^-)_2^{2-}]}{[OL^-]^2} = 10^{-4.0}$ (6-32)

酸皂二聚平衡：

$$HOL_{(aq)} + OL^- \rightleftharpoons H(OL)_2^-,\ K_m = \frac{[H(OL^-)_2^-]}{[HOL_{(aq)}][OL^-]} = 10^{4.7} \tag{6-33}$$

由质量等衡式可得：

$$C_T = [HOL_{(aq)}] + [OL^-] + 2[(OL)_2^{2-}] + 2[H(OL)_2^-] \tag{6-34}$$

令

$$K_H = \frac{K_a}{[H^+]} \tag{6-35}$$

由式（6-34）、式（6-35）可得：

$$2(K_mK_H + K_dK_H^2)[HOL_{(aq)}]^2 + (1 + K_H)[HOL_{(aq)}] - C_T = 0 \tag{6-36}$$

即

$$[H^+]^2 - \frac{2.83 \times 10^{-13}[H^+]}{C_T - S} - \frac{2 \times 10^{-21.10}}{C_T - S} = 0 \tag{6-37}$$

由式（6-37）可求得 $HOL_{(1)}$ 与 $HOL_{(aq)}$ 达到平衡时的 pH 值 $pH_L = 8.8$；

当 $pH > pH_L$ 时，

$$[HOL_{(aq)}] = \frac{-(1 + K_H) + \sqrt{(1 + K_H)^2 + 8(K_m K_H + K_d K_H^2)C_T}}{4(K_m K_H + K_d K_H^2)} \tag{6-38}$$

$$[OL^-] = K_H \cdot [HOL_{(aq)}] \tag{6-39}$$

$$[(OL^-)_2^{2-}] = K_d K_H^2 \cdot [HOL_{(aq)}]^2 \tag{6-40}$$

$$[H(OL^-)_2^-] = K_m K_H \cdot [HOL_{(aq)}]^2,\ [HOL_{(1)}] = 0 \tag{6-41}$$

当 $pH \leqslant pH_L$ 时，

$$\lg[HOL_{(aq)}] = \lg S = -7.6 \tag{6-42}$$

$$\lg[OL^-] = \lg K_a + \lg S + pH = -12.55 + pH \tag{6-43}$$

$$\lg[(OL)_2^{2-}] = \lg K_d + 2\lg K_a + \lg S + pH = -21.1 + 2pH \tag{6-44}$$

$$\lg[H(OL)_2^-] = \lg K_m + \lg K_a + 2\lg S + pH = -15.45 + pH \tag{6-45}$$

$$\lg[H(OL)_{(1)}] = \lg\{C_T - [HOL_{(aq)}] - [OL^-] - [(OL)_2^{2-}] - [H(OL)_2^-]\} \tag{6-46}$$

由式（6-38）~式(6-46）可绘制出油酸钠在溶液中的溶解组分浓度分布图，如图 6-76 所示。由图可知，当矿浆 pH < 8.8 时，油酸钠在溶液中主要以 $RCOOH_{(1)}$ 分子形式存在；当 pH>8.8 时，油酸钠主要以 $RCOO^-$、$(RCOO^-)_2^{2-}$ 形式存在。油酸钠在矿物表面黏附时，其主要以离子形式与矿物表面原子相作

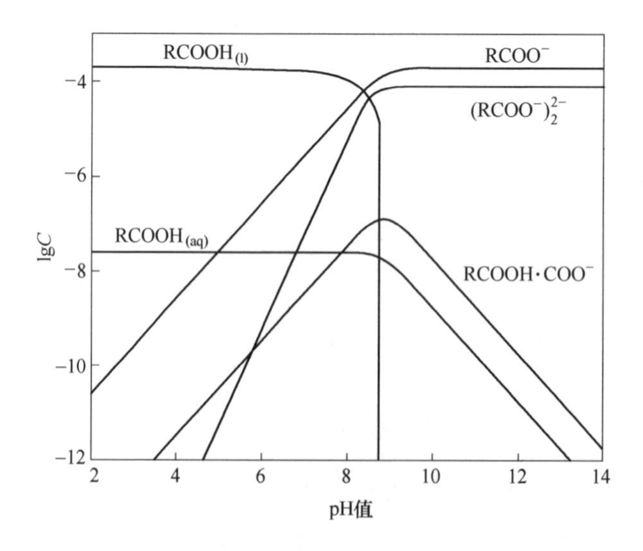

图 6-76　油酸钠在水溶液中的溶解组分对数图（$C_T = 1.97 \times 10^{-4}$ mol/L）

用。因此在碱性条件下，油酸钠具有较好的捕收能力；而在酸性条件下，油酸钠主要以分子形式存在，溶液中 $RCOO^-$、$(RCOO^-)_2^{2-}$ 浓度较低，因此油酸钠的捕收能力较弱。由于硼镁石天然可浮性好，在溶液中捕收剂离子浓度较低时也可对硼镁石有较好的捕收能力，而蛇纹石天然可浮性差，此时捕收剂离子浓度对蛇纹石浮选回收率的影响就较为明显。

6.4.2 抑制剂与蛇纹石表面作用机理分析

蛇纹石作为一种层状硅酸盐矿物，具有易碎、易泥化、亲水性强的特点，常与有用矿物紧密伴生。研究表明，蛇纹石能够显著影响有用矿物的浮选指标，不仅降低有用矿物的浮选回收率，而且还会随有用矿物进入精矿之中，影响精矿品位。关于蛇纹石影响有用矿物浮选的研究较多，有学者认为蛇纹石天然可浮性较好，易进入精矿中影响精矿品位；另有研究者认为机械夹带是蛇纹石进入精矿的主要原因；也有观点认为是微细粒蛇纹石易黏附在有用矿物表面，有效降低了有用矿物的可浮性，从而不利于有用矿物的浮选回收。因此，在含蛇纹石矿石的浮选过程中，如何有效抑制蛇纹石，以降低其对有用矿物浮选的影响显得十分重要。

6.4.2.1 六偏磷酸钠与蛇纹石表面作用机理分析

A 六偏磷酸钠与蛇纹石作用前后红外光谱分析

为了研究 SHMP 在蛇纹石表面的吸附作用，对与 SHMP 作用前后的蛇纹石进行了红外光谱分析，结果如图 6-77 所示。SHMP 的红外光谱图中，在 $3442cm^{-1}$ 处为—OH 伸缩振动峰，位于 $1274cm^{-1}$ 处为 P ═ O 伸缩振动吸收峰，$1095cm^{-1}$ 处为 P—O 键伸缩振动峰，$879cm^{-1}$ 处为 P—O—P 伸缩振动峰。蛇纹石红外光谱中，在 $3449cm^{-1}$ 处为—OH 伸缩振动峰，$1078cm^{-1}$、$990cm^{-1}$ 处为 Si—O 伸缩振动峰。由曲线（c）可知，当蛇纹石与 SHMP 作用后，位于 $3449cm^{-1}$ 处—OH 伸缩振动峰移动至 $3421cm^{-1}$ 处，表明 SHMP 吸附于蛇纹石表面，并引起了蛇纹石表面—OH 基团的改变。此时，可能由于氢键的作用，使得—OH 伸缩振动峰的位置出现了移动。在 $1259cm^{-1}$ 处出现了一个新的吸收峰，也表明 SHMP 在蛇纹石表面发生了吸附。

B 六偏磷酸钠溶液化学计算及 Zeta 电位分析

为了对 SHMP 在蛇纹石表面的吸附进行进一步分析，对 SHMP 在溶液中的组分浓度进行了计算。SHMP 溶液浓度为 $C_T = 0.65 \times 10^{-4}$ mol/L。SHMP 在溶液中水解生成 H_3PO_4，然后再分步电离。SHMP 在水溶液中的水解方程为：

$$Na_3PO_4 + H_2O \rightleftharpoons H_3PO_4 + 3NaOH \tag{6-47}$$

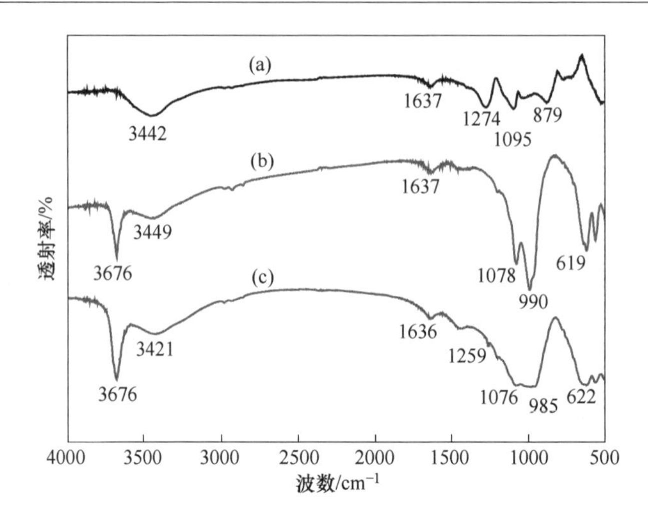

图 6-77　蛇纹石与 SHMP 作用前后红外光谱

(a)SHMP；(b)蛇纹石；(c)蛇纹石+SHMP

根据电离平衡可得：

$$PO_4^{3-} + H^+ \rightleftharpoons HPO_4^{2-},\quad K_1^H = \frac{[HPO_4^{2-}]}{[PO_4^{3-}][H^+]} = 2.27 \times 10^{12} \tag{6-48}$$

$$HPO_4^{2-} + H^+ \rightleftharpoons H_2PO_4^-,\quad K_2^H = \frac{[H_2PO_4^-]}{[HPO_4^{2-}][H^+]} = 1.58 \times 10^7 \tag{6-49}$$

$$H_2PO_4^- + H^+ \rightleftharpoons H_3PO_4,\quad K_3^H = \frac{[H_3PO_4]}{[H_2PO_4^-][H^+]} = 1.33 \times 10^2 \tag{6-50}$$

$$\beta_2^H = K_1^H \cdot K_2^H,\ \beta_3^H = K_1^H \cdot K_2^H \cdot K_3^H \tag{6-51}$$

由式（6-51）可得 $\beta_2^H = 3.60 \times 10^{19}$，$\beta_3^H = 4.79 \times 10^{21}$；

$$C_T = [PO_4^{3-}] + [HPO_4^{2-}] + [H_2PO_4^-] + [H_3PO_4] \tag{6-52}$$

$$[PO_4^{3-}] = \phi_0 C_T = \frac{C_T}{1 + K_1^H[H^+] + \beta_2^H[H^+]^2 + \beta_3^H[H^+]^3} \tag{6-53}$$

$$[HPO_4^{2-}] = \phi_1 C_T = K_1^H \phi_0 [H^+] C_T \tag{6-54}$$

$$[H_2PO_4^-] = \phi_2 C_T = \beta_2^H \phi_0 [H^+]^2 C_T \tag{6-55}$$

$$[H_3PO_4] = \phi_3 C_T = \beta_3^H \phi_0 [H^+]^3 C_T \tag{6-56}$$

由式（6-53）~式（6-56）可绘制出不同 pH 值下 SHMP 的溶解组分浓度图，如图 6-78 所示。由图可知，在矿浆 pH 值为 9 时，SHMP 在溶液中主要以 HPO_4^{2-} 形式存在，其次以 $H_2PO_4^-$ 和 PO_4^{3-} 形式存在。

试验结果表明，蛇纹石可在溶液中发生溶解，溶解后蛇纹石表面存在大量 Mg^{2+}。在 pH=9 时，由于 SHMP 在溶液中主要以离子形式存在，易与 Mg^{2+}形成络合物，反应方程如下：

$$(NaPO_3)_6 + Mg^{2+} = [MgNa_2P_6O_{18}]^{2-} + 4Na^+ \tag{6-57}$$

$$[MgOH]^+ + [Na_4P_6O_{18}]^{2-} = MgNa_4P_6O_{18} + OH^- \tag{6-58}$$

式（6-57）、式（6-58）表明，SHMP 能够以化学吸附形式作用于蛇纹石表面。由于 HPO_4^{2-}、$H_2PO_4^-$ 和 PO_4^{3-} 结构均带有大量负电荷，因此吸附后使得蛇纹石表面电荷出现显著降低，在 pH 值 4~12 的范围内，蛇纹石表面均荷负电，结果如图 6-79 所示。

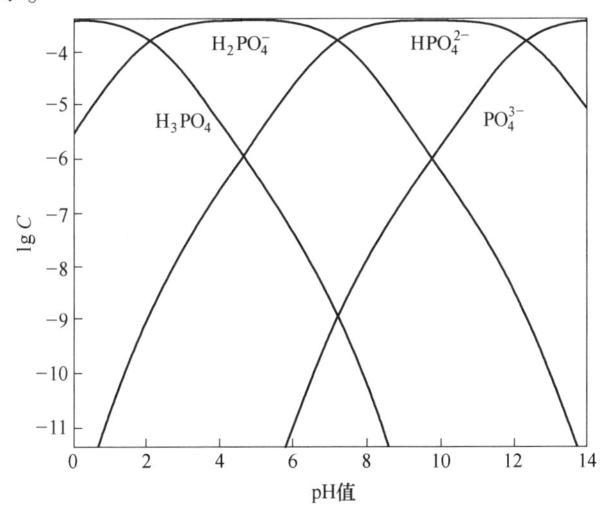

图 6-78 不同 pH 值下 SHMP 的溶解组分浓度图

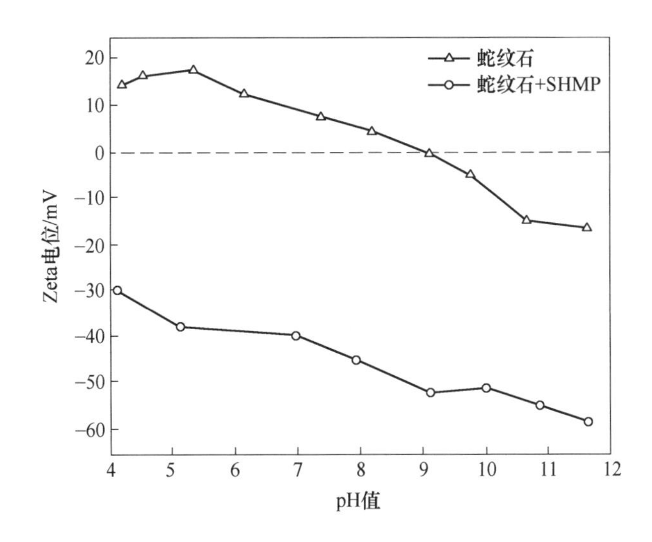

图 6-79 蛇纹石与 SHMP 作用前后 Zeta 电位分析

C 六偏磷酸钠与蛇纹石作用前后 XPS 分析

蛇纹石与六偏磷酸钠作用前后 XPS 分析如图 6-80 所示。由图可知，在蛇纹石 XPS 能谱中，在结合能 532.5eV、101.9eV 处分别为 O(1s) 和 Si(2p) 谱峰，而 Mg(1s) 结合能位于 1304.9eV 处，检测出的 C 元素主要来源于空气中 CO_2 对于样品表面的污染。当蛇纹石与 SHMP 作用后，在其 XPS 谱图中 132.9eV 处出现了 P(2p) 谱峰，表明 SHMP 在蛇纹石表面发生了吸附。

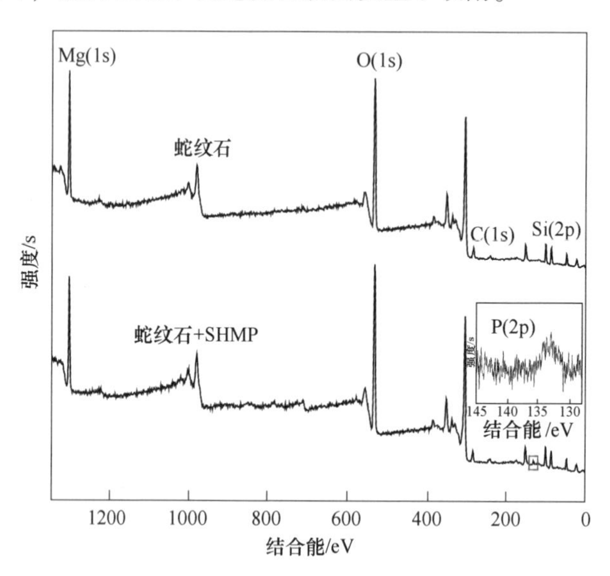

图 6-80　蛇纹石与六偏磷酸钠作用前后 XPS 能谱

蛇纹石与 SHMP 作用前后表面元素相对含量见表 6-4。由表 6-4 可知，蛇纹石与 SHMP 作用后，在其表面检测出 P 元素，并且其表面 Mg 元素相对含量出现明显降低。这主要是由于蛇纹石在溶液中溶解造成的，其次是由于 SHMP 在蛇纹石表面吸附后，蛇纹石表面部分 Mg 离子被 SHMP 分子覆盖，因此其相对含量出现了降低。由图 6-81 可知，在结合能 1302.7eV 和 1303.9eV 处出现了新的 Mg(1s) 谱峰，其分别对应 Mg—O 和 Mg—OH 结构中 Mg(1s) 的谱峰。由于 Mg(1s)谱峰电子结合能发生了变化，因此可以判断 SHMP 在蛇纹石表面发生了化学吸附。

表 6-4　蛇纹石表面元素相对含量　　(%)

元素(原子分数)	C	O	Mg	Si	P
蛇纹石	8.73	53.69	21.97	15.61	
蛇纹石+SHMP	14.47	53.95	16.74	14.36	0.48

6.4.2.2　羧甲基纤维素钠与蛇纹石表面作用机理分析

A　羧甲基纤维素钠与蛇纹石作用前后红外光谱分析

为了研究 CMC 在蛇纹石表面的吸附作用，对与 CMC 作用前后的蛇纹石进行

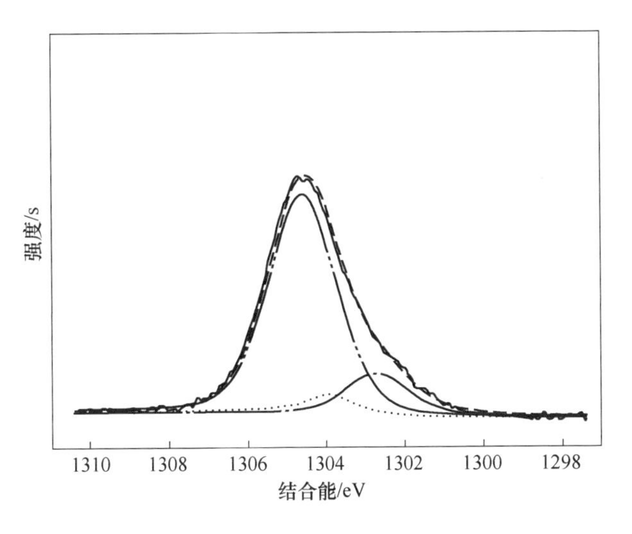

图 6-81 蛇纹石与 SHMP 作用后 Mg(1s) XPS 能谱

了红外光谱分析。由图 6-82 可知，在 CMC 红外光谱图中，在 3451cm^{-1}处特征峰为—OH 伸缩振动峰，2918cm^{-1} 处为—CH_2 伸缩振动峰，在 1614cm^{-1} 处为—COO—基团的反对称伸缩振动峰，1415cm^{-1}处为—COO—对称伸缩振动峰，在 1115cm^{-1}处特征峰为 C—C 和 C—O 的弯曲振动峰，1058cm^{-1}处为 C—O—C 键的弯曲振动峰。CMC 与蛇纹石作用后，蛇纹石红外光谱在 2920cm^{-1}、1622cm^{-1}、1398cm^{-1}处均出现了新的吸收峰，这是 CMC 的—CH_2 和—COO—在蛇纹石表面

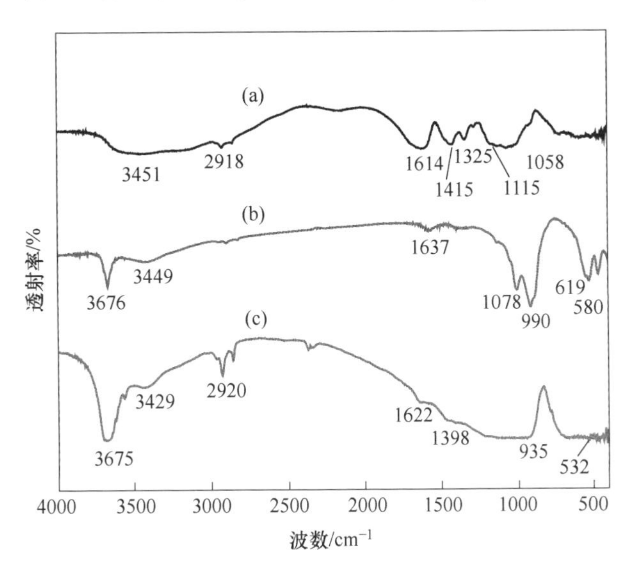

图 6-82 蛇纹石与 CMC 作用前后红外光谱
(a)CMC；(b)蛇纹石；(c)蛇纹石+CMC

吸附所导致的。此外，CMC 与蛇纹石作用后，蛇纹石光谱中 580cm^{-1}处 Mg—OH 的面内弯曲振动吸收峰发生了位移，表明 CMC 与蛇纹石表面 Mg^{2+} 发生了作用。因此，可以判断 CMC 在蛇纹石表面发生了化学吸附。

B　蛇纹石与羧甲基纤维素钠作用前后 Zeta 电位分析

蛇纹石与 CMC 作用前后 Zeta 电位分析如图 6-83 所示。由图可知，蛇纹石与 CMC 作用后，蛇纹石表面 Zeta 电位明显降低，此时蛇纹石等电点为 pH=5.2，这是由 CMC 在蛇纹石表面吸附引起的。由于 CMC 是通过带负电基团作用于蛇纹石表面，因此蛇纹石表面电位出现了明显的降低。

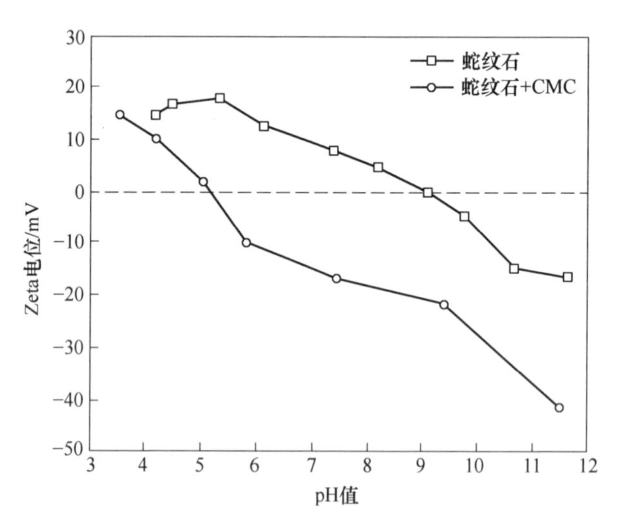

图 6-83　蛇纹石与 CMC 作用前后 Zeta 电位分析

C　蛇纹石与羧甲基纤维素钠作用前后 XPS 分析

蛇纹石与 CMC 作用前后表面元素相对含量见表 6-5。由表 6-5 可知，蛇纹石与 CMC 作用后，其表面 C 元素相对含量出现明显升高，并且其表面 O、Mg、Si 元素相对含量均明显降低。由于 CMC 分子中含有较长的碳链，因此当 CMC 在蛇纹石表面吸附后，表面 C 元素含量显著增加。Mg 元素含量显著降低的原因一方面是由于蛇纹石在溶液中发生了溶解，另一方面是蛇纹石表面 Mg 原子被 CMC 分子覆盖，因此其相对含量出现了降低。

表 6-5　蛇纹石表面元素相对含量　　（%）

元素（原子分数）	C	O	Mg	Si
蛇纹石	8.73	53.69	21.97	15.61
蛇纹石+CMC	17.15	52.32	15.57	14.96

蛇纹石与 CMC 作用后 C(1s) XPS 能谱如图 6-84 所示，在结合能 285.0eV 和 286.7eV 处出现了新的 C(1s) 谱峰，其分别对应 CMC 结构中 C—C 和 C—O—C

结构中 C(1s) 的谱峰。由于蛇纹石表面元素中出现了 CMC 的 C(1s) 谱峰，因此可以判断 CMC 在蛇纹石表面发生了吸附。

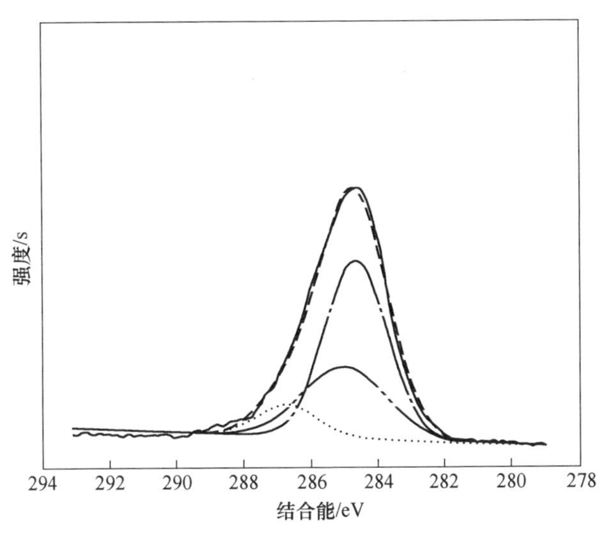

图 6-84　蛇纹石与 CMC 作用后 C(1s) XPS 能谱

6.4.2.3　木质素磺酸钙与蛇纹石表面作用机理分析

A　木质素磺酸钙与蛇纹石作用前后红外光谱分析

为研究木质素磺酸钙在蛇纹石表面的吸附作用，对蛇纹石与木质素磺酸钙作用前后的红外光谱进行了分析，如图 6-85 所示。由木质素磺酸钙红外光谱图可知，在 3408cm^{-1} 处为—OH 伸缩振动峰，1598cm^{-1} 处为—COO—基团特征峰，1459cm^{-1} 处为 C—H 弯曲振动峰，1400cm^{-1} 处为 C—H 面内弯曲振动峰，1117cm^{-1} 处为 C—O—C 基团的伸缩振动峰，1043cm^{-1} 处为 S ═ O 的对称伸缩振动峰。由曲线（c）可知，木质素磺酸钙作用于蛇纹石后，蛇纹石的红外光谱中在 3128cm^{-1}、1400cm^{-1} 处出现了新的吸收峰，在 1617cm^{-1}、970cm^{-1} 处，谱峰发生了位移，表明木质素磺酸钙在蛇纹石表面发生了吸附。

B　蛇纹石与木质素磺酸钙作用前后 Zeta 电位分析

蛇纹石与木质素磺酸钙作用前后 Zeta 电位分析结果如图 6-86 所示。由图可知，蛇纹石与木质素磺酸钙作用后，其表面电位出现明显下降。此时，蛇纹石等电点为 pH = 3.9 左右。结果表明，有大量阴离子在蛇纹石表面吸附，从而导致蛇纹石表面电位降低。

C　蛇纹石与木质素磺酸钙作用前后 XPS 分析

蛇纹石与木质素磺酸钙作用前后表面元素相对含量见表 6-6。蛇纹石与木质素磺酸钙作用后，在蛇纹石表面检测到了 S 元素，由于木质素磺酸钙结构中含有

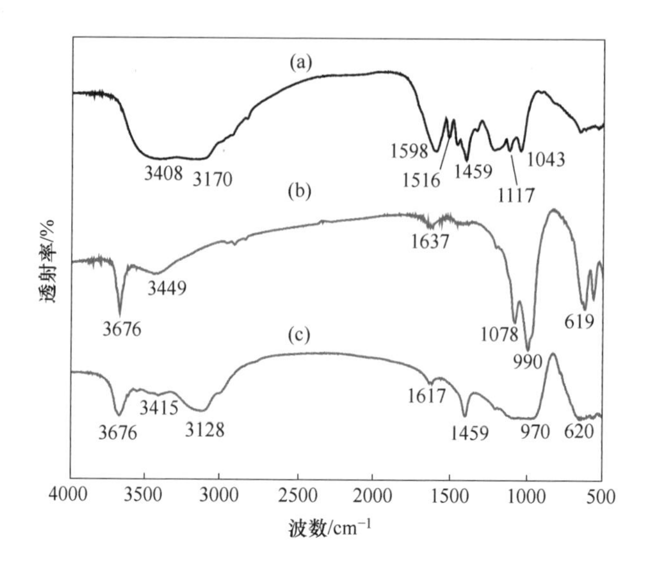

图 6-85　蛇纹石与木质素磺酸钙作用前后红外光谱分析

(a)木质素磺酸钙；(b)蛇纹石；(c)蛇纹石+木质素磺酸钙

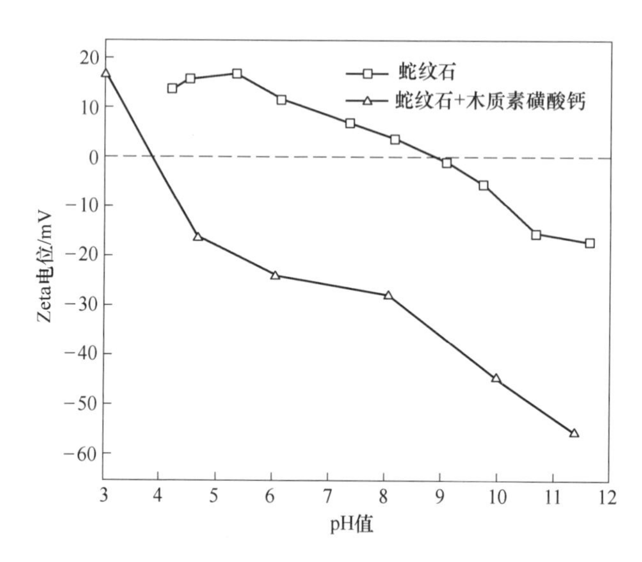

图 6-86　蛇纹石与木质素磺酸钙作用前后 Zeta 电位分析

磺酸根，因此该结果表明木质素磺酸钙在蛇纹石表面发生了吸附。蛇纹石表面 C 元素相对含量出现显著升高，这是由于木质素磺酸钙结构中含有较长的碳链，因此当其在蛇纹石表面吸附后，蛇纹石表面 C 元素含量显著增加。而蛇纹石表面 Mg 元素含量的显著降低源于两方面原因：一是蛇纹石在溶液中发生了溶解，二是木质素磺酸钙在蛇纹石表面作用后，部分 Mg 原子被覆盖。

表 6-6 蛇纹石表面元素相对含量 (%)

元素(原子分数)	C	O	Mg	Si	S
蛇纹石	8.73	53.69	21.97	15.61	
蛇纹石+木质素磺酸钙	19.18	51.93	13.37	15.05	0.47

蛇纹石与木质素磺酸钙作用后 O(1s) 的 XPS 能谱如图 6-87 所示，在结合能 530.6eV 和 531.9eV 处出现了新的 O(1s) 谱峰，其分别对应木质素磺酸钙分子中S ═O 和—COO—结构中 O(1s) 的谱峰。由于蛇纹石表面元素中出现了木质素磺酸钙结构中的 O(1s) 谱峰，因此可以判断木质素磺酸钙在蛇纹石表面发生了吸附。

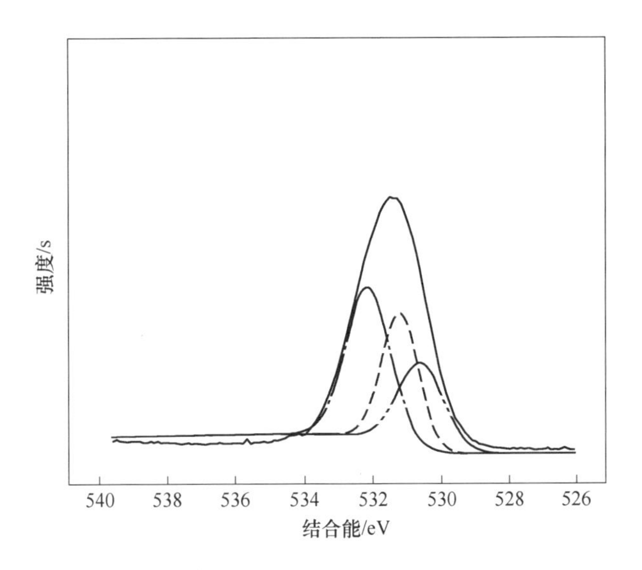

图 6-87 蛇纹石与木质素磺酸钙作用后 O(1s) XPS 能谱

6.4.2.4 水玻璃与蛇纹石表面作用机理分析

A 蛇纹石与水玻璃作用前后红外光谱分析

蛇纹石与水玻璃作用前后红外光谱如图 6-88 所示。在水玻璃的红外光谱中，$3441cm^{-1}$处特征峰为—OH 伸缩振动峰，$3125cm^{-1}$处特征峰为 Si—OH 基团中—OH 伸缩振动峰，$830cm^{-1}$和 $1123cm^{-1}$处为 Si—O 伸缩振动吸收峰，$1637cm^{-1}$处为结晶水的特征峰。在水玻璃与蛇纹石表面作用后，蛇纹石红外光谱在 $3129cm^{-1}$、$1618cm^{-1}$、$1400cm^{-1}$处出现了新的吸收峰，这是水玻璃在蛇纹石表面吸附的结果。蛇纹石与水玻璃作用后，蛇纹石红外光谱中 $580cm^{-1}$处 Mg—OH 振动吸收峰没有发生变化，表明水玻璃未与蛇纹石表面的镁原子发生作用。

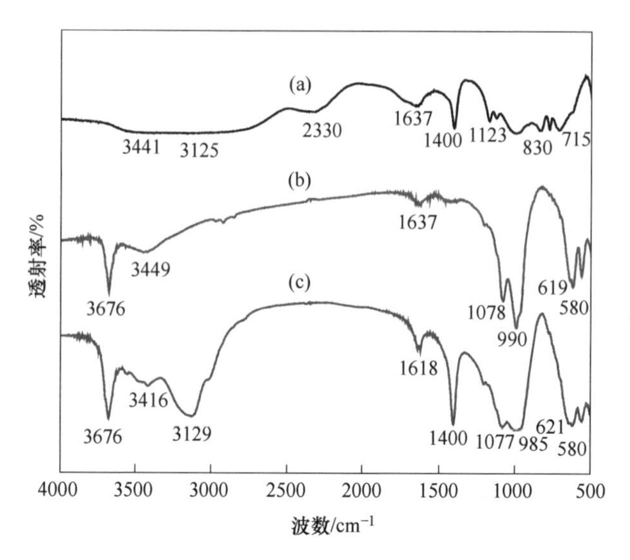

图 6-88　蛇纹石与水玻璃作用前后红外光谱分析

(a) 水玻璃；(b) 蛇纹石；(c) 蛇纹石+水玻璃

B　水玻璃溶液化学计算及 Zeta 电位分析

为了进一步分析水玻璃在蛇纹石表面的吸附行为，对水玻璃在溶液中的组分浓度进行了计算。水玻璃的主要成分为 Na_2SiO_3，在溶液浓度为 $C_T = 4.9 \times 10^{-4}$ mol/L 时，对其在溶液中组分浓度进行了计算。Na_2SiO_3 在溶液中存在如下平衡：

$$SiO_{2(s)} + 2H_2O \rightleftharpoons Si(OH)_{4(aq)},\quad K_{so} = 10^{-2.7} \tag{6-59}$$

$$SiO_2(OH)_2^{2-} + H^+ \rightleftharpoons SiO(OH)_3^-,\quad K_1^H = 10^{12.56} \tag{6-60}$$

$$SiO(OH)_3^- + H^+ \rightleftharpoons Si(OH)_4,\quad K_2^H = 10^{9.43} \tag{6-61}$$

$$\beta_2^H = K_1^H \cdot K_2^H = 10^{21.99}$$

$$C_T = [Si(OH)_4] + [SiO_2(OH)_2^{2-}] + [SiO(OH)_3^-] \tag{6-62}$$

$$[SiO_2(OH)_2^{2-}] = \phi_0 C_T = \frac{C_T}{1 + K_1^H[H^+] + \beta_2^H[H^+]^2} \tag{6-63}$$

$$[SiO(OH)_3^-] = \phi_1 C_T = K_1^H \phi_0 [H^+] C_T \tag{6-64}$$

$$[Si(OH)_4] = \phi_2 C_T = \beta_2^H \phi_0 [H^+]^2 C_T \tag{6-65}$$

由式（6-62）~式(6-65) 可绘制出不同 pH 值下 Na_2SiO_3 的组分浓度对数图，如图 6-89 所示。由图可知，在矿浆 pH 值为 9 时，Na_2SiO_3 在溶液中主要以 $Si(OH)_4$ 形式存在，其次以$SiO(OH)_3^-$ 形式存在。在该 pH 值条件下，Na_2SiO_3 对蛇纹石的抑制效果并不十分明显。试验结果表明，对于蛇纹石矿物来说，$SiO(OH)_3^-$ 和 $SiO_2(OH)_2^-$ 是起抑制作用的有效成分，这与相关研究的结果也是一致的。

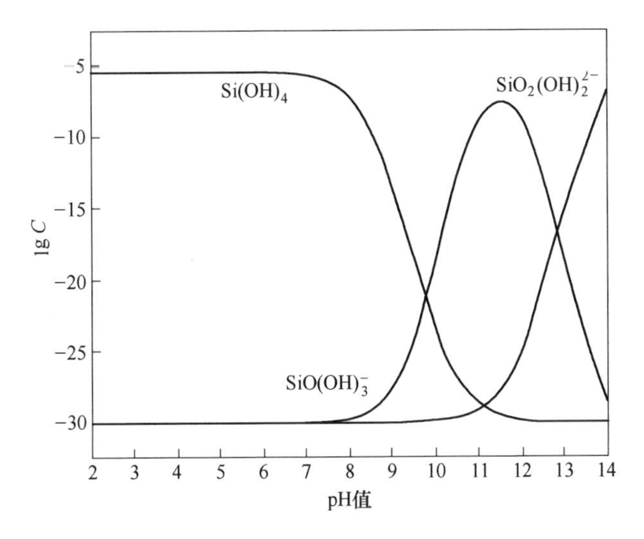

图 6-89 Na_2SiO_3 溶解组分浓度图（C_T = 4.9×10^{-4}mol/L）

蛇纹石与水玻璃作用前后 Zeta 电位图如图 6-90 所示。由图 6-90 可知，蛇纹石与水玻璃作用后，其表面电位出现了大幅降低。由于水玻璃主要以阴离子形式作用于蛇纹石表面，因此水玻璃在蛇纹石表面吸附后，蛇纹石表面电位出现了显著降低。

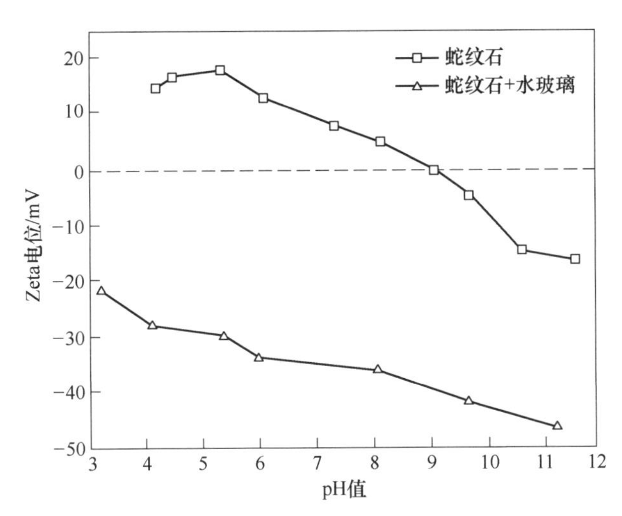

图 6-90 蛇纹石与水玻璃作用前后 Zeta 电位分析

C 蛇纹石与水玻璃作用前后 XPS 分析

蛇纹石与水玻璃作用前后表面元素相对含量见表 6-7。由表 6-7 可知，蛇纹石与水玻璃作用后，其表面 C 元素相对含量出现升高，但是 C 元素相对含量增加不多，这可能是由于空气中 CO_2 污染所引起的。此外，蛇纹石表面 Mg 元素相对含量均明显降低。这是由于蛇纹石易在水中溶解，并且水玻璃在蛇纹石表面吸附后，蛇纹石表面部分 Mg 原子被水玻璃分子覆盖，因此其相对含量出现了降低。由于水玻璃分子中含有 Si 原子，当水玻璃在蛇纹石表面吸附后，虽然蛇纹石表面部分 Si 原子被水玻璃分子覆盖，但是蛇纹石表面 Si 元素含量变化并不大。

表 6-7　蛇纹石表面元素相对含量　(%)

元素（原子分数）	C	O	Mg	Si
蛇纹石	8.73	53.69	21.97	15.61
蛇纹石+水玻璃	11.28	50.49	12.65	15.59

为进一步研究水玻璃在蛇纹石表面的吸附情况，对蛇纹石与水玻璃作用后 Si(2p) 的 XPS 能谱进行了分析，结果如图 6-91 所示。由图 6-91 可知，在结合能 102.7eV 处出现了新的 Si(2p) 谱峰，其对应水玻璃 Si ═ O 结构中 Si(2p) 的谱峰。由于蛇纹石表面元素中出现了水玻璃的 Si(2p) 谱峰，因此可以判断水玻璃在蛇纹石表面发生了吸附。

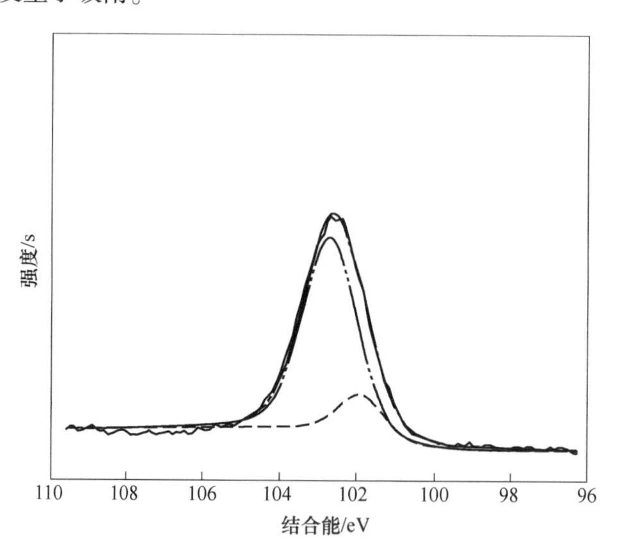

图 6-91　蛇纹石与水玻璃作用后 Si(2p) XPS 能谱

6.4.3 小结

（1）分别以十二胺、油酸钠为捕收剂对蛇纹石和硼镁石进行浮选时，十二胺在蛇纹石和硼镁石发表面发生了物理吸附，油酸钠通过化学吸附在硼镁石表面发生作用，而油酸钠在蛇纹石表面的吸附是化学吸附和氢键共同作用的结果。

（2）以六偏磷酸钠为蛇纹石抑制剂，在 pH 值为 9 时，其主要以离子形式存在，易与蛇纹石表面 Mg^{2+} 作用，形成亲水性较强的络合物，从而对蛇纹石起到抑制作用。由于大量阴离子在蛇纹石表面吸附，蛇纹石表面电位明显降低。

(3) 以羧甲基纤维素钠为蛇纹石抑制剂时，羧甲基纤维素钠通过化学吸附作用于蛇纹石表面 Mg 原子，并使得矿物表面电位明显降低，此时蛇纹石等电点为 pH=5.2 左右。

(4) 以木质素磺酸钙为蛇纹石抑制剂时，通过化学吸附作用于蛇纹石表面，并明显降低了蛇纹石表面电位。

(5) 以水玻璃作为蛇纹石抑制剂时，水玻璃通过化学吸附作用于蛇纹石表面，并降低了蛇纹石的表面电位。在 pH 值为 9 时，水玻璃在水溶液中主要以 $Si(OH)_4$ 形式存在，$SiO(OH)_3^-$ 和 $SiO_2(OH)_2^{2-}$ 含量较少，此时水玻璃对蛇纹石抑制效果较差，因此可知对蛇纹石起抑制作用的主要组分是 $SiO(OH)_3^-$ 和 $SiO_2(OH)_2^{2-}$。

6.5 矿物颗粒间相互作用机理分析

一般来说，群体颗粒在水溶液中总是表现为团聚与分散两种基本形式，而颗粒间的相互作用就是产生这两种形式的根本原因。经典 DLVO 理论认为，颗粒间总作用能主要包括范德华作用能和静电作用能。前者主要由范德华力引起，主要使粒子兼并并聚沉；后者主要由双电层重叠导致的静电斥力所引起。二者的共同作用使得溶液中颗粒表现出不同的作用形式。

在矿物颗粒浮选过程中，不同矿物颗粒间往往也存在着相互作用，从而影响着矿物的浮选规律。如在黄铁矿浮选过程中，微细粒蛇纹石、绿泥石、滑石等脉石矿物易在有用矿物表面黏附，形成矿泥罩盖，不仅使脉石随有用矿物进入精矿，还会阻碍有用矿物与气泡接触，从而降低有用矿物的回收率。研究中曾发现，蛇纹石颗粒会严重影响硼镁石的回收，这可能是微细粒蛇纹石与硼镁石颗粒间相互作用而引起的。为此对蛇纹石与硼镁石矿物颗粒间的相互作用进行研究，并对其作用机理进行分析。

6.5.1 颗粒间相互作用 DLVO 理论分析

根据 DLVO 理论，颗粒间的作用能由范德华作用能和静电作用能构成，可表示为：

$$V_T = V_W + V_E \tag{6-66}$$

式中 V_T ——颗粒间总的作用能；

V_W ——颗粒间相互作用的范德华作用能；

V_E ——颗粒间静电作用能。

6.5.1.1 范德华作用能

范德华作用能普遍存在于各种物质之间，颗粒半径分别为 R_1、R_2 的两个矿物颗粒，其相互作用的范德华作用能可表示为：

$$V_W = -\frac{AR_1R_2}{6H(R_1 + R_2)} \tag{6-67}$$

当 $R_1 = R_2 = R$ 时，该式可改写为：

$$V_W = -\frac{AR}{12H} \tag{6-68}$$

式中　V_W——单位面积上范德华作用能，N/m^2；
H——颗粒间分散距离，m；
A——颗粒在真空中的 Hamaker 常数，J；
R_1，R_2——分别为硼镁石和蛇纹石颗粒半径；
H——颗粒间分散距离。

对于两个不同颗粒，设 A_{11}、A_{22} 分别为颗粒 1 和颗粒 2 在真空中的 Hamaker 常数，A_{33} 为介质的 Hamaker 常数，那么颗粒 1 和颗粒 2 在介质 3 中的 Hamaker 常数 A 可表示为：

$$A = (\sqrt{A_{11}} - \sqrt{A_{33}})(\sqrt{A_{22}} - \sqrt{A_{33}}) \tag{6-69}$$

如果为同种颗粒可表示为：

$$A = (\sqrt{A_{11}} - \sqrt{A_{33}})^2 \tag{6-70}$$

式中　A_{11}——蛇纹石 Hamaker 常数；
A_{22}——硼镁石 Hamaker 常数；
A_{33}——水的 Hamaker 常数。

硼镁石 Hamaker 常数无法从文献中查到，但是 Hamaker 常数与固体表面自由能有如下关系：

$$A_{33} = \frac{4\pi}{1.2}\gamma_{SV}^d d^2 \tag{6-71}$$

式中　γ_{SV}^d——固体颗粒表面自由能非极性分量；
d——固体颗粒分子间的平衡距离，取 $d=0.2\text{nm}$。

在恒温恒压下，固液界面接触引起的体系自由能变化为：

$$\Delta G = \gamma_{SL} - \gamma_{SV} - \gamma_{LV} \tag{6-72}$$

式中　γ_{SL}，γ_{SV}，γ_{LV}——分别为单位面积固-液、固-气和液-气的界面自由能。

固液界面接触后，液体在固体表面黏附，那么黏附功按其定义可表示为：

$$W_a = \gamma_{SV} + \gamma_{LV} - \gamma_{SL} \tag{6-73}$$

由 Young 方程可知：

$$\gamma_{SV} = \gamma_{SL} + \gamma_{LV}\cos\theta \tag{6-74}$$

由式（6-73）、式（6-74）可得：

$$W_a = \gamma_{LV}(1 + \cos\theta) \tag{6-75}$$

同时，黏附功又可以用两相中各自的极性分量和非极性分量来表示：

$$W_a = 2(\sqrt{\gamma_{SV}^d \gamma_{LV}^d} + \sqrt{\gamma_{SV}^p \gamma_{LV}^p}) \tag{6-76}$$

式中 γ_{SV}^p，γ_{LV}^p ——分别为固体和液体表面自由能的极性部分；

γ_{SV}^d，γ_{LV}^d ——分别为固体和液体表面自由能非极性部分。

由式（6-75）、式（6-76）可得：

$$\gamma_{LV}(1 + \cos\theta) = 2(\sqrt{\gamma_{SV}^d \gamma_{LV}^d} + \sqrt{\gamma_{SV}^p \gamma_{LV}^p}) \tag{6-77}$$

通过测定硼镁石在不同测试液下的接触角，将表 6-8 数据代入式（6-77）中，可得到硼镁石颗粒表面自由能非极性分量 γ_{SV}^d。采用 JC2000Y 接触角测定仪测得硼镁石在水和乙二醇溶液中的接触角分别为 24.75°和 31.67°，结合表 6-8 数据可得硼镁石 Hamaker 常数 $A_{22} = 19.3\times10^{-20}$J。此外，查阅文献获得蛇纹石 Hamaker 常数 $A_{11} = 10.6\times10^{-20}$J，水的 Hamaker 常数 $A_{33} = 4.15\times10^{-20}$J。

表 6-8 测试液表面自由能参数 （mJ · m^2）

测试液	γ_{LV}	γ_{LV}^d	γ_{LV}^p
水	72.8	21.8	51.0
乙二醇	58.2	29.3	19.0

6.5.1.2 静电作用能

当颗粒在介质中相互靠近时，双电层开始相互接近，到双电层重叠时，颗粒间开始发生静电作用。相同颗粒间静电作用能可以表示为：

$$V_E = 4\pi\varepsilon_a \frac{R_1 R_2}{R_1 + R_2}\varphi_0^2 \ln(1 + e^{-\kappa H}) \tag{6-78}$$

当 $R_1 = R_2 = R$ 时，式（6-78）可改写为：

$$V_E = 2\pi\varepsilon_a R\varphi_0^2 \ln(1 + e^{-\kappa H}) \tag{6-79}$$

异种颗粒间静电作用能可以表示为：

$$V_{el} = \frac{\pi\varepsilon_a R_1 R_2}{R_1 + R_2}(\varphi_{01}^2 + \varphi_{02}^2)\left[\frac{2\varphi_{01}\varphi_{02}}{\varphi_{01}^2 + \varphi_{02}^2} \times \ln\frac{1 + e^{-\kappa H}}{1 - e^{-\kappa H}} + \ln(1 - e^{-\kappa H})\right] \tag{6-80}$$

式中 κ——Deybe 长度的倒数，$\kappa = 0.180\text{nm}^{-1}$；

ε_a——相对介电常数，6.95×10^{-10}；

φ——颗粒的表面电位，V，计算中可使用动电位进行代替。

6.5.2 矿物颗粒间作用行为分析

6.5.2.1 蛇纹石与硼镁石颗粒间作用行为分析

矿浆 pH 值能够改变矿物表面荷电性质，从而使得矿浆中矿物颗粒间团聚与分散行为发生改变。蛇纹石及硼镁石 Zeta 电位如图 6-92 所示，蛇纹石、硼镁石的零电点分别为 pH=9. 1、pH=7. 2。有研究表明，蛇纹石的零电点为 pH=9. 6，试验结果与文献基本吻合。

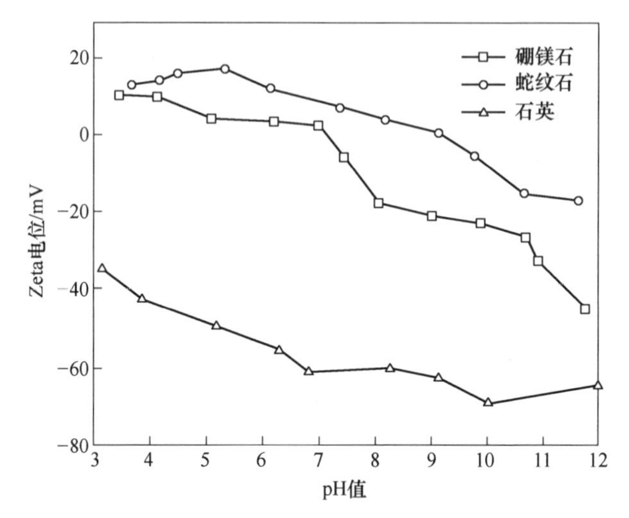

图 6-92　不同 pH 值下矿物 Zeta 电位分析

本节主要讨论不同粒度蛇纹石颗粒同微细粒硼镁石颗粒间的作用能。蛇纹石颗粒半径分别为 1μm、5μm、10μm、20μm，硼镁石颗粒半径为 15μm，pH=9. 0 时，其表面 Zeta 电位分别为-0. 089mV 和-20. 37mV。蛇纹石与硼镁石颗粒间作用能随颗粒间距离变化规律如图 6-93 所示。由图 6-93 可知，不同粒度蛇纹石颗粒同硼镁石颗粒间的总作用能为负值，此时范德华作用能起主要作用，宏观上两种颗粒间相互吸引。因此，颗粒间易发生团聚吸附作用，从而使蛇纹石颗粒罩盖

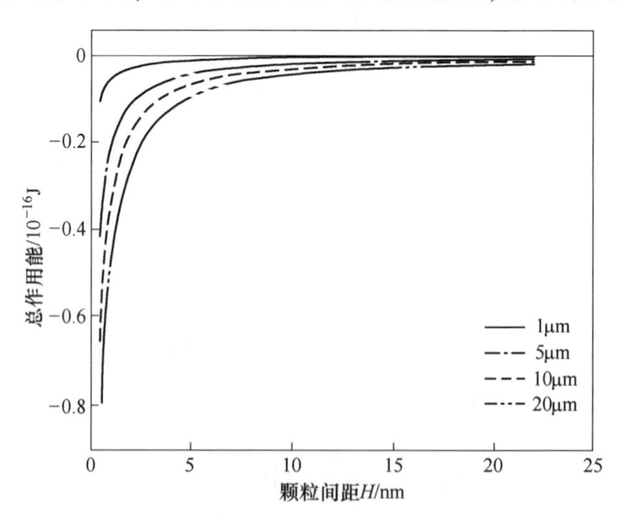

图 6-93　pH=9. 0 时，不同粒度蛇纹石同 15μm 硼镁石颗粒间总作用能

在硼镁石表面，降低了硼镁石可浮性。浮选过程中除了粒度以外，pH 值也会对浮选指标产生较大影响。不同 pH 值条件下，微细粒蛇纹石颗粒与硼镁石颗粒间的作用能也会产生变化。

当 pH = 11.0 时，蛇纹石表面电位 φ_1 = −55.50mV，硼镁石表面电位 φ_2 = −31.93mV。此时，蛇纹石与硼镁石矿物颗粒间作用能随颗粒间距变化规律如图 6-94 所示。

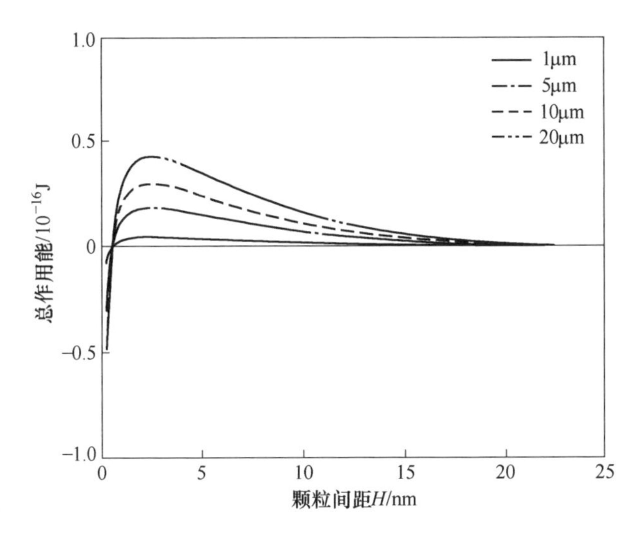

图 6-94 pH = 11.0 时，不同粒度蛇纹石同 15μm 硼镁石颗粒间总作用能

由图 6-94 可知，当 pH 值为 11.0 时，颗粒间作用能在颗粒间距小于 1nm 时为负值，此时粒度对作用能影响较小；当颗粒间距超出 1nm 后，颗粒间作用能由负变正，此时矿浆中矿物颗粒的状态由相互吸引转变为相互排斥，从而蛇纹石颗粒同硼镁石颗粒在矿浆溶液中分散，且粗粒蛇纹石与硼镁石间分散效果更好。在 1～5nm 距离内，颗粒间作用能存在一个明显的能垒，此时两种矿物颗粒间作用能较大，因此蛇纹石不易吸附于硼镁石表面，从而使浮选环境得到优化。随着矿物颗粒间距增大，颗粒间作用能开始减小，分散效果也逐渐减弱。

计算结果表明，溶液 pH 值能改变矿物颗粒间作用能的符号，当 pH 值由 9 增大至 11 时，蛇纹石同硼镁石颗粒间作用能由负值变为正值，表明蛇纹石同硼镁石颗粒间的作用状态由相互吸引转变为相互排斥。而蛇纹石粒度的大小通常只改变颗粒间作用能的大小，很难改变作用能的符号，因此溶液 pH 值是影响颗粒间作用状态的主要因素。由于 pH 值能够直接影响矿物表面荷电性质，所以矿物的表面电性是影响颗粒间相互作用的根本原因。

6.5.2.2 石英与蛇纹石、硼镁石颗粒间作用行为分析

依据矿物颗粒粒度检测结果，在计算时取石英颗粒半径为 10μm，蛇纹石颗

粒半径为 12μm，硼镁石颗粒半径为 15μm。在 pH=9.0 时，石英、蛇纹石及硼镁石表面 Zeta 电位分别为-62.5mV、-0.089mV 和-20.37mV。石英、蛇纹石、硼镁石颗粒间作用能随颗粒间距离变化规律如图 6-95 所示。由图 6-95 可知，由于颗粒间总作用能为负，因此蛇纹石与硼镁石颗粒间相互吸引，蛇纹石易吸附于硼镁石表面。加入石英颗粒后，石英与硼镁石间作用能为正，表明二者间相互排斥，石英不易黏附于硼镁石表面。而石英与蛇纹石颗粒间作用能为负，并且颗粒间总作用能较蛇纹石与硼镁石间作用能更大，因此，蛇纹石更易吸附于石英表面，导致吸附于硼镁石表面的蛇纹石有所减少，从而使得蛇纹石对硼镁石浮选的不利影响有所降低，硼镁石浮选回收率得到提高。

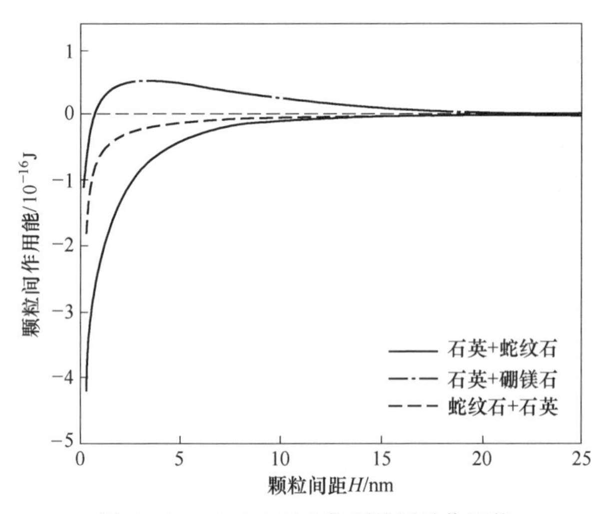

图 6-95　pH=9.0 时矿物颗粒间总作用能

6.5.3　矿物颗粒间作用行为分析

原子力显微镜（AFM）是基于扫描隧道显微镜（STM）发展起来的一种有效的表面分析手段，它通过探针与被测样品之间的微弱相互作用力（原子力）来获取物质表面形貌的信息，AFM 工作原理就是建立在探针与样品表面足够接近时存在相互作用力的基础之上。由于 AFM 不仅能够对导电样品进行观测，同样可以对非导电样品进行测量，克服了 STM 不能应用于绝缘材料的局限性，因此其获得了更为广阔的应用空间。目前，AFM 在物理学、电化学、生命科学及纳米科学等诸多前沿科学领域有着广泛的应用。例如，AFM 在材料表面形貌分析、超导表面结构分析、表面重构、纳米材料特性分析、生物大分子物质结构分析等诸多方向的研究中都起到了十分重要的作用。

除了能够提供物质在纳米尺度、分子水平上的形貌特征，AFM 另一个重要功能就是测量分子间的作用力曲线，即悬臂梁形变与探针-样品间距的关系曲线。

与目前其他的力测定技术相比，AFM 力测量技术具有一定的空间分辨能力，这使得 AFM 成为研究分子间相互作用的强有力工具。

测量力曲线时，探针与样品表面作用过程如图 6-96 所示。在位置 1 处，针尖远离样品表面，二者间没有作用力；针尖逐渐靠近样品至位置 2 处时，针尖受到样品表面的引力作用而突然跳跃至样品表面；在位置 3 时，针尖继续压迫样品表面，作用力表现为斥力；在位置 4 时，当探针形变达到设定极限值后，探针逐渐恢复形变；处于位置 5 时，由于受到样品表面黏附力的影响，针尖即将离开样品表面而尚未脱离时，作用力表现为引力；在位置 6 处，针尖脱离样品表面并与之远离，二者间没有发生力的作用。

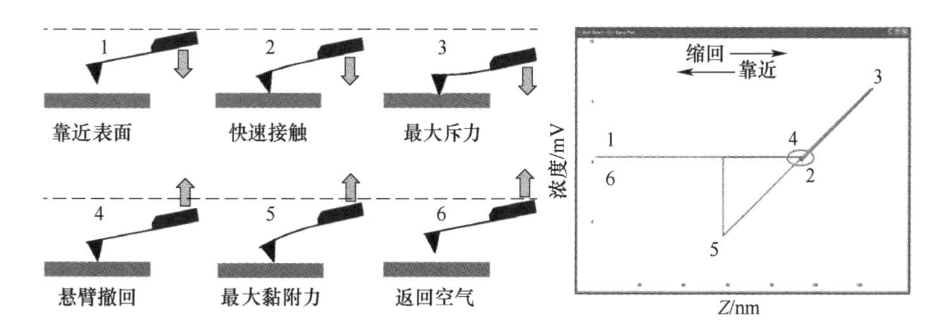

图 6-96 力曲线测量中的主要步骤

在间距变化过程中，原子间相作用力变化示意图如图 6-97 所示。当探针与样品间距较大时，二者间不存在作用力；在间距逐渐减小过程中，将出现吸引力，这个力即为范德华作用力。当间隙继续减小时，探针与样品表面将出现静电排斥力。许多研究都表明，颗粒间作用力的 AFM 测试结果与 DLVO 理论分析结果具有较高的一致性。

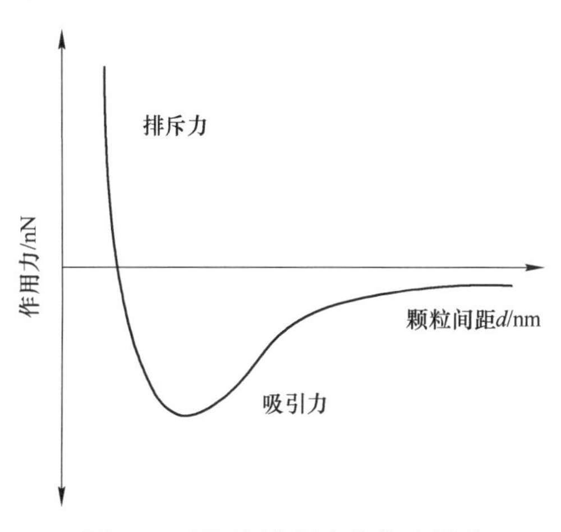

图 6-97 原子间作用力变化示意图

关于蛇纹石对有用矿物浮选的不利影响方面的研究，有人对其影响规律进行了探索，并对颗粒间作用力进行了相应的理论计算。同样，对于石英与蛇纹石间的异相凝聚现象，也有人对其进行了相应的研究，并对其作用原理进行了分析。但是，前人的研究并未对硼镁石浮选过程中矿物颗粒作用力进行实际测量与表征，由于其理论计算缺乏试验验证故显得说服力不足。为了对矿物颗粒间的相互作用进行更为直观的观测，采用原子力显微镜对矿物颗粒间的作用力进行了表征。主要针对蛇纹石颗粒与硼镁石颗粒间作用力，及石英颗粒与蛇纹石、硼镁石颗粒间作用力进行了测量。

6.5.3.1　蛇纹石与硼镁石颗粒间作用力测量

pH 值为 9 时，蛇纹石同硼镁石颗粒间作用力曲线如图 6-98 所示。由图 6-98 可知，蛇纹石与硼镁石颗粒间的作用力为吸引力，因此蛇纹石易黏附于硼镁石表面。这就解释了为何加入蛇纹石后硼镁石回收率明显降低。因为蛇纹石在硼镁石表面黏附后，导致硼镁石可浮性降低，从而影响了硼镁石的回收。

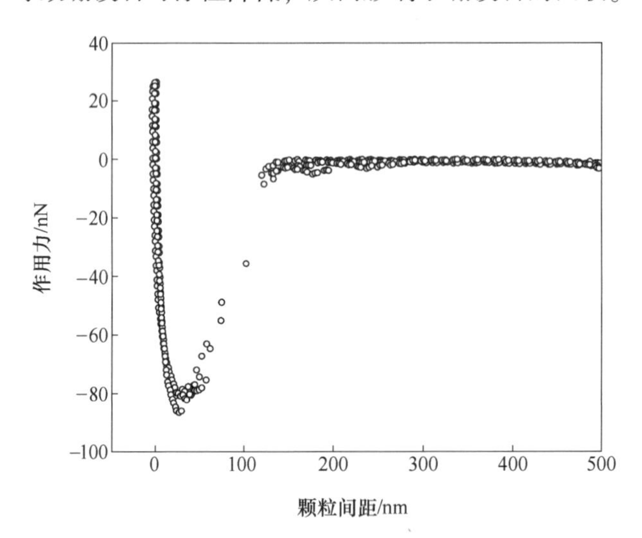

图 6-98　pH = 9 时蛇纹石与硼镁石颗粒间作用力曲线

pH 值为 11 时，蛇纹石与硼镁石颗粒间作用力曲线如图 6-99 所示。由图可知，当 pH 值增大至 11 时，蛇纹石与硼镁石颗粒间引力明显减小，此时引力最大值不足 5nN，由此可见蛇纹石与硼镁石颗粒间的吸引作用明显减弱。由于蛇纹石在硼镁石表面的黏附作用减弱，硼镁石浮选环境得到明显改善，其回收率得到提高。

对于研究颗粒间相互作用力来说，AFM 是一种非常有效且十分精密的手段，但是由于矿物颗粒表面几何形状的不规则以及矿物表面性质的不均匀性，使得一些测量结果很难与理论计算结果完全吻合。此时，只能对颗粒间的作用力进行定

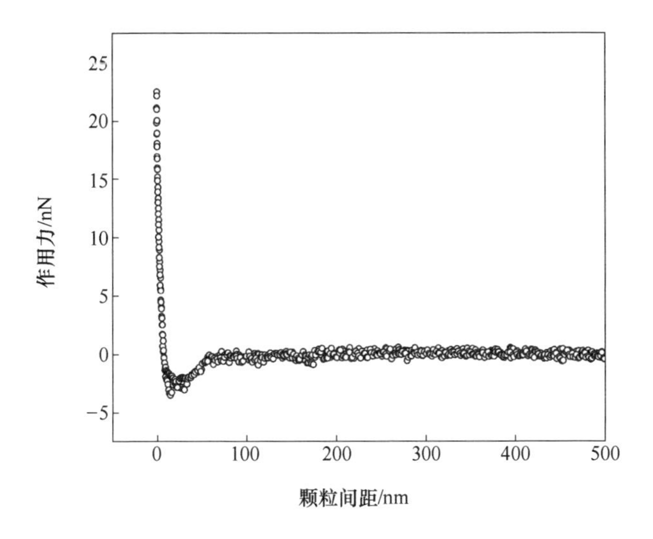

图 6-99　pH = 11 时蛇纹石与硼镁石颗粒间作用力曲线

性的分析。这种情况也在相关研究中得到证实。并且这种定性分析方法也被成功地运用于表征煤颗粒与气泡间的相互作用，以及纳米气泡与 ZnS 表面的相互作用。在 pH 值为 11 时，虽然 AFM 测试结果与 DLVO 理论计算结果不完全吻合，但是也反映出了 pH 值增大后蛇纹石与硼镁石颗粒间作用力减弱的客观事实。

6.5.3.2　石英与蛇纹石、硼镁石颗粒间作用力测量

在硼镁石浮选过程中加入微细粒石英后，硼镁石浮选回收率明显提高。针对石英与硼镁石、蛇纹石颗粒间的相互作用，通过 AFM 对其进行考察。硼镁石与石英间作用力曲线如图 6-100 所示。由图 6-100 可知，石英与硼镁石颗粒间作用力为斥力，随颗粒间距增大颗粒间斥力逐渐减小。结果表明，石英不易吸附于硼镁石表面，液相中二者呈现出分散状态。这与 DLVO 理论计算结果是一致的，石英与硼镁石间作用能为正值。

蛇纹石与石英间作用力曲线如图 6-101 所示。由图可知，蛇纹石与石英间作用力为引力，随颗粒间距增大，颗粒间引力逐渐减小。结果表明，石英易黏附于蛇纹石表面，二者在溶液中呈现出团聚状态，这与 DLVO 理论计算结果是一致的。

综上所述，石英与蛇纹石颗粒间的作用力为引力，石英易黏附于蛇纹石表面，而石英与硼镁石间作用力为斥力，不会黏附硼镁石表面。因此，石英能够阻碍蛇纹石在硼镁石表面的黏附作用，从而降低蛇纹石对硼镁石浮选的不利影响。因此，添加适量石英颗粒对于提升硼镁石浮选回收率是有利的。

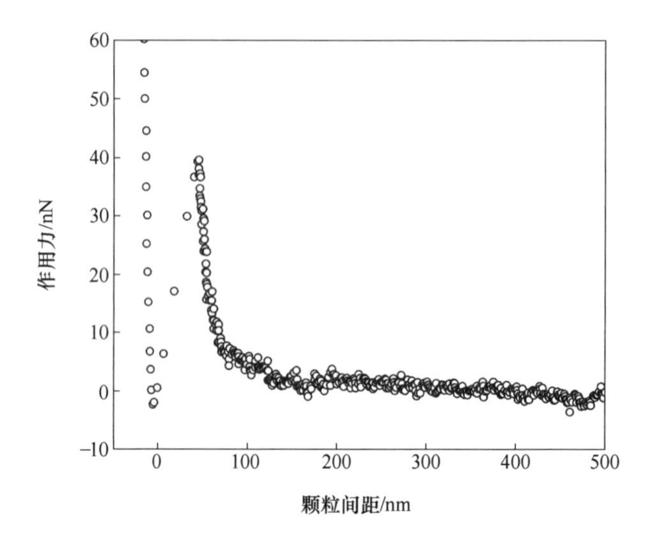

图 6-100　硼镁石与石英颗粒间作用力曲线

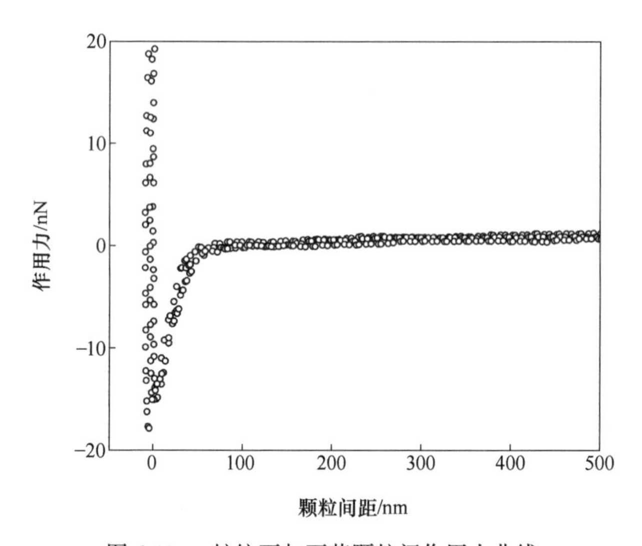

图 6-101　蛇纹石与石英颗粒间作用力曲线

6.5.4　小结

（1）DLVO 理论计算结果表明，矿物颗粒粒度及其表面荷电性质均可对矿物颗粒间的相互作用产生影响，但是矿物表面荷电状态是影响矿物颗粒间作用状态的最主要因素。颗粒粒度只能影响矿物颗粒间作用能的大小，即颗粒粒度只能够影响矿物颗粒间团聚或吸附状态的强弱；而矿物表面电荷符号的转变，能够引起矿物颗粒间作用能符号的转变，即能够引起矿物颗粒间团聚、分散状态的转变。

（2）AFM 测量结果表明，在溶液 pH 值为 9 时，蛇纹石与硼镁石颗粒间作用力为引力，表明二者间易相互吸引，从而发生黏附作用；在溶液 pH 值为 11 时，蛇纹石与硼镁石颗粒间吸引力明显减弱，二者间的吸附能力明显降低，这与 DLVO 理论计算结果基本一致。AFM 测量结果表明，石英与硼镁石间作用力为正值，即二者间作用力为斥力，因此石英不易与硼镁石发生黏附；石英与蛇纹石间作用力为负值，表明二者间作用力为引力，石英易与蛇纹石相互吸引而在其表面发生黏附，这与 DLVO 理论计算结果基本一致。

参 考 文 献

[1] 李治杭. 硼镁石与蛇纹石、磁铁矿浮选分离基础研究 [D]. 沈阳：东北大学，2018.

[2] Zhang N N, Zhou C C, Liu C, et al. Effects of particle size on flotation parameters in the separation of diaspore and kaolinite [J]. Power Technology, 2017, 317: 253~263.

[3] Xing Y W, Xu X H, Gui X H, et al. Effect of kaolinite and montmorillonite on fine coal flotation [J]. Fuel, 2017, 195: 284~289.

[4] Zhang C, Liu C, Feng Q M, et al. Utilization of N-carboxymethyl chitosan as selective depressants for serpentine on the flotation of pyrite [J]. International Journal of Mineral Processing, 2017, 163: 45~47.

[5] Mu Y F, Li L Q, Peng Y J. Surface properties of fractured and polished pyrite in relation to flotation [J]. Minerals Engineering, 2017, 101: 10~19.

[6] Liu X W, Bai M J. Effect of chemical composition on the surface charge property and flotation behavior of pyrophyllite particles [J]. Advanced Powder Technology, 2017, 28: 836~841.

[7] 陈丙义，郑金海. 物理化学 [M]. 徐州：中国矿业大学出版社，2010：197~200.

[8] Shaw D J. Electrophoresis [M]. New York: Academic Press, 1969: 151~156.

[9] Ai G H, Huang W F, Yang X L, et al. Effect of collector and depressant on monomineralic surfaces in fine wolframite flotation system [J]. Separation and Purification Technology, 2017, 176: 59~65.

[10] Yang X L, Ai G H. Effects of surface electrical property and solution chemistry on fine wolframite flotation [J]. Separation and Purification Technology, 2016, 170: 272~279.

[11] 肖策环. 微细粒黄铜矿表面特性与可浮性关系研究 [D]. 赣州：江西理工大学，2016.

[12] Zawala J, Karaguzel C, Wiertel A, et al. Kinetics of the bubble attachment and quartz flotation in mixed solutions of cationic and non-ionic surface-active substances [J]. Colloids and Surfaces A, 2017, 523: 118~126.

[13] 李学军，王丽娟，鲁安怀，等. 天然蛇纹石活性机理初探 [J]. 岩石矿物学杂质，2003，22（4）：386~390.

[14] Sanna A, Wang X L, Lacinska A, et al. Enhancing Mg extraction from lizardite-rich serpentine for CO_2 mineral sequestration [J]. Minerals Engineering, 2013, 49: 135~144.

[15] 李强. 基于晶体化学的含镁矿物浮选研究 [D]. 沈阳：东北大学，2011：77~78.

[16] 孙传尧，印万忠. 硅酸盐矿物浮选原理 [M]. 北京：科学出版社，2001：10~18.
[17] 唐德身. 硼镁石和蛇纹石的电动性质和可浮性的关系 [J]. 化工矿山技术，1984.
[18] Frost R L, Scholz R, Lopez A, et al. The molecular structure of the borate mineral szaibelyite $MgBO_2(OH)$—A vibrational spectroscopic study [J]. Journal of Molecular Structure, 2015, 1089: 20~24.
[19] Matos M, Terra J, Ellis D E, et al. First principles calculation of magnetic order in a low-temperature phase of the iron ludwigite [J]. Journal of Magnetism and Magnetic Materials, 2015, 374: 148~152.
[20] 李艳军. 硼铁矿浮选试验研究 [D]. 沈阳：东北大学，2006：24~26.
[21] 罗溪梅. 含碳酸盐铁矿石浮选体系中矿物的交互影响研究 [D]. 沈阳：东北大学，2014.
[22] Patra P, Bhambani T, Nagaraj D R, et al. Dissolution of serpentine fibers under acidic flotation conditions reduces inter-fiber friction and alleviates impact of pulp rheological behavior on Ni ore benefication [J]. Colloids and surface A: Physicochemical and Engineer Aspects, 2014, 459: 11~13.
[23] Qin S Y, Yin B W, Zhang Y F, et al. Leaching kinetics of szaibelyite ore in NaOH solution [J]. Hydrometallurgy, 2015, 157: 333~339.
[24] 王淀佐. 浮选溶液化学 [M]. 长沙：湖南科学技术出版社，1988.
[25] 郭昌槐，胡熙庚. 蛇纹石矿泥对金川含镍磁黄铁矿浮选特性的影响 [J]. 矿冶工程，1986，4 (2)：28~33.
[26] 张明强. 蛇纹石与黄铁矿异相分散的调控机理研究 [D]. 长沙：中南大学，2010.
[27] Gupta V, Hampton M A, Stokes J R. Particle interactions in kaolinite suspensions and corresponding aggregate structures [J]. Journal of Colloid and Interface Science, 2011, 359: 95~103.
[28] Yin X H, Gupta V, Du H, et al. Surface charge and wetting characteristics of layered silicate minerals [J]. Advances in Colloid and Interface Science, 2012, 179: 43~50.
[29] Alvarez-Silva M, Uribe-Salas A, Waters K E, et al. Zeta potential study of pentlandite in the presence of serpentine and dissolved mineral species [J]. Minerals Engineering, 2016, 85: 66~71.
[30] Gaudin A M, Fuerstenau D W, Miaw H L. Slime coatings in galena flotation, 1960, 63: 668~671.
[31] Luo B B, Zhu Y M, Sun C Y, et al. Flotation and adsorption of a new collector α-Bromodecanoic acid on quartz surface [J]. Minerals Engineering, 2015, 77: 86~92.
[32] 韩聪，魏德洲，高淑玲，等. 十二胺体系中异极矿浮选行为的研究 [J]. 东北大学学报（自然科学版），2011，32 (12)：1774~1777.
[33] 闻辂. 矿物红外光谱学 [M]. 重庆：重庆出版社，1989.
[34] Lu Y P, Zhang M Q, Feng Q M, et al. Effect of sodium hexametaphosphate on separation of serpentine from pyrite [J]. Transactions of Nonferrous Metals Society of China, 2011, 21 (1): 208~213.
[35] 姚金，侯英，印万忠，等. 油酸钠浮选体系中蛇纹石对菱镁矿浮选的影响 [J]. 东北大

学学报（自然科学版），2013，34（6）：889~893.

[36] Liu C, Feng Q M, Zhang G F. Electrokinetic and flotation behaviors of hemimorphite in the presence of sodium oleate [J]. Minerals Engineering, 2015, 84: 74~76.

[37] 张国范，朱阳戈，冯其明，等. 油酸钠对微细粒钛铁矿的捕收机理 [J]. 中国有色金属学报，2009，19（2）：372~377.

[38] 冯其明，赵岩森，张国范. 油酸钠在赤铁矿及磷灰石表面的吸附机理 [J]. 中国有色金属学报，2012，22（10）：2902~2907.

[39] 王虹，邓海波. 蛇纹石对硫化铜镍矿浮选过程影响及其分离研究进展 [J]. 有色矿冶，2008，24（4）：19~24.

[40] Gallios G P, Deliyanni E A, Peleka E N, et al. Flotation of chromite and serpentine [J]. Separation and Purification Technology, 2007, 55 (2): 232~237.

[41] 曹钊，张亚辉，孙传尧，等. 铜镍硫化矿浮选中 Cu(Ⅱ)和 Ni(Ⅱ)离子对蛇纹石的活化机理 [J]. 中国有色金属学报，2014，24（2）：506~510.

[42] 马建青，刘星. 甘肃金川铜镍矿石中 MgO 对浮选的影响 [J]. 云南地质，2005，24（4）：402~406.

[43] Kirjavainen V M. Review and analysis of factors controlling the mechanical flotation of gangue minerals [J]. International Journal of Mineral Processing, 1996, 46 (1/2): 21~25.

[44] 冯博，冯其明，卢毅屏. 蛇纹石对黄铁矿浮选的影响 [J]. 有色金属工程，2014，4（3）：54~58.

[45] 冯其明，周清波，张国范，等. 六偏磷酸钠对方解石的抑制机理 [J]. 中国有色金属学报，2011，21（2）：436~441.

[46] Aruna S T, Anandan C, Grips V K W. Effect of probe sonication and sodium hexametaphosphate on the microhardness and wear behavior of electrodeposited Ni-SiC composite coating [J]. Applied Surface Science, 2014, 301: 383~390.

[47] 夏启斌，李忠，邱显扬，等. 六偏磷酸钠对蛇纹石的分散机理研究 [J]. 矿冶工程，2002，22（2）：51~55.

[48] 李治杭，韩跃新，李艳军，等. 六偏磷酸钠对蛇纹石作用机理分析 [J]. 矿产综合利用，2016（4）：52~55.

[49] Feng B, Lu Y P, Feng Q M, et al. Mechanisms of surface charge development of serpentine mineral [J]. Transactions of Nonferrous Metals Society of China, 2013, 23 (4): 1123~1128.

[50] Dubecky F, Kindl D, Hubik P, et al. A comparative study of Mg and Pt contacts on semi-insulating GaAs: Electrical and XPS characterization [J]. Applied Surface Science, 2016, 395: 131~135.

[51] Shchukarev A, Sjoberg S. XPS with fast-frozen samples: A renewed approach to study the real mineral/solution interface [J]. Surface Science, 2005, 584: 106~112.

[52] Aksoy S, Caglar Y, Ilican S. Sol-gel derived Li-Mg co-doped ZnO films: Preparation and characterization via XRD, XPS, FESEM [J]. Journal of Alloys and Compounds, 2012, 512: 171~178.

[53] Milcius D, Grbovic-Novakovic J, Zostautiene R, et al. Combined XRD and XPS analysis of ex-

situ and in-situ plasma hydrogenated magnetron sputtered Mg films [J]. Journal of Alloys and Compounds, 2015, 647: 790~796.

[54] Liu W B, Liu W G, Wang X Y, et al. Utilization of novel surfactant N-dodecyl-isopropanolamine as collector for efficient separation of quartz from hematite [J]. Separation and Purification Technology, 2016, 162: 188~194.

[55] Schulze R K, Hill M A, Field R D. Characterization of carbonated serpentine using XPS and TEM [J]. Energy Conversion and Management, 2004, 45: 3169~3179.

[56] Jensen I J T, Thogersen A, Lovvik O M. X-ray photoelectron spectroscopy investigation of magnetron sputtered Mg-Ti-H thin films [J]. International Journal of Hydrogen Energy, 2013, 38: 10704~10715.

[57] Feng Q M, Feng B, Lu Y P. Influence of copper ions and calcium ions on adsorption of CMC on chlorite [J]. Transactions of Nonferrous Metals Society of China, 2013, 23 (1): 237~242.

[58] 冯博，冯其明，卢毅屏. 羧甲基纤维素在蛇纹石/黄铁矿浮选体系中的分散机理 [J]. 中南大学学报（自然科学版），2013，44 (7): 2645~2650.

[59] Feng B, Feng Q M, Lu Y P, et al. The effect of PAX/CMC addition order on chlorite/pyrite separation [J]. Minerals Engineering, 2013, 42: 9~12.

[60] 冯其明，张国范，卢毅屏. 蛇纹石对镍黄铁矿浮选的影响及其抑制剂研究现状 [J]. 矿产保护与利用，1997 (5): 19~22.

[61] 胡芫，李辽莎. 木质素磺酸钙在磁铁矿表面的吸附行为 [J]. 安徽工业大学学报，2016，33 (2): 114~118.

[62] 李计彪，武书彬，徐绍华. 木质素磺酸盐的化学结构与热解特性 [J]. 林产化学与工业，2014，34 (2): 23~28.

[63] X·马，张裕书，雨天. 木质素磺酸盐对滑石可浮性的影响 [J]. 国外金属矿选矿，2008 (3): 28~33.

[64] 庞煜霞，刘磊，楼宏铭，等. 木质素磺酸盐在烯酰吗啉颗粒表面的吸附特性 [J]. 高等学校化学学报，2012，33 (8): 1820~1825.

[65] 邓传宏，马军二，张国范，等. 水玻璃在钛铁矿浮选中的作用 [J]. 中国有色金属学报，2010，20 (3): 551~556.

[66] 冯博，朱贤文，彭金秀. 羧甲基纤维素对微细粒蛇纹石的絮凝及抑制作用 [J]. 硅酸盐通报，2016，35 (5): 1367~1371.

[67] 印万忠，吕振福，韩跃新，等. 改性水玻璃在萤石矿浮选中的应用及抑制机理 [J]. 东北大学学报（自然科学版），2009，30 (2): 287~290.

[68] 胡岳华，邱冠周，王淀佐. 细粒浮选体系中扩展的 DLVO 理论及应用 [J]. 中南矿冶学院学报，1996，25 (3): 310~314.

[69] Feng B, Lu Y P, Feng Q M, et al. Talc-serpentine interactions and implications for talc depression [J]. Minerals Engineering, 2012, 32: 68~73.

[70] Hseu Z Y, Su Y C, Zehetner F. Leaching potential of geogenic nickel in serpentine soils from Taiwan and Austria [J]. Journal of Environmental Management, 2017, 186: 151~157.

[71] Kozin P A, Boily J F. Mineral surface charge development in mixed electrolyte solutions [J].

Journal of Colloid and Interface Science, 2014, 418: 246~253.

[72] 卢毅屏，张明洋，冯其明，等. 蛇纹石与滑石的同步抑制原理 [J]. 中国有色金属学报，2012，22（2）：560~565.

[73] 卢毅屏，龙涛，冯其明，等. 微细粒蛇纹石的可浮性及其机理 [J]. 中国有色金属学报，2009，19（8）：1494~1498.

[74] Zhou X W, Feng B. The effect of polyether on the separation of pentlandite and serpentine [J]. Journal of Materials Research and Technology, 2014, 4（4）: 429~433.

[75] Wang C Q, Wang H, Gu G H, et al. Interfacial interactions between plastic particles in plastics flotation [J]. Waste Management, 2015, 46: 56~61.

[76] De Mesquita L M S, Lins F F, et al. Interaction of a hydrophobic bacterium strain in a hematite—quartz flotation system [J]. 2003, 71（1-4）: 31~44.

[77] 任俊，沈健，卢寿慈. 颗粒分散科学与技术 [M]. 北京：化学工业出版社，2005.

[78] 赵瑞超，韩跃新，杨光，等. 细粒菱铁矿、石英和赤铁矿吸附团聚的机理 [J]. 东北大学学报（自然科学版），2015，36（4）：596~600.

[79] Lu J W, Yuan Z T, Liu J T, et al. Effects of magnetite on magnetic coating behavior in pentlandite and serpentine system [J]. Minerals Engineering, 2015, 72: 115~120.

[80] Yin W Z, Wang J Z. Effects of particle size and particle interactions on scheelite flotation [J]. Transactions of Nonferrous Metals Society of China, 2014, 24（1）: 3682~3687.

[81] Park J A, Kim S B. DLVO and XDLVO calculations for bacteriophage MS2 adhesion to iron oxide particles [J]. Journal of Contaminant Hydrology, 2015, 181: 11~140.

[82] 冯博，冯其明，卢毅屏. 绿泥石与黄铁矿的异相凝聚机理 [J]. 中南大学学报（自然科学版），2015，46（1）：14~19.

[83] 刘新星，胡岳华. 原子力显微镜及其在矿物加工中的应用 [J]. 矿冶工程，2000，20（1）：32~35.

[84] 徐辉. 利用原子力显微镜对疏水力的测量研究 [D]. 杭州：浙江大学，2006.

[85] 窦建华. 原子力显微镜针尖——表面相互作用分子动力学仿真研究 [D]. 哈尔滨：哈尔滨工业大学，2009.

[86] Magdalena Prokopowicz. Atomic force microscopy technique for the surface characterization of sol-gel derived multi-component silica nanocomposites [J]. Colloids and Surfaces A: Physicochemical and Engineering Aspects, 2016, 504: 350~357.

[87] 吴世法. 原子力显微镜（AFM）的集中成像模式研究 [D]. 大连：大连理工大学，2004.

[88] 吴伦. 基于原子力显微镜的煤粒表面水化膜和颗粒间相互作用力研究 [D]. 徐州：中国矿业大学，2015.

[89] Butt Hans J. Measuring electrostatic, van der Waals, and hydration forces in electrolyte solutions with an atomic force microscope [J]. Biophysical Society, 1991, 60: 1438~1444.

[90] Wang J Y, Li J M, Xie L, et al. Interactions between elemental selenium and hydrophilic/hydrophobic surfaces: Direct force measurements using AFM [J]. Chemical Engineering Journal, 2016, 303: 646~654.

[91] Karamath J R, AdrianaVallejo-Cardona A, Ceron-Camacho Ricardo, et al. Relative performance

of several surfactants used for heavy crude oil emulsions as studied by AFM and force spectroscopy [J]. Journal of Petroleum Science and Engineering, 2015, 135: 652~659.

[92] Kishimoto S, Kageshima M, Naitoh Y, et al. Study of oxidized Cu (110) surface using noncontact atomic force microscopy [J]. Surface Science, 2008, 602: 2175~2182.

[93] Leiro J A, Torhola M, Laajalehto K. The AFM method in studies of muscovite mica and galena surfaces [J]. Journal of Physics and Chemistry of Solids, 2017, 100: 40~44.

[94] Farahat M, Hirajima T, Sasaki K, et al. Adhesion of Escherichia coli onto quartz, hematite and corundum: Extended DLVO theory and flotation behavior [J]. Colloids and Surfaces B: Biointerfaces, 2009, 74: 140~149.

[95] Toikka G, Hayes R A. Direct measurement of colloidal forces between mica and silica in aqueous electrolyte [J]. Journal of Colloid and Interface Science, 1997, 191: 102~109.

[96] Trefalt G, Ruiz-Cabello F J M, Borkovec M. Interaction forces, heteroaggregation, and deposition involving charged colloidal particles [J]. The Journal of Physical Chemistry B, 2014, 118 (23): 6346~6355.

[97] Bordag M, Klimchitskaya G L, Mostepanenko V M. Corrections to the van der Waals forces in application to atomic force microscopy [J]. Surface Science, 1995, 328 (1-2): 129~134.

[98] Cao J, Hu X Q, Luo Y C, et al. The role of some special ions in the flotation separation of pentlandite from lizardite [J]. Colloids and Surfaces A: Physicochemical and Engineering Aspects, 2016, 490: 173~181.

[99] Kusuma A M, Liu Q X, Zeng H B. Understanding interaction mechanisms between pentlandite and gangue minerals by Zeta potential and surface force measurements [J]. Minerals Engineering, 2014, 69: 15~23.

[100] Feng B, Feng Q M, Lu Y P. A novel method to limit the detrimental effect of serpentine on the flotation of pentlandite [J]. International Journal of Mineral Processing, 2012, 114: 11~13.

[101] Feng B, Lu Y P, Luo X P. The effect of quartz on the flotation of pyrite depressed by serpentine [J]. Journal of Materials Research and Technology, 2015, 4 (1): 8~13.

[102] 谢宝华，卢毅屏，冯其明，等. 石英与蛇纹石异相凝聚及其对黄铁矿浮选的影响 [J]. 有色金属（选矿部分），2015 (1): 76~79.

[103] Gupta V, Miller J D. Surface force measurements at the basal planes of ordered kaolinite particles [J]. Journal of Colloid and Interface Science, 2010, 344: 362~371.

[104] Browne C, Tabor R F, Grieser F, et al. Direct AFM force measurements between air bubbles in aqueous polydisperse sodium poly (styrene sulfonate) solutions: Effect of collision speed, polyelectrolyte concentration and molar mass [J]. Journal of Colloid and Interface Science, 2015, 446: 236~245.

[105] Boily J F, Kozin P A. Particle morphological and roughness controls on mineral surface charge development [J]. Geochimica Et Cosmochimica Acta, 2014, 141: 567~578.

[106] Ozdemir O, Taran E, Hampton M A. Surface chemistry aspects of coal flotation in bore water [J]. International Journal of Mineral Processing, 2009, 92: 177~183.

[107] Holuszko M E, Franzidis J P, Manlapig E V, et al. The effect of surface treatment and slime

coatings on ZnS hydrophobicity [J]. Minerals Engineering, 2008, 21: 958~966.

[108] Xing Y W, Gui X H, Cao Y J. Effect of Calcium Ion on Coal Flotation in the Presence of Kaolinite Clay [J]. Energy & Fuels, 2016, 30 (2): 1517~1523.

[109] Gui X H, Xing Y W, Rong G Q, et al. Interaction forces between coal and kaolinite particles measured by atomic force microscopy [J]. Power Technology, 2016, 301: 349~355.

7 硼铁矿开发利用前景及建议

7.1 硼铁矿综合利用现状

7.1.1 硼矿资源分析

世界硼矿资源丰富，主要集中在土耳其、美国、俄罗斯、智利和中国等国。硼资源主要以火山沉积型为主，其次为盐湖型、沉积变质型和矽卡岩型。我国硼资源丰富，总储量占世界第五位，但分布稀散，主要集中于辽宁、吉林和青藏高原。目前，硼矿生产主要来自辽吉沉积变质型的硼镁石矿，但该类矿仅占全国总储量的8.98%，且经过多年的开发利用，硼镁石储量（B_2O_3）现已不足200万吨，硼镁石资源已近枯竭；青藏盐湖镁硼矿（青藏盐湖镁硼酸盐矿石由各种水合镁硼酸盐矿物构成，不同于辽宁、吉林镁硼酸盐矿石）限于交通条件，仅生产$B_2O_3 \geqslant 24\%$的“富矿”，产量较小。根据目前的产量，预计在不久的将来硼镁矿石将很快消耗殆尽。随着国民经济的发展，硼的需求量快速增长，可利用的硼矿资源不能完全满足化工行业的需要，现阶段开发和利用复杂的硼矿资源已成为当务之急。

硼铁矿又称“黑硼矿”，占我国硼矿资源的57.88%。仅辽东地区硼铁矿储量就达2.8亿吨，其中B_2O_3储量为2184万吨属于大型硼矿，为内生硼矿。矿石类型主要是硼镁石-磁铁矿-蛇纹石型和含铀硼镁铁矿化硼镁石-磁铁矿型两种。主要分布在辽宁凤城、吉林小东沟等地区。该矿的特点是矿石中的矿相复杂，多种有用元素共生，其主要矿物组成为硼镁石（$MgBO_2(OH)$）和磁铁矿（Fe_3O_4），少量的叶蛇纹石、斜硅镁石、石英，此外还有微量的磁黄铁矿和硼镁铁矿（$(Mg, Fe)_2[BO_3]O_2$）。矿石中铁、硼的品位较低，化学成分的平均品位为：TFe 26%~32%，B_2O_3 7.0%~8.5%，MgO 25%~42%。矿物的结构特点是各元素共生关系密切，硼镁石和磁铁矿嵌布粒度极细，连晶复杂，脉石矿物（叶蛇纹石、斜硅镁石、石英）原生粒度大，相互之间呈交错分布。硼铁矿的这种特点决定了矿石中各矿物分离较困难。

硼铁矿从化学组成看属于贫矿类型，从矿物结构角度看属于难选矿物，其主要特点如下：

（1）矿物中硼、铁、镁多种元素共生，有用成分品位均低，而且不同矿区的矿物含量差异较大。硼铁矿中 B_2O_3 含量约 7.5%，TFe 约 30%，是典型的复合贫矿。

（2）矿物属细粒不均匀嵌布。矿物中磁铁矿、硼镁石、硼镁铁矿等粒度差异较大，嵌布粒度极细，小粒度的矿物嵌布在较大粒度的矿物中。

（3）矿物连晶复杂、共生关系密切。磁铁矿、硼镁石、硼镁铁矿紧密共生，与蛇纹石、斜硅镁石、云母、绿泥石等密切连生，多呈犬牙交错状或不规则状接触，用物理方法难以回收。

（4）矿物物理化学性质有所差异。硼镁铁矿密度为 3.98~4.11g/cm^3，比磁化系数为 2.56~11.3×10^{-6}cm^3/g，属弱磁性矿物。硼镁石、蛇纹石的密度都小于 3g/cm^3，硼镁石较脆，易碎。晶质铀矿的密度为 10.2g/cm^3，具有强放射性和弱磁性。

综上所述，硼铁矿资源综合利用价值较高，但其结构复杂、共生矿物多，采用传统的选矿方法难以将其合理利用。因此，探索新的硼铁矿高效回收利用技术，实现资源综合利用，对于缓解我国硼资源紧张状况有着重要的实际意义。

7.1.2 硼铁矿资源综合利用分析

世界上硼铁矿资源丰富，除我国外，前苏联、南非和朝鲜等国家也拥有硼铁矿资源，但因各国具体情况不同，对硼铁矿研究的侧重点不同。国外仅有矿产情况的介绍，鲜有关于选冶、加工利用的报道。我国自 1958 年发现辽宁省翁泉沟硼铁矿以来，国内相关科研单位针对硼铁矿综合利用开展了大量的研究工作，取得了一定的研究成果。下面针对我国硼铁矿的开发利用状况作简要概述。

李艳军等对硼铁矿的工艺矿物学研究表明，该矿主要矿物嵌布粒度细而不均，硼镁石多呈纤维状，一般粒度为 3~60μm，磁铁矿的嵌布粒度一般在 20~100μm，为分解生成产物，最细呈尘点状，粒度仅 1~10μm，是晚期生成产物；且主要矿物共生关系密切，磁铁矿、硼镁石、硼镁铁矿紧密共生，与蛇纹石、磁黄铁矿、云母等密切连生，多呈犬牙交错状或不规则状接触。故该矿难以单体解离，致使常规选矿分离硼和铁困难。

郑州矿产综合利用研究所、东北大学等单位对辽宁翁泉沟硼铁矿进行了长期的选矿试验研究，开发了磁选—重选—分级、磁选—重选—浮选、细磨—浮选—磁选等流程。

连相泉等在原矿 TFe 品位为 27.30%，B_2O_3 品位为 6.35%条件下，采用磁选—分级流程获得了硼精矿和含硼铁精矿，其中硼精矿 B_2O_3 品位为 12.34%，硼回收率为 40.41%，含硼铁精矿 TFe 品位为 49.10%、B_2O_3 品位为 6%，含硼铁精矿中铁回收率为 89.51%、硼回收率为 47.03%。

赵庆杰等采用磁选—重选—分级流程对硼铁矿进行了选矿试验研究，在原矿

TFe 品位为 26%~32%，B_2O_3 品位为 7.0%~8.5%条件下，通过阶段磨矿阶段选别，获得的硼精矿 B_2O_3 品位为 12%~16%，硼回收率为 60%~73%，含硼铁精矿 TFe 品位为 51%~54%、B_2O_3 品位为 4%~6%，含硼铁精矿中铁回收率为 85%~90%，硼回收率为 20%~30%，该磁重联合分选技术在凤城灯塔硼铁选矿厂成功应用，生产指标稳定。

李艳军采用细磨—浮选—磁选对硼铁矿进行了分选试验研究，在磨矿细度为 −42μm 占 95%，给矿 TFe 品位为 38.10%，B_2O_3 品位为 7.56%的条件下，获得的硼精矿 B_2O_3 品位为 13.60%，硼回收率为 71.80%，含硼铁精矿 TFe 品位为 58.52%、B_2O_3 品位为 4.50%，含硼铁精矿中铁回收率为 83.60%、硼回收率为 28.20%。

刘双安等采用阶段磨矿—弱磁—旋流器分级工艺流程分选凤城翁泉沟硼铁矿，在原矿铁品位 31.48%，B_2O_3 品位 6.87%条件下，通过阶段磨矿阶段选别，获得含硼铁精矿铁品位 56.88%，回收率 80.73%，硼精矿品位 12.72%，硼回收率 66.74%的选矿指标。

吕秉玲采用磁选—水力旋流器工艺进行了分选试验研究，在原矿铁品位 27.76%、B_2O_3 品位 6.30%条件下，得到硼铁混合精矿（含 TFe 49.27%、B_2O_3 8.05%）和硼精矿（含 TFe 6.85%、B_2O_3 15%）。其中硼精矿可作为“碳碱法”加工制备硼砂的优良原料；在阻溶剂（如 $NaClO_3$）存在的条件下，硼铁混合精矿用硫酸选择性地溶解其中的纤维硼镁石，而磁铁矿几乎不溶解，酸解后进行固液分离，固相即为铁精矿（TFe>64%），焙烧脱硫后可作为炼铁优质原料。

近年来，随着硼镁矿资源的枯竭，硼镁石价格上涨，迫使国内一些硼化工企业以硼铁矿代替硼镁石，采用原有的碳碱法工艺直接生产硼砂。但由于碳碱法工艺只能使用少量 B_2O_3 品位为 10%~12%的富矿，致使矿山企业采用“采富弃贫”的方式进行掠夺性开采，造成硼铁矿资源的严重浪费；同时，由于硼铁矿的自身特点，使其加工与硼镁石矿有较大差异，造成硼回收率较低（约 60%）、碱耗量高、硼泥量大。为此，国内许多科研机构开展了以硼铁矿为原料生产硼砂的试验研究。

亓峰等以 B_2O_3 品位 9.48%的硼铁矿熟烧粉为原料，研究了碳碱法加工硼铁矿的过程，研究结果表明，在 135℃下，加入 12.6g Na_2CO_3/100g 矿，反应 10h，碳解率可达 75%。

刘宏伟提出了硼铁矿钠化焙烧提高反应活性的新工艺，以翁泉沟 B_2O_3 品位 8.71%的硼铁矿为原料，在 Na_2CO_3 的加入量 18.33%，焙烧温度为 950℃，焙烧时间为 2h 的条件下，焙烧后的硼铁矿采用加压水浸法提硼，活性可达 92.19%，比未加添加剂焙烧采用碱解法提硼提高了将近 10%。

综上所述，在目前的经济技术条件下，采用硼铁矿直接生产硼砂，不仅硼回收率低，而且环境污染严重。采用传统的选矿工艺处理硼铁矿，可以实现硼铁矿中硼和铁的初步分离，其中硼精矿可以达到生产硼砂的要求（B_2O_3 品位大于12%），但含硼铁精矿仍不能满足生产钢铁的要求（TFe 品位大于60%），更重要的是含硼铁精矿中硼回收率高达20%~30%，这部分硼资源采用传统的物理选矿工艺难以回收利用。

7.2 含硼铁精矿选择性还原综合利用技术

硼铁矿作为我国重要的硼矿资源，硼铁矿综合利用的原则和路线在不断地研究中逐步清晰，并形成了我国硼铁矿开发利用的共识。即首先应采用磁重联合工艺对硼铁矿进行初步硼铁分离，用获得的硼精矿生产硼砂，含硼铁精矿再进行二次硼铁分离，进而实现硼的综合利用。

含硼铁精矿的综合利用主要是围绕如何分离回收硼和铁开展的，其中具有代表性的方法主要有高炉法，直接还原—电炉熔分法，转底炉珠铁工艺法，深度还原—磨选法，含硼添加剂及一步法（酸法）等。

7.2.1 含硼铁精矿利用的研究现状

7.2.1.1 高炉法

高炉法是将含硼铁精矿进行烧结造块后入高炉冶炼的方法。$13m^3$ 高炉工业试验结果表明，通过特殊高炉冶炼工艺可生产出含硼生铁（B_2O_3 品位 1.0%~1.2%）和富硼渣（B_2O_3 品位 10%~12%）。含硼生铁可用于耐磨铸件生产，替代硼铁合金。而富硼渣从高炉放出时经过缓冷处理，优化 $2MgO \cdot B_2O_3$ 的晶体析出，抑制玻璃相生成，可作为硼化工的优质原料。

高炉法虽然能够较好地回收含硼铁精矿中的硼和铁，但由于高炉冶炼含硼铁精矿时，高炉产能下降、焦炭消耗高、高炉炉衬侵蚀严重，更重要的是富硼渣的活性低（仅为50%左右），故不能满足碳碱法生产硼砂的要求。尽管通过缓冷工艺可提高富硼渣活性，但由于一些技术和经济问题，至今未能实现长期稳定工业化生产。

7.2.1.2 直接还原—电炉熔分法

直接还原是以气体燃料、液体燃料或非焦煤为能源和还原剂，在天然矿石（粉）或人造团块呈固态的软化温度以下进行还原获得金属铁的方法。由于还原温度低，产品呈多孔低密度海绵状结构，这种含碳量低、未排除脉石杂质的金属铁产品，称为直接还原铁（direct reduced iron，DRI，或称海绵铁）。

随着直接还原技术的发展，许多科研工作者围绕直接还原技术，提出了一些复杂铁矿石的开发利用方案。赵庆杰等提出了“直接还原—电炉熔分”工艺处理含硼铁精矿，即先用非结焦煤在固态下将含硼铁精矿中的铁氧化物还原为预还原状态，再用电热方式熔化，可获得含硼生铁和 B_2O_3 品位 20%~25%、活性≥85% 的富硼渣。高活性、高品位富硼渣可以直接用于一步法生产硼酸或硼砂，生铁可进一步冶炼成普通钢铁产品。李壮年等在实验室条件下分别模拟隧道窑罐式法、回转窑法和气基竖炉法直接还原工艺，对 TFe 品位 53.57%，B_2O_3 品位 5.61% 的含硼铁精矿进行了“直接还原—电炉熔分”试验研究，试验结果表明，预还原含硼铁精矿金属化率可达 89%，电炉熔分后富硼渣的活性可以达到 85%以上，B_2O_3 品位可以稳定在 21%~23%，电炉熔分可获得不含硼的铁水。

虽然直接还原—电炉熔分工艺可以获得高金属化率的还原产品，但由于直接还原是在低于熔化温度，不熔化、不造渣条件下进行，还原后金属铁还保持着铁矿物的结构形式，造成硼铁仍相互嵌布而无法分离，故直接还原产品还需采用电炉熔分才能实现硼铁分离。但由于该方案需要高温熔分（熔分温度接近于高炉法），导致能耗较高、技术路线复杂、富硼渣活性较低等缺点，目前仅停留在实验室阶段。

7.2.1.3　深度还原—磁选分离法

深度还原技术是指将不能直接作为高炉原料的复杂难选铁矿石在比磁化焙烧更高的温度和更强的还原气氛下，使铁矿石中的铁矿物还原为金属铁，并使金属铁生长为一定粒度的铁颗粒的过程。

王广等采用转底炉珠铁工艺处理硼铁精矿，并通过热力学分析和实验室试验进行了验证。实验室试验表明：对于辽宁凤城 Fe 和 B_2O_3 含量分别为 47.20%和 6.90%的硼铁精矿，以莱芜钢铁公司所用无烟煤为还原剂、QT-10 为造球黏结剂，用高温硅钼炉模拟转底炉，当硼铁精矿和煤粉的配合比分别为 83.3%和 16.7%、黏结剂配入量为精矿和煤粉总质量的 2%、混合料的水分为 7%时，含碳球团经 1400℃焙烧 15min，可很好地实现渣铁分离，得到含硼珠铁和高活性富硼渣。

余建文采用阶段还原—磁选方法处理铁品位 55.55%、含 B_2O_3 4.22%的含硼铁精矿，获得了铁品位 93.72%，铁回收率 96.24%的铁粉和含 B_2O_3 14.55%，硼回收率 93.57%的富硼渣，且富硼渣活性达 81.23%。可作为“碳碱法”生产硼砂的优良原料。

尽管该工艺可以实现硼铁的高效分离，获得了优质铁粉和高活性富硼渣，但是该工艺还原后需进行水淬，造成热量难以回收，经济性有待验证，且缺乏相应的工业化装备，目前仍停留在实验室阶段。

7.2.1.4　含硼添加剂

将含硼铁精矿作为烧结、球团添加剂也是硼铁矿开发利用的一条途径。含硼

铁精矿中 B_2O_3 使液相生成温度降低，液相量增多，进而可提高球团及烧结的强度；同时 B_2O_3 和 MgO 的存在还可抑制烧结中 $2CaO \cdot SiO_2$ 的相变，使烧结矿强度提高。本钢以 TFe 品位为 59.34%、B_2O_3 品位为 4.92%的含硼铁精矿作为添加剂进行了工业烧结试验，在用量 10%～12%的条件下，烧结矿中粒度大于 16mm 的部分增加了 2.71%，粒度小于 10mm 的部分减于 1.90%，且烧结矿冶金性能明显改善，烧结矿中还原速率为 85.09%，滴落温度为 1541℃，达到优质烧结矿的质量标准。

含硼铁精矿作为烧结、球团添加剂，虽能改善烧结、球团的冶金性能，但仍有 20%～30%的 B_2O_3 残留在高炉渣中，是对硼资源的巨大浪费；同时该工艺至今并没有大规模的推广，究其原因，主要是对含硼添加剂改善烧结及球团矿质量的机理缺乏深入系统的研究，因而造成在应用过程中效果不稳定，在烧结及球团矿某些质量得到改善的同时常常又产生一些副作用，难以取得明显的经济效益。

7.2.1.5 一步法（酸法）

含硼铁精矿一步法是指将含硼铁精矿直接用酸处理，硼、铁及镁分别以硼酸、铁红（Fe_2O_3）和碳酸镁（$MgCO_3$）形态得到。典型代表为郑州矿产综合利用研究所提出的“盐酸酸浸—萃取”工艺和大连理工大学提出的“硫酸酸浸”工艺。杨卉芃等以 B_2O_3 品位 9%的含硼铁精矿为原料，采用盐酸浸和萃取的方法回收硼，获得硼浸出率大于 96%、硼总回收率达 93%的优良经济技术指标，所制得产品硼酸符合国家标准。吕秉玲等采用硫酸处理含硼铁精矿，先溶解其中的硼镁石，在阻溶剂的作用下，磁铁矿溶解很少，酸解后进行固液分离，固相即为铁精矿；酸解液除铁后，加入盐析剂氯化镁，在高温下蒸发析出硫酸镁，过滤后母液冷却至常温析出硼酸。以 B_2O_3 品位 12%的含硼铁精矿为原料，硫酸法中试硼浸出率大于 95%，铁浸出率小于 1%，硼回收率大于 80%，铁渣中铁品位提高 20%，TFe 达 50%以上，可实现含硼铁精矿中硼、铁及镁的高效回收。尽管湿法工艺处理含硼铁精矿硼、铁分离较为彻底，各种有用元素的回收率较高，但由于含硼铁精矿硼品位很低，湿法工艺酸耗量大、生产成本高、废液处理困难、环境破坏严重，故至今未能实现工业化。

7.2.2 含硼铁精矿工艺矿物学

7.2.2.1 含硼铁精矿化学分析

以丹东凤城市某选厂的含硼铁精矿为例进行分析，其化学成分分析见表 7-1。

由表 7-1 可以看出，该含硼铁精矿主要有价元素为铁、硼，其中 TFe 52.18%，B_2O_3 5.50%，主要杂质成分为硅、镁、硫等。铁品位同普通铁精矿相比较低，有害元素磷、硫含量较低。可供回收的主要有用矿物为铁矿物和硼矿物。

表 7-1　含硼铁精矿化学成分分析　(%)

成分	TFe	FeO	B_2O_3	SiO_2	Al_2O_3	CaO	MgO	P	S
含量	52.18	22.09	5.50	4.98	0.33	0.36	12.42	0.0097	1.394

7.2.2.2　含硼铁精矿矿物组成

对含硼铁精矿进行X射线衍射分析，结果如图7-1所示。从图7-1可以看出，该精矿中主要矿物为磁铁矿、硼镁石、硼镁铁矿、蛇纹石和磁黄铁矿。采用尼康偏光显微镜和图像分析仪，结合人工测定矿物含量的方法（面测法），对精矿中的主要组成矿物进行测量，再结合其化学元素分析结果计算不同矿物的含量，结果见表7-2。

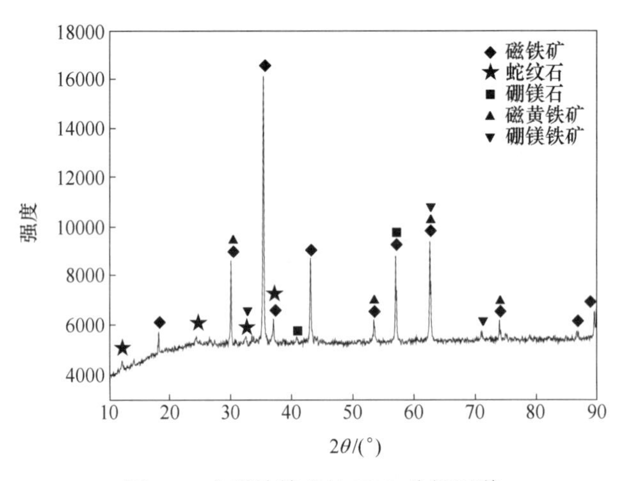

图 7-1　含硼铁精矿的 XRD 分析图谱

表 7-2　含硼铁精矿中矿物组成及含量　(%)

矿物	磁铁矿	硼镁石	硼镁铁矿	蛇纹石	硫化物	菱镁矿	云母	碳酸盐矿物	合计
含量	71.30	12.20	1.10	4.20	4.50	3.50	1.70	1.50	100.00

由表7-2可知，该含硼铁精矿中主要有用矿物为磁铁矿，含量为71.30%，其次为硼镁石及少量的硼镁铁矿，含量分别为12.20%、1.10%；主要脉石矿物为硫化物（主要以磁黄铁矿为主）、蛇纹石、菱镁矿及少量的碳酸盐矿物，其中硫化物、蛇纹石和菱镁矿含量分别为4.50%、4.20%、3.50%，碳酸盐矿物含量仅为1.50%。

7.2.2.3　含硼铁精矿单体解离特性

为了解含硼铁精矿中各矿物的单体解离及连生情况，采用MLA技术对主要矿物的单体解离度及连生程度进行了系统的测定，统计结果见表 7-3。

表 7-3 主要矿物单体解离 (%)

矿物	磁铁矿	硼镁石	硼镁铁矿	蛇纹石	硫化物	菱镁矿	云母
单体解离度	89. 59	35. 63	28. 43	84. 69	76. 54	87. 25	74. 68

由表 7-3 可知，磁铁矿单体解离度较高，达 89. 59%，主要与蛇纹石连生；硼镁石、硼镁铁矿单体解离度较低，分别为 35. 63%、28. 43%，主要与蛇纹石、磁铁矿连生。

7. 2. 2. 4 含硼铁精矿矿物结构

含硼铁精矿矿物结构图如图 7-2 所示。由图 7-2 可知，该含硼铁精矿中磁铁矿、硼镁石及蛇纹石三者之间（共）连生关系密切，镶嵌关系复杂。

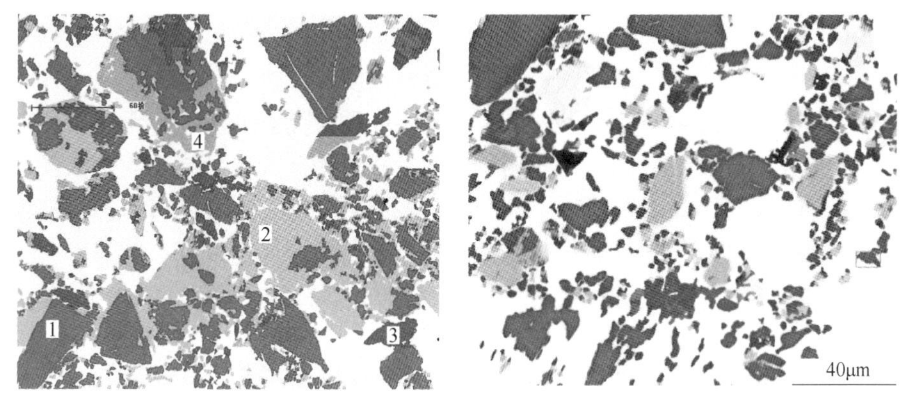

图 7-2 含硼铁精矿矿物结构

1—磁铁矿；2—蛇纹石；3—硼镁石；4—硼镁铁矿

含硼铁精矿 SEM 照片如图 7-3 所示。由图 7-3 可见，在磁铁矿中（颗粒内）可发现许多微细包体结构的存在，这些微细包体大多为硼镁铁矿（极大的可能为成矿时期，硼镁铁矿后期蚀变为磁铁矿及硼镁石的残留体）及少量其他矿物成分，如菱镁矿等。

由图 7-3 可知，磁铁矿中包体大多以长度小于 2μm，宽度大约 500nm 的微细结构存在，其中包体中以硼镁铁矿相居多，这跟硼镁铁矿的成矿条件有关。这部分以包体形式存在于磁铁矿颗粒中的硼即使再细磨也几乎无法从磁铁矿中解离出来，这是采用传统选别方法难以取得合格指标的主要原因。

综上所述，该含硼铁精矿工艺矿物学特点为：

（1）含硼铁精矿中含 B_2O_3 5. 50%、TFe 52. 18%，其中硼主要赋存于硼镁石中，少量以硼镁铁矿的形式存在，其含量分别为 11. 20%、1. 10%；铁主要赋存

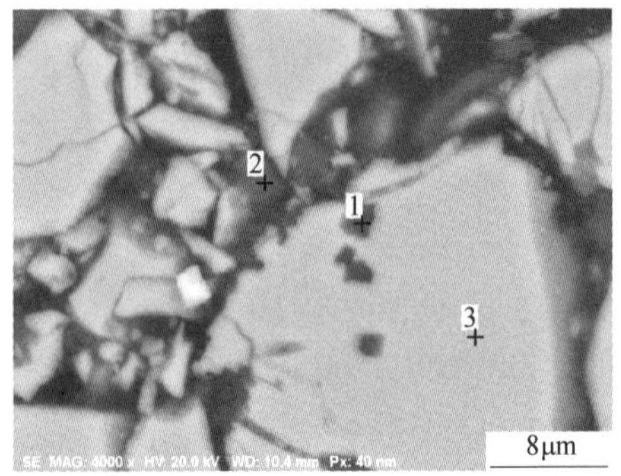

图 7-3　含硼铁精矿 SEM 照片

于磁铁矿中，含量为 74.30%；主要脉石矿物为硫化物、蛇纹石、云母及碳酸盐矿物，其含量分别为 4.50%、4.20%、1.70%及 1.50%。

（2）含硼铁精矿粒度较细，-0.074mm 占 89.16%，是压团或造球的良好原料。其中磁铁矿的单体解离度为 89.59%，硼镁石和硼镁铁矿的单体解离度较低，仅为 35.63%、28.43%，因此该矿再细磨解离难度较大。

（3）含硼铁精矿中矿物连晶复杂、共生关系密切，磁铁矿、硼镁石、硼镁铁矿紧密共生，与蛇纹石、云母等密切连生，多呈犬牙交错状或不规则状接触。

（4）含硼铁精矿中部分硼镁铁矿及硼镁石以微细粒包体形式存在于磁铁矿中，这可能是由于成矿过程中硼镁铁矿后期蚀变为磁铁矿及硼镁石的残留体。

7.2.3　含硼铁精矿内配碳球团选择性还原试验研究

采用内配碳球团选择性还原—磁选工艺处理含硼铁精矿，拟将铁矿物选择性还原为适宜分选的金属铁，硼矿物不能被还原，再经高效分选得到高品位铁粉和优质富硼渣。

分别考察还原温度、还原时间、配碳量对还原物料指标的影响，得到最优的工艺条件。重点考察这些因素对还原物料金属化率的影响，同时也将选出的铁粉品位及尾矿中硼品位作为评价还原结果的重要指标。

7.2.3.1　温度对还原及分离效果的影响

在选择性还原过程中，还原温度是影响铁氧化物还原程度的决定性因素，首先考查还原温度对选择性还原产品指标的影响。试验条件为：C/O 摩尔比为 1.4，还原温度为 1050℃、1100℃、1125℃、1150℃、1200℃、1250℃，还原时间为 5min、10min、20min、30min、60min、90min。

由图 7-4～图 7-9 可知，还原温度对还原物料金属化率的影响显著。随着还原温度的升高，还原物料的金属化率不断升高。还原 5min 时，还原物料金属化率由1050℃时的23.01%升高到1250℃的86.72%；还原10min时，还原物料金属化率由1050℃时的63.47%升高到1250℃的92.32%；还原20min时，还原物料金属化率由1050℃时的67.63%升高到1250℃的94.24%；还原30min时，还原物料金属化率由1050℃时的74.54%升高到1250℃的95.46%。这主要是由于固体碳还原铁氧化物是强吸热反应，因此升高温度可以有效地促进铁氧化物的还原反应，增加还原物料金属化率；同时升高温度亦有助于提高碳的反应活性，促进碳的气化，从而改善还原过程，提高金属化率。当还原时间大于30min时，还原温度由1050℃升高至1200℃时，还原物料金属化率不断升高。但反应温度过高，超过1200℃后，还原物料金属化率下降，由于B_2O_3是低熔点物质，熔点仅为450℃，有助熔作用，在1200~1250℃高温条件下易形成液相或发生软化，包围未反应的铁氧化物，使暴露在孔隙周围易还原的铁氧化物减少；同时，液相的形成阻碍了还原中间气体CO向铁氧化物的扩散，导致还原阻力增大，恶化还原效果，金属化率下降。

由图7-4~图7-9还可见，磁选精矿铁粉的品位随着还原温度的升高逐渐增大。还原时间5min时，当还原温度由1050℃升高至1250℃时，铁粉TFe由65.86%增大至86.64%；还原时间20min时，当还原温度由1050℃升高至1250℃时，铁粉TFe由78.82%增大至92.14%；还原时间30min时，当还原温度由1050℃升高至1250℃时，铁粉TFe由81.19%增大至93.07%；还原时间90min时，当还原温度由1050℃升高至1250℃时，铁粉TFe由83.83%增大至92.58%。这主要是因为温度的提高有利于铁氧化物还原和金属铁颗粒长大。在低温条件下，金属铁颗粒细小，很难单体解离，影响铁粉品位；当还原时间大于30min，还原温度高于1200℃时还原物料金属化率虽有所下降，但高温促使金属铁长大、颗粒变粗，易于与其他矿物单体解离，从而提高分选效果，铁粉品位增高。

还原温度对铁回收率与对金属化率呈现出相似的影响规律，随着还原温度的逐渐升高，铁粉铁回收率逐渐升高。还原时间5min时，铁回收率由1050℃的58.98%升高到1250℃的94.79%；还原时间10min时，铁回收率由1050℃的75.19%升高到1250℃的96.47%；还原时间20min时，铁回收率由1050℃的78.88%升高到1250℃的97.38%；还原时间30min时，铁回收率由1050℃的82.88%升高到1250℃的98%；当还原时间大于30min时，还原温度由1050℃升高至1200℃时，还原物料回收率不断升高，但反应温度过高，超过1200℃后，回收率下降。

还原时间小于30min时硼的品位（按B_2O_3计）随着还原温度的升高增加，当还原时间大于30min时，温度由1050升高至1200℃时硼品位也逐渐升高，当温度高于1200℃时又出现逐渐减小的趋势。

当还原时间小于30min时，随着还原温度的升高，硼的回收率（按B_2O_3

计）随着还原温度的升高先急剧提高。还原时间 5min 时，当还原温度由 1050℃升高至 1250℃时，硼回收率由 62. 85%增大至 82. 54%；还原时间 10min 时，当还原温度由 1050℃升高至 1250℃时，硼回收率由 69. 35%增大至 91. 43%；还原时间 20min 时，当还原温度由 1050℃升高至 1250℃时，硼回收率由 71. 69%增大至 92. 83%；还原时间 30min 时，当还原温度由 1050℃升高至 1250℃时，硼回收率由 72. 97%增大至 93. 85%；还原时间大于 30min 时，当还原温度由 1050℃升高到 1200℃时硼回收率也逐渐增加，还原温度继续升高至 1250℃时，硼回收率又逐渐降低。这主要是由于随着还原温度的升高有利于铁矿物的还原，从而改变了铁的赋存状态，铁主要以金属铁形式存在，使得铁与硼在后续的磨矿、分选过程中易于分离。

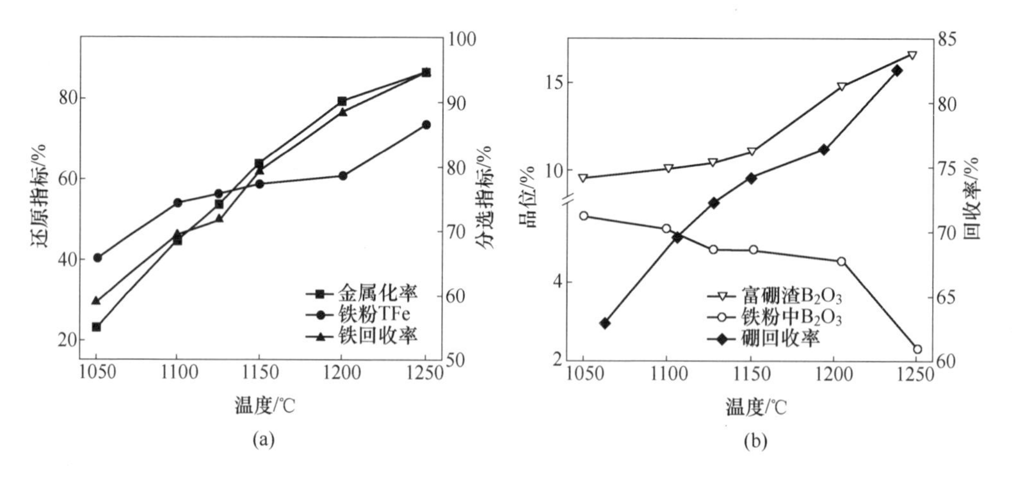

图 7-4　还原时间 5min 时还原温度对铁（a）和硼（b）的富集影响

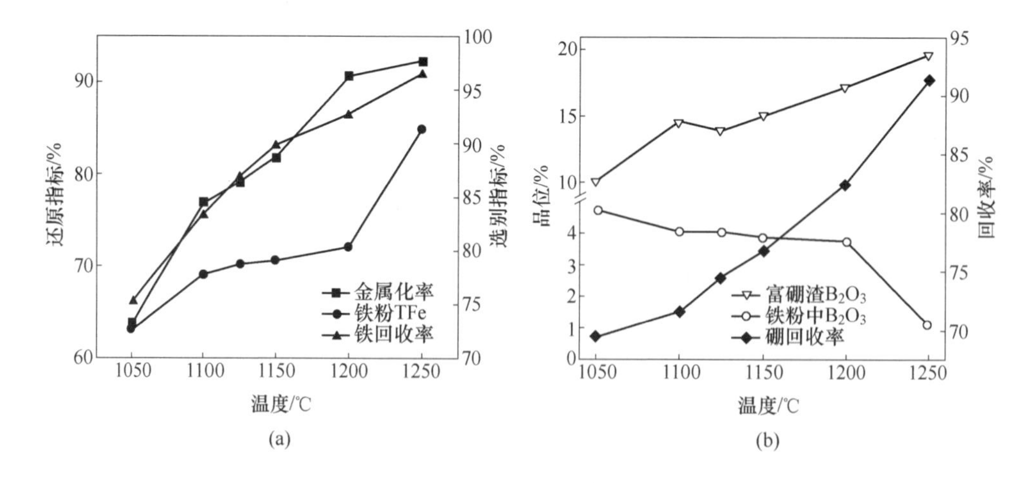

图 7-5　还原时间 10min 时还原温度对铁（a）和硼（b）的富集影响

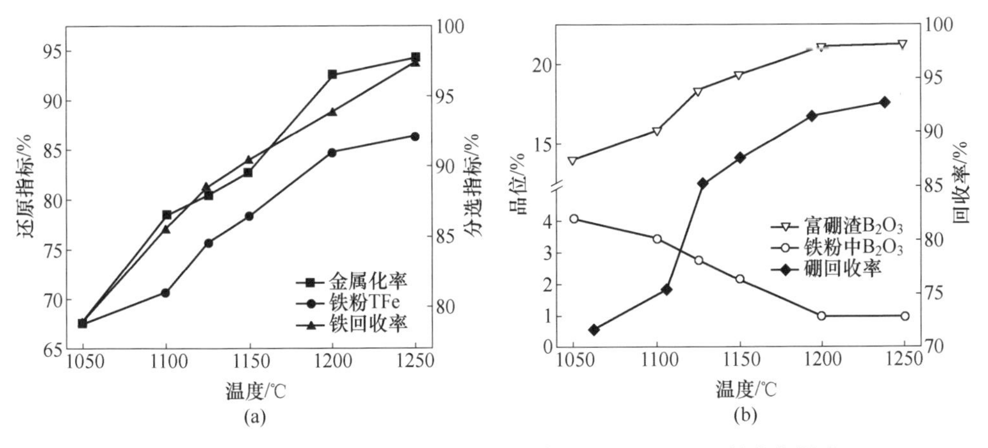

图 7-6 还原时间 20min 时还原温度对铁（a）和硼（b）的富集影响

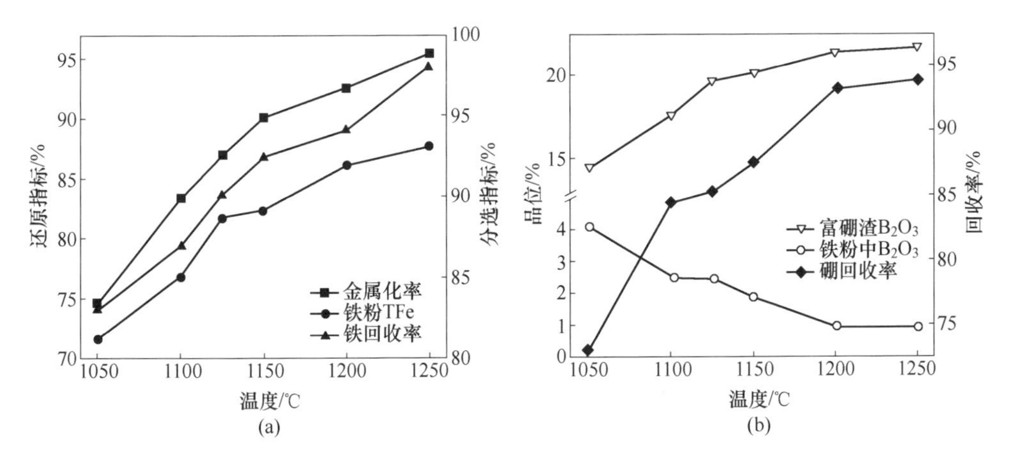

图 7-7 还原时间 30min 时还原温度对铁（a）和硼（b）的富集影响

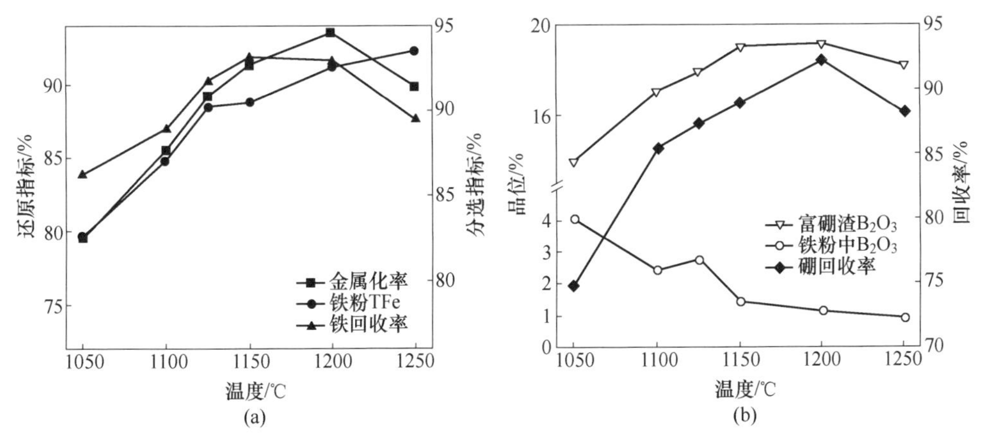

图 7-8 还原时间 60min 时还原温度对铁（a）和硼（b）的富集影响

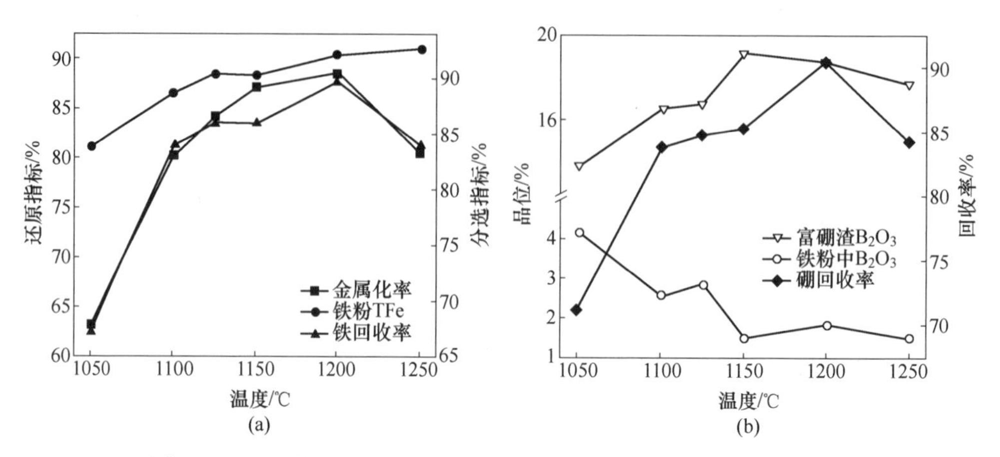

图 7-9　还原时间 90min 时还原温度对铁（a）和硼（b）的富集影响

由图 7-4~图 7-9 可见，铁粉中的硼含量随着反应温度的升高而持续降低，各反应时间均在 1250℃时达到最低。还原时间 20min 时，铁粉中硼含量由 1050℃时的 4.06%降低到 1250℃的 0.91%。

7.2.3.2　时间对还原及分离效果的影响

根据还原温度条件试验的结果，在还原温度为 1250℃、C/O 摩尔比为 1.4 条件下进行还原时间试验，还原时间设定为 5min、10min、20min、30min、60min 和 90min。还原时间对还原物料金属化率及分选指标的影响如图 7-10 所示。

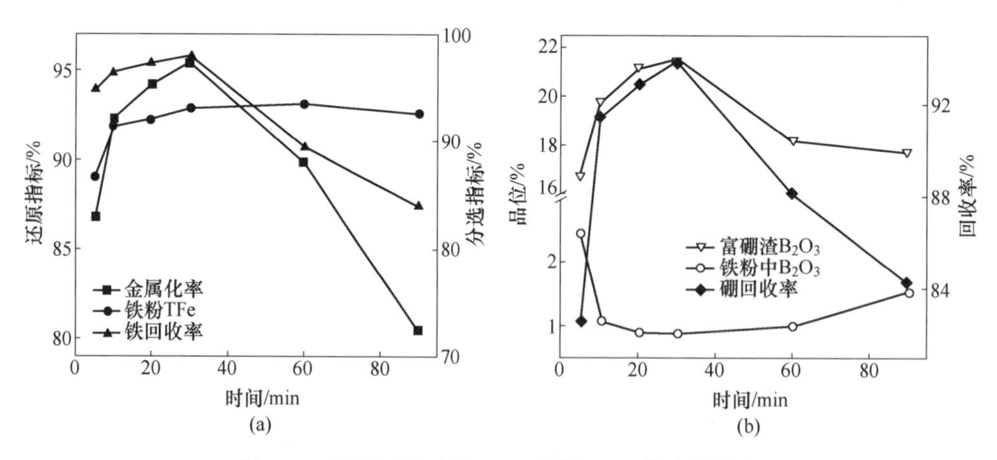

图 7-10　还原时间对铁（a）和硼（b）的富集影响

由图 7-10 可以发现，还原时间对还原物料金属化率及磁选指标的影响较大。还原物料的金属化率随着还原时间的延长逐渐升高，在还原时间为 30min 时达到最大值，当还原时间超过 30min 后，金属化率略微下降。这是因为在还原的初始阶段，矿样颗粒与还原剂煤粉颗粒的接触条件良好，并且产生的CO浓度比较高，还原反应进行得较为激烈，尤其是在还原物料的表面，促使铁的氧化物较快地还原成金属铁。但是，随着反应时间的延长，还原剂逐渐被消耗，铁矿物颗粒与煤颗粒之间逐渐分离，CO浓度也逐渐降低，使得还原反应速率降低并趋于反应平衡，由于还原炉为非封闭系统，当还原时间过长时，炉内还原性气氛降低而氧化性气氛增强，使已还原的少量金属铁被氧化，从而造成了还原物料的金属化率略有下降。

当还原时间由5min延长到30min时，铁的回收率随着还原时间的延长而增长，继续延长还原时间，铁回收率逐渐减小。随着反应时间的延长，还原剂逐渐被消耗，铁矿物颗粒与煤颗粒之间逐渐分离，CO浓度也逐渐降低，使得还原反应速率降低并趋于反应平衡，故铁的品位和回收率虽然在增加，但是并不明显，且还原物料的金属化率也趋于稳定状态；但是，由于还原炉为非封闭系统，当还原时间过长时，炉内还原性气氛降低而氧化性气氛增强，使已还原的少量金属铁被氧化，从而造成了还原物料的金属化率有所下降。这与理论分析结果是相符合的，即金属化率是硼、铁得到有效分离与富集的决定性因素，只有还原物料具有高的金属化率才能有良好的分选指标。

还原时间对硼的影响较大。随着还原时间的延长，富硼渣中B_2O_3含量先急剧上高后呈逐渐下降的趋势。当还原时间由5min延长至30min时，硼的品位由16.67%快速提高至21.24%；继续延长还原时间，富硼渣中B_2O_3的含量反而出现了下降，还原时间越长，下降趋势越明显。这主要是由于随着还原时间的延长，铁颗粒长大的充分，硼、铁自然分离越充分，分选指标越好；但还原时间过长，铁颗粒容易迁移、集合过大而重新将含硼矿物包围而难以分离，从而恶化分选指标。还原时间对硼的回收率与对硼品位呈现出相似的影响规律，即随着还原时间的延长，硼的回收率先急剧上升后缓慢下降。当还原时间由5min延长至30min时，硼的回收率由1050℃的62.85%增长至1250℃的93.85%，继续延长还原时间，硼的回收率缓慢降低。这主要是由于还原时间的延长，铁氧化物还原越来越充分，铁的赋存形态得到改变，且主要以金属铁的形式存在，在后续的磨矿工艺中易与硼单体解离，从而提高了分选指标；但当还原时间过长时，还原熟料中硼氧化物可能与其他脉石矿石反应充分，而影响硼的分选效果；同时，在强还原性气氛下，还原时间的延长有助于硼以Fe_2B形式进入到铁粉中，从而降低了富硼渣中硼的含量。

由图7-10（b）可知，还原铁粉中硼的含量随着还原时间的延长先逐渐下降后缓慢回升，当保温时间由5min延长至30min时，铁粉中B_2O_3含量下降，继续延长还原时间，铁粉中B_2O_3逐渐回升。这主要是由于随着保温时间的延长，铁颗粒充分长大，硼、铁自然分离越充分，分选指标越好；但还原时间过长，铁颗粒容易迁移、集合过大而重新将含硼矿物包围而难以分离，从而恶化分选指标。

当还原时间过长，超过 30min 时，还原温度高于 1200℃，B_2O_3 含量由下降趋势变为略微上升趋势。由图还可知，当还原温度≥1200℃，还原时间在 20~30min 时，铁粉中 B_2O_3 含量最低，均小于 1%，低至 0.89%，达到预期指标。

7.2.3.3　配碳量对还原及分离效果的影响

以煤粉作还原剂还原铁矿石时，还原剂的用量依据矿石中铁氧化物中的氧含量来确定。已有研究表明，在一定范围内，随着还原剂用量的增加，还原速度和还原物料的金属化率明显提高。本节中还原剂用量用 C/O 摩尔比表示，即煤粉中固定碳和含硼铁精矿中铁氧化物中氧的摩尔数之比。为考察 C/O 摩尔比对选择性还原过程的影响，设定还原温度为 1250℃，还原时间为 30min，调整 C/O 摩尔比分别为 0.8、1.0、1.2、1.4 和 1.6，依次进行 C/O 摩尔比条件试验。图7-11 所示为 C/O 摩尔比对还原物料金属化率及分选指标的影响。

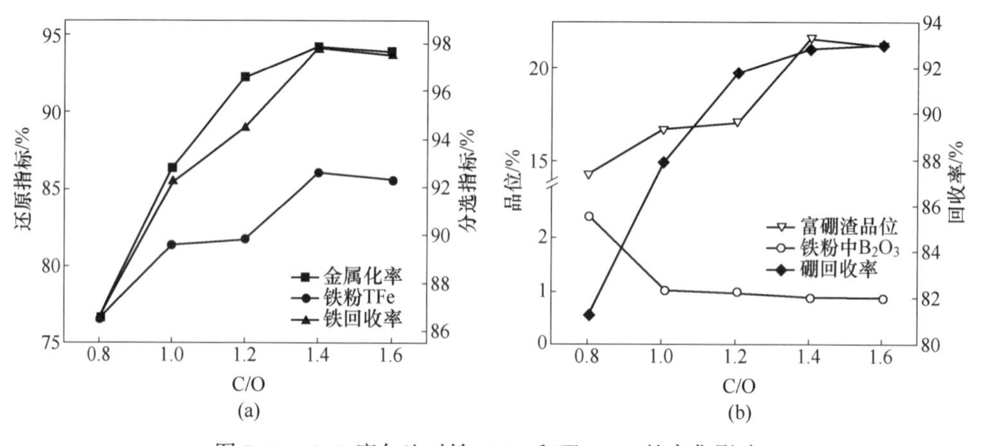

图 7-11　C/O 摩尔比对铁（a）和硼（b）的富集影响

由图 7-11 可以看出，C/O 摩尔比对还原物料的金属化率及其磁选指标的影响十分显著。当 C/O 摩尔比从 0.8 增加到 1.4 时，还原物料的金属化率由 76.54%迅速地增加到 95.46%。而当 C/O 摩尔比进一步增加时，金属化率则趋于平稳不再提高。C/O 摩尔比增加会促进 Boudouard 反应的反应速率，进而产生大量的 CO，为铁氧化物的还原提供更强的化学驱动力，从而加速铁氧化物的还原；同时 C/O 摩尔比的增加，可增大铁矿粉和煤粉的接触面积，这也将促进铁氧化物的还原。由图还可知，随着 C/O 摩尔比的增加，磁选产品的铁品位及回收率逐渐增加，但是随着 C/O 摩尔比进一步增加，这种作用会逐渐减弱。因此，当 C/O 摩尔比小于 1.4 时，随着 C/O 摩尔比增加，金属化率快速升高，当 C/O 超过 1.4 后不再增加。

由图 7-11 还可知，随着 C/O 摩尔比的增加，磁选产品的铁品位及回收率逐渐增加，当 C/O 大于 1.4 后，铁品位反而逐渐降低，回收率升高也变得非常缓慢。这可能是因为C/O摩尔比过大时，导致未反应的残留碳粉数量过多，对还原物料的磁选分离产生了不利影响，故而磁选产品的铁品位有所降低。

随着C/O摩尔比的增大，富硼渣品位和硼回收率均呈现出先升高后降低的变化规律，并在C/O摩尔比1.4时达到最大值21.49%和93.85%（图7-8（b））。这是由于随着C/O摩尔比的增大，还原体系内还原剂煤粉的含量增加，使含硼铁中铁矿物与还原剂煤粉接触变得更充分，促进了铁矿物还原反应的进行。但是，当C/O摩尔比继续大时，富硼渣品位和硼回收率没有明显变化。同时，随着C/O摩尔比增加，铁粉中B_2O_3含量随之减少。

基于上述分析，确定最佳的条件是：C/O摩尔比为1.4，还原温度1250℃，还原时间30min，该条件下还原物料金属化率为95.46%，磁选产品铁品位为93.07%，铁回收率为98%，富硼渣品位为21.49%，硼回收率为93.85%，铁粉中B_2O_3含量为0.89%。

7.2.3.4 分选产品特性分析

焙烧物料经磁选获得的磁性产物（铁粉）和非磁性产物（富硼渣）的X射线衍射图谱如图7-12和图7-13所示。

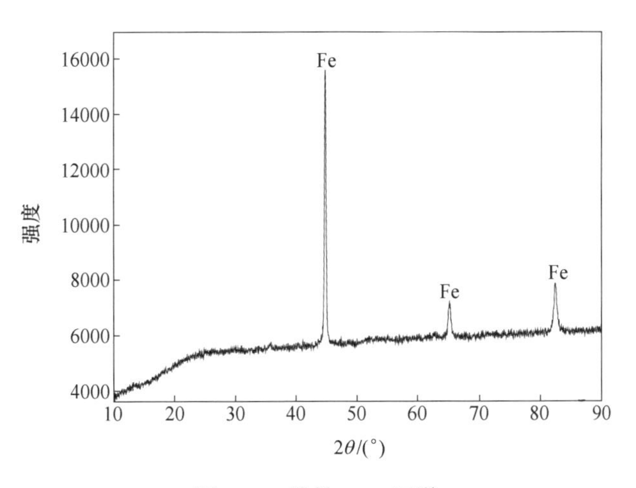

图7-12 铁粉XRD图谱

由图7-12可以看到，金属铁是磁选铁粉中最主要的存在相，可知该铁粉TFe品位及金属化率均较高。

由图7-13分析可知，硼主要以$Mg_3B_2O_6$的形式存在，部分以$Mg_2B_2O_5$及$(Mg,Fe)FeBO_5$形式存在，这说明硼镁石在还原焙烧过程中主要发生了分解反应，生成了遂安石，之后部分遂安石又与菱镁矿分解产物氧化镁重新结合产生小藤石；由于硼镁铁矿相化学性质稳定，在1500℃以下均不发生分解和还原，故在该反应条件下，仍以硼镁铁矿相形式存在。由XRD图谱可知，硼主要以小藤石

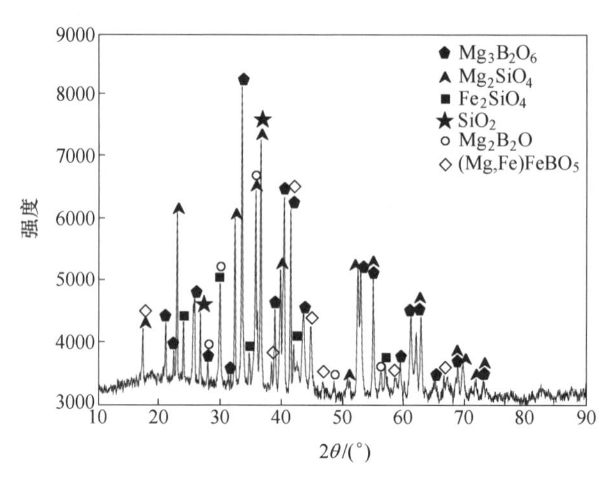

图 7-13　富硼渣 XRD 图谱

形式存在是硼活性较高的主要原因。同时，也说明了硼在还原焙烧过程中并没有形成难以碱解的玻璃体。

7.2.4　含硼铁精矿物相转化及微观结构演化规律

7.2.4.1　还原过程中矿物物相转化规律

以还原温度 1150℃ 为例，研究还原时间对含硼铁精矿物相转化的影响规律，不同时间的 XRD 图谱如图 7-14 所示。从图中可以清楚地看到还原过程中含硼铁精矿的物相组成发生了一系列复杂的变化，样品 XRD 图谱中共出现了 Fe_3O_4、FeO、Fe、Mg_2CO_3、Fe_2SiO_4、Mg_2SiO_4 和 $Mg_3B_2O_6$ 七种物质的衍射峰。本节对含硼铁精矿选择性还原过程中物相的演化规律进行详细分析。

由图 7-14 可知，与原矿 XRD 图谱（图 7-1）相比，还原时间 2min 时，样品 XRD 图谱中新出现了 FeO、Fe_2SiO_4 和 Mg_2SiO_4 的衍射峰，Fe_3O_4 衍射峰的数量减少，相对强度也明显减弱。这一结果表明，含硼铁精矿中的 Fe_3O_4 已经发生了还原反应，被还原为低价铁氧化物 FeO，蛇纹石分解为 SiO_2 和镁橄榄石（Mg_2SiO_4），同时少量新生成的 FeO 与 SiO_2 反应生成了铁橄榄石（Fe_2SiO_4）。根据衍射峰的相对强度及数量可以推断出，铁主要以 FeO 和 Fe_3O_4 的形式存在，其次为 Fe_2SiO_4 和 Mg_2SiO_4。还原时间延长到 5min 时，还原物料 XRD 图谱中出现了 Fe 的衍射峰，Fe_3O_4 和 FeO 衍射峰的相对强度减弱，且数量减少。说明含硼铁精矿中的 Fe_3O_4 进一步还原为低价铁氧化物，FeO 开始发生还原反应生成金属铁。同时，Fe_2SiO_4 和 Mg_2SiO_4 衍射峰的相对强度也有所增强。还原时间增加至 10min 时，FeO 和 Fe 衍射峰的相对强度增强，Fe_3O_4 衍射峰几乎完全消失，表明含硼铁精矿中的 Fe_3O_4 几乎完全还原为 FeO，新出现了 $Mg_3B_2O_6$ 的衍射峰，这是由硼镁石失结晶水和 $MgCO_3$ 分解物反应生成的。还原时间 20min 时，还原物料 XRD 图谱中 Fe、Fe_2SiO_4 和 Mg_2SiO_4 衍射峰的相对强度增强，FeO 衍射峰几乎完全消失，表明 FeO 进一步被还原为金属铁。还原时间 30min 时，还原物料 XRD 图谱中 FeO 衍射峰完全消失，Fe 衍射峰的相对强度明显增强，Fe_2SiO_4 和 Mg_2SiO_4 衍射峰的相对强度开始出现减弱趋势，表明橄榄石中的部分 FeO 开始被还原为金属铁。还原时间继续增加至 60min 时，Fe 衍射峰的相对强度增强不明显，Fe_2SiO_4 和 Mg_2SiO_4 衍射峰基本不变，样品 XRD 图谱中主要存在 Fe、Fe_2SiO_4、Mg_2SiO_4 和 $Mg_3B_2O_6$ 的衍射峰，表明反应基本完成。

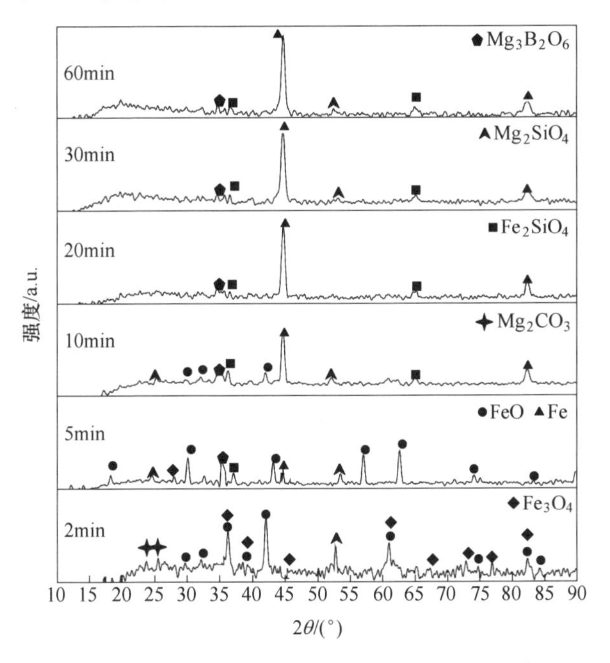

图 7-14　不同还原时间下还原物料的 XRD 图谱

基于上述分析可知：铁矿物按照 Fe_3O_4→FeO→Fe 的顺序逐级还原为金属铁；反应生成的 FeO 与含硼铁精矿中的 SiO_2 和硼镁石分解物发生固相反应，生成橄榄石（Mg_2SiO_4，Fe_2SiO_4）和 $Mg_3B_2O_6$。

7.2.4.2　还原过程中矿物微观结构演化规律

以还原温度 1150℃为例，研究还原时间对含硼铁精矿微观形貌的影响规律，不同时间的 SEM 图片如图 7-15 所示。

由图 7-15（a）可知，还原温度 1150℃时，与焙烧前 SEM 图像相比，含硼铁精矿经还原 2min 时，还原样品颗粒边缘有微细裂纹出现，同时颗粒表面的亮度增加，且由颗粒中心至边缘亮度逐渐增强。表明含硼铁精矿中的磁铁矿还原失氧，形成低价铁氧化物，故此颗粒表面亮度增加，颗粒边缘处磁铁矿最先发生反应。

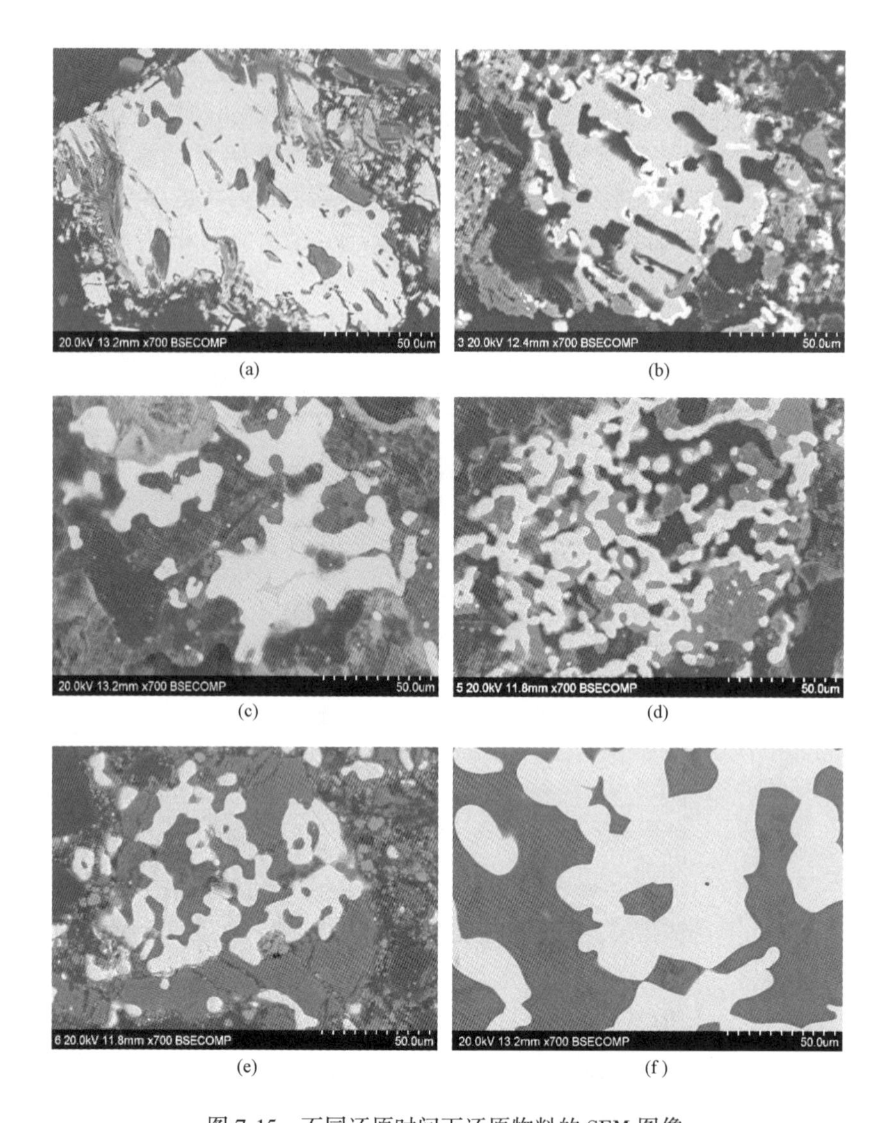

(a)　(b)　(c)　(d)　(e)　(f)

图 7-15　不同还原时间下还原物料的 SEM 图像

（a）2min；（b）5min；（c）10min；（d）20min；（e）30min；（f）60min

由图 7-15（b）可知，还原 5min 时，还原样品颗粒表面亮度明显增加，铁氧化物进一步还原失氧，相应区域形成致密的低价铁氧化物层。当还原时间增加至 10min 时（图 7-15（c）），颗粒边缘出现了亮白色斑点状区域，表明铁氧化物颗粒边缘生成了细小的金属铁颗粒，金属铁形貌不规则，保持着原始铁氧化物颗粒的原貌，颗粒边缘处有微细孔洞产生，表明颗粒边缘处还原程度加强，这是由于颗粒边缘处金属铁聚集生长引起的。

从图 7-15（d）可以发现，还原时间延长到 20min 时，已还原金属铁（图中亮白色区域）开始出现迁移、聚集长大的趋势，金属相出现区域逐渐向颗粒中心扩展，颗粒中心处也零星分布有金属相，颗粒边缘处早期形成的金属相尺寸也明显增加。还可以发现颗粒边缘处微细孔洞数量明显增多，反应生成的 FeO 与含硼铁精矿中的 SiO_2 和硼镁石分解物发生固相反应，生成橄榄石（Mg_2SiO_4，Fe_2SiO_4）和 $Mg_3B_2O_6$（视为渣相）。金属相与渣相之间界限明显，渣相的尺寸也明显增大，呈现出聚集生长的现象。

还原时间继续增加至 30min 时（图 7-15（e）），颗粒中心出现了明显的金属相区域。与还原时间 20min 相比，亮白色区域明显增多，铁颗粒迁移、聚集、链接成片状，渣相的致密程度明显增强。

由图 7-15（f）可知，还原时间延长到 60min 时，还原物料中仅存在金属相和渣相，金属相和渣相得以更充分地聚集生长，质地变得较为均匀，金属相和渣相的尺寸明显增加，金属铁颗粒的数量、尺寸、聚集程度明显增加，单个颗粒的形状接近球形。

7.2.5 小结

（1）含硼铁精矿工艺矿物学研究结果表明，该全铁品位为 52.18%，铁矿物以磁铁矿为主，含量为 71.30%；B_2O_3 含量为 5.50%，主要以硼镁石的形式存在，少量以硼镁铁矿相存在，含量分别为 12.20%及 1.10%；主要脉石矿物为蛇纹石，含量为 4.2%。该矿中磁铁矿、硼镁石和蛇纹石三者紧密镶嵌，共生关系复杂，很难单体解离。

（2）含硼铁精矿内配碳球团选择性还原研究表明，金属化率是决定分选效果的主要因素，还原温度等因素对还原熟料金属化率具有重要影响。试验确定最佳还原条件为：C/O 摩尔比为 1.4，还原温度 1250℃，还原时间 30min，该条件下还原物料金属化率为 95.46%，磁选产品铁品位为 93.07%，铁回收率为 98%，富硼渣品位为 21.49%，硼回收率为 93.85%，铁粉中 B_2O_3 含量为 0.89%。选择性还原—磁选工艺不仅可实现含硼铁精矿中铁元素的高效回收，同时也为硼元素的回收利用创造了条件。

（3）利用 XRD、SEM-EDS 检测技术研究了选择性还原过程中含硼铁精矿的物相和微观结构的演变规律。含硼铁精矿中的铁矿物按照 $Fe_3O_4 \rightarrow FeO \rightarrow Fe$ 的顺序发生一系列反应相变，还原为金属铁；硼镁石（$Mg_2[B_2O_4(OH)](OH)$）在还原过程中失去结晶水变为遂安石（$Mg_2B_2O_5$），部分遂安石又与菱镁矿（$MgCO_3$）分解产物氧化镁（MgO）结合形成小藤石（$Mg_3B_2O_6$）；主要脉石矿物蛇纹石（$Mg_3(Si_2O_5)(OH)_4$）则在还原过程中失去结晶水的同时分解为二氧化硅（SiO_2）和镁橄榄石（Mg_2SiO_4）。

（4）矿物微观结构演化过程即是含硼铁精矿结构破坏的过程；矿物微观结

构按照由边缘至内部的空间顺序逐渐发生破坏；含硼铁精矿微观结构演变过程可分为结构的边缘破坏、内部破坏、完全破坏三个阶段。含硼铁精矿物相转化与微观结构演变并不是两个孤立的过程，二者之间相辅相成；物相转化是微观结构改变的根本原因，微观结构的演变是物相转化的必然结果，同时微观结构的破坏对物相转化也具有一定的促进作用。

7.3　硼铁矿开发与资源保护建议

7.3.1　硼铁矿开发利用存在的问题

我国硼资源丰富，地质储量位居世界第五位，但直接可利用的硼镁石矿（俗称白硼矿）资源已近枯竭。辽宁省蕴藏着约 2.8 亿吨硼铁矿（俗称黑硼矿），硼的储量占全国硼储量的 58%，是我国目前最重要的硼矿资源，但由于该矿结构复杂，平均含 B_2O_3 仅 7.5%，含铁 30%左右，致使至今未得到良好的开发利用。由于硼镁石矿（白硼矿）资源已近枯竭，一些企业被迫采用硼铁矿生产硼砂，由于工艺的限制只能使用 B_2O_3 大于 11.0%的少量富矿，致使矿山采用“采富弃贫”的方式进行掠夺性开采，直接利用硼铁矿生产硼砂，生产中硼的收得率低（硼的收率约为 60%）、碱耗高、生产成本高、废弃物排放量大、资源的利用率低，对资源的破坏严重。

自硼铁矿发现以来，全国化工、冶金、核能等部门的数十个科研、生产、研究单位进行了大量的开发利用研究工作，国家投入了大量的资金和人力，取得了许多可贵的数据和成果。但也存在不足，主要体现在以下几个方面。

7.3.1.1　选矿只能实现硼铁矿石中硼、铁的初步分离

硼铁矿自发现后，原化工部、冶金部、核工业部、地质矿产部数十个研究单位进行过选矿分离研究。1995 年前的研究结果表明，利用传统的粉碎、选矿理念，硼铁矿在磨细到-325 目（<0.045mm），铁精矿的含铁仍不能满足钢铁生产对铁精矿的要求（含铁>60%），硼精矿硼的品位达不到硼酸/硼砂生产要求的品位（分别>16%/12%）。因而，作出硼铁矿难以用选矿的方法进行有效的分离的结论。

自 1985 年后，东北工学院（现东北大学）对硼铁矿的选矿分离进行了研究，根据硼铁矿的物化特性利用磁—重联合选矿方法，采用阶段磨矿—阶段选别的方法将含铁约 30%，含 B_2O_3 约 8.0%的磁铁矿硼镁石型硼铁矿，分选出含铁 53%～55%的含硼铁精矿和含 B_2O_3 大于 12%的硼精矿，铁在铁精矿中的收率为 85%～90%，硼在硼精矿中的收率为 70%～73%，基本实现了硼铁矿中的铁与硼初步分离。但含铁 53%～55%的含硼铁精矿只能作为配矿或添加剂使用，其中的硼无法

得到回收与利用。因此，含硼铁精矿的硼、铁分离与回收仍是实现硼铁矿石高效开发利用的关键问题。

7.3.1.2 化学法可实现硼铁矿石综合利用，但成本高、环境污染重

将硼铁矿直接用酸/碱处理，获得硼酸或硼砂，铁、镁等有价元素在硼化物提取后的弃渣中回收。原化工部天津化工研究院、连云港化工研究院等院所进行了相关试验研究。结果表明，硼铁矿用化学法处理可将硼铁矿中的硼以硼酸或硼砂形态回收，铁以铁红（Fe_2O_3）形态，镁以碳酸镁（$MgCO_3$）形态得到回收，并进行了半工业扩大试验。但硼铁矿石的化学法处理未能实现工业化的主要问题是，硼、铁、镁都是贫矿，处理用酸或碱的消耗高，产品的生产成本过高；工艺废液的处理困难，工艺的环保难以解决。

7.3.1.3 硼铁矿石碳碱法直接生产硼砂，资源利用率低

由于硼镁石矿（白硼矿）资源枯竭，一些企业被迫采用硼铁矿生产硼砂，由于原生产工艺的限制只能使用 B_2O_3 大于 11.0%的少量富矿，迫使矿山采用“采富弃贫”的方式进行掠夺性开采。直接利用硼铁矿生产硼砂，生产中硼的收得率低（硼的收率约为 60%）、碱耗高、生产成本高、废弃物排放量大、资源的利用率低，不仅对资源造成破坏严重，且造成硼砂生产企业经济效益差，市场的竞争力低下。目前，凤城多数硼砂生产企业均采用以含 B_2O_3 11%~12%的硼铁矿为主原料进行生产，造成资源的巨大浪费。

7.3.1.4 硼铁矿的高炉法分离，但硼渣活性低

高炉法是硼铁矿先经选矿抛除原矿中的部分 SiO_2、Al_2O_3，再通过烧结造块后入高炉冶炼，产品为含硼生铁（含硼 1.0%~1.2%）和含 B_2O_3 11%~12%的富硼渣。含硼生铁用于耐磨铸件生产，替代硼铁合金；富硼渣用于硼酸生产，或经过缓冷处理提高渣中 B_2O_3 活性后用于硼砂生产。工业试验表明，由于高炉冶炼硼铁矿生产含硼约 1.0%的含硼生铁时，高炉产能下降、焦炭消耗高、高炉炉衬侵蚀严重、产品含硫高，使用范围有限；更重要的是富硼渣的 B_2O_3 活性低，不能满足碳碱法硼砂生产的要求，如若通过缓冷提高 B_2O_3 活性，在技术上难度较大，实现工业化生产尚需进行进一步工作，故未能实现长期稳定工业化生产。

7.3.2 硼铁矿开发利用的基本原则

辽宁省凤城地区硼铁矿（俗称黑硼矿）是我国当前重要的急待开发的硼资源。开发利用硼铁矿为硼工业提供高品位、高活性的硼原料，已成为我国当前硼工业发展的迫切任务。

通过总结长期硼铁矿综合利用开发研究的经验及教训，本书认为硼铁矿的开发应遵守以下原则。

7.3.2.1　硼铁矿的开发必须以硼为主

我国传统的硼资源——硼镁石矿（亦称“白硼矿”）储量现已接近枯竭，品位下降严重，企业生产成本增加。随着我国经济的快速发展，消费水平逐渐提高，硼产品的消耗快速增加，2016 年 79%依赖进口，预计到 2022 年，中国硼资源需求达 97 万吨（以 B_2O_3 计），对我国硼工业的安全稳定运行和可持续发展构成了极大的威胁。因此，针对占全国硼矿总储量 58%的硼铁矿的开发利用，应最大限度回收硼铁矿中的硼，为硼工业提供高品位、高活性的原料应为主要目的。

7.3.2.2　硼铁矿的开发必须实行规模开采

目前，我国现有的硼铁矿石的开采规模较小，选矿厂的年处理能力大多处在 10 万~270 万吨。由于处理规模小、设备小型化、生产成本高，不利于企业的长远发展，因此，硼铁矿资源的开发利用须以大规模开采、成套采选冶工艺、高水平技术与装备、高回收率为标准，采用先进工艺流程及大型自动化采选冶设备，达到节能降耗和降低生产成本的目的。同时，硼铁矿不应为一个企业所占有，以避免形成资源的垄断，危及整个硼工业的正常发展。

7.3.2.3　硼铁矿的开发必须实行资源的综合利用

硼铁矿的开发应最大限度地回收硼铁矿中的硼，为硼工业提供高品位、高活性原料的同时，有效地综合回收利用铁、镁、铀等有价成分。硼铁矿又称“黑硼矿”，是我国的特色优势资源，已探明矿石储量 2.8 亿吨，占全国铁矿石储量的 1%；B_2O_3 储量 2184 万吨，占全国硼矿总储量的 57.88%，属于大型硼、铁、镁、铀复合矿床，可作为硼镁石矿的替代资源。但是，该矿石铁、硼品位低（TFe 22%~30%，B_2O_3 5%~8%），矿物结构复杂，难以作为单种矿石直接利用，必须考虑多种有价元素的综合利用，以降低生产成本，并提高资源的利用率。

7.3.3　硼铁矿开发利用建议

硼铁矿石是我国的特色优势资源，富含硼、铁、镁和铀等多种有价元素，综合利用价值极高。从可持续发展的角度来看，开发硼铁矿资源，不仅可以缓解我国硼工业硼矿资源日趋紧张的局面，而且对促进我国钢铁工业持续发展具有十分重要的战略意义。

基于硼铁矿开发利用以硼为主的基本原则，本书推荐的硼铁矿综合利用方案路线如图 7-16 所示。由于硼铁矿石复杂的基因特性（矿物之间紧密共生、相互

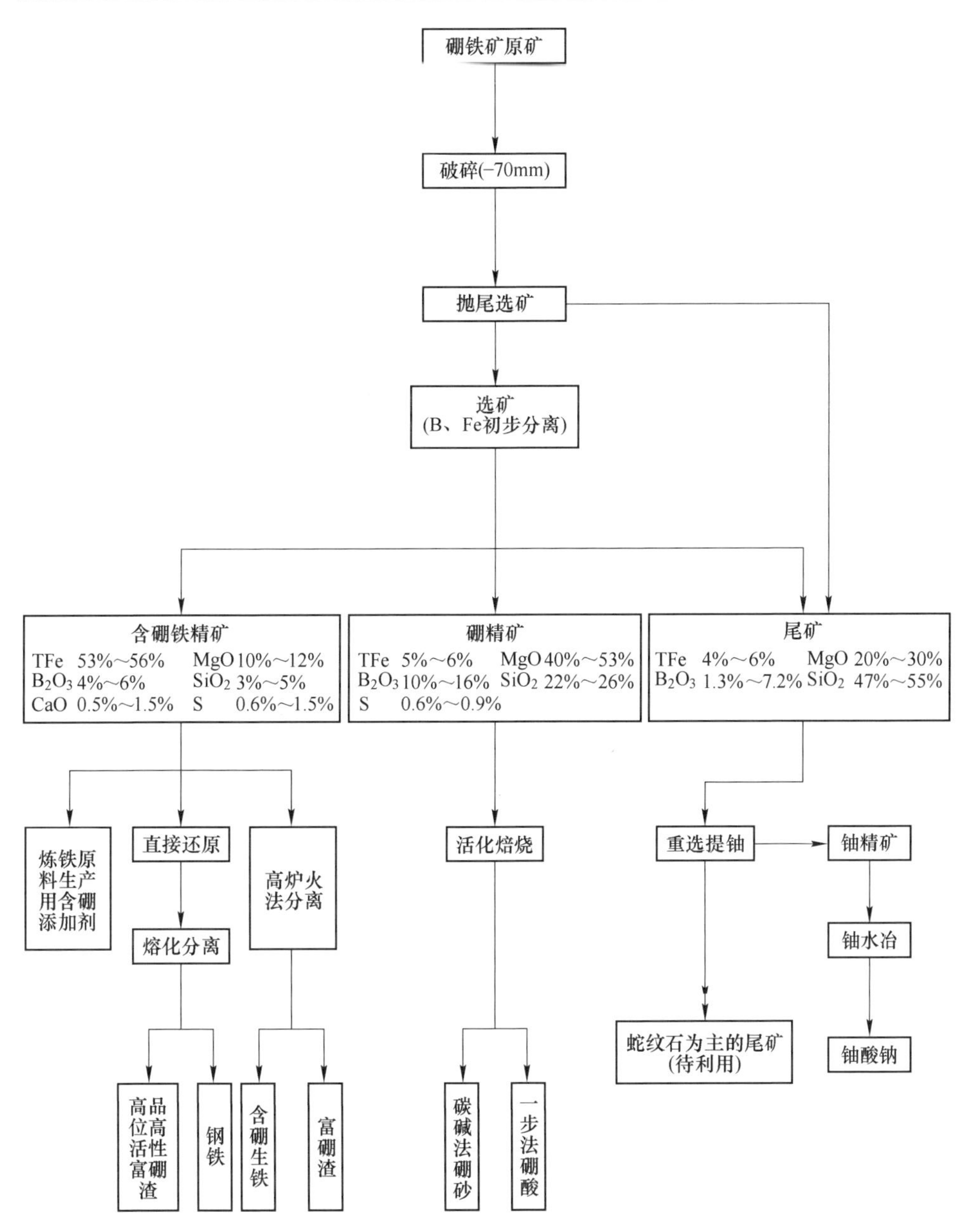

图 7-16 硼铁矿石高效综合利用工艺流程

包裹，嵌布粒度粗细不均），使得选矿方法只能实现硼、铁、铀的初步分离，获得硼精矿、含硼铁精矿、铀精矿和尾矿。其中，硼精矿通过活化焙烧可以作为优质的硼化工原料，当 B_2O_3 含量大于 12%时，可采用碳碱法生产硼砂；B_2O_3 含量大于 16%时，可采用一步法生产硼酸。铀精矿可通过酸浸出、吸附等一系列成熟的水冶工艺成功生产铀酸钠产品。但是目前选矿生产实践表明，硼精矿中硼的回收率只有 30%～40%左右，铀精矿中铀的含量只有 0.1%、回收率45%。此外，获得的铁精矿中含 B_2O_3 4%～6%，这部分硼约占硼铁矿石中硼总量的 40%。若这部分硼不能回收为硼工业可以利用的原料，硼回收率将低于 70%，造成硼资源的浪费与流失。因此，针对硼铁矿石的综合利用难题，目前急需解决的重大课题为：（1）硼铁矿石的高效选矿，实现矿石中硼、铁、铀的有效分离与回收；（2）含硼铁精矿中硼、铁分离与高效回收，实现硼资源的二次回收。

7.3.3.1　硼铁矿高效选矿

硼铁矿选矿是硼铁矿综合利用的基础环节。硼铁矿的选矿可以采用多种工艺，包括典型的单一磁选、磁选—分级、磁选—重选、磁—重—浮等联合工艺，其中重选（不包括水力旋流器分选）是为了回收其中的晶质铀矿。磁选、水力旋流器分选、浮选或者其联合分选工艺是实现不含铀硼铁矿石高效分选的基本工艺，但多年的硼铁矿选矿生产实践表明，采用磁选、水力旋流器分选、细筛分级或者它们的联合工艺选别效果不佳（硼的回收率只有 30%～40%），而浮选是获得高品位、高回收率硼精矿的有效途径。为此，为实现硼铁矿的高效选矿分离，应根据硼铁矿的矿物特性在分选工艺结构设计优化方面开展研究工作，协同利用磁选、水力旋流器、细筛分级、浮选等作业的优点，合理选用其联合分选工艺，以期实现硼铁矿石的高效选矿分离；并且，浮选作为提高硼精矿品位和回收率的有效途径，应强化微细粒硼镁石与蛇纹石等脉石矿石浮选分离的基础理论研究，研发新型选择性高的捕收剂、抑制能力强的蛇纹石抑制剂，以实现硼镁石的高效回收。

7.3.3.2　含硼铁精矿硼、铁二次分离

目前，针对含硼铁精矿中硼、铁二次分离与回收的主要利用方案有以下几种：

（1）作为含硼（镁）添加剂用于炼铁工业的原料生产。含硼铁精矿中的 B_2O_3 可使液相生成温度降低、液相量增多、铁晶粒长大，进而提高球团及烧结的强度；同时 B_2O_3 和 MgO 的存在还可抑制烧结中 $2CaO \cdot SiO_2$ 的相变，使烧结矿强度提高。将含硼铁精矿作为烧结、球团添加剂，虽然可以改善烧结、球团的冶金性能，但硼铁矿中 30%～40%的 B_2O_3 残留在高炉渣中，是对硼资源的巨大浪费。

（2）高炉法冶炼含硼生铁和富硼渣，将含硼铁精矿进行烧结造块后入高炉冶炼。$13m^3$ 高炉工业试验结果表明，通过特殊高炉冶炼工艺可生产出含硼生铁（B_2O_3 品位 1.0%～1.2%）和富硼渣（B_2O_3 品位 10%～12%）。含硼生铁

可用于耐磨铸件生产，替代硼铁合金。而富硼渣从高炉放出时经过缓冷处理优化$2MgO \cdot B_2O_3$的晶体析出，抑制玻璃相生成，可作为硼化工的优质原料。高炉法虽然能够较好地回收含硼铁精矿中的硼和铁，但由于高炉冶炼含硼铁精矿时，高炉产能下降、焦炭消耗高、高炉炉衬侵蚀严重，更重要的是富硼渣的活性低（仅为50%左右），故不能满足碳碱法生产硼砂的要求。尽管通过缓冷工艺可提高富硼渣活性，但由于一些技术和经济问题，至今未能实现长期稳定工业化生产。

（3）含硼铁精矿煤基直接（含碳球团）还原—磁选制备铁粉和富硼渣。将含硼铁精矿与煤粉制成含碳球团或者混合均匀后进行高温选择性还原，使铁矿物还原为金属铁且生长为适宜分选的金属铁颗粒，同时控制其他有价元素不能被还原而进入脉石相，最后通过磨矿—磁选工艺实现含硼铁精矿中铁及有价元素硼的磁选分离，获得合格铁粉与富硼渣。但由于工艺的限制，煤粉中的灰分进入还原物料中参与造渣，最终会降低富硼渣中 B_2O_3 的品位。若所得富硼渣中 B_2O_3 含量低于12%的，则无法满足硼工业原料处理要求（>12%）。

（4）含硼铁精矿直接还原—熔分法制备生铁及富硼渣。其基本原理是选择性还原—熔化分离。含硼铁精矿是磁铁矿—硼镁石型硼铁矿经选矿分离的磁性产品，主要矿物是磁铁矿（Fe_3O_4）以及与磁铁矿紧密结合的颗粒极细硼镁石（$2MgO \cdot B_2O_3 \cdot H_2O$），由于两种矿物是由硼镁铁矿分解产生的，故用物理选矿方法无法再分离。含硼铁精矿直接还原—熔化分离工艺利用含硼铁精矿在直接还原工艺的温度范围内，无论用C还是用CO或 H_2 作为还原剂，铁的氧化物均可实现还原，而硼的氧化物不可能被还原。在高温下（1400~1600℃），在有固体碳存在的条件下，B_2O_3 可以发生还原，通过控制还原剂用量、渣相的氧位（渣中FeO的浓度）可有效控制 B_2O_3 的还原（控制铁水中的B的含量），还原产品经高温熔化，在液态下利用金属铁与含硼矿物及脉石组成的炉渣的密度差异，可最终实现铁和硼的有效分离。

含硼铁精矿直接还原—熔化分离工艺，依据生产规模的大小可采用不同工艺装备。如年处理含硼铁精矿10万吨/台及以下规模时，可采用隧道窑工艺，如图7-17所示；年处理含硼铁精矿10万~20万吨/台规模，可采用回转窑工艺，如图7-18所示；年处理含硼铁精矿大于20万吨/台规模，可采用气基竖炉工艺，如图7-19所示。还原产品的熔化分离依据生产规模和能源条件，可选用电弧炉、有衬电渣炉等电热炉，或以煤气为能源的熔化炉。

总体而言，我国硼铁矿的开发利用已进入了一个新的时期，我国硼工业完全可以依托和利用硼铁矿，摆脱硼镁石矿资源枯竭的困扰。但是硼铁矿的开发利用的任务任重而道远，许多研究工作还有待深入和完善。

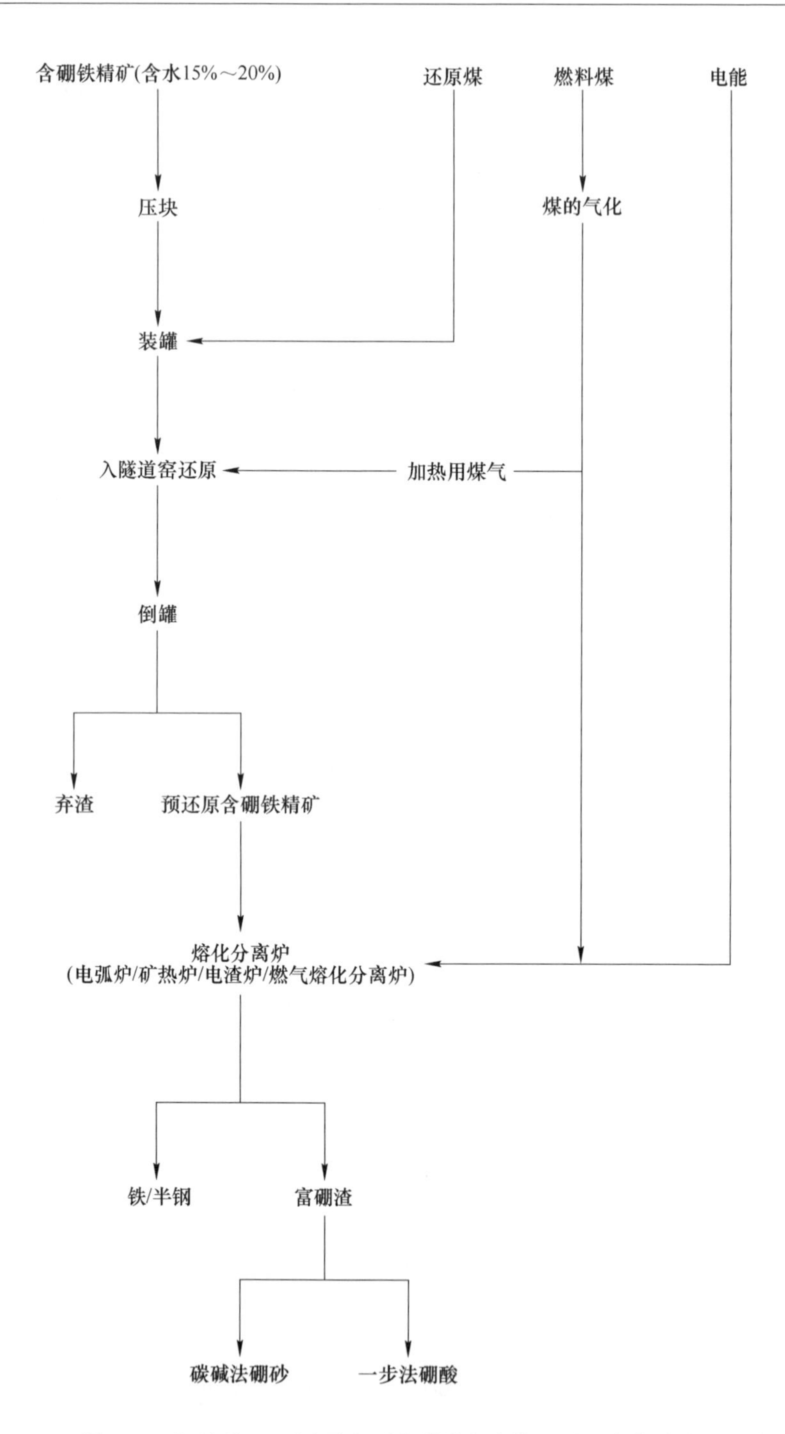

图 7-17　年处理 10 万吨及以下的隧道窑直接还原—熔分工艺

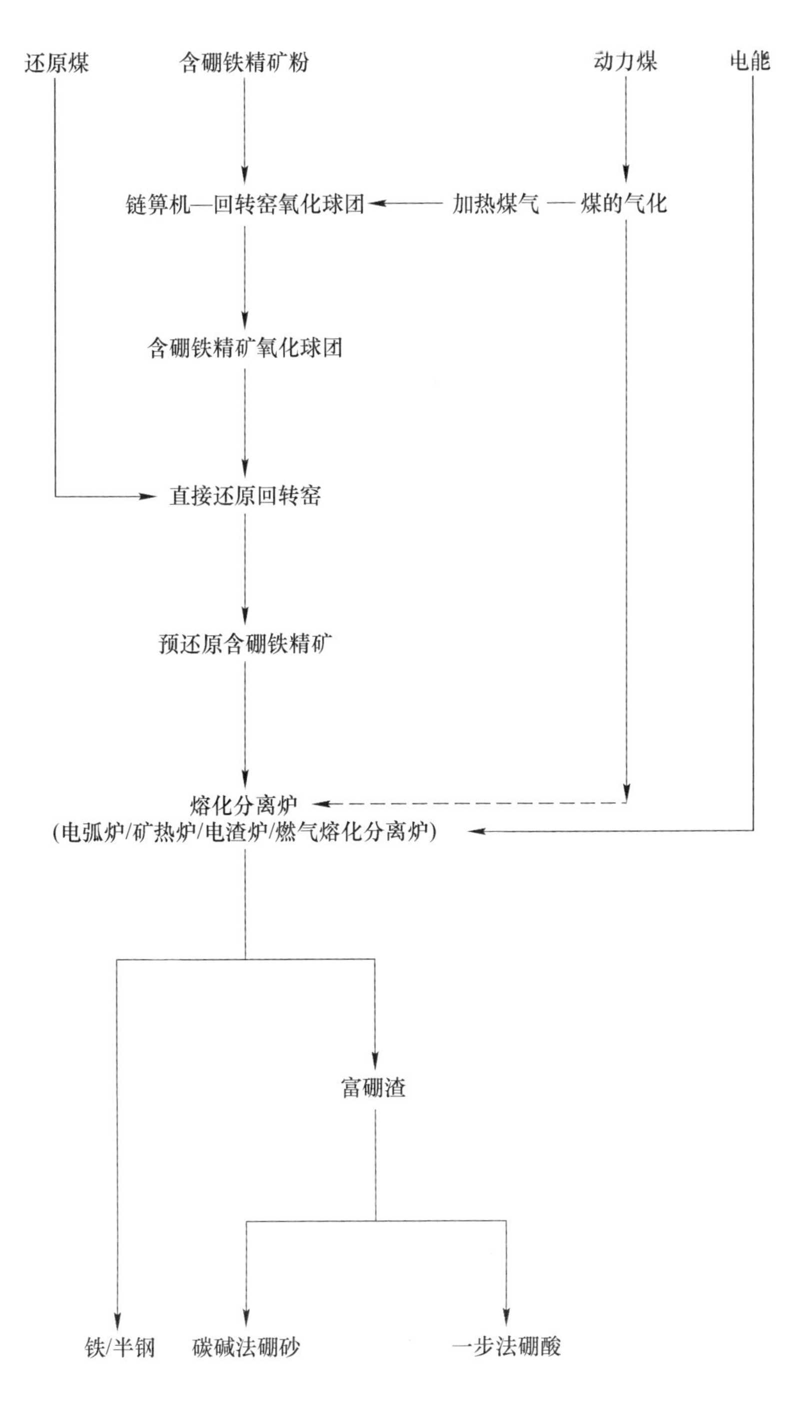

图 7-18 年处理 10 万~20 万吨及以下的回转窑直接还原—熔分工艺

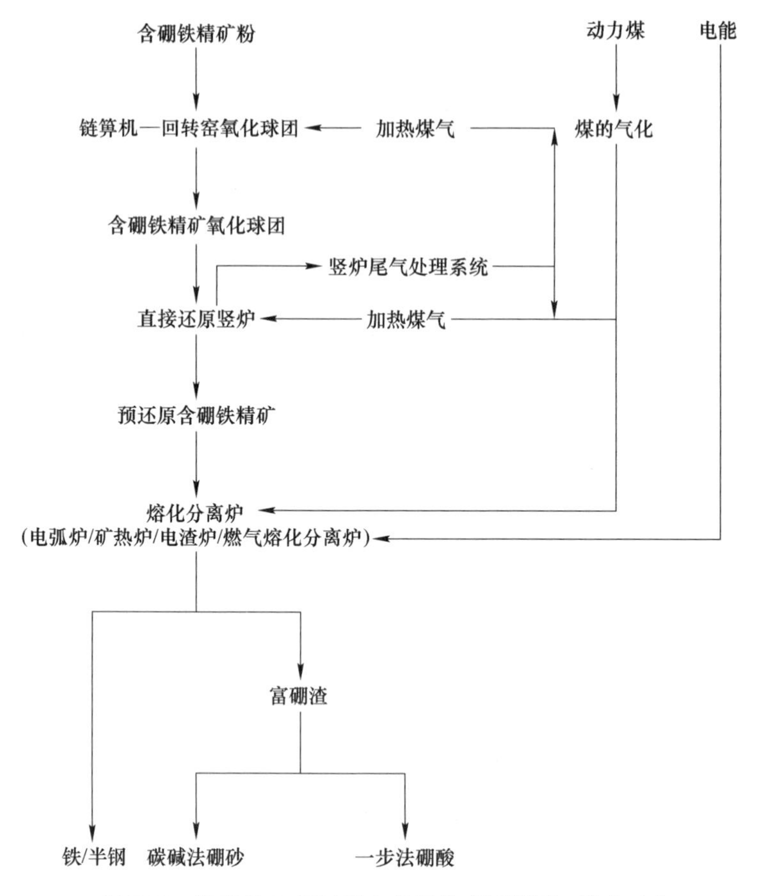

图 7-19　年处理 20 万吨以上的竖炉直接还原—熔分工艺

参 考 文 献

[1] 余建文. 含硼铁精矿阶段还原—高效分选基础研究 [D]. 沈阳：东北大学，2014.

[2] 刘畅. 含硼铁精矿内配碳球团选择性还原过程研究 [D]. 沈阳：东北大学，2018.

[3] 杨军，郑学家，仲建初. 含铀硼铁矿及其应用 [M]. 北京：化学工业出版社，2017.

[4] 郑学家. 硼铁矿加工 [M]. 北京：化学工业出版社，2009.

索　　引

B

比磁力　76，77，78

C

采选工程建设　16
差动运动　91，95
产出特征　19
产率　45，46，54，59，60，61，62，64，65
沉砂口　100，126，186
冲程　94，96，188
冲次　96，188
充填率　60，61，69
床面　91，94，96
磁-浮分离　170
磁力　74，75，76，77，78，79，86，87
磁力脱泥槽　86
磁铁矿　19，20，21，22，23，24，25
磁选-分级　118
磁选分离　141
磁选柱　87，88

D

DLVO 理论　255，273，279，281，282，283
单质硼　1，2，3
等电点　208，209，211，220，266，267，273
动电位　207，208，275
多层摇床　95

E

颚式破碎机　47，48，49

F

范德华作用能　273，274，276
分级效率　63，64，71，72
分散　255，273，274，276，277，281，282
浮选工艺及设备　103
浮选药剂　104，108
赋存状态　18
富集比　45

G

高梯度磁选机　81，88，89
高压辊磨机　52，53
格子型球磨机　60，66，67，68
给矿粒度　62，70，96，98
给矿量　96
给矿浓度　96，99，103，125，170

H

含硼铁精矿　293，294，295，296，297，298，306
含铀硼铁矿　185
化学吸附　221，256，257，258，263，264，266，270，272，273
回收率　45，46，58，80，84，85，86

J

搅拌磨机　69，70
晶体结构　200，201，202，213，220
晶质铀矿　39，42，74，90，142，171，185，291，314
精矿　45，46，58，80，85，87，88

静电作用能 273，275

K

开发利用前景 290
可浮性 200，221，222，223，224，225，227，228，229，230，249，250，251，261，277，280
可磨性 59，60
矿浆浓度 60，61，69，84，85
矿石结构与构造 19
矿石可选性评价系数 90
矿物组成 17，18

L

离心选矿机 99，190
利用系数 62，63
零电点 208，209，211，212，220，276
零速包络面 101
流速分布 97
螺旋分级机 58，64，71，72
螺旋溜槽分选 96，187

M

密度差 89，99
磨矿介质 60，61，62，65，69
磨矿细度 62

P

硼 1，2，4
硼矿床 6，7，8，9，10，11
硼镁石 6，7，26，27，28，29，30，31，32
硼砂 1，3，4
硼铁矿 16
硼矿资源 4，5，6，8，9，11，12，13
品位 45，46，56，58，80，84，85，87
破碎 45，46，47，48，49，50，51，52，53，65，66

Q

嵌布粒度 39

R

溶解特性 200，203，204，206
溶液化学 255，258，261，270

S

筛分 46，47，54，55，56，57，62，65
扇形分带 92
蛇纹石 36
生产实践 191，194，197
双电层 200，207，273，275
水力旋流器 58，64，72，73，74，90，100，122，130，157，185，194
松散分层 91，92，96，98

T

弹簧摇床 94，188
提硼 13，14，15
条筛 54
跳汰 90
筒式磁选机 81，82，83，84，85

W

微观结构演化 306，307
尾矿 45，46，82，84，88
物相转化 306

X

吸引力 279，280，283
细筛 56，57
相互作用 200，255，273，274，275，277，278，279，280，281，282
旋回破碎机 49，50，51，52
选矿比 45
选择性还原 293
循环负荷 60，62，64

Y

摇床分选　90，91，186，194
溢流管　72，101，185
溢流型球磨机　60，67，68
铀　141，159，177，185，191，194，290，313
圆锥破碎机　49，51，52，53
云锡式摇床　94

Z

Zeta 电位　208，209，211，212，255，261，263，266，267，268，270，271，277，278
振动筛　54，55，56
重介质分选　90
重力选矿　89，90
重选联合流程　185
转速率　60，61
锥角　99，102
资源保护建议　310
自磨机　46，64，65，66
综合利用现状　290
作用行为　275，277，278